国家科技重大专项
大型油气田及煤层气开发成果丛书
(2008—2020)
卷32

四川盆地及周缘页岩气形成富集条件、选区评价技术与应用

王红岩 赵 群 姜振学 等编著

石油工业出版社

内容提要

本书是国家科技重大专项关于四川盆地及周缘页岩气形成富集条件、选区评价方面的研究成果，内容包括四川盆地及周缘海相页岩气形成条件与发育特征、四川盆地及周缘海相页岩气差异富集规律、四川盆地及周缘海相页岩气有利区优选、页岩气储层精细表征和成藏评价技术、页岩气藏测井解释与优质储层识别评价技术、页岩气高精度地震成像及预测技术研究和页岩气工业化建产区评价技术七章内容。

本书适合石油勘探开发工作者及大专院校相关专业师生参考使用。

图书在版编目（CIP）数据

四川盆地及周缘页岩气形成富集条件、选区评价技术与应用 / 王红岩等编著. —北京：石油工业出版社，2023.5

（国家科技重大专项·大型油气田及煤层气开发成果丛书：2008—2020）

ISBN 978-7-5183-6368-1

Ⅰ.①四… Ⅱ.①王… Ⅲ.①四川盆地–油页岩–油气藏形成–研究 Ⅳ.①P618.130.2

中国国家版本馆 CIP 数据核字（2023）第 190844 号

责任编辑：王长会　葛智军　高　超
责任校对：罗彩霞
装帧设计：李　欣　周　彦

出版发行：石油工业出版社
　　　　　（北京安定门外安华里 2 区 1 号　100011）
　　网　址：www.petropub.com
　　编辑部：（010）64523757　图书营销中心：（010）64523633
经　　销：全国新华书店
印　　刷：北京中石油彩色印刷有限责任公司

2023 年 5 月第 1 版　2023 年 5 月第 1 次印刷
787×1092 毫米　开本：1/16　印张：18.75
字数：470 千字

定价：187.00 元

ISBN 978-7-5183-6368-1

（如出现印装质量问题，我社图书营销中心负责调换）

版权所有，翻印必究

《国家科技重大专项·大型油气田及煤层气开发成果丛书（2008—2020）》编委会

主　　任：贾承造

副 主 任：（按姓氏拼音排序）

　　　　　常　旭　　陈　伟　　胡广杰　　焦方正　　匡立春　　李　阳
　　　　　马永生　　孙龙德　　王铁冠　　吴建光　　谢在库　　袁士义
　　　　　周建良

委　　员：（按姓氏拼音排序）

　　　　　蔡希源　　邓运华　　高德利　　龚再升　　郭旭升　　郝　芳
　　　　　何治亮　　胡素云　　胡文瑞　　胡永乐　　金之钧　　康玉柱
　　　　　雷　群　　黎茂稳　　李　宁　　李根生　　刘　合　　刘可禹
　　　　　刘书杰　　路保平　　罗平亚　　马新华　　米立军　　彭平安
　　　　　秦　勇　　宋　岩　　宋新民　　苏义脑　　孙焕泉　　孙金声
　　　　　汤天知　　王香增　　王志刚　　谢玉洪　　袁　亮　　张　玮
　　　　　张君峰　　张卫国　　赵文智　　郑和荣　　钟太贤　　周守为
　　　　　朱日祥　　朱伟林　　邹才能

《四川盆地及周缘页岩气形成富集条件、选区评价技术与应用》编写组

组　　长：王红岩　赵　群

副组长：姜振学　拜文华　杨　晓　贾海燕　刘德勋

成　　员：（按姓氏拼音排序）

包　晗	陈　清	程　峰	邓小江	董大忠	郭　伟
胡庆贺	黄　诚	黄　毅	黄志龙	康永尚	李　卓
李晓波	梁　峰	刘洪林	刘文革	邱　振	芮宇润
沈均均	施振生	宋　岩	孙　健	孙莎莎	唐书恒
唐相路	王　南	王小兰	王修朝	王玉满	蔚远江
魏　斌	巫芙蓉	武　瑾	肖渊甫	徐　刚	徐思煌
薛华庆	于荣泽	原　园	曾番惠	张富珍	张磊夫
赵　萌	赵国英	周尚文	周天琪	朱炎铭	

丛书·序

能源安全关系国计民生和国家安全。面对世界百年未有之大变局和全球科技革命的新形势，我国石油工业肩负着坚持初心、为国找油、科技创新、再创辉煌的历史使命。国家科技重大专项是立足国家战略需求，通过核心技术突破和资源集成，在一定时限内完成的重大战略产品、关键共性技术或重大工程，是国家科技发展的重中之重。大型油气田及煤层气开发专项，是贯彻落实习近平总书记关于大力提升油气勘探开发力度、能源的饭碗必须端在自己手里等重要指示批示精神的重大实践，是实施我国"深化东部、发展西部、加快海上、拓展海外"油气战略的重大举措，引领了我国油气勘探开发事业跨入向深层、深水和非常规油气进军的新时代，推动了我国油气科技发展从以"跟随"为主向"并跑、领跑"的重大转变。在"十二五"和"十三五"国家科技创新成就展上，习近平总书记两次视察专项展台，充分肯定了油气科技发展取得的重大成就。

大型油气田及煤层气开发专项作为《国家中长期科学和技术发展规划纲要（2006—2020年）》确定的10个民口科技重大专项中唯一由企业牵头组织实施的项目，以国家重大需求为导向，积极探索和实践依托行业骨干企业组织实施的科技创新新型举国体制，集中优势力量，调动中国石油、中国石化、中国海油等百余家油气能源企业和70多所高等院校、20多家科研院所及30多家民营企业协同攻关，参与研究的科技人员和推广试验人员超过3万人。围绕专项实施，形成了国家主导、企业主体、市场调节、产学研用一体化的协同创新机制，聚智协力突破关键核心技术，实现了重大关键技术与装备的快速跨越；弘扬伟大建党精神、传承石油精神和大庆精神铁人精神，以及石油会战等优良传统，充分体现了新型举国体制在科技创新领域的巨大优势。

经过十三年的持续攻关，全面完成了油气重大专项既定战略目标，攻克了一批制约油气勘探开发的瓶颈技术，解决了一批"卡脖子"问题。在陆上油气勘探、陆上油气开发、工程技术、海洋油气勘探开发、海外油气勘探开发、非常规油气勘探开发领域，形成了6大技术系列、26项重大技术；自主研发20项重大工程技术装备；建成35项示范工程、26个国家级重点实验室和研究中心。我国油气科技自主创新能力大幅提升，油气能源企业被卓越赋能，形成产量、储量增长高峰期发展新态势，为落实习近平总书记"四个革命、一个合作"能源安全新战略奠定了坚实的资源基础和技术保障。

《国家科技重大专项·大型油气田及煤层气开发成果丛书（2008—2020）》（62卷）是专项攻关以来在科学理论和技术创新方面取得的重大进展和标志性成果的系统总结，凝结了数万科研工作者的智慧和心血。他们以"功成不必在我，功成必定有我"的担当，高质量完成了这些重大科技成果的凝练提升与编写工作，为推动科技创新成果转化为现实生产力贡献了力量，给广大石油干部员工奉献了一场科技成果的饕餮盛宴。这套丛书的正式出版，对于加快推进专项理论技术成果的全面推广，提升石油工业上游整体自主创新能力和科技水平，支撑油气勘探开发快速发展，在更大范围内提升国家能源保障能力将发挥重要作用，同时也一定会在中国石油工业科技出版史上留下一座书香四溢的里程碑。

在世界能源行业加快绿色低碳转型的关键时期，广大石油科技工作者要进一步认清面临形势，保持战略定力、志存高远、志创一流，毫不放松加强油气等传统能源科技攻关，大力提升油气勘探开发力度，增强保障国家能源安全能力，努力建设国家战略科技力量和世界能源创新高地；面对资源短缺、环境保护的双重约束，充分发挥自身优势，以技术创新为突破口，加快布局发展新能源新事业，大力推进油气与新能源协调融合发展，加大节能减排降碳力度，努力增加清洁能源供应，在绿色低碳科技革命和能源科技创新上出更多更好的成果，为把我国建设成为世界能源强国、科技强国，实现中华民族伟大复兴的中国梦续写新的华章。

中国石油董事长、党组书记
中国工程院院士　戴厚良

丛书·前言

　　石油天然气是当今人类社会发展最重要的能源。2020年全球一次能源消费量为 $134.0×10^8$ t 油当量，其中石油和天然气占比分别为 30.6% 和 24.2%。展望未来，油气在相当长时间内仍是一次能源消费的主体，全球油气生产将呈长期稳定趋势，天然气产量将保持较高的增长率。

　　习近平总书记高度重视能源工作，明确指示"要加大油气勘探开发力度，保障我国能源安全"。石油工业的发展是由资源、技术、市场和社会政治经济环境四方面要素决定的，其中油气资源是基础，技术进步是最活跃、最关键的因素，石油工业发展高度依赖科学技术进步。近年来，全球石油工业上游在资源领域和理论技术研发均发生重大变化，非常规油气、海洋深水油气和深层—超深层油气勘探开发获得重大突破，推动石油地质理论与勘探开发技术装备取得革命性进步，引领石油工业上游业务进入新阶段。

　　中国共有500余个沉积盆地，已发现松辽盆地、渤海湾盆地、准噶尔盆地、塔里木盆地、鄂尔多斯盆地、四川盆地、柴达木盆地和南海盆地等大型含油气大盆地，油气资源十分丰富。中国含油气盆地类型多样、油气地质条件复杂，已发现的油气资源以陆相为主，构成独具特色的大油气分布区。历经半个多世纪的艰苦创业，到20世纪末，中国已建立完整独立的石油工业体系，基本满足了国家发展对能源的需求，保障了油气供给安全。2000年以来，随着国内经济高速发展，油气需求快速增长，油气对外依存度逐年攀升。我国石油工业担负着保障国家油气供应安全，壮大国际竞争力的历史使命，然而我国石油工业面临着油气勘探开发对象日趋复杂、难度日益增大、勘探开发理论技术不相适应及先进装备依赖进口的巨大压力，因此急需发展自主科技创新能力，发展新一代油气勘探开发理论技术与先进装备，以大幅提升油气产量，保障国家油气能源安全。一直以来，国家高度重视油气科技进步，支持石油工业建设专业齐全、先进开放和国际化的上游科技研发体系，在中国石油、中国石化和中国海油建立了比较先进和完备的科技队伍和研发平台，在此基础上于2008年启动实施国家科技重大专项技术攻关。

国家科技重大专项"大型油气田及煤层气开发"（简称"国家油气重大专项"）是《国家中长期科学和技术发展规划纲要（2006—2020年）》确定的16个重大专项之一，目标是大幅提升石油工业上游整体科技创新能力和科技水平，支撑油气勘探开发快速发展。国家油气重大专项实施周期为2008—2020年，按照"十一五""十二五""十三五"3个阶段实施，是民口科技重大专项中唯一由企业牵头组织实施的专项，由中国石油牵头组织实施。专项立足保障国家能源安全重大战略需求，围绕"6212"科技攻关目标，共部署实施201个项目和示范工程。在党中央、国务院的坚强领导下，专项攻关团队积极探索和实践依托行业骨干企业组织实施的科技攻关新型举国体制，加快推进专项实施，攻克一批制约油气勘探开发的瓶颈技术，形成了陆上油气勘探、陆上油气开发、工程技术、海洋油气勘探开发、海外油气勘探开发、非常规油气勘探开发6大领域技术系列及26项重大技术，自主研发20项重大工程技术装备，完成35项示范工程建设。近10年我国石油年产量稳定在2×10^8t左右，天然气产量取得快速增长，2020年天然气产量达$1925\times10^8m^3$，专项全面完成既定战略目标。

通过专项科技攻关，中国油气勘探开发技术整体已经达到国际先进水平，其中陆上油气勘探开发水平位居国际前列，海洋石油勘探开发与装备研发取得巨大进步，非常规油气开发获得重大突破，石油工程服务业的技术装备实现自主化，常规技术装备已全面国产化，并具备部分高端技术装备的研发和生产能力。总体来看，我国石油工业上游科技取得以下七个方面的重大进展：

（1）我国天然气勘探开发理论技术取得重大进展，发现和建成一批大气田，支撑天然气工业实现跨越式发展。围绕我国海相与深层天然气勘探开发技术难题，形成了海相碳酸盐岩、前陆冲断带和低渗—致密等领域天然气成藏理论和勘探开发重大技术，保障了我国天然气产量快速增长。自2007年至2020年，我国天然气年产量从$677\times10^8m^3$增长到$1925\times10^8m^3$，探明储量从$6.1\times10^{12}m^3$增长到$14.41\times10^{12}m^3$，天然气在一次能源消费结构中的比例从2.75%提升到8.18%以上，实现了三个翻番，我国已成为全球第四大天然气生产国。

（2）创新发展了石油地质理论与先进勘探技术，陆相油气勘探理论与技术继续保持国际领先水平。创新发展形成了包括岩性地层油气成藏理论与勘探配套技术等新一代石油地质理论与勘探技术，发现了鄂尔多斯湖盆中心岩性地层大油区，支撑了国内长期年新增探明 10×10^8 t 以上的石油地质储量。

（3）形成国际领先的高含水油田提高采收率技术，聚合物驱油技术已发展到三元复合驱，并研发先进的低渗透和稠油油田开采技术，支撑我国原油产量长期稳定。

（4）我国石油工业上游工程技术装备（物探、测井、钻井和压裂）基本实现自主化，具备一批高端装备技术研发制造能力。石油企业技术服务保障能力和国际竞争力大幅提升，促进了石油装备产业和工程技术服务产业发展。

（5）我国海洋深水工程技术装备取得重大突破，初步实现自主发展，支持了海洋深水油气勘探开发进展，近海油气勘探与开发能力整体达到国际先进水平，海上稠油开发处于国际领先水平。

（6）形成海外大型油气田勘探开发特色技术，助力"一带一路"国家油气资源开发和利用。形成全球油气资源评价能力，实现了国内成熟勘探开发技术到全球的集成与应用，我国海外权益油气产量大幅度提升。

（7）页岩气、致密气、煤层气与致密油、页岩油勘探开发技术取得重大突破，引领非常规油气开发新兴产业发展。形成页岩气水平井钻完井与储层改造作业技术系列，推动页岩气产业快速发展；页岩油勘探开发理论技术取得重大突破；煤层气开发新兴产业初见成效，形成煤层气与煤炭协调开发技术体系，全国煤炭安全生产形势实现根本性好转。

这些科技成果的取得，是国家实施建设创新型国家战略的成果，是百万石油员工和科技人员发扬艰苦奋斗、为国找油的大庆精神铁人精神的实践结果，是我国科技界以举国之力团结奋斗联合攻关的硕果。国家油气重大专项在实施中立足传统石油工业，探索实践新型举国体制，创建"产学研用"创新团队，创新人才队伍建设，创新科技研发平台基地建设，使我国石油工业科技创新能力得到大幅度提升。

为了系统总结和反映国家油气重大专项在科学理论和技术创新方面取得的重大进展和成果，加快推进专项理论技术成果的推广和提升，专项实施管理办公室与技术总体组规划组织编写了《国家科技重大专项·大型油气田及煤层气开发成果丛书（2008—2020）》。丛书共62卷，第1卷为专项理论技术成果总论，第2～9卷为陆上油气勘探理论技术成果，第10～14卷为陆上油气开发理论技术成果，第15～22卷为工程技术装备成果，第23～26卷为海洋油气理论技术装备成果，第27～30卷为海外油气理论技术成果，第31～43卷为非常规油气理论技术成果，第 44～62 卷为油气开发示范工程技术集成与实施成果（包括常规油气开发 7 卷，煤层气开发 5 卷，页岩气开发 4 卷，致密油、页岩油开发 3 卷）。

各卷均以专项攻关组织实施的项目与示范工程为单元，作者是项目与示范工程的项目长和技术骨干，内容是项目与示范工程在 2008—2020 年期间的重大科学理论研究、先进勘探开发技术和装备研发成果，代表了当今我国石油工业上游的最新成就和最高水平。丛书内容翔实，资料丰富，是科学研究与现场试验的真实记录，也是科研成果的总结和提升，具有重大的科学意义和资料价值，必将成为石油工业上游科技发展的珍贵记录和未来科技研发的基石和参考资料。衷心希望丛书的出版为中国石油工业的发展发挥重要作用。

国家科技重大专项"大型油气田及煤层气开发"是一项巨大的历史性科技工程，前后历时十三年，跨越三个五年规划，共有数万名科技人员参加，是我国石油工业史上一项壮举。专项的顺利实施和圆满完成是参与专项的全体科技人员奋力攻关、辛勤工作的结果，是我国石油工业界和石油科技教育界通力合作的典范。我有幸作为国家油气重大专项技术总师，全程参加了专项的科研和组织，倍感荣幸和自豪。同时，特别感谢国家科技部、财政部和发改委的规划、组织和支持，感谢中国石油、中国石化、中国海油及中联公司长期对石油科技和油气重大专项的直接领导和经费投入。此次专项成果丛书的编辑出版，还得到了石油工业出版社大力支持，在此一并表示感谢！

中国科学院院士 贾承造

《国家科技重大专项·大型油气田及煤层气开发成果丛书（2008—2020）》分卷目录

序号	分卷名称
卷1	总论：中国石油天然气工业勘探开发重大理论与技术进展
卷2	岩性地层大油气区地质理论与评价技术
卷3	中国中西部盆地致密油气藏"甜点"分布规律与勘探实践
卷4	前陆盆地及复杂构造区油气地质理论、关键技术与勘探实践
卷5	中国陆上古老海相碳酸盐岩油气地质理论与勘探
卷6	海相深层油气成藏理论与勘探技术
卷7	渤海湾盆地（陆上）油气精细勘探关键技术
卷8	中国陆上沉积盆地大气田地质理论与勘探实践
卷9	深层—超深层油气形成与富集：理论、技术与实践
卷10	胜利油田特高含水期提高采收率技术
卷11	低渗—超低渗油藏有效开发关键技术
卷12	缝洞型碳酸盐岩油藏提高采收率理论与关键技术
卷13	二氧化碳驱油与埋存技术及实践
卷14	高含硫天然气净化技术与应用
卷15	陆上宽方位宽频高密度地震勘探理论与实践
卷16	陆上复杂区近地表建模与静校正技术
卷17	复杂储层测井解释理论方法及CIFLog处理软件
卷18	成像测井仪关键技术及CPLog成套装备
卷19	深井超深井钻完井关键技术与装备
卷20	低渗透油气藏高效开发钻完井技术
卷21	沁水盆地南部高煤阶煤层气L型水平井开发技术创新与实践
卷22	储层改造关键技术及装备
卷23	中国近海大中型油气田勘探理论与特色技术
卷24	海上稠油高效开发新技术
卷25	南海深水区油气地质理论与勘探关键技术
卷26	我国深海油气开发工程技术及装备的起步与发展
卷27	全球油气资源分布与战略选区
卷28	丝绸之路经济带大型碳酸盐岩油气藏开发关键技术

序号	分卷名称
卷 29	超重油与油砂有效开发理论与技术
卷 30	伊拉克典型复杂碳酸盐岩油藏储层描述
卷 31	中国主要页岩气富集成藏特点与资源潜力
卷 32	四川盆地及周缘页岩气形成富集条件、选区评价技术与应用
卷 33	南方海相页岩气区带目标评价与勘探技术
卷 34	页岩气气藏工程及采气工艺技术进展
卷 35	超高压大功率成套压裂装备技术与应用
卷 36	非常规油气开发环境检测与保护关键技术
卷 37	煤层气勘探地质理论及关键技术
卷 38	煤层气高效增产及排采关键技术
卷 39	新疆准噶尔盆地南缘煤层气资源与勘查开发技术
卷 40	煤矿区煤层气抽采利用关键技术与装备
卷 41	中国陆相致密油勘探开发理论与技术
卷 42	鄂尔多斯盆缘过渡带复杂类型气藏精细描述与开发
卷 43	中国典型盆地陆相页岩油勘探开发选区与目标评价
卷 44	鄂尔多斯盆地大型低渗透岩性地层油气藏勘探开发技术与实践
卷 45	塔里木盆地克拉苏气田超深超高压气藏开发实践
卷 46	安岳特大型深层碳酸盐岩气田高效开发关键技术
卷 47	缝洞型油藏提高采收率工程技术创新与实践
卷 48	大庆长垣油田特高含水期提高采收率技术与示范应用
卷 49	辽河及新疆稠油超稠油高效开发关键技术研究与实践
卷 50	长庆油田低渗透砂岩油藏 CO_2 驱油技术与实践
卷 51	沁水盆地南部高煤阶煤层气开发关键技术
卷 52	涪陵海相页岩气高效开发关键技术
卷 53	渝东南常压页岩气勘探开发关键技术
卷 54	长宁—威远页岩气高效开发理论与技术
卷 55	昭通山地页岩气勘探开发关键技术与实践
卷 56	沁水盆地煤层气水平井开采技术及实践
卷 57	鄂尔多斯盆地东缘煤系非常规气勘探开发技术与实践
卷 58	煤矿区煤层气地面超前预抽理论与技术
卷 59	两淮矿区煤层气开发新技术
卷 60	鄂尔多斯盆地致密油与页岩油规模开发技术
卷 61	准噶尔盆地砂砾岩致密油藏开发理论技术与实践
卷 62	渤海湾盆地济阳坳陷致密油藏开发技术与实践

本卷·前言

页岩气是一种特殊的、赋存于泥岩或页岩中的非常规天然气，具有自生自储、无气水界面、大面积连续成藏、低孔、低渗等特征，一般无自然产能或低产，需要大型水力压裂和水平井技术才能进行经济开采，单井生产周期长。近几年来，随着世界经济的快速发展，能源的需求量也越来越大，作为清洁能源的天然气资源在一次能源消费结构中的比例也越来越大。

我国页岩气成藏形成时代老，埋藏深度变化大，成熟度高，构造复杂，含气量变化范围广，页岩气形成条件不明确，成藏机理不清楚，勘探方向不确定，富有机质页岩储层缺乏评价手段和方法标准，地球物理响应机理不明，优质储层识别精度低，有利目标不落实，评价方法尚未建立，建产区开发效果差异大、"甜点"区不落实，因此亟须对相应技术进行攻关。

（1）四川盆地及周缘五峰组—龙马溪组页岩气形成条件不明确，有利区选区标准未建立，有利目标区不落实。四川盆地及周缘页岩气勘探开发程度仍较低，有效资料分布局限，研究认识难度大，古老海相页岩热成熟度过高，页岩气富集主控因素复杂、富集类型多样，富集规律研究尚需深入研究和系统总结。我国南方海相页岩气勘探始于2010年，目前仅中国石油、中国石化两家进行了较大规模的勘探开发试验，其余招标区块勘探研究进展缓慢，在选区评价参数及方法方面多借鉴美国，但我国南方海相地区地质条件比北美复杂得多，必须建立一套适合南方复杂构造背景及地面地理条件的页岩气有利区优选参数方法体系。国土资源部招标的20多个区块目前尚未取得突破，四川盆地周缘地区尚未发现较为可靠的有利勘探目标。需要对目前的长宁、威远、昭通、涪陵等示范区及周边开展系统的重点评价，在目前的核心区和"甜点"区之外，选出较为现实的接替目标；针对目前有一定苗头的渝东北地区需要开展重点区块的评价，为页岩气的勘探开发准备区块。根据本轮有利区优选的新成果，选择新的重点区块进行系统评价，再准备6~10个勘探开发有利区。

（2）页岩气储层精细描述与定量表征技术较为复杂，富有机质页岩储层缺乏评价手段，页岩气成藏机理不明确。我国四川盆地及周缘海相页岩经历了复杂的构造运动，具有显著的演化历史复杂、后期抬升剧烈、断裂及褶皱变形严重等特征。由于构造变形、断裂、隆升、剥蚀等强烈差异性改造引起区域能量场变化，致使页岩气吸附/解吸、渗流/扩散等成藏条件发生变化，对我国特殊地质条件下页岩气的成藏机理需要深入精细研究，页岩气成藏要素时空匹配及模式有待建立。在当前页岩气开发的主力层系五峰组和龙马溪组顶底界线具有明显的穿时性，给识别这两套黑色页岩的时空分布造成困难，页岩地层格架和古地理环境需要细致划分。页岩层理、孔隙和裂缝等非均质性特征不明确，无法高效准确地自动定量识别和评价。致密岩心微观表征技术发展面临瓶颈。页岩岩心致密、易破碎，因而制样难度大，含气量、渗透率测定困难。目前国外致密岩心测试主要形成了三大项技术：高精度含气量测试技术、页岩孔隙度/渗透率测试评价技术和页岩微观孔隙定量表征技术。依托国家能源页岩气研发（实验）中心，通过技术引进和自主研发，在页岩气特有的纳米级孔隙和含气量测试等领域形成特色技术，但与国外相比有很大差距，离商业化开发尚有一定距离，特别是一些关键技术严重制约我国页岩气产业的发展。

（3）地球物理响应机理不明，优质储层识别精度低。页岩元素测井（ECS、GEM）、核磁共振、油基钻井液条件下声电成像等技术不完善，还需要进一步试验，储层测井解释评价目前主要依赖国外公司，水平井测井资料少，响应差异大。页岩储层三分量地震技术试验尚属首次，存在着资料信噪比低、纵波和转换波分量混叠等现象，影响真实的纵横波速度提取。目前示范区建设取得了一定进展，但开发效果并不理想，离产业发展规划原定目标还存在较大差距，远远未达到规模效益开发的要求。因此，如何实现示范区储层地球物理综合评价，提高优质储层的预测精度，落实示范区开发目标是拟解决的重大生产问题。目前页岩气勘探开发主要集中于四川盆地，外围区缺少足够的有利勘探目标，页岩气勘探开发持续发展还缺少远景目标。因此，如何利用以后地球物理预测技术，往四川盆地外缘扩展寻找有利勘探目标，拓宽页岩气勘探开发局面，还需要进行进一步研究。

（4）建产区开发效果差异大、综合评价技术尚未建立。我国页岩气产业处于开发起步阶段，在页岩气工业化建产区评价方面尤为薄弱，与国外相比有很大的差距，一定程度上制约了我国页岩气产业的发展。我国四川盆地及邻区五峰组—龙马溪组页岩气田具有特殊性。总体上，南方海相页岩分布较为稳定，但优质页岩段在区域上存在相变，不同地区具有不同特征；受多期构造改造，页岩气的保持条件差异较大、储层地应力复杂、水平主应力差值较大。页岩气井开发不仅需要寻找地质"甜点"区（页岩气资源最富集的地区）和工程"甜点"区（页岩气增产改造最有利地区），更应寻找页岩气经济效益最好的地区，即地质和工程结合在一起的效益"甜点"工业化建产区，当前对页岩气地质—工程—效益一体化综合评价方法尚未建立。南方海相五峰组—龙马溪组富有机质页岩厚度超过100m，通常将TOC大于2%的储层计算页岩气储量。按照目前水平井分段压裂技术，其纵向可动用范围有限。因此，巨厚的五峰组—龙马溪组页岩是否仅底部的Ⅰ类储层可以作为"甜点"段实现工业化开发，其他层段是否具备开发潜力值得深入探讨研究。美国页岩气开发的主要气田中，Marcellus、Barnett等绝大部分页岩气田均为常压，仅Haynesville页岩气田为典型的超压页岩气田。在页岩气勘探开发初级阶段，在浅部钻探了如威201井等一批页岩气评价井，大多因含气量相对较低，未作为页岩气开发重点领域。随着工程技术的不断进步，这部分资源是否有望成为页岩气产建新领域亟待研究。

"四川盆地及周缘页岩气形成富集条件、选区评价技术与应用"项目取得六大成果：建立不同时期深水陆棚相控制优质页岩演化规律，刻画页岩气构造保存条件和含气特征，形成四川盆地盆内和盆外"三控"富集规律，建立适合南方海相高演化复杂构造背景的页岩气选区评价体系，优选出页岩气有利目标区44个，地质资源量$17\times10^{12}m^3$，揭示了五峰组—龙马溪组富有机质页岩储层成因，深化了储层非均质性精细表征和页岩气差异富集模式，创新了储层精细描述技术，形成高精度页岩气测井成像预测技术，建立复杂山地地震采集和高精度处理技术，实现页岩气藏三维定量描述和优质储层识别，建立五峰组—龙马溪组页岩气富集高产模式，结合页岩气产能影响因素，建立页岩气建产区评价方法体系，研制建产区评价软件系统，明确页岩气经济评价参数体系，建立川南页岩气建产区评价指标，综合评价开发效果，优选出一批建产有利区。

"四川盆地及周缘页岩气形成富集条件、选区评价技术与应用"项目取得六大认识：建立了五峰组—龙马溪组沉积模式和岩相古地理演化序列，揭示了主力层段富有机质页岩空间展布与关键地化特征，明确了筇竹寺组主力层段沉积特征，划分出构造保存9大区20小区，提出多地质事件沉积耦合差异富集认识及页岩气富集三控理论，总结页岩气四种富集模式，确立了以变权法为主导的分级分类选区方法及流程，优选出页岩气有利区44个，重点评价8个有利目标，建立了五峰组—龙马溪组页岩笔石地层框架，阐明了页岩多尺度孔隙发育特征及成因。建立了基于孔隙及其润湿性和超压演化的页岩气赋存模式，揭示了"构造样式、后期调整、保气时效"主控的页岩气差异富集机理。创新研发页岩物性、含气性和物理模拟关键技术装备，关键指标达到国际领先水平，深化页岩气储层的岩石物性及弹性参数的变化规律和储层岩石物理建模及地球物理响应特征，形成页岩气藏测井精细描述和储层综合评价技术、页岩气藏优质储层地震定量描述技术、复杂构造背景条件下页岩气富集有利目标区综合评价技术，明确建产区水平井产能影响地质和工程因素，确定气井高产指标范围，建立五峰组—龙马溪组页岩气富集高产模式；结合页岩气产能影响因素，建立页岩气建产区评价方法体系，研制建产区评价软件系统；明确页岩气经济评价参数体系，优化形成了页岩气技术经济评价方法和开发效益标准；建立川南页岩气建产区评价指标，综合评价开发效果，优选出一批建产有利区。

  本书以项目研究成果为基础，共分七章内容。第一章四川盆地及周缘海相页岩气形成条件与发育特征，由王玉满、拜文华、梁峰等编写。第二章四川盆地及周缘海相页岩气差异富集规律，由施振生、邱振等编写。第三章四川盆地及周缘海相页岩气有利区优选评价技术，由拜文华、孙莎莎等编写。第四章页岩气储层精细描述和成藏评价技术，由姜振学、李卓等编写。第五章页岩气藏高精度测井识别评价技术，由石强等编写。第六章页岩气藏高精度地震预测评价技术，由杨晓、邓小江等编写。第七章页岩气工业化建产区评价技术，由赵群、王南等编写。全书由王红岩、刘德勋统稿。

  由于笔者水平所限，不足之处在所难免，恳请读者批评指正。

目 录

第一章　四川盆地及周缘优质页岩形成条件与发育特征　1
第一节　五峰组—龙马溪组页岩形成分布规律　1
第二节　筇竹寺组页岩分布规律　13

第二章　四川盆地及周缘海相页岩气差异富集规律　20
第一节　多地质事件沉积耦合理论　20
第二节　页岩气"甜点"特征　24
第三节　页岩气差异富集规律　38

第三章　四川盆地及周缘海相页岩气有利区优选　45
第一节　页岩气保存条件评价技术　45
第二节　页岩气有利区优选参数体系及方法　56
第三节　四川盆地及周缘海相页岩气有利区优选　61

第四章　页岩气储层精细表征成藏评价技术　66
第一节　页岩储层定量表征及评价　66
第二节　页岩储层孔隙演化及评价　83
第三节　页岩储层物性及含气性评价技术　88
第四节　页岩气赋存状态转化机理及定量评价　99
第五节　页岩气聚散控制因素及评价　107
第六节　页岩气成藏要素匹配及综合评价　129

第五章　页岩气测井解释与优质储层识别评价技术　136
第一节　页岩气藏优质储层测井响应特征　136

第二节　页岩气测井关键参数计算方法及评价标准 …………………… 140

第三节　页岩气藏测井综合品质评价 …………………………………… 153

第六章　页岩气高精度地震成像及预测技术研究 …………………………… 172

第一节　复杂山地页岩气地震采集技术 ………………………………… 172

第二节　高精度地震资料处理技术 ……………………………………… 181

第三节　页岩气藏储层参数精细预测技术 ……………………………… 208

第七章　页岩气工业化建产区评价技术 ……………………………………… 228

第一节　建产区工业化分层标准 ………………………………………… 228

第二节　高产区形成条件及模式 ………………………………………… 233

第三节　建产区评价方法体系 …………………………………………… 247

参考文献 …………………………………………………………………………… 271

第一章　四川盆地及周缘优质页岩形成条件与发育特征

我国海相页岩气主要分布在南方中上扬子地区，经过勘探开发证实最为有利的区域在四川盆地及周缘。四川盆地是一个历经多期构造运动，由海相克拉通盆地与陆相前陆盆地组成的大型叠合盆地，海相、海陆过渡相、陆相页岩均发育。四川盆地及周缘广泛发育六套海相、海陆过渡相及陆相页岩地层，从上到下分别是侏罗系下统自流井组大安寨段（陆相）、三叠系上统须家河组（陆相）、二叠系上统龙潭组（过渡相）、奥陶系上统五峰组—志留系下统龙马溪组（海相）、寒武系下统筇竹寺组（海相）和震旦系下统陡山沱组（海相）。最为有利的是奥陶系—志留系的五峰组—龙马溪组黑色页岩，其次为下寒武统筇竹寺组黑色页岩。

勘探开发证实，四川盆地及周缘五峰组—龙马溪组及筇竹寺组分布面积大，页岩气资源丰富。据预测，五峰组—龙马溪组主要分布于川南—黔北、川东—渝东南、鄂西北和湘鄂西等广大地区，地层厚度为100～600m，埋深适中（在川南及周缘一般为1000～5000m），TOC＞2%的页岩厚度为20～70m，是中国南方海相页岩气勘探唯一突破层系和目前主力产层。筇竹寺组主要分布于川北—鄂西北、长宁—绵阳、川东—鄂西和湘黔4大裂陷槽，分地层厚度为100～600m，TOC＞2%页岩厚度为50～110m，目前已获得勘探突破。巨大的页岩分布面积和远景资源量，为选区评价提供了资源基础。但两套页岩沉积时间早，沉积后经历的构造演化复杂，使得四川盆地页岩气沉积条件及富集规律较为复杂。

第一节　五峰组—龙马溪组页岩形成分布规律

奥陶纪—志留纪之交，随着华南板块持续向北俯冲并与滇缅、华北等板块碰撞和拼合，扬子地台发生板内变形，自东南缘向西北逐次向下挠曲并形成深水前陆盆地，建造了五峰组—龙马溪组黑色页岩。五峰组—龙马溪组黑色页岩具有有机质含量高（TOC＞2%）、厚度大、分布广、笔石化石丰富、高频次钾质斑脱岩发育、介壳层和结核体类型丰富等显著特征。受海平面变化、古生产力、沉积速率、古地理环境等要素影响，不同区域优质页岩分布规律存在差异性。

目前，地质及油气勘探行业普遍以笔石、腕足等典型化石作为分层依据，在此基础上广泛开展五峰组—龙马溪组地层划分与对比、区域构造演化分析、沉积环境与黑色页岩分布研究、烃源岩评价和储层表征等工作，取得了一大批科研成果，并在勘探与生产中发挥了重要的支撑作用。但特定带笔石的首现层位的识别受笔石沉积环境和保存条件等因素影响误差大，仅凭笔石分层难以实现龙马溪组中上段的精细划分和对比。五峰组—龙马溪组内发育的高频次钾质斑脱岩，具有等时性、大面积分布且易识别，受火山活动规模和来源影响大等特点，可作为五峰组—龙马溪组关键界面判别的重要手段之一。将高频次斑脱岩层与典型带笔石相结合，是实现五峰组—龙马溪组精细分层、揭示扬子地区与周缘地块碰撞和拼合作用的重要研究手段。

一、五峰组—龙马溪组斑脱岩发育特征及地质意义

近几年来，五峰组—龙马溪组斑脱岩的发育特征和科学价值不断被发现和报道，并引起了学术界和勘探界的高度关注：高频次斑脱岩在开展锆石定年、关键地层界面对比、有机质富集机制研究等方面具有重要的科学价值。其中，斑脱岩密集段（定义为页岩厚度小于1m而斑脱岩累计厚度大于5cm的黑色页岩段，或单层厚度大于5cm的斑脱岩层）是了解火山灰系统的主要研究单元；斑脱岩密集段在测井曲线上具有特殊响应，在野外和现场工作中也易于识别，对揭示奥陶纪—志留纪的构造活动、龙马溪组内部的关键界面、富有机质页岩的发育模式及沉积主控因素等方面具有独特作用。

1. 斑脱岩发育特征

通过开展中上扬子地区下志留统页岩野外露头详测，建立了一批重要的页岩地层标准剖面和区域大剖面，在五峰组—龙马溪组共发现8个斑脱岩密集段（编号①～⑧），其中五峰组—鲁丹阶密集段（①～④）为多个薄层斑脱岩密集出现，单层厚度一般为0.5～3.0cm，埃隆阶及以上密集段（⑤～⑧）为1层厚层状斑脱岩，单层厚度为5～15cm（局部40cm），均显GR峰。

密集段①：位于 *Dicellograptus complexus* 带中上部（5层顶部至6-1层中上部），厚度约为1.3m（图1-1-1），碳质页岩与薄层状硅质页岩互层，镜下纹层不发育（或欠发育），见大量放射虫颗粒呈星点状分布，TOC为1.92%～2.31%，GR值为154～172cps，矿物组成为石英含量为73.3%～78.1%、长石含量为0.9%～3.7%、黏土矿物含量为21.0%～23.0%。见5层斑脱岩，累计厚度为10cm，底部2层单层厚度为0.5～1.0cm，已风化为灰白色黏土岩；中上部3层较厚，单层厚度为上层4～5cm、中层2～3cm、下层1～2cm，间距10～30cm，斑脱岩GR值为209～218cps，矿物组成为石英含量为6.9%、钾长石含量为0.6%、斜长石含量为1.2%、方解石含量为1.4%、黄铁矿含量为18.9%、黏土矿物含量为71.0%，主要元素为SiO_2（41.57%）、Al_2O_3（19.94%）、Fe_2O_3+FeO（16.61%）、MgO（1.56%）和K_2O（6.08%）。

密集段②：位于 *Paraorthograptus pacificus* 带顶部（6-3层顶至7层上部），厚度约为1m，薄层状硅质页岩（图1-1-1），镜下纹层不发育，见大量放射虫颗粒呈星点状分布，TOC为2.68%～5.55%，GR值为224～252cps（显低幅度峰），矿物组成为石英含量为63.9%～83.8%、长石含量为2.0%～4.4%、黄铁矿含量为1.0%～1.6%、黏土矿物含量为13.2%～30.1%（图1-1-1）。底部和上部见2层斑脱岩（累计厚度为6cm，单层厚度平均为3.0cm），底层厚度为3～4cm，铅灰色，上层厚度为2～3cm。

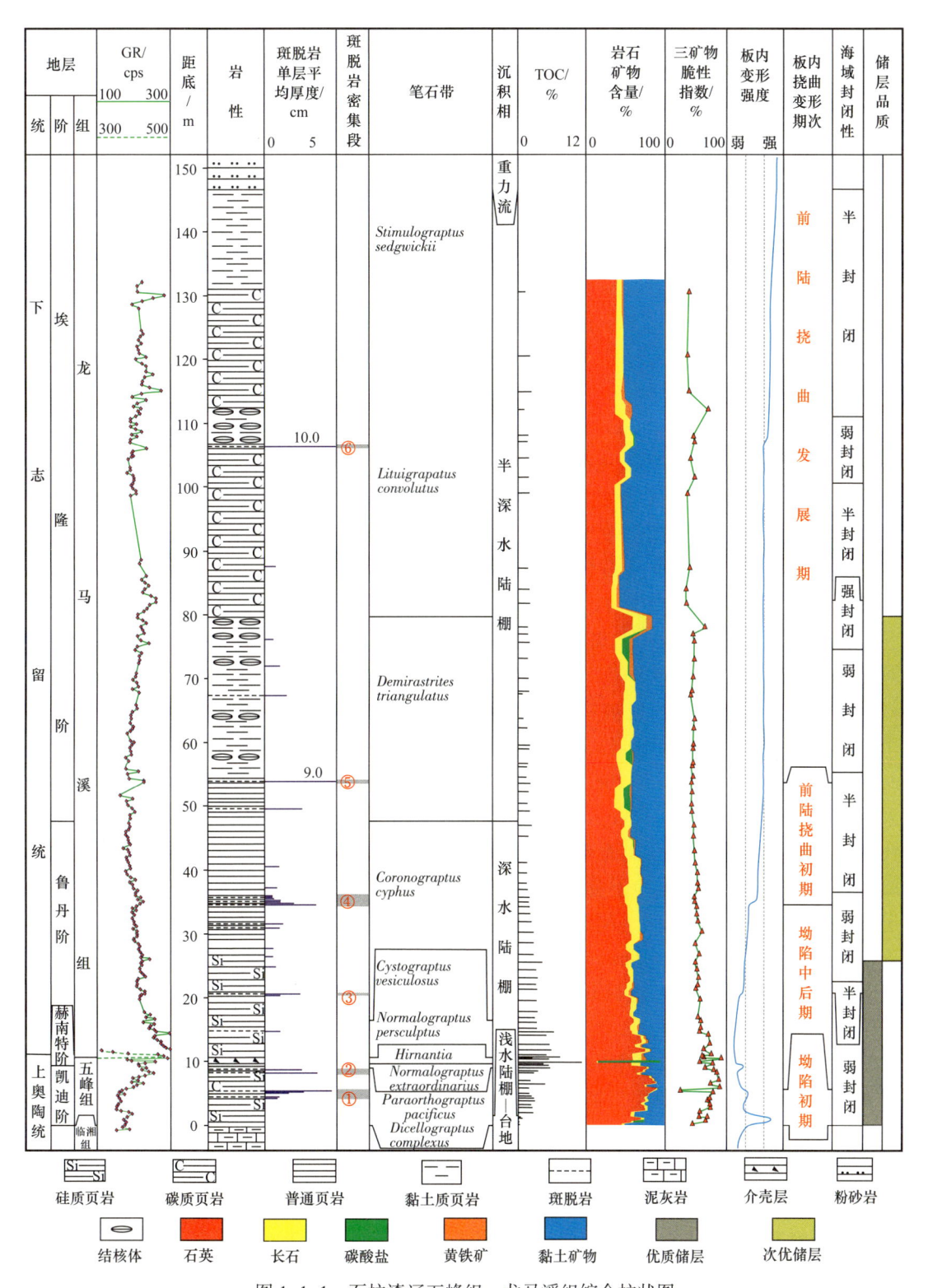

图 1-1-1 石柱漆辽五峰组—龙马溪组综合柱状图

密集段③：位于 *Coronograptus cyphus* 带底部（12层顶部），厚度为0.30m（图1-1-1），中层状硅质页岩，黏土质增多，镜下出现放射虫细纹层。TOC为3.2%，GR值为217～231cps（出现低幅度GR峰），矿物组成为石英含量为56.7%、长石含量为7.5%、黄铁矿含量为1.7%、黏土矿物含量为34.1%。见2层斑脱岩（累计厚度为4cm，单层厚度平均为2.0cm），间距为25cm，下层厚度为1～2cm，上层厚度为2～3cm。

密集段④：位于 *Coronograptus cyphus* 带中上部（17层顶至18层下部），厚度为1.5m，厚层状黏土质硅质混合页岩，黏土质增多（图1-1-1），见大量单笔石，镜下见水平纹层，GR值为208～226cps（出现低幅度GR峰），TOC为1.63%～1.96%，矿物组成为石英含量为47.7%～53.7%、长石含量为15.3%～22.1%、黄铁矿含量为0%～1.4%、黏土矿物含量为28.5%～35.2%。自下而上见7层斑脱岩，间距为15～50cm，单层厚度为0.5～4cm，累计厚度为9.9cm。

密集段⑤：位于 *Demirastrites triangulatus* 带下部，厚度为0.08～0.1m，为埃隆阶半耙笔石带最厚斑脱岩层，单层，铅灰色（图1-1-1），区域分布稳定，与长宁、綦江、歇马、巫溪等地区最厚斑脱岩可以对比，是重要的区域对比标志层，GR值为216～220cps（显低幅度GR峰）。此斑脱岩层已发生蚀变，矿物成分为石英含量为1.8%、长石含量为1.0%、黄铁矿含量为67.5%、重晶石含量为1.9%、黏土矿物含量为27.8%，主要元素为SiO_2（29.02%）、Al_2O_3（16.14%）、Fe_2O_3+FeO（39.56%）、MgO（1.59%）和K_2O（2.42%），与秀山大田坝剖面差异较大。此斑脱岩上覆岩层为黏土质页岩，发育水平纹层（纹层中亮色颗粒多为石英、放射虫）。

密集段⑥：在石柱漆辽被首次发现。近期，在城口明中、保康歇马、长阳邓家坳3个剖面点也发现此厚层斑脱岩。在城口明中剖面点，密集段⑥在纵向上位于 *Lituigrapatus convolutus* 带顶部且距顶界20cm处（即26层中部）（图1-1-2），上下为碳质页岩所围限，GR出现峰值响应（188cps），下伏页岩GR值为157～171cps，上覆页岩GR值为169～171cps。在保康歇马剖面点，此斑脱岩位于 *Lituigrapatus convolutus* 带上部，单层，厚度为5～10cm，已风化为土黄色，GR值为225cps，上、下相邻层段为碳质页岩，下伏层GR值为190～195cps、上覆层GR值为140～161cps。在长阳邓家坳剖面点，密集段⑥位于 *Lituigrapatus convolutus* 带上部，为1层厚度为8～10cm的斑脱岩（8层），夹持于深灰色黏土质页岩中，已风化为土黄色土壤层，GR值为220～230cps，围岩GR值为150～170cps。

密集段⑦：仅在城口明中出露（28层），位于 *Stimulograptus sedgwickii* 带底部且距底界0.54m（图1-1-2），单层，铅灰色，厚度为10～11cm，GR值为191～209cps。上下围岩均为黏土质硅质混合页岩，GR值为169～177cps。

密集段⑧：在城口明中和南江杨坝 *Spirograptus guerichi* 笔石带底部出露。在城口明中剖面点，该斑脱岩位于特列奇阶底部且距界界0.5m，单层厚度为10cm，铅灰色，局部风化为土壤层，GR值为206～210cps，下伏页岩为黏土质硅质混合页岩，GR值为184～209cps，上覆页岩为黏土质页岩，GR值为154～185cps（图1-1-1）。在南江杨坝剖面点，该厚层斑脱岩距特列奇阶底界0.25m（位于11层上部），厚度为10cm，单层，表面风化为

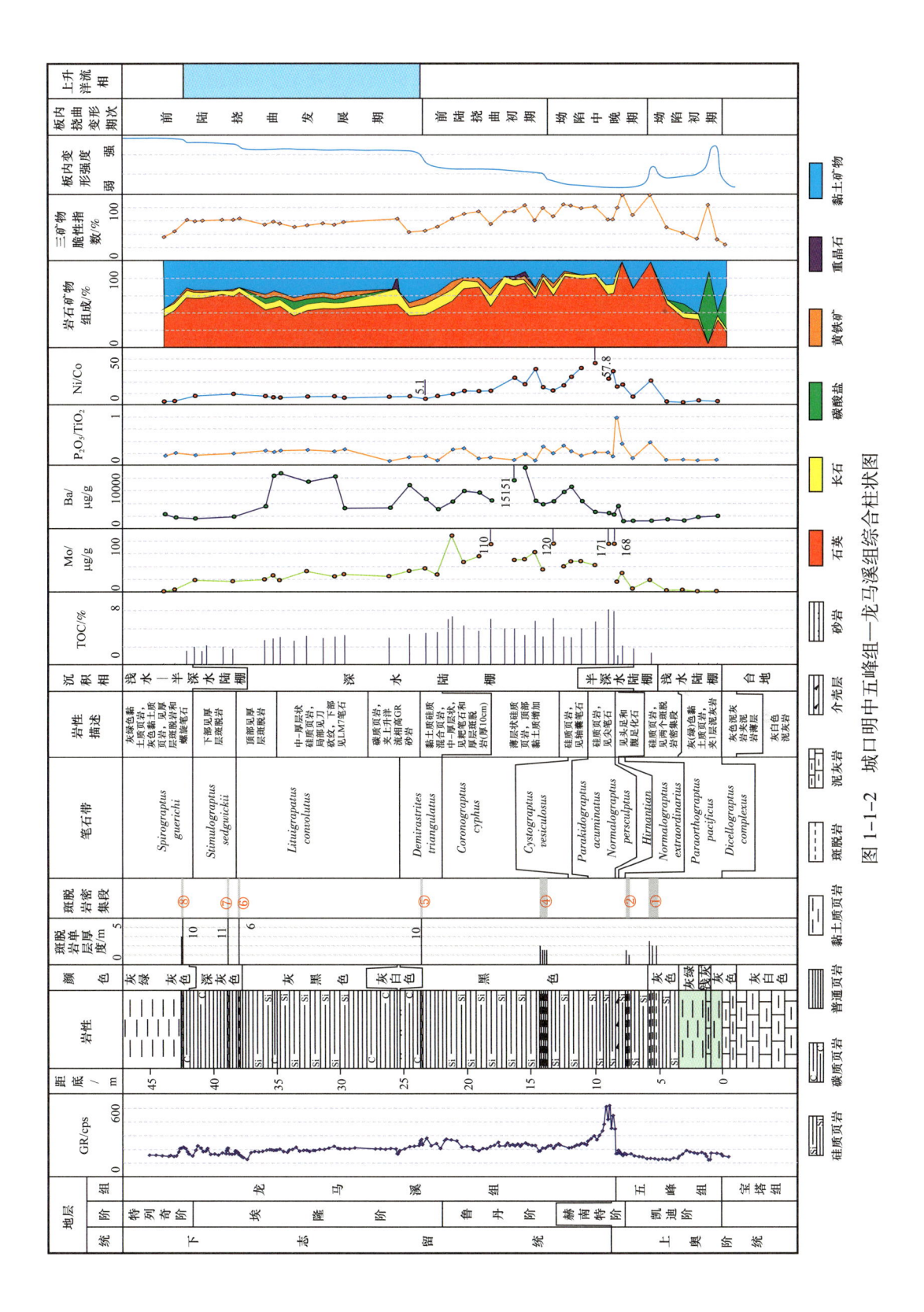

图 1-1-2 城口明中五峰组—龙马溪组综合柱状图

褐色黏土层，新鲜色仍为灰白色黏土，呈橡皮泥状，GR 值为 217～219cps，下伏页岩为硅质页岩，GR 值为 185～197cps，上覆页岩为黏土质硅质混合页岩，GR 值为 195cps。

综上所述，8 个斑脱岩密集段分布于 4 阶 7 个笔石带，其中凯迪阶 2 个、鲁丹阶 2 个、埃隆阶 3 个、特列奇阶 1 个。大多数斑脱岩密集段显示出黏土矿物含量明显增加、自然伽马曲线出现峰值响应、火山灰与 TOC 关系不明显等典型特征。龙马溪组斑脱岩密集段在上扬子地区广泛分布，自然伽马曲线普遍显示尖峰特征，可以成为龙马溪组内部关键界面（如鲁丹阶顶界、特列奇阶底界等）划分的重要参考界面。

2. 斑脱岩密集段的地质意义

斑脱岩密集段具有分布广泛、测井响应普遍显 GR 峰等特征，是重要的地层对比界面，对揭示扬子海盆构造活动和有机质富集规律具有重要意义。斑脱岩密集段是奥陶—志留纪之交扬子海盆强烈挠曲的重要沉积响应，反映扬子台盆区存在坳陷初期、坳陷中晚期、前陆挠曲初期和前陆挠曲发展期 4 个盆地活动期次（即五峰组—龙马溪组存在 4 个构造层），其沉降沉积中心在前陆挠曲发展期至少发生过 3 次大规模向西、向北迁移，导致特列奇阶沉降沉积中心与鲁丹阶、埃隆阶相距较远。

二、五峰组—龙马溪组岩相古地理与优质页岩分布

依据斑脱岩密集段和笔石分层，对五峰组—龙马溪组实施按阶编图，突出富有机质页岩发育段，揭示五峰组—龙马溪组岩相古地理演化特征与优质页岩分布规律。

1. 五峰组沉积期

扬子地块在经历短暂的台地陆棚转换之后主体进入坳陷形成期，在四川盆地及周边形成了"三隆夹一坳"的古地理格局，即黔中隆起已上升为古陆，江南（雪峰）隆起已具雏形，川中古隆起持续抬升但尚未出露水面，川南—川东—川东北及其周缘沉降为地势平坦的深坳陷区，沉积厚度一般为 2～10m（在川南坳陷局部可达 10～14m）。受古地形的封闭和阻隔作用，中上扬子地区出现了开口向北、水面辽阔的半封闭海湾。根据有机地球化学和岩矿资料，海平面和古气候变化是该时期环境变化的主控因素。

在五峰组沉积早中期（即凯迪间冰期），气候温暖湿润，海平面上升至高位，海底出现大面积缺氧环境，表层水体营养丰富，藻类、放射虫、笔石等浮游生物出现高生产，生物碎屑颗粒、有机质和黏土矿物等复合体主体以"海洋雪"方式缓慢沉降，沉积速率一般为 2.3～3.2m/Ma。在川南—川东—川东北及其周缘深水—半深水区，沉积一套富含有机质和生物硅的硅质页岩，镜下纹层不发育（较少或欠发育），TOC 一般为 2.0%～4.6%。在威远和黔中古陆北缘滨岸—浅水区，出现钙质页岩、泥灰岩沉积；在印江—思南、长阳等水下隆起区出现沉积缺失。

在五峰组沉积晚期（即赫南特冰期），随着海平面急剧下降（降幅为 50～100m）、海水温度降低和以浮游生物为食物的笔石大量灭绝，$\delta^{13}C$ 值开始发生正漂移，在观音桥段中部（即奥陶纪末全球最大冰期）达 -29.0‰（长宁）到 -27.6‰（宜昌王家湾），P_2O_5/TiO_2 值达到高峰值 0.84。缺氧的深水域缩小至川南—川东—川东北—中扬子北部坳陷区，并形

成了表层浮游生物勃发（达到高生产力顶峰）、底层有机质高埋藏率的滞留海盆，沉积一套富含有机质和生物硅的硅质页岩和钙质硅质混合页岩，沉积速率为0.3~3.6m/Ma，TOC一般为2.1%~11%。在坳陷周缘上斜坡带出现钙质页岩、泥灰岩等浅水陆棚—滨岸相沉积，在湘鄂西隆起出现沉积缺失（图1-1-3）。

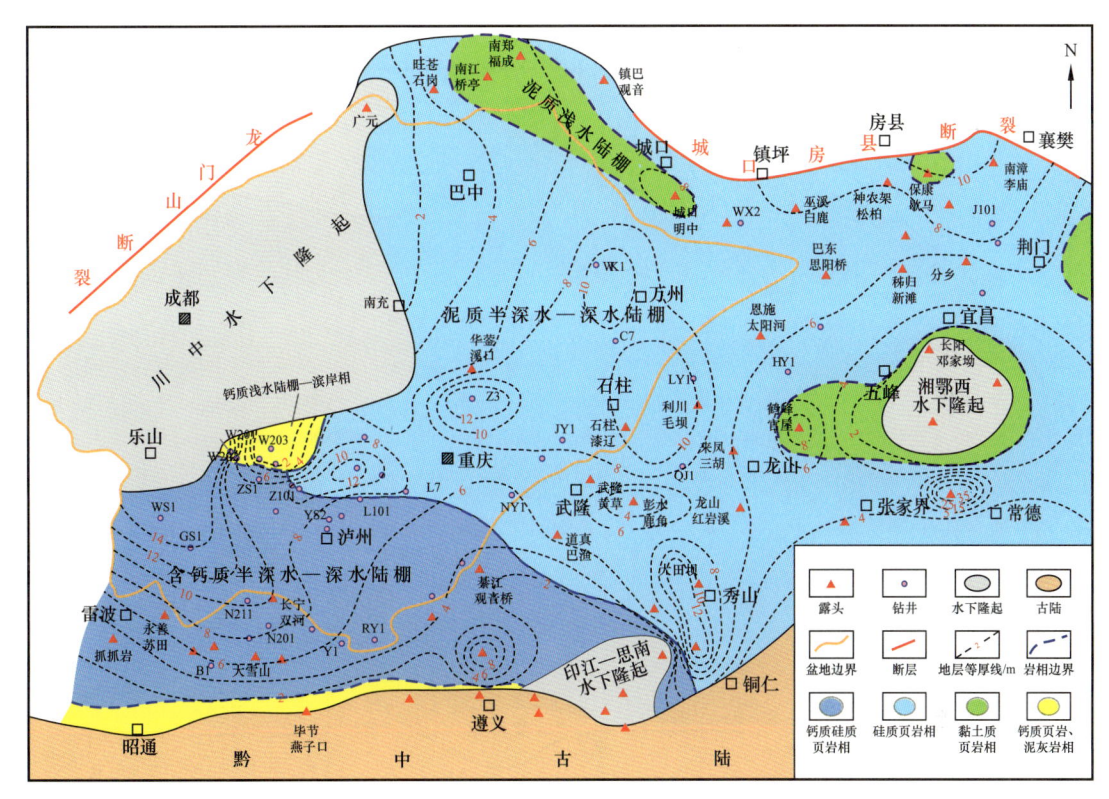

图1-1-3 中上扬子地区五峰组笔石页岩段岩相古地理图

2. 鲁丹阶沉积期

华夏与扬子地块的碰撞拼合作用在早中期保持和缓、在晚期开始加强，四川盆地及周边基本保持五峰组中晚期大隆大坳的古地理格局，海平面升降和古气候变化仍然是该时期环境变化的主控因素，沉积中心位于川南—川东坳陷的中南部，沉积厚度一般为10~40m，在长宁—泸州可达40~50m。

在鲁丹早中期，随着气候变暖和全球冰盖的快速消融，海平面再次快速上升，并基本接近五峰组沉积早期的高水位，S/C值为0.08~0.51和Mo含量为41~73mg/L，说明该海域处于弱—半封闭状态，川南—川东—川东北坳陷区再次出现大面积缺氧的深水陆棚环境，$\delta^{13}C$显著变轻（-31.0‰~-29.5‰）并发生负漂移，P_2O_5/TiO_2值为0.25~0.38，藻类、放射虫、笔石等浮游生物再次出现大辐射，并以"海洋雪"方式缓慢沉积，沉积速率一般为1.8~9.3m/Ma。台盆坳陷区为深水陆棚区，岩相与五峰组相近，以硅质页岩（川东—中扬子）和钙质硅质混合页岩（川南）为主，纹层不发育或欠发育，TOC一般为 2.1%～8.4%。川中隆起东北缘和黔中隆起北缘出现滨岸—浅水陆棚区，分别出现黏土质页岩和钙质页岩（或泥灰岩）沉积。在宜昌上升区出现笔石带沉积缺失，缺失量自边缘向腹部逐渐增大，在边缘区一般缺失 Normalograptus persculptus—Akidograptus ascensus 带，在腹部则缺失 Normalograptus persculptus—Cystograptus vesiculosus 带以及 Akidograptus ascensus 带下段（图 1-1-4）。

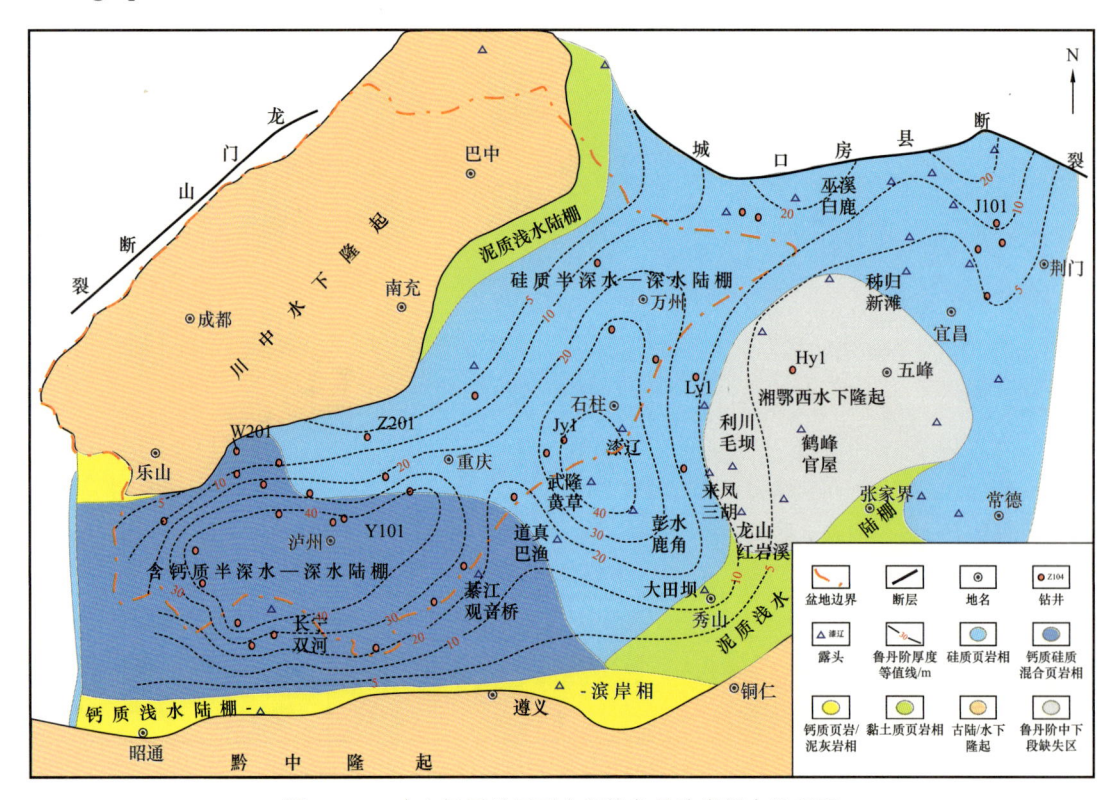

图 1-1-4 中上扬子地区下志留统鲁丹阶岩相古地理图

在鲁丹晚期（即 Coronograptus cyphus 晚期），扬子海盆东南区开始进入前陆期，宜昌上升沉降消失，岩相组合在东南区与西北区出现分异现象。在东南区，$\delta^{13}C$ 值开始缓慢增加（即正漂移），一般介于 −29.3‰～−28.7‰，P_2O_5/TiO_2 值下降至 0.12～0.16，黏土矿物和钙质增多，沉积速率增至 14.4～33.8m/Ma，TOC 降至 1.0%～1.9%，S/C 值一般为 0.37～0.57，Mo 含量为 2～19mg/L，岩相以黏土质硅质混合页岩、黏土质钙质混合页岩为主，镜下出现水平纹层，在前陆深水域出现呈顺层状断续分布、尺寸一般在 20cm×10cm 以上的大型钙质结核体，表明海平面下降，海域封闭性增强，黏土质、钙质等陆源碎屑增多且物源输入稳定性变差，沉积速率加快，表层水浮游生物生产力降低。在川中、川东北和中扬子北部等地区，沉积要素总体保持稳定，大部分地区 $\delta^{13}C$ 值一般介于 −30.0‰～−29.0‰（未出现正漂移），P_2O_5/TiO_2 值为 0.20～0.40，黏土矿物含量未见增多，沉积速率保持在 2.0～7.6m/Ma，TOC 介于 1.7%～9.4%，Mo 含量为 18～35mg/L，岩相以钙质硅质混合页岩（威远）和硅质页岩（巫溪—中扬子北部）为主，镜下纹层较少。

3. 埃隆阶沉积期

扬子海盆主体进入前陆盆地快速沉积期，沉降中心向西北方向迁移至川南—川东—中扬子北部坳陷中央区，黑色页岩沉积厚度为川南 10~200m、川东 10~100m、中扬子北部 10~50m，沉积要素和岩相组合较五峰组—鲁丹期发生显著变化。

沉降中心迁移、海平面差异升降、海域封闭性出现台盆区强和北缘弱、沉积速率显著加快以及北缘上升洋流活跃是该时期环境变化的主要因素；在台盆区，水体逐渐由缺氧还原环境演变为弱还原—氧化环境，陆源黏土物质显著增加、营养物质减少，浮游生物生产力降低，有机质聚集和保存条件逐渐变差；在扬子地台北缘，受上升洋流控制，海水富营养化，古生产力高，沉积速率快，有机质丰度高，岩相总体较复杂（图 1-1-5）。

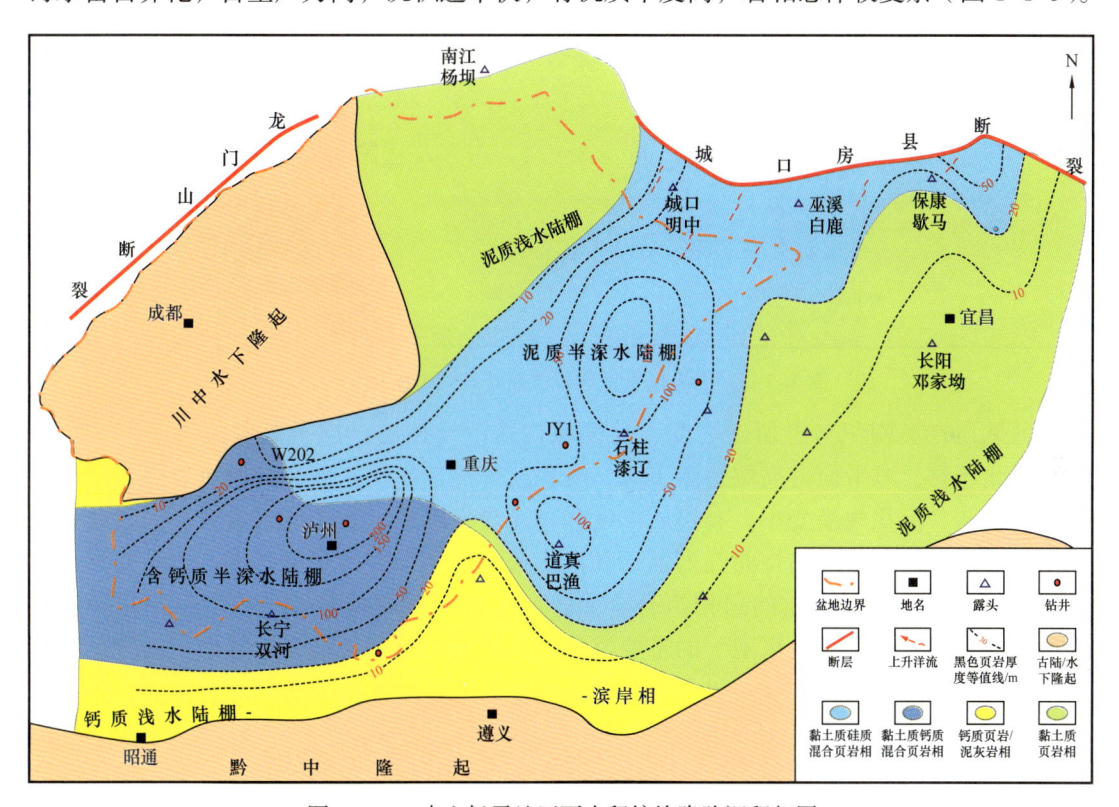

图 1-1-5 中上扬子地区下志留统埃隆阶沉积相图

4. 特列奇阶沉积期

扬子海域沉降中心经过至少 3 次大幅度迁移至川中和川北，海平面持续下降，陆源黏土矿物输入量大，沉积速率显著加快（>100m/Ma），岩相组合早期以深灰色、灰色黏土质页岩、黏土质硅质混合页岩为主，中晚期则以灰绿色、黄绿色黏土质页岩夹粉砂岩薄层为主，TOC 一般为 0.2%~2.5% 且具底部高、中上部低的显著特点，深色页岩主要分布巫溪—南江（厚度为 5~40m）、威远（厚度为 5~10m），岩性主要为黏土质页岩、黏土质硅质混合页岩（图 1-1-6）。

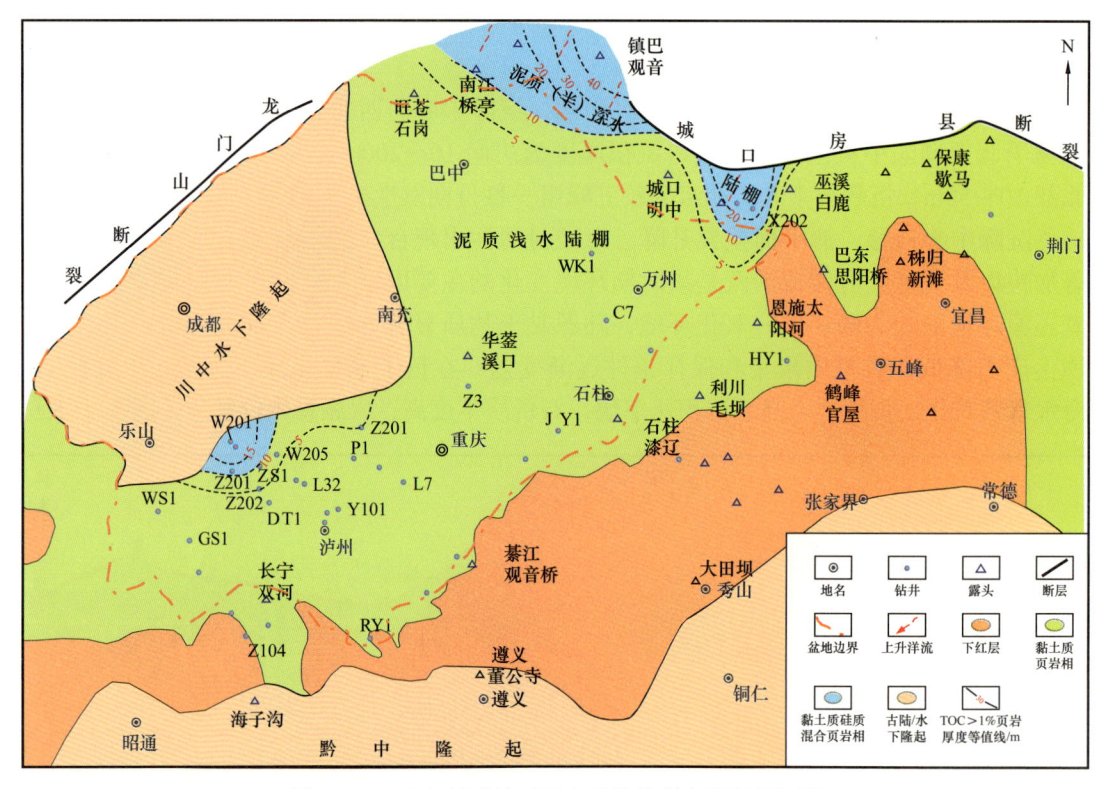

图 1-1-6 中上扬子地区下志留统特列奇阶沉积相图

可见，在奥陶纪与志留纪之交，受区域构造活动控制，扬子海盆沉降沉积中心不断向西北迁移，海平面由高位逐渐下降，沉积速率逐渐加快，富有机质页岩发育层段沉积时代变新，沉积规模变小，有机质丰度和硅质含量降低，黏土质含量升高。埃隆期是扬子台盆区主体进入前陆挠曲强烈活动和沉积速率显著加快的关键时期，也是龙马溪组页岩由富硅质、低黏土质的岩相组合全面转向富黏土质岩相组合（川中—川东—湘鄂西）和富钙质岩相组合（川南）的重要沉积期；川南—川东坳陷为五峰期—埃隆期沉积中心，并以埃隆期沉积为主；川中—川东北地区为埃隆期—特列奇期沉积中心，并以特列奇期沉积为主。五峰期—鲁丹期为构造活动相对稳定、高海平面、高生产力和低沉积速率等有利沉积要素叠加时期，形成的富有机质页岩厚度介于 20～100m，分布面积超过 $18\times10^4 km^2$，TOC 介于 2.0%～11.0%，因而是优质页岩的主要形成期；埃隆阶沉积期及以后主体为构造活动强烈的快速沉积期，上升洋流活跃（主要在扬子板块北缘），仅在川中—川北、川东北—中扬子北部等局部地区和层段出现深水缓慢沉积，形成的富有机质页岩厚度为 10～50m，分布面积约为 $5\times10^4 km^2$，TOC 介于 2.0%～5.2%，因此是优质页岩的次要形成期。

根据上述构造沉积响应特征认为，中上扬子地区五峰组—龙马溪组富有机质页岩存在 3 种沉积模式：五峰组—龙马溪组优质页岩主要发育于台盆区的坳陷初期—坳陷期和台地北缘的前陆期，并存在静水陆棚中心沉积、静水陆棚斜坡沉积和上升洋流相沉积 3 种模式，前两种主要分布于扬子台盆区内部，是坳陷中心区和斜坡带五峰组—龙马溪组富有机质页岩的主要沉积模式,第3种主要发育于扬子台盆区北缘(如城口、巫溪、神农架、南漳等地区),是埃隆阶—特列奇阶富有机质页岩重要沉积模式。

三、五峰组—龙马溪组烃源岩有效性评价

针对高过成熟的古老海相烃源岩,其 R_o 有效检测方法和生烃死亡线的确定一直是有机地球化学研究和烃源岩有效性评价的核心与关键。利用海相页岩有机质炭化研究成果,确定了Ⅰ—Ⅱ₁型有机质炭化的 R_o 门限值(R_o>3.5%)为海相页岩生烃死亡线(王玉满等,2018),有机质炭化被认为是高过成熟海相页岩气勘探面临的主要地质风险。

根据海相页岩有机质炭化表征方法和标准(王玉满等,2018,2020),探索形成3种高过成熟海相烃源岩热成熟度分析方法(表1-1-1)。对于重点资料的岩石样品,全部采用激光拉曼谱测定 R_o;对于处于有机质炭化区且测井资料齐全、缺少岩石样品的老井,依据该井电阻率响应值和原状地层电阻率 R_t—TOC图版插值以确定目标井区的 R_o;对于盆地内埋藏史相似的未炭化区,一般采用深度插值法确定目标井区的 R_o,如在川南—川东志留系坳陷区选择威201井(优质页岩埋深为1500~1543m,拉曼 R_o 为2.6%~2.8%)、五科1井(优质页岩埋深为5220~5260m,拉曼 R_o 为3.45%)分别作为浅层和深层基准点,对于该地区志留系其他老井则按照其富有机质深度值在两基准点间进行线型插值以计算 R_o。

表1-1-1 高过成熟海相烃源岩热成熟度分析方法表

序号	方法	基本特征和判识标准	适用条件
1	激光拉曼谱	(1)原理:泥页岩D峰和G峰的峰间距与峰高比一般随着 R_o 升高而增加,G′峰(即石墨峰)在无烟煤阶段出现并随着石墨化程度加剧而增高。 (2) R_o 计算方法: G′峰出现以前,R_o=0.0537d(G-D)-11.21; G′峰出现以前,R_o=1.1659h(D_h/G_h)+2.7588	适用于高—过成熟所有泥页岩样品
2	电阻率响应插值	(1)原理:在泥页岩有机质进入炭化阶段(R_o>3.5%),富有机质页岩 R_t 随着 R_o 增大而减小。 (2)方法:利用电阻率—TOC关系图版插值	适用于海相页岩有机质碳质区
3	深度插值法	(1)原理:受埋藏史控制,泥页岩 R_o 一般随埋深增大而增大。 (2)方法:首先,在研究区不同深度段选择关键资料点;然后,用激光拉曼谱法对关键资料点目的层的 R_o 进行刻度;以 R_o 标定后的关键资料点作为标准点建立 R_o 与深度关系,利用评价井的深度值进行 R_o 插值计算	适用构造演化史相近的探区,如川南—川东坳陷区

依据中上扬子地区重点钻井和露头剖面资料,利用激光拉曼谱、电阻率响应插值和深度插值等方法开展四川盆地及周边龙马溪组有机质炭化区预测(图1-1-7)和鲁丹阶 R_o 分布图编制(图1-1-8),揭示龙马溪组烃源岩有效性。结果显示,R_o 超过3.5%的极高成熟区主要分布于川东—鄂西、鄂西北部、川南西部和长宁构造东侧4个有机质炭化区,面积超过35000km²,占整个龙马溪组分布区的15%~20%,R_o 普遍介于3.5%~3.9%,总体处于生烃衰竭阶段(即处于生气死亡线以下),为页岩气勘探高风险区。R_o 低于

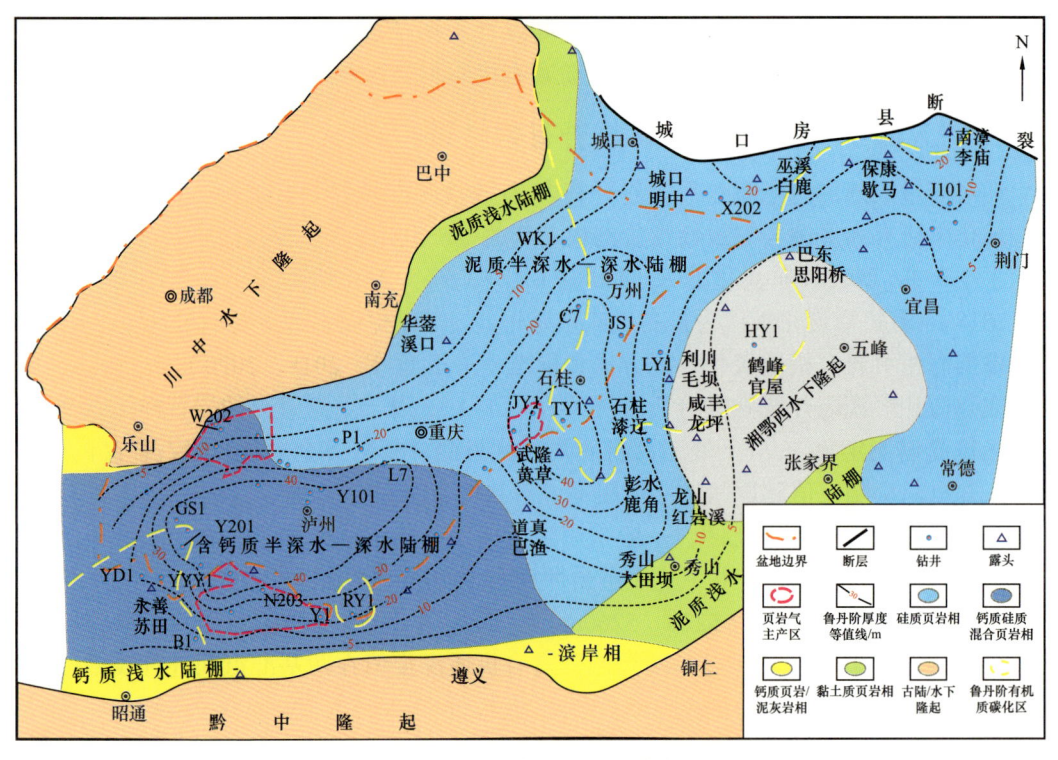

图 1-1-7　中上扬子地区鲁丹阶有机质碳化区预测图

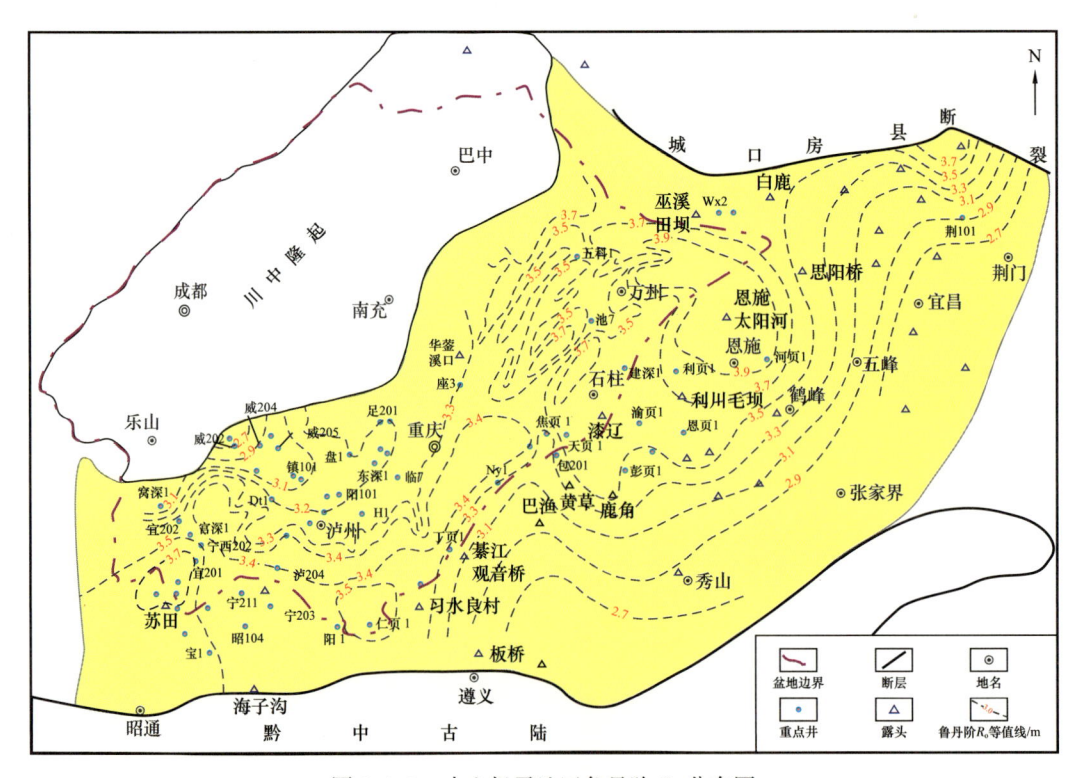

图 1-1-8　中上扬子地区鲁丹阶 R_o 分布图

3.5%的中高成熟区主体为非炭化区面积，占龙马溪组沉积区的80%～85%，R_o普遍介于2.7%～3.4%，尚处于有效生气窗内，为页岩气分布有利区。

第二节 筇竹寺组页岩分布规律

一、筇竹寺组页岩地层划分

四川盆地及其周缘筇竹寺组是区域分布最广、富有机质页岩沉积厚度最大的黑色页岩。筇竹寺组主要分布于川北—鄂西北、长宁—绵阳、川东—鄂西和湘黔4大裂陷槽，黑色页岩厚度一般为20～300m，R_o介于3.2%～4.5%且槽内略高于槽外，均处于高—过成熟演化阶段，孔隙度介于0.5%～6.9%（均值小于2.0%）（陈丽清等，2023）。筇竹寺组涉及前寒武系—寒武系界线事件，在大陆裂解背景之下，上扬子区西缘和东南缘在沉积相和生物相存在明显的差异，筇竹寺组顶底接触地层不同。在观音山、龙潭街、宜良、路南地区，见假整合于震旦纪灰岩之上，为滇东下寒武统的下部，主要产三叶虫 *Pseudoptycoparia* 及 *Redlichia walcott* 生物群（郭彤楼等，2023）。

根据岩相组合和测井响应特征，筇竹寺组可划分为3段，不同地区地层厚度差异明显。四川盆地及周缘筇竹寺组GR测井曲线纵向变化上表现出四种特征，反映沉积期四种古地貌环境，即在川西裂陷区，GR背景值较低，高GR段出现频率高，主要位于地层中上部、下部和底部，以资4井、高石17井和威201井等为代表；鄂西海槽GR背景值较高，高GR段出现频率中等，主要位于地层下部—底部，以长生1井、恩页1井和白竹岭剖面为代表；被动大陆边缘GR背景值较高，高GR段出现频率低，主要位于地层中上部和底部，以黄页1井、保页2井和瓮安垛丁关为代表；古地貌高地GR背景值较低，仅发育1个高GR段，位于地层底部，以高石1井、宜探2井和汉深1井为代表。

从筇一段至筇三段沉积期，随着海平面下降，生物硅质含量、GR值和TOC呈降低趋势，灰质含量和砂质含量则逐渐升高。筇一段岩性以黑色、灰黑色硅质页岩为主，GR值变化范围大分布在136～1044API，平均为266API，TOC较高，一般在1.2%～6.4%之间，发育优质烃源岩；进入筇二段后，川东北、川西南和黔东南地区以灰色—深灰色粉砂质页岩夹灰黑色碳质页岩，而在湘鄂西地区发育灰色—深灰色灰质页岩夹灰黑色碳质页岩，GR值处于中—高值范围，分布在80～419API之间，平均为138API，高GR段主要出现在裂陷区和被动大陆边缘，TOC中等，一般在0.4%～5.5%之间，裂陷区和被动大陆边缘优质烃源岩发育，古地貌高地以低有机质丰度烃源岩为主；进入筇三段后，在川东北、川西南和黔东南以灰色、浅灰色粉砂质泥岩，泥质粉砂岩为主，在湘鄂西则以灰色—深灰色灰质泥岩、泥灰岩为主，GR值整体处于较低的范围内，分布在62～257API之间，平均为95API，TOC较低，一般小于1.0%，优质烃源岩不发育（图1-2-1）。

为了更好地刻画出筇竹寺组沉积期地层—沉积特征在区域上的变化规律，根据筇竹寺组地层沉积特征，将四川盆地及周缘地区分为鄂西海槽区、被动大陆边缘、川东北、川西裂陷区和滇黔北五个区域（梁峰等，2022）。筇竹寺组3段可全盆地对比，在川西裂陷区内筇竹寺组厚度最厚，其次为鄂西海槽区，被动大陆边缘区筇竹寺组沉积厚度相对较薄，靠近川西裂陷槽和鄂西海槽地层厚度增厚明显，而向盆地周缘古陆和川中古隆起方向地层厚度减薄明显（于淑艳等，2022）。

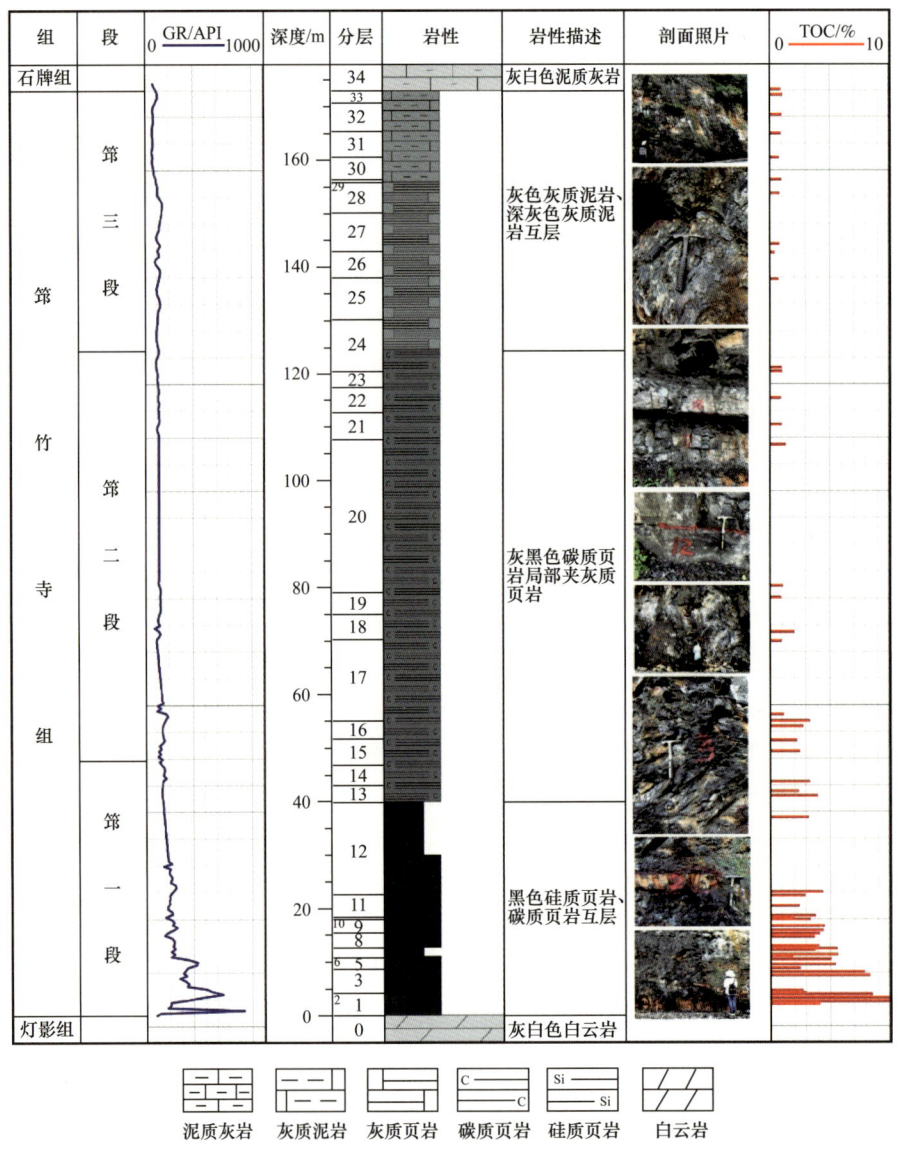

图 1-2-1 长阳白竹岭剖面筇竹寺组地层综合柱状图

筇一段页岩地层厚度平面分布差异较大，整体表现为西北厚、东南薄。受川西裂陷槽影响，在内江—遂宁一带厚度达到 80~120m，在威信—毕节一带，城口—镇坪一带厚度达到 60~100m；鄂西海槽主要影响范围内页岩厚度达到 60~120m；被动大陆边缘地区页岩厚度普遍大于 60m；川中隆起区地层厚度一般小于 40m。整体来看，川西裂陷区和鄂西海槽区域地层普遍较厚，且川西裂陷区地层厚于鄂西海槽和被动大陆边缘。

筇二段页岩地层厚度平面分布规律呈现往西北方向增厚，在内江—遂宁一带、广元—旺苍一带、城口—镇坪一带厚度达到200m以上，最高可达305m；滇黔北地区威信—毕节一带地层厚度与筇一段差别不大，川中隆起区、鄂西海槽区域以及被动大陆边缘地区地层厚度均小于50m。

筇三段页岩地层厚度平面分布规律与筇二段相似，表现为往西北方向增厚的趋势，在内江—遂宁一带、广元—旺苍一带、城口—镇坪一带厚度达到200m以上，川西内江—遂宁一带较筇二段地层有所减薄，川中隆起区、鄂西海槽区域以及被动大陆边缘地区地层厚度与筇二段差别不大，均小于50m。

二、筇竹寺组页岩沉积特征

通过对大量野外剖面的实地考察和分析描述［图1-2-2（a）(b)］，筇一段主要为深水沉积，沉积岩绝大部分都是黑色深色的碳质页岩，一直到筇二段的部分沉积岩颜色由黑色转换为灰黑色，略微有变浅的趋势，说明这个阶段中的水体变浅，海平面降低，水体中的氧气含量增加，沉积环境逐渐由还原环境转变为氧化环境（李依林等，2022）。当水体中含氧量逐渐增加，一直到钙质页岩出现后，颜色基本变为深灰色，表明氧化作用增强，整体开始变为弱氧化环境—氧化环境，由深水陆棚变为半深水陆棚，至筇三段黏土质页岩、粉砂质页岩基本全变为灰色或灰绿色［图1-2-2（c）(d)］，偶夹深灰色泥页岩，代表浅水陆棚的沉积。总结多个野外剖面的变化规律，得出从筇竹寺组从筇一段至

(a) 黑色碳质页岩，神农架古庙垭，2小层，第一段　　(b) 黑色碳质页岩，白果坪，3小层，第一段

(c) 灰绿色黏土质页岩，神农架古庙垭，第三段　　(d) 灰色粉砂质页岩，旺苍花街村，32小层，第三段

图1-2-2　研究区筇竹寺组不同岩性的颜色特征

筇三段沉积岩的颜色逐渐变化，总体趋势是由深黑色、灰黑色向灰色转变，反映当时的沉积环境自下而上由还原环境逐渐变为氧化环境，也即由深水陆棚到半深水陆棚再到浅水陆棚的变化。

筇竹寺组发育有深水陆棚相、半深水陆棚相、浅水陆棚相和深水盆地相4种亚相类型，不同古地貌背景下深水陆棚相发育特征差异明显（付小东等，2022）。川西裂陷区深水陆棚相主要发育在筇一段和筇二段中上部，受拉张裂陷作用影响，物源供给充足，以机械沉积为主，岩石相类型主要为陆源硅质页岩相，长石含量较高，平均为21.2%，TOC（1.8%～5%）和GR值（120～300API）在所有古地貌类型中最低；鄂西海槽区域深水陆棚沉积环境稳定，主要发育在筇一段至筇二段底部，以絮凝和生物沉积为主，纹层不发育，岩石相类型主要为生物硅质页岩相，发育海绵骨针、放射虫和菌藻类生物，长石含量较低，平均为10.8%，TOC（2%～8.5%）和GR值（150～600API）较川西裂陷槽明显升高；被动大陆边缘深水陆棚沉积环境最为稳定，主要发育在筇一段至筇二段，岩石相类型主要生物硅质页岩相，其TOC（3.5%～12%）和GR值（300～800API）在所有古地貌类型中最高。

通过对四川盆地东—西向、四川盆地南缘和四川盆地东缘沉积相连井对比可发现，川西裂陷槽内深水陆棚亚相在一段和二段顶部均有发育，鄂西海槽主要发育在一段至二段底部；被动大陆边缘筇一段和筇二段均以深水陆棚相沉积为主，向川西裂陷槽和鄂西海槽，深水陆棚相发育规模增大，有效烃源岩厚度增大，向鄂中古陆和川中古隆起，深水相发育规模则减小，有效烃源岩厚度减薄（钟文俊等，2022）。

平面上，筇一段沉积期处于海平面上升期，中上扬子地区总体为开放陆棚环境，研究区筇竹寺组页岩纵向上由深水陆棚至浅水陆棚组成多个序列（饶松等，2022）。在川西裂陷区广元—资阳—威远—长宁一带、滇黔北地区昭通—威信—毕节—金沙一带、鄂西海槽区巴东—鹤峰—桑植一带、被动大陆边缘地区古丈—石阡—垛丁关一带、川东北地区安康—城口—竹溪一带沉积水体较深，均为深水陆棚相沉积，发育规模较大。进入筇二段沉积后，海平面缓慢下降，水体整体变浅，深水陆棚相收缩至被动大陆边缘和川西裂陷槽的中心区域。深水陆棚相区主要位于川西裂陷区绵阳—高石17井一带，川东北地区安康市一带，被动大陆边缘地区常德—古丈—石阡一带，且在川西地区以碳砂质深水陆棚沉积为主，其余地区主要为碳质深水陆棚；泥质半深水陆棚沉积相带区域变大，沉积物岩性主要为灰黑色、灰色粉砂质页岩、泥灰岩；砂质浅水陆棚相主要发育在川西地区，沉积物岩性主要为深灰色、灰色灰质泥岩、泥质灰岩。

三、筇竹寺组页岩地球化学特征

筇竹寺组地球化学特征研究，揭示了富有机质页岩形成的主控因素，认为上升洋流作用是造成不同古地貌背景下TOC产生差异的主要原因（焦堃等，2022）。为了更加准确地分析四川盆地及周缘筇竹寺组TOC在纵向上的变化规律，分别对鄂西海槽区、滇黔北地区、川东北地区、被动大陆边缘地区、川西裂陷区共计5个区域的筇竹寺组TOC进行分析，查明在纵向上从筇一段至筇三段页岩TOC变化规律（图1-2-3）。

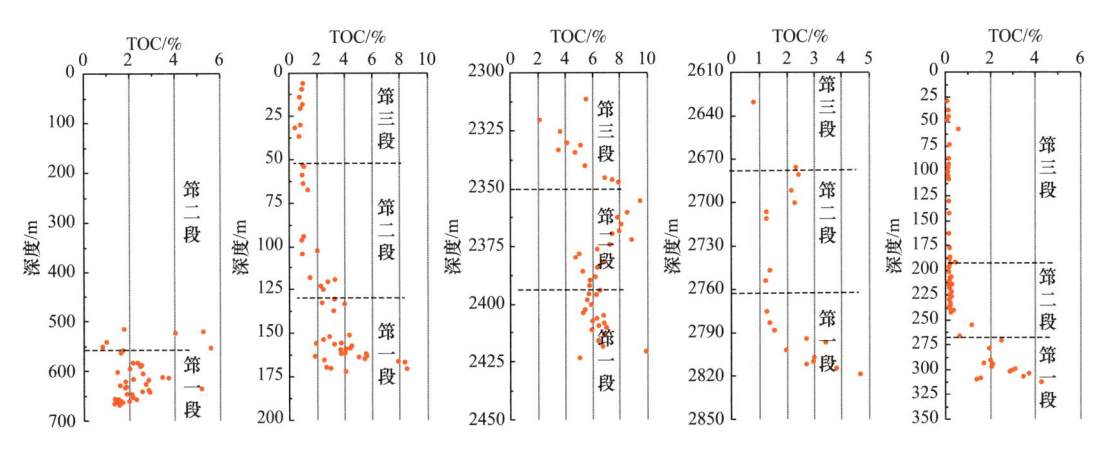

图 1-2-3　四川盆地及周缘不同区域筇竹寺组有机碳含量垂向变化散点图

通过对四川盆地东—西向和四川盆地南缘 TOC 连井对比可发现，纵向上川西裂陷区筇一段和筇二段中上部 TOC 高，被动大陆边缘筇一段和筇二段 TOC 高，鄂西海槽筇一段和筇二段中下部 TOC 高（图 1-2-4）；横向上，被动大陆边缘筇一段和筇二段 TOC 在所有区域中最高（图 1-2-5），其次是鄂西海槽区，川西裂陷槽区域 TOC 最低，向鄂中古陆、川中古隆起或古地貌高地方向，TOC 降低（胡琳等，2022）。

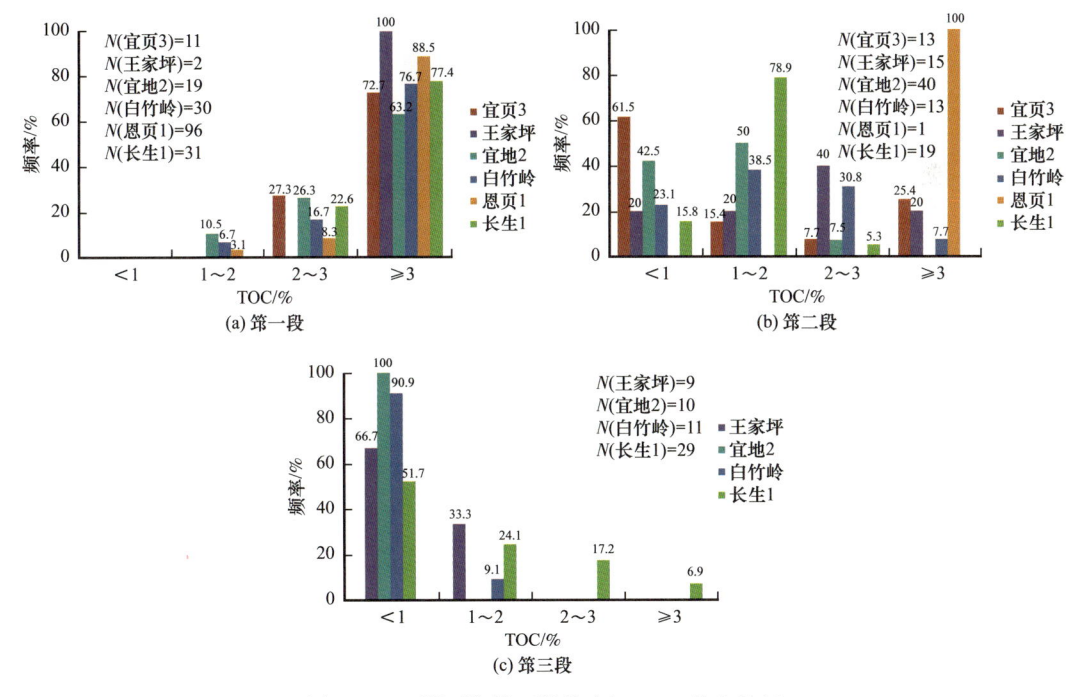

图 1-2-4　鄂西海槽区筇竹寺组 TOC 分布特征

平面上，筇一段 TOC 存在 5 个高值区，由高至低分别为被动大陆边缘的垛丁关—张家界（1.3%～9.9%，平均为 6.1%）、鄂西海槽的鹤峰—王家坪（1.2%～8.5%，平均为 4.1%）、滇黔北的苏田—威信（1.1%～7.1%，平均为 3.3%）、川西裂陷槽的绵阳—内江

（1.1%～6.4%，平均为2.8%）和川东北的新军—安康（1.3%～5.6%，平均为2.3%）；第二段，高TOC分布区域和范围较第一段明显收缩，数值也明显降低，主要存在2个高值区，分别位于垛丁关—常德（1.5%～5.0%，平均为3.3%）和绵阳—遂宁（0.3%～4.5%，平均为1.8%）。

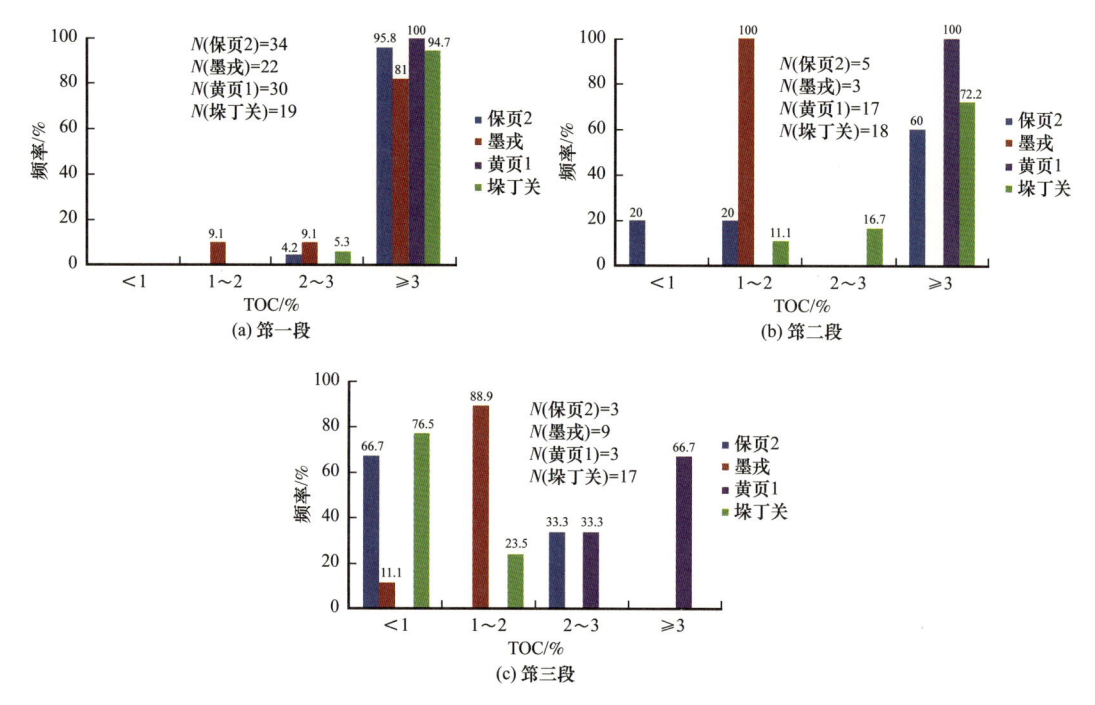

图1-2-5 被动大陆边缘地区筇竹寺组TOC分布特征

通过对筇竹寺组页岩主、微量元素的综合分析，认为低的陆源输入、缺氧的底水环境、高的古生产力水平、半滞留的水体性质和上升洋流作用利于有机质富集，其中上升洋流作用对筇竹寺组有机质的富集至关重要（杨丽亚等，2022）。在第一段沉积期，海平面处于上升期，水体处于缺氧环境中，被动大陆边缘—鄂西海槽区域受上升洋流作用影响较大，TOC高，而川西裂陷槽主要受拉张裂陷作用影响，陆源输入量较大，洋流活动较弱，TOC相对较低；进入第二段沉积期后，海平面处于缓慢下降阶段，被动大陆边缘洋流仍然活跃，水体处于还原环境中，TOC高，而鄂西海槽区域洋流活动减弱（杨雨等，2022），水体含氧量升高，TOC降低，川西裂陷槽仅在拉张期具有较高的TOC。

四、筇竹寺组优质页岩分布

综合沥青反射率和激光拉曼谱测试结果对筇竹寺组高过成熟烃源岩成熟度的分析，初步查明了四川盆地及周缘筇竹寺组有机质成熟度的平面分布规律，研究区主要存在着两个R_o小于3.5%的高成熟区，分别位于川西的德阳—资阳—宁2井一线区域和湘鄂西地区宜昌—慈利—张家界一线区域（张同伟等，2023）。在此基础上结合TOC大于2%和优质页岩厚度大于20m的区域，在第一段优选出3个有利区，分别位于川西裂陷区的绵阳—资阳—内江一线、滇黔北的宁2井—川龙1井一线和湘鄂西的白竹岭—慈利一线区域；筇二段有利区分布范围和区域较筇一段明显收缩，仅分布在川西裂陷区的绵阳—高石17井一线的条带形区域内。研究认为，由鄂西海槽向鄂中古陆方向筇竹寺组沉积环境变差，有机质含量降低，优质页岩厚度减薄。该认识指导了荆门探区寒武系探井远安1井的部署工作。远安1井主探寒武系石龙洞组丘滩相常规储层，兼探筇竹寺组页岩储层，建议井位部署要更靠近工区的西南方向，这一区域靠近鄂西海槽，筇竹寺组优质页岩更为发育，同时作为上覆石龙洞组的主要供烃层系，生烃潜力更大，有利于石龙洞组丘滩体中形成大规模油气聚集，这一部署建议得到了油田认可并实施。

针对优质页岩发育情况，绘制了各个层段的优质页岩厚度等值线图。具体地，筇一段优质页岩厚度平面分布差异较大，整体表现为西北厚、东南薄，存在5个厚度高值区。受川西裂陷槽影响，在绵阳—资阳—内江一带厚度达到80~140m；在滇黔北威信—毕节一带厚度达到60~120m；川东北城口—竹溪一带厚度达到60~120m；在鄂西地区，鄂西海槽主要影响范围内，恩施—鹤峰—张家界一带页岩厚度达到80~140m；在被动大陆边缘地区，古丈—石阡—垛丁关一带优质页岩厚度仅为40~60m。川中隆起核部地层厚度几乎为0（付小东等，2022）。

筇二段优质页岩地层厚度平面分布规律也呈现出向西北方向增厚的趋势，存在5个厚度高值区，但与筇一段相比，有机质页岩厚度明显减薄，分布区域明显缩小（梁峰等，2022）。川西裂陷区绵阳—资阳—内江一带厚度达到80~180m，滇黔北毕节一带厚度为20~40m，川东北城口—竹溪一带厚度为20~40m，鄂西海槽区恩施—鹤峰—桑植一带页岩厚度达到20~60m，被动大陆边缘地区古丈—石阡—垛丁关一带优质页岩厚度仅为20~45m。川西裂陷区厚度明显大于其他地区，川中隆起区、鄂中古陆区厚度几乎为0。

综合优质页岩厚度、R_o和TOC分布特征，在四川盆地及周缘地区筇竹寺组一段共识别出3个页岩气有利分布区：（1）川西裂陷区的绵阳—资阳1井—内江区域内，优质页岩厚度主要大于40m，最高值大于130m，TOC分布在2%~6.42%范围内，R_o均小于3.5%；（2）滇黔北地区的宁2井—川龙1井区域内，优质页岩厚度大多大于40m的范围内，最高值大于120m，TOC大于2%，R_o均小于3.5%；（3）鄂西海槽区的白竹岭—慈利区域，优质页岩厚度主要大于40m，最高值大于120m，TOC分布在2.0%~15.14%的范围内，高于川西裂陷槽区域，R_o分布在小于3.5%的范围内。

综合优质页岩厚度、R_o和TOC分布特征，在四川盆地及周缘地区筇竹寺组二段识别出一个页岩气有利分布区：川西裂陷区的绵阳—高石17井区域内，优质页岩厚度主要大于40m，最高值大于170m，TOC分布在2%~4.58%的范围内，R_o均小于3.5%。

第二章 四川盆地及周缘海相页岩气差异富集规律

我国四川盆地及周缘五峰组—龙马溪组页岩气在纵向上和区域上均具有一定差异富集特征，具体表现在纵向上集中发育"甜点"段，区域上"甜点"段厚度、含气量、TOC等关键参数存在较大变化。受到其沉积时期全球或区域性地质事件——构造与海平面升/降、气候变冷、火山喷发、硫化缺氧及生物大灭绝不同程度的影响，"甜点"段形成与分布存在差异性。

第一节 多地质事件沉积耦合理论

奥陶纪—志留纪转折时期，华南地区四川盆地受扬子板块与华夏板块两板块汇聚拼合作用的影响，其沉积环境由早中奥陶世的浅水碳酸盐岩台地逐渐演化为晚奥陶世—早志留世碎屑陆棚环境，在四川盆地及周缘广泛沉积了一套富有机质页岩层系，即五峰组—龙马溪组页岩层系。页岩气作为富有机质页岩层段中自生自储的天然气，其在页岩中的形成与富集受到早期有机质沉积及后期构造活动等因素的共同控制。奥陶纪—志留纪转折时期，发生了一系列全球性重要地质事件，如海平面升/降、气候变冷（冈瓦纳冰期）、火山喷发、海水缺氧、生物大灭绝等（图 2-1-1）。同时，在华南扬子地区周缘发生一些区域性构造抬升、火山喷发等事件。这些地质事件对五峰组—龙马溪组页岩沉积产生了重要影响，它们耦合沉积控制着页岩气"甜点"段（区）的形成与分布。

一、构造与海平面升/降事件

五峰组—龙马溪组沉积时期为奥陶纪—志留纪转折期，是全球重大地质转折期之一，它是罗迪尼亚超大陆裂解晚期与潘基亚超大陆聚合早期的过渡阶段。奥陶纪为罗迪尼亚超大陆裂解晚期，全球海平面逐渐上升，在晚奥陶世初期即凯迪阶早期达到古生代最高点，高于现代海平面大约 225m；但在凯迪阶晚期和赫南特阶，全球海平面快速下降，随后在早志留世海平面逐渐上升，至中志留世后又逐渐下降。在潘基亚超大陆聚合早期，是以志留纪劳伦古陆与波罗的海古陆碰撞为标志，全球海平面整体上表现为逐渐下降，并在二叠纪末下降至显生宙以来最低点，并低于现代海平面。因此，奥陶纪—志留纪转折期全球海平面总体上受控于超大陆的演化，即超大陆聚合时期的海平面相对降低，而裂解时期海平面相对升高。

奥陶纪—志留纪转折期，华南地区位于冈瓦纳大陆东部北缘，可能受原太平洋板块向东冈瓦纳俯冲作用影响，在 460~400Ma 期间经历了陆内造山作用，即武夷—云开陆内造山带，表现为由南向北的构造抬升，又称广西运动。这一构造运动在华南地区具有明显的阶段性，且在华夏板块与扬子板块具有明显的差异性。晚奥陶世，华夏板块受原太平洋板块俯冲作用影响，发生构造抬升及变形作用并向西北迁移；在凯迪阶晚期即五峰组沉积时期，遇到稳定扬子板块阻挡，造成扬子板块东南缘发生快速沉降，形成湘鄂西—黔北前陆盆地。而在早志留世，构造抬升作用才逐渐扩展到扬子板块东南缘（如桐梓上升）及内部（如湘鄂水下高地），并在特列奇阶末期达到最大抬升限度。依据扬子地区宝塔组/临湘组、五峰组、龙马溪组等沉积特征，五峰组和龙马溪组分别识别出两个海侵、海退旋回，其中五峰组两个旋回持续约4Ma，龙马溪组的两个旋回持续约5Ma。扬子地区相对海平面在宝塔组/临湘组沉积时期（凯迪阶早中期）较低（水深小于50m），随后受武夷—云开陆内造山事件（广西运动）影响，扬子板块内部快速沉降，五峰组沉积时期相对海平面快速升高（水深50～200m）；基于腕足类生态学研究的最新成果表明，凯迪阶末期即笔石带 P. pacificus 中晚期，扬子地区总体水深100～200m；而在赫南特阶早中期，受全球海平面下降影响，相对海平面快速降低（水深约60m），其海平面下降幅度与高纬度地区较为一致（下降幅度为70～150m）。在赫南特阶晚期及志留纪鲁丹阶早期，扬子地区受全球海泛事件影响，相对海平面快速上升，并随着广西运动上升作用逐步加强，相对海平面呈总体下降趋势。

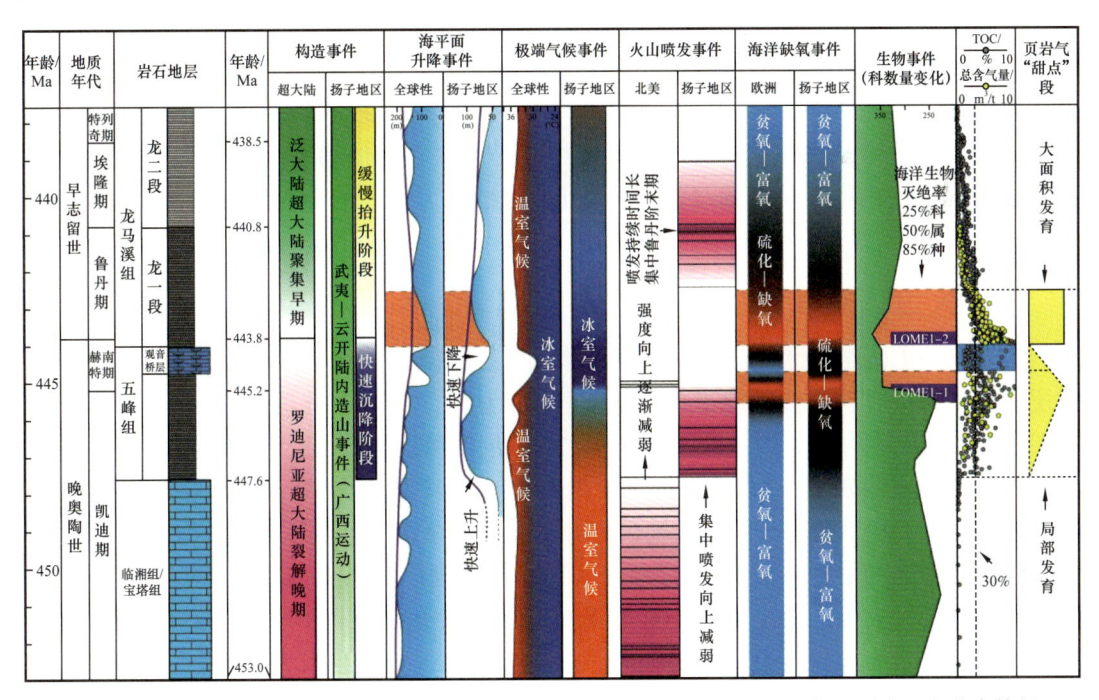

图2-1-1　川南奥陶纪—志留纪转折期地质事件及五峰组—龙马溪组页岩气"甜点"段分布特征

二、气候变冷事件

晚奥陶世末期，冈瓦纳大陆南部发育一定规模冰川作用。关于冰川作用持续时间，一直存在着较大争议，从大约35Ma到数百万年，甚至不到1Ma。但诸多研究证实，这一时期冰川对全球气候影响主要发生在赫南特阶时期，常称为赫南特（Hirnantian）冰川事件。它是显生宙第一次发生冰川事件，与其他冰期相比，Hirnantian 冰期不寻常之处有二：一是在冰期时仍具有较高的大气 CO_2 分压（p_{CO_2}），是现今 p_{CO_2} 的 5 倍以上，甚至更高（8～16 倍）；二是唯一一个与海洋生物大灭绝时间具有耦合的冰期。

基于碳酸盐多元同位素古温度估算方法，已较为准确地恢复了晚奥陶世—早志留世赤道附近海水表层温度（SST）。在晚奥陶世—早志留世（455～435Ma），SST 总体上变化相对较小，为 32～37℃；而在 Hirnantian 时期，SST 发生快速下降，一般为 28～31℃，下降幅度平均小于 5℃。同时，也有研究表明，中晚奥陶世，SST 整体处在现代赤道范围（27～32℃），而在 Hirnantian 冰期，快速下降到 23℃左右。

关于 Hirnantian 冰期发生次数，基于来自低、高纬度两个连续沉积剖面的高分辨率层序地层认识，有学者提出它存在三个冰期—间冰期旋回，冰期分别为凯迪阶晚期、赫南特阶早中期、赫南特阶中晚期。然而，由于这两个剖面缺少高分辨率古生物地层约束，三次冰期时间可信度不高。我国学者通过对我国华南扬子地区生物生态分析，并结合全球冰川沉积物报道，认为赫南特冰期主要发生在赫南特早期，即对应于笔石带 *Metabolograptus extraordinarius*；而赫南特中晚期即间冰期内可能存在两次小规模的冰期，对应于笔石带 *Metabolograptus persculptus* 中上部。

以气候快速变冷为标志的赫南特冰川作用，可以使得高纬度区域带来冷水团（富氧）大量涌向低纬度（温、热带）的扬子海域表层，从而对沉积环境及生物群落等均产生重要影响。相对高纬度地区常发育冰川有关沉积，同时受全球海平面下降影响，发育大规模浊流等重力流沉积，海相沉积甚至中断；而在一些低纬度地区如我国扬子地区，几乎缺少冰川沉积物，对应的是以 Hirnantian 动物群为代表的介壳灰岩沉积，即观音桥层段。

三、火山喷发事件

奥陶纪—志留纪，北美、欧洲及我国华南等地区火山喷发活动广泛发育，大量火山灰层（蚀变为斑脱岩）被发现于页岩或碳酸盐岩地层之中。在北美地区，这一时期火山灰层主要发育在中、晚奥陶世碳酸盐地层之中，层数可达 100 层，单层厚度一般数厘米，其中两个典型火山灰层（Millbrig 层和 Deicke 层）厚度可达 1～2m，被认为是显生宙最大规模火山灰沉积。我国华南扬子地区五峰组—龙马溪组页岩层系中广泛分布火山灰层，其中上扬子地区的层数一般在 20 层以上，而下扬子地区的火山灰层数可达 100 层以上。整个扬子地区，火山灰单层厚度一般低于 5cm，以毫米—厘米级为主。这些火山灰层在五峰组内分布最为集中且厚度相对偏厚，如上扬子地区五峰组内火山灰层数超过 20 层，厚度一般在 1cm 以上，最厚者可达 10cm 以上；下扬子地区五峰组内层数超过 60 层，且厚度大于 3cm 火山灰层均在五峰组内。而龙马溪组内火山灰层集中分布在龙一段上部（鲁丹阶与埃隆阶转折期），在四川盆地重庆石柱、巫溪等地区的层数均为 10 层以上，厚度可达 5cm 以上。因此，奥陶纪—志留纪转折期，华南地区火山喷发主要集中在两个阶段：一个为晚凯迪阶五峰组沉积时期；另一个为鲁丹阶与埃隆阶转折期。关于这些火山灰主要来源地，一直存在着争议，目前被认为主要来自两个地区，即扬子板块东南缘与华夏板块的汇聚拼合带和扬子板块北部商丹洋附近的秦岭岛弧带。

四、缺氧事件

奥陶纪—志留纪转折期存在两次明显硫化缺氧事件，一次为凯迪阶晚期至赫南特阶早期，主要对应笔石带 *Paraorthograptus Pacificus* 中上部；第二次为赫南特阶中晚期—早志留世早期，对应笔石带为 *Metabolograptus persculptus–Akidograptus ascensus*。早期研究主要集中于第二次硫化缺氧事件，后越来越多研究证明了第一次硫化缺氧事件的存在。这两次硫化缺氧事件具有全球性，不同古大陆之间趋势较为一致。第一次硫化缺氧事件主要分布在陆棚的相对深水地区，与这一时期海平面上升等引发有机碳埋藏增加密切相关；第二次硫化缺氧事件分布更为广泛，包括陆棚的相对浅水地区，被认为与赫南特冰期消融过程中深部富硫化水体的上涌有关。

值得注意的是，在较深水的地区，如大洋盆地，在整个赫南特时期广泛发育缺氧水体。这种现象被解释为海平面下降使得有机质沉降过程转移至水体较深的开阔大洋，造成有机质在水体沉降时间变长，从而使得有机质能够充分氧化分解及溶解的无机磷酸盐重新回到水体中；这一过程中能够消耗较多氧气，并增加营养物质输入促使初级生产力增加，进一步消耗水体中氧气，引发最小含氧带（OMZ）扩张，水体中形成广泛缺氧。

五、生物大灭绝事件

奥陶纪末生物大灭绝是显生宙五次大灭绝中的第一次，发生时间在445Ma前左右，造成了海洋生物约25%科、50%属和85%种消亡。该次灭绝由两幕组成，第一幕发生在凯迪阶与赫南特阶过渡时期（笔石带 *Paraorthograptus Pacificus* 顶部至 *Metabolograptus extraordinarius* 底部）；第二幕发生在赫南特阶中晚期（笔石带 *Metabolograptus persculptus* 底部）。第一幕是该次生物灭绝主要时期，海洋底栖动物如四射珊瑚、横板珊瑚、腕足、三叶虫和苔藓类、游泳动物如牙形石类和笔石类及浮游藻类，均不同程度遭受到影响；第二幕主要影响第一幕所存活的生物，造成了凉水腕足类动物整体消亡，存活的笔石类和牙形石类相对单一。虽然该次生物灭绝量位居显生宙五次大灭绝中第二，但其生态创伤度最低，明显低于二叠纪末，也不如白垩纪末、三叠纪末和晚泥盆世。目前有新的生物数据报道，第二幕灭绝程度可能被高估，实际上它是在第一幕灭绝后复苏过程中的间断事件。这一认识可能是该次生物灭绝生态创伤度低的重要原因之一。

关于奥陶纪末生物灭绝的引发因素的认识有很多，早期普遍认为与赫南特时期冈瓦纳冰盖形成与消融引发气候快速变冷—变暖有关，之后又提出海洋水体硫化缺氧及火山活动等假说。我国华南地区奥陶纪—志留纪转折期，位于冈瓦纳大陆东部北缘的赤道附近，海相地层连续沉积，生物种类丰富，且发育赫南特阶全球层型剖面，是研究该次生物灭绝事件的理想地区。

页岩气"甜点"段沉积时期，全球与华南扬子地区及其周缘发生一系列重要地质事件——构造抬升与海平面升/降、气候变冷（冈瓦纳冰期）、火山喷发、海水硫化缺氧、生物大灭绝等，它们对页岩气"甜点"段（区）形成与分布产生重要影响。它们之间的耦合沉积可在不同的区域形成不同的岩石类型及岩石组合。在特定区域，这些岩石或岩石组合富含有机质、发育纹层、富含脆性矿物等，为页岩气"甜点"段形成提供所需的基本地质条件，从而控制着"甜点"段形成与分布。

晚奥陶世中晚期，全球板块构造运动进入活跃期，在我国南方发生了频繁的、多期次的、不同规模的火山喷发，大量火山灰的沉降导致了海水富营养化，引发了丰富的放射虫、海绵等硅质古生物及藻类的繁盛，直接造成川南海相页岩气差异富集及"甜点"富集，优质储层段集中分布于五峰组上部和龙马溪组下部。构造运动不仅造成全球性火山喷发、气候变化、海平面升降、海洋缺氧及奥陶纪末生物大灭绝事件，更直接表现在华南地区自晚奥陶世桑比期发生大范围的广西构造运动，这次板内造陆运动持续性、阶段性向西北方向推进，造成上扬子地区海陆变迁及古地形变化，在南部华夏古陆与康滇古陆、川西、汉中古陆等连为一体，在北部形成半封闭的、滞流的、海底缺氧的扬子陆表海沉积盆地环境，这种沉积环境特别适合有机质的堆积和埋藏，在中上扬子海盆中沉积并保存了大范围的、全球范围内独特的、以黑色页岩和硅质岩为特征的五峰组页岩层系。在奥陶纪末还发生了全球性冰期和海平面陡降事件，以及生物大灭绝事件，造成广大生态域的生物缺位以及随后少量特定生物类型的灾后泛滥，从而为志留纪早期的龙马溪组页岩油气资源生成奠定了重要物质基础。上述构造运动和冰期事件引发生物总量、物源供给体系、沉积通量、沉积模式等变化，从而造成有机质的形成及富集。

第二节 页岩气"甜点"特征

一、高有机质丰度

我国南方五峰组—龙马溪组页岩层系纵向上 TOC 变化较大，低者可在 0.5% 以下，高者可达 10% 以上（图 2-2-1）。非富集段 TOC 一般低于 2.0%；有利（富集）段 TOC 变化范围较大，主体分布为 2.0%～5.0%；"甜点"段作为页岩气有利段中最优质含气量富集段，其 TOC 主体为 3.0%～6.5%。对来自威远、长宁、涪陵及巫溪地区典型井或剖面进行区域对比分析，五峰组—龙马溪组页岩气有利（富集）段和"甜点"段 TOC 存在着一定差异。对于页岩气有利（富集）段，威远地区和长宁地区的 TOC 较相似，主体数据分别为 2.1%～4.7% 和 2.2%～4.9%；涪陵地区和巫溪地区的相对偏高，主体数据分别为 2.0%～6.7% 和 1.7%～5.9%。这 4 个地区的"甜点"段 TOC 与有利段的总体趋势相似，表现为威远地区和长宁地区偏低，主体数据分别为 4.1%～5.4% 和 3.3%～5.4%；而涪陵地区和巫溪地区的相对偏高，主体数据分别为 4.0%～7.5% 和 4.7%～8.0%。

有机质富集沉积的主控因素研究相对较，在本质上主要涉及水体表层生产力和底部氧化还原条件。高古生产力是有机质大量形成的前提条件，缺氧沉积水体有利于有机质大量保存。大量研究表明，五峰组—龙马溪组页岩中发育大量藻类、放射虫、笔石等生物，且具有较高的钡（Ba）、磷（P）、镍（Ni）、锌（Zn）等营养元素含量。这些均指示着该时期总体上为高生产力背景。生物钡含量常作为现代和古代海洋生产力的指标，现代环太平洋赤道附近高生产力地区水体中生物钡含量一般在 1000mg/L 以上，古代富有机质沉积物中生物钡含量一般在 500mg/L 以上。

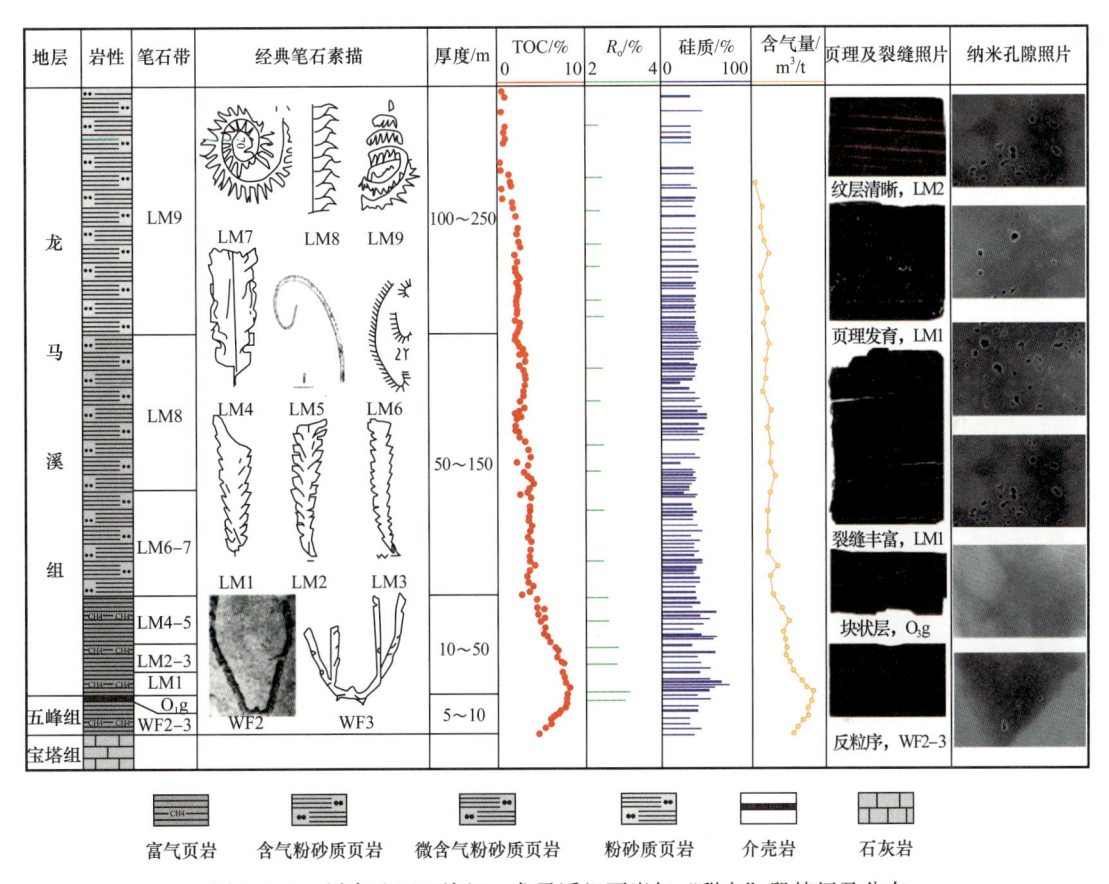

图 2-2-1　川南地区五峰组—龙马溪组页岩气"甜点"段特征及分布

我国南方五峰组—龙马溪组页岩生物钡含量一般高于 500mg/L，表明其沉积时期的海洋表层水体总体上为高生产力。诸多研究已证实，U、V、Mo、Ni、Cu 等微量元素对水体氧化还原条件比较敏感，它们与 Th、Cr 等微量元素的比值可作为水体氧化还原条件的指标，如 U/Th、V/Cr 等。统计分析表明，我国南方五峰组—龙马溪组页岩有机质富集程度与沉积水体的缺氧程度关系密切，页岩气"甜点"段主要沉积于缺氧水体条件。

"甜点"段页岩以泥纹层为主，粉砂纹层呈现为条带状分布。因此，"甜点"段呈现出高 TOC 和高硅质含量特征，其 TOC 为 6.3%～9.5%，硅质含量为 52.8%～67.6%，远高于非"甜点"段。同时，硅质放射虫骨架、硅质海绵骨针构成的生物成因硅含量占硅质总量的 67%～90%，其他页岩硅质含量平均为 42%～53%，硅质多为陆源碎屑成因。"甜点"段页岩中浮游藻类、疑源类、细菌和固体沥青等非动物碎屑有机质占总显微组分的 70%～80%，动物碎屑占 20%～30%，non-target shale 中动物碎屑类（笔石、几丁虫等）有机质显微组分占总显微组分的 47%～76%，非动物碎屑有机质占 24%～53%。

二、纳米级孔隙丰富

"甜点"段页岩有机孔含量相对较高，无机孔含量相对较低。川南地区五峰组—龙马溪组龙一段黑色页岩发育有机孔、无机孔和微裂缝。无机孔主要为石英晶间孔和溶蚀孔隙，溶蚀孔隙主要为碳酸盐矿物和少量长石溶蚀而成。有机孔95%以上赋存于有机质内部，均匀分布，不足2%有机孔赋存于黏土矿物和草莓状黄铁矿相伴生的有机质中。有机孔形态多呈椭圆状或气孔状（图2-2-2），分布密集，大小混杂，小孔隙数量占比大于90%，无定向排列特征。无机孔分布于碎屑颗粒之间，主要分为石英晶间孔和溶蚀孔隙，形态有三角状、棱角状或长方形，多数呈分散状，无定向排列，孔隙连通性差，单个孔隙孔径多数在100nm以上。微裂缝主要发育于矿物颗粒之间或矿物颗粒与有机质之间，呈条带状，沟通石英晶间孔或溶蚀孔隙。

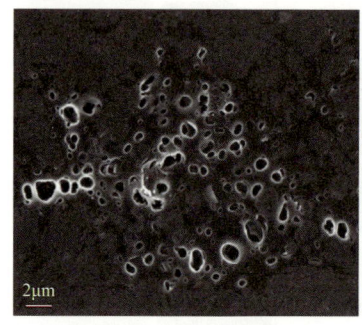

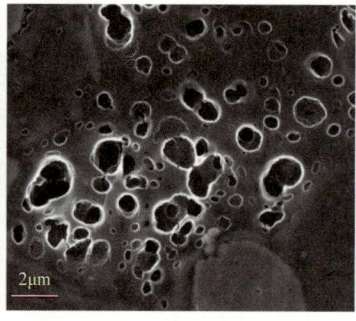

(a) 宁201井，龙马溪组 2485.2m　　(b) 威213井，龙马溪组 3738.74m　　(c) 泸202井，龙马溪组，4285.81m

图2-2-2　川南地区五峰组—龙马溪组页岩有机孔隙特征

川南地区五峰组—龙马溪组龙一段黑色页岩孔隙主要为有机孔、无机孔和微裂缝，其中有机孔个数大于97%，无机孔和微裂缝个数小于3%。根据国际纯粹与应用化学联合会（IUPAC）的定义，孔径小于2nm的孔隙称为微孔，孔径大于50nm的孔隙称为宏孔（大孔），孔径为2~50nm的孔隙称为介孔（或称中孔）。有机孔面孔率占比较大，无机孔和微裂缝面孔率占比较小。多数孔隙孔径介于5~400nm，孔径小于20nm的介孔数量占比大于70%，且随着孔径增大而减少。有机孔孔径集中分布于0~100nm，其中孔径小于20nm的介孔数量最多；无机孔孔径多分布于20~400nm，其中孔径100~400nm的宏孔数量最多；微裂缝孔径分布于0~400nm，裂缝长度为40~100nm数量较多。

整体上，川南地区五峰组—龙马溪组龙一段孔径100~400nm的宏孔面孔率较大，从0~400nm随着孔径增大，面孔率比例增大。有机孔随着孔径增大，面孔率逐渐增大，孔径为100~400nm的宏孔面孔率比例最大。石英晶间孔和溶蚀孔隙面孔率主要分布于孔径为100~400nm。微裂缝面孔率主要分布于孔径为0~40nm，其他区间较少。

川南地区龙马溪组龙一段页岩孔隙由下至上，面孔率逐渐降低。其中，龙一$_1^1$小层面孔率为1.9%~2.8%，龙一$_1^2$小层面孔率为0.3%~0.8%，龙一$_1^3$小层面孔率为0.4%，龙一$_1^4$小层面孔率为0.2%，而龙一2亚段面孔率不足0.1%。黑色页岩均由有机孔、无机孔和微裂缝组成，从龙一$_1^1$小层至龙一2亚段，随着面孔率的降低，各类型孔隙面孔率也相应降低。

川南地区龙马溪组龙一段龙一$_1^1$小层不同地区面孔率大小及孔隙组成存在差异。其中，泸州地区面孔率为4%～10%，威远地区面孔率为2.5%～4.1%，长宁和巫溪地区面孔率为2.2%～2.4%，渝西地区面孔率为最低，为1.0%～1.9%。渝西地区无机孔含量最高，为42%～79%（平均为66%）；长宁地区无机孔含量最低，为29%～38%（平均为33.5%）。"甜点"段页岩具有高有机质孔含量特征，其有机质孔隙面积占比为51.8%～71.6%，非"甜点"段页岩有机质孔面积多数不足50%。

三、高密度层理

黑色页岩主要发育四大类层理，即块状层理、递变层理、水平层理和交错层理。描述黑色页岩层理，纹层和层的连续性、形状和几何关系是关键。在单个层内部，纹层连续性可分为连续和断续，形态分为板状、波状和弯曲状，几何关系分为平行或非平行。

1. 块状层理

块状层理按成因可分为生物扰动型块状层理和均质型块状层理（图2-2-3）。生物扰动型块状层理主要由泥质层组成，生物扰动构造发育，局部区域见有生物潜穴。生物扰动型块状层理层界面多为生物殖居面，局部发育侵蚀面，侵蚀面上下存在明显的地层尖灭。均质型块状层理由厚层粉砂层构成，页岩内部呈均质。层理内部常见有大量介壳类

(a) 阳101H3-8井，3790.68m

(b) 大安2井，4109.89m

(c) 大安2井，4111.3m

(d) 大安2井，4111.94m

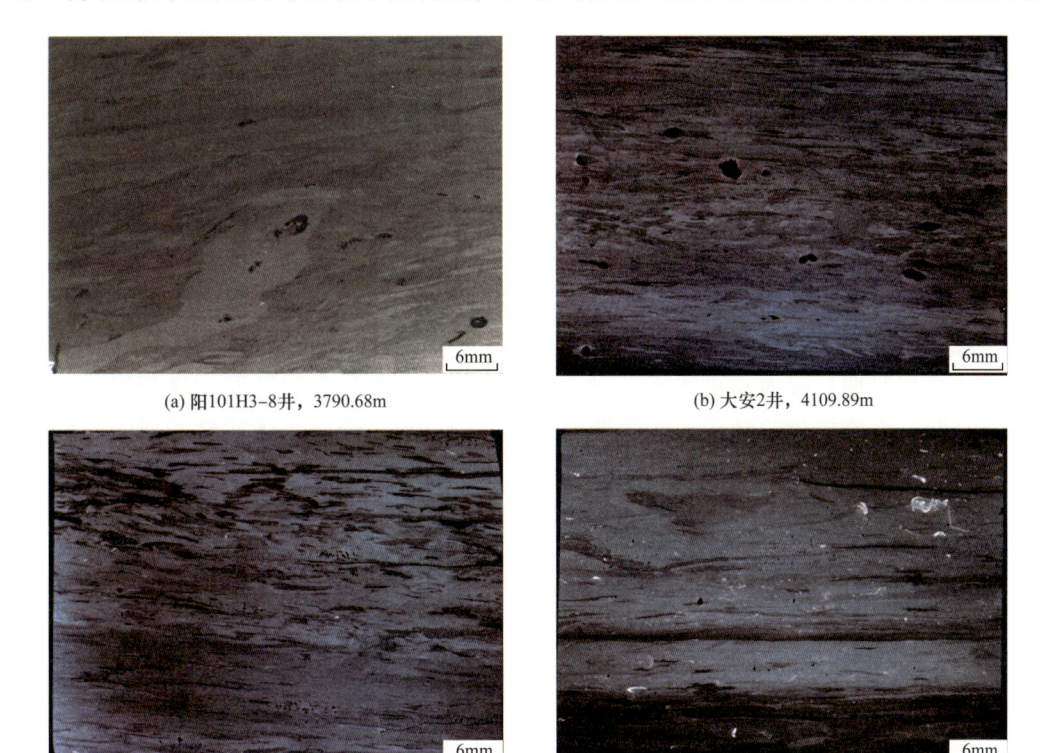

图2-2-3　川南地区五峰组—龙马溪组生物扰动型块状层理特征

生物碎屑，生物碎屑局部成层分布。均质层理页岩层界面多为侵蚀面，存在明显的地层尖灭。

生物扰动型块状层理和均质型块状层理均形成于富氧的水体环境中，但二者形成过程明显差异（图2-2-4）。生物扰动型块状层理多形成于低能富氧的水体环境中，沉积物沉积速率相对较低。该环境适宜底栖生物大量生存，从而形成强烈的生物扰动。均质型块状层理主要有两种形成机制。第一种形成于沉积物快速堆积过程中，沉积物不能产生很好的分异；第二种形成于相对高能环境，沉积物遭受水体强烈改造。

图2-2-3和图2-2-4分别显示了川南地区五峰组—龙马溪组生物扰动型块状层理特征和均质型块状层理特征。

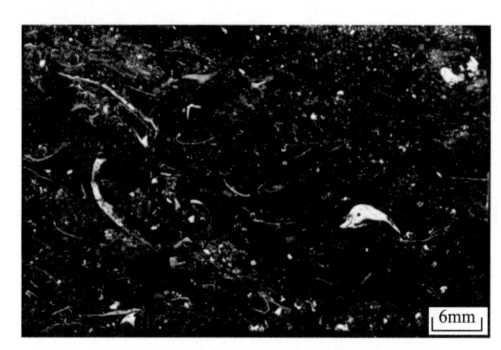

(a) 大安2井，4103.46m　　　　　　(b) 长宁双河剖面，观音桥层

图2-2-4　川南地区五峰组—龙马溪组均质型块状层理特征

2. 递变层理

递变层理又称粒序层理，主要由粉砂层和泥质层互层组成，由下至上，泥质层含量及单层厚度逐渐减少，粉砂层含量及单层厚度逐渐减小，从而构成正递变。递变层理页岩底界面多为侵蚀面，界面之上存在明显的地层尖灭，并发育较厚层的粉砂质滞积层。递变层理页岩内部，泥质层与粉砂层界面多为连续、波状、平行。递变层理常形成于水深只有几十米的潮下环境，风暴作用定期性发生，或存在着低速底流的浅水海洋环境。底流活动强烈时期，较强的水体流动对下伏泥岩冲刷，并形成侵蚀面和滞积层。底流活动较弱时期，水流能量的脉动形成多期泥质层和粉砂层，随着水体能量的减弱，粉砂层单层厚度和含量逐渐降低。底流活动平静期，泥级颗粒逐渐堆积，从而形成厚层的泥质层。

3. 水平层理

黑色页岩水平层理可细分为递变型水平层理、条带状粉砂型水平层理、砂泥递变型水平层理、砂泥互层型水平层理4种类型。

递变型水平层理由多个正递变层和（或）反递变层构成（图2-2-5），层界面上下颗粒粒径及颜色略有差异，层界面多呈连续、板状、平行或连续、波状、平行。露头剖面和岩心上，不同层的颜色常呈现出微弱深浅差异，层界面较难识别。递变型水平层理页岩内部，正递变层单层厚度为0.8～12.0mm，平均为5mm；反递变层单层厚度为2.0～9.7mm，平均为5.3mm。川南五峰组—龙马溪组递变型水平层理页岩单个层组厚度为26～129cm，平均为52cm，层组与层组之间常发育0.3～4.0cm的斑脱岩，层组界面之下颗粒粒度较粗，界面之上颗粒粒度较细。图2-2-5显示了川南地区五峰组—龙马溪组递变型水平层理特征。

(a) 长宁双河剖面，五峰组

(b) 长宁双河剖面，五峰组

(c) 大安2井，4104.91m

(d) 大安2井，4108.32m

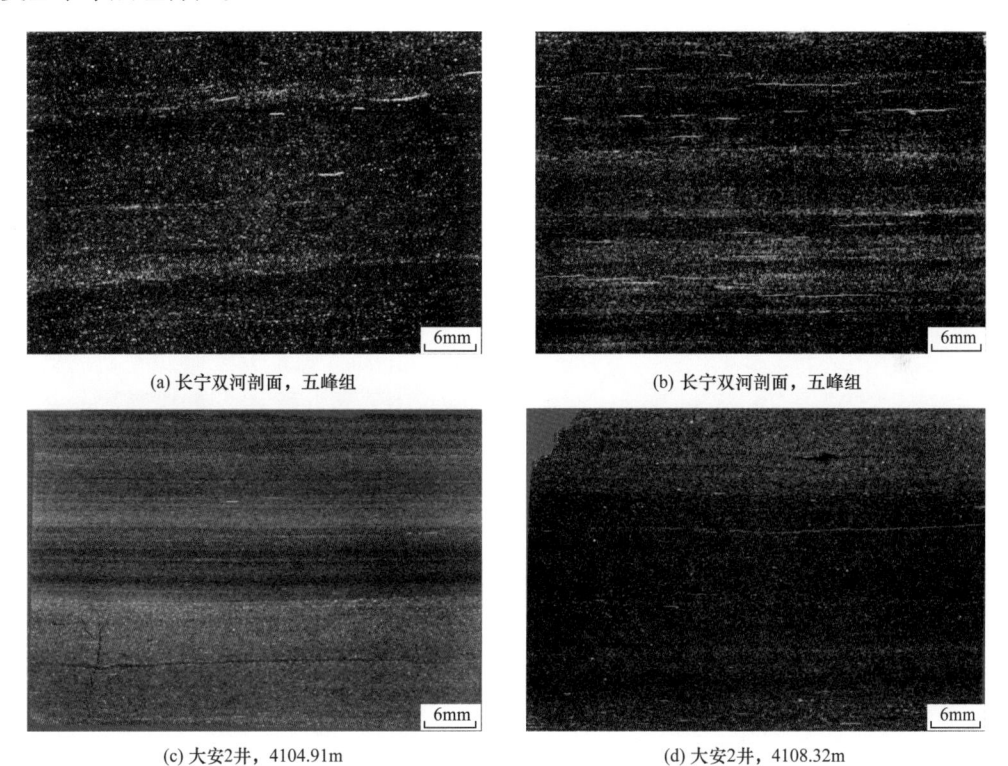

图2-2-5 川南地区五峰组—龙马溪组递变型水平层理特征

条带状粉砂型水平层理由粉砂纹层和泥纹层构成（图2-2-6），多个泥纹层构成泥质层。条带状粉砂型水平层理页岩内部粉砂纹层多呈条带状、弥散状或断续状，局部可见透镜状，泥质层/粉砂纹层厚度比大于3。泥质层与粉砂纹层顶底均呈突变接触，界面多为断续、板状、平行，偶见连续、板状、平行。川南龙马溪组黑色页岩中，粉砂纹层单层厚度为0.05～0.75mm，平均为0.26mm；泥质层厚度为0.1～6.6mm，平均为1.1mm。条带状粉砂型水平层理页岩单个层组厚度为33～83cm，层组界面之下颗粒粒径粗，界面之上粒径细。露头和岩心上，条带状粉砂型水平层理页岩内部可见浅色层与深色层相间排列，浅色层呈条带状分布。图2-2-6显示了川南地区五峰组—龙马溪组条带状粉砂型水平层理特征。

砂泥递变型水平层理由砂泥正递变层和砂泥反递变层构成（图2-2-7），中间夹有少量泥纹层。层界面多呈连续、板状、平行或连续、波状、平行，其底界面突变接触，顶界面渐变接触。川南龙马溪组黑色页岩中，砂泥正递变层单层厚度为1～2.85mm，平均为1.87mm；泥纹层厚度为0.45～0.75mm，平均为0.56mm。砂泥反递变层厚度为

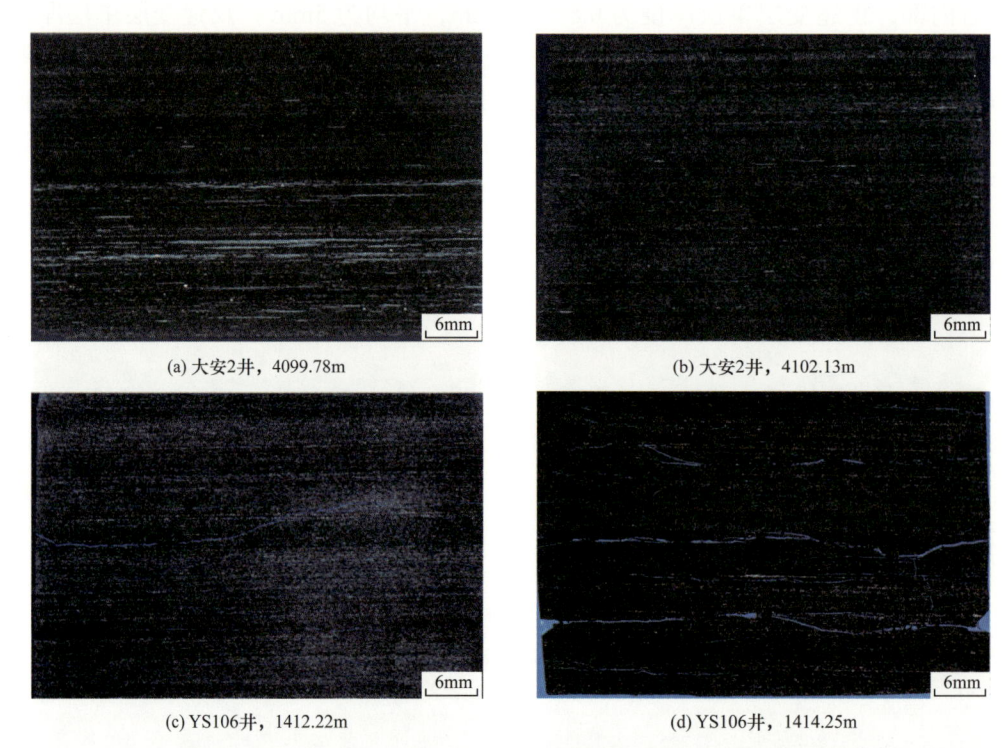

(a) 大安2井，4099.78m
(b) 大安2井，4102.13m
(c) YS106井，1412.22m
(d) YS106井，1414.25m

图 2-2-6　川南地区五峰组—龙马溪组条带状粉砂型水平层理特征

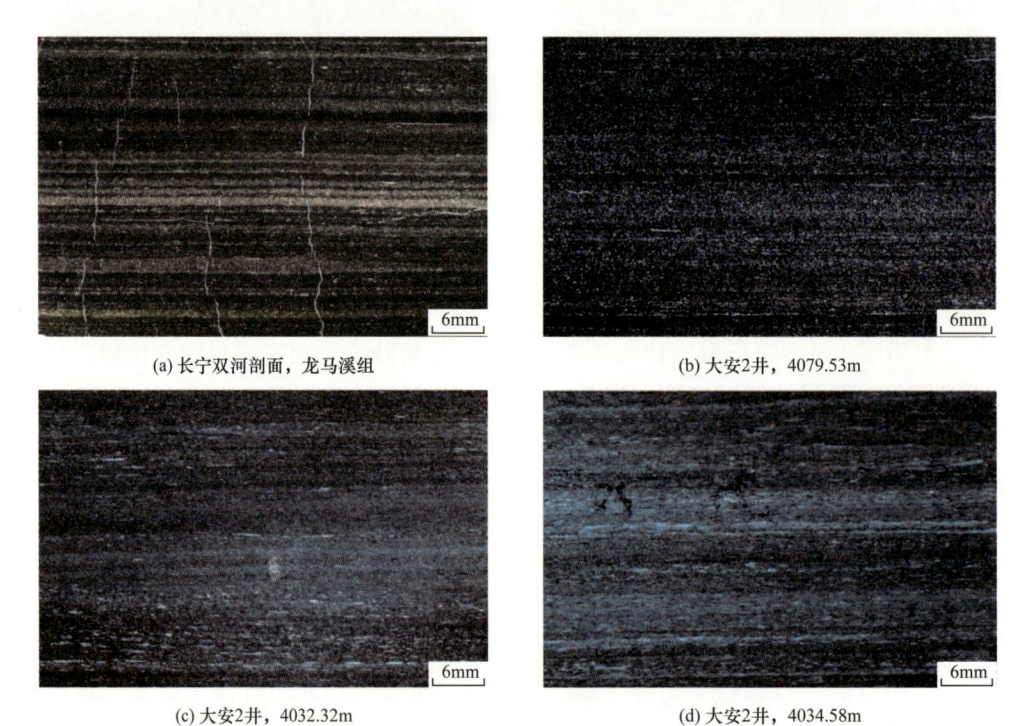

(a) 长宁双河剖面，龙马溪组
(b) 大安2井，4079.53m
(c) 大安2井，4032.32m
(d) 大安2井，4034.58m

图 2-2-7　川南地区五峰组—龙马溪组砂泥递变型水平层理特征

1.8～2.1mm，平均为 1.95mm。砂泥递变型水平层理页岩单个层组厚度为 24～53cm，平均为 42cm，层组界面之下颗粒粒径粗，界面之上粒径细。露头和岩心上，砂泥递变型水平层理页岩肉眼可见浅色层与深色层相间排列，间夹条带状方解石浅色层。图 2-2-7 显示了川南地区五峰组—龙马溪组砂泥递变型水平层理特征。

砂泥互层型水平层理分为两种——第一种为粉砂纹层与泥质层互层，第二种为粉砂层与泥质层互层。第一种砂泥互层型水平层理页岩中，粉砂纹层多呈长条带状，单层厚度为 0.05～2.4mm，平均为 0.35mm；泥质层厚度为 0.1～1.7mm，平均为 0.58mm。粉砂纹层与泥质层突变接触，多为连续、板状、平行，少数为断续、板状、平行。第二种砂泥互层型水平层理页岩中，粉砂层厚度为 0.35～4.5mm，平均为 1.57mm，泥质层厚度为 0.6～3.1mm，平均为 1.35mm。层顶底界面均为突变接触，多呈连续、板状、平行，断续、板状、平行，断续、波状、平行 3 种。川南龙马溪组露头和岩心上，砂泥互层型水平层理页岩单个层组厚度为 22～97cm，平均为 34.7cm，层组界面之下颗粒粒径粗，界面之上粒径细，肉眼可见浅色层与深色层相间排列，浅色层厚度明显增大。图 2-2-8 显示了川南地区五峰组—龙马溪组砂泥薄互层型水平层理特征。

水平层理主要形成于静水、缺氧的水体环境中，但不同类型水平层理形成的环境封闭性及物源条件存在差异。递变型水平层理主要形成于闭塞的潟湖环境，水体封闭性强，陆源碎屑供给严重不足，气候季节性变化形成正粒序层或反粒序层。条带状粉砂型水平层理、砂泥递变型水平层理和砂泥互层型水平层理均形成于相对开阔的海洋环境，水体以平流为主。陆源碎屑供给不足时期，多形成条带状粉砂型水平层理；陆源碎屑供给相对丰富时期，多形成砂泥递变型水平层理；陆源碎屑供给非常丰富时期，多形成砂泥互层型水平层理。随着陆源碎屑供给量的增加，砂/泥值和砂质层单层厚度增加。

4. 交错层理

黑色页岩中，交错层理广泛发育。交错层理主要由粉砂纹层和泥纹层互层组成，粉砂纹层与泥纹层相互交切。与粗碎屑岩相比，页岩中纹层与层界面的交角较小。

黑色页岩交错层理的形成常与底流活动有关。前人研究表明，细粒物质在流动水体中常呈絮状集合体形式搬运，絮凝作用随着水体盐度和黏性有机质结壳能力的增加而增加。在一定的水流速度和水体地球化学条件下，絮状集合体逐渐堆积，从而形成交错层理。

图 2-2-9 显示了川南地区五峰组—龙马溪组交错层理及其特征。

5. 五峰组—龙马溪组不同层理纵向规律性分布

五峰组由下至上依次发育生物扰动型块状层理、递变型水平层理和均质型块状层理（图 2-2-10）。生物扰动型块状层理发育于五峰组底部，层位相当于笔石带 WF1，由下至上，生物扰动强度减弱。递变型水平层理发育于五峰组中部，层位相当于笔石带 WF2-3，由下至上，单个递变层厚度逐渐增大。均质型块状层理发育于观音桥层，层位相当于笔石带 WF4。均质型块状层理页岩内部，双壳类等生物碎屑富集，代表了典型的赫南特阶生物类型组合。

(a) 大安2井，4077.35m

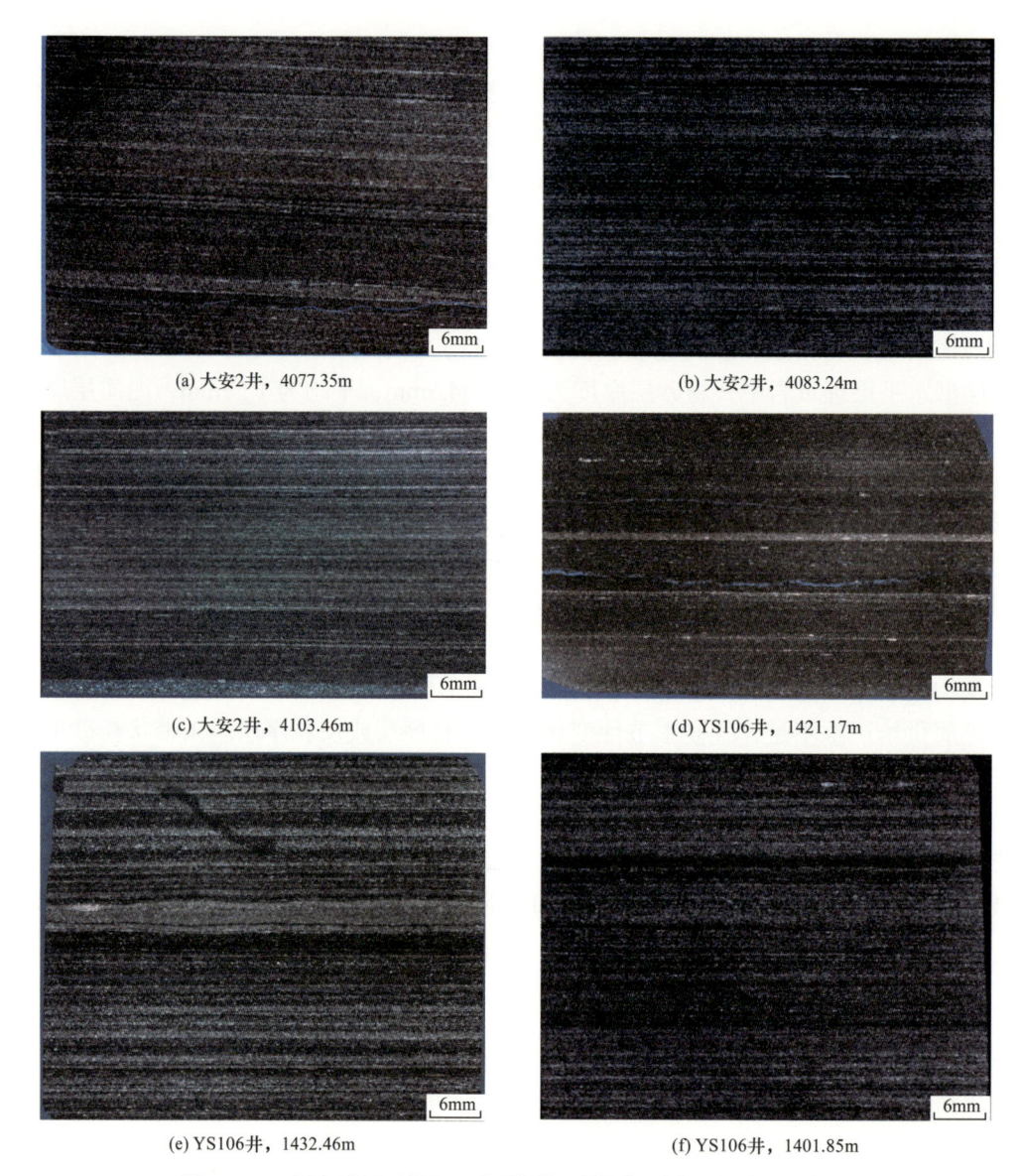

(b) 大安2井，4083.24m

(c) 大安2井，4103.46m

(d) YS106井，1421.17m

(e) YS106井，1432.46m

(f) YS106井，1401.85m

图 2-2-8　川南地区五峰组—龙马溪组砂泥薄互层型水平层理特征

龙马溪组由下至上依次发育条带状粉砂型水平层理、砂泥递变型水平层理和砂泥互层型水平层理。条带状粉砂型水平层理多数发育于龙马溪组底部，层位相当于笔石带 LM1，页岩中常发育大量顺层缝和非顺层缝，相互交织构成网状。砂泥递变型水平层理发育于龙马溪组下部，层位相当于笔石带 LM2，页岩中顺层缝密度相对较大，非顺层缝密度相对较低。砂泥互层型水平层理发育于龙马溪组中部及上部，层位相对于笔石带 LM3 及以上，页岩裂缝密度进一步减少，只发育少量顺层缝。

砂泥互层型水平层理特征纵向存在差异性。在龙马溪组中部及上部，由下至上，砂泥互层型水平层理中粉砂纹层单层厚度逐渐增大，粉砂纹层/泥纹层值逐渐增大。LM3 内部，砂泥互层型水平层理主要表现为砂泥薄互层，粉砂纹层/泥纹层值为 1/3～1/2；LM4

内部，砂泥互层型水平层理主要表现为砂泥等厚互层，粉砂纹层/泥纹层值为1/2～1；LM5及以上地层，砂泥互层型水平层理主要表现为厚砂薄泥型，粉砂纹层/泥纹层值大于1。

(a) 大安2井，4027.72m

(b) YS106井，1388.54m

(c) 大安2井，4029.35m

(d) 大安2井，4047.19m

(e) 大安2井，4044.87m

(f) 大安2井，4037.26m

图 2-2-9 川南地区五峰组—龙马溪组交错层理及其特征

川南地区龙马溪组层理类型与物源供给密切相关，距离源区由近至远，依次发育砂泥互层型水平层理、砂泥递变型水平层理和条带状粉砂型水平层理（图2-2-11）。浅水区主要发育砂泥互层型水平层理，其近端主要表现为厚砂薄泥，而远端为薄砂厚泥。由浅水区进入半深水区，泥纹层与粉砂纹层比值逐渐增大，粉砂纹层单层厚度减薄、连续性变差，主要发育砂泥递变型水平层理。深水区发育条带状粉砂型水平层理，粉砂纹层呈断续的条带状，相对于半深水区，泥纹层与粉砂纹层比值进一步增大，泥纹层单层厚度和连续性进一步变差。"甜点"段页岩主要发育条带状粉砂型水平层理和砂泥递变型水平层理。

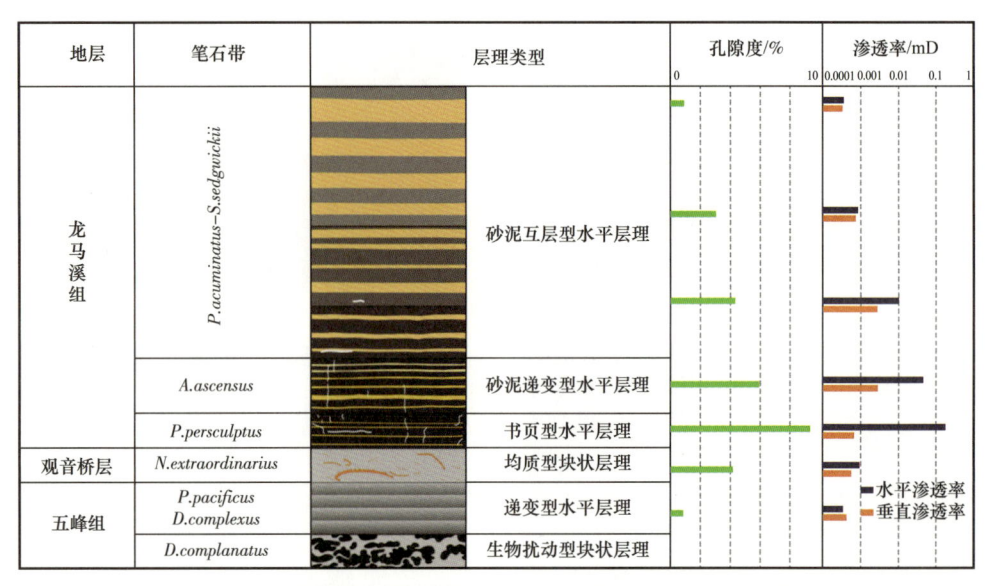

图 2-2-10　川南地区五峰组—龙马溪组黑色细粒岩层理类型及纵向分布

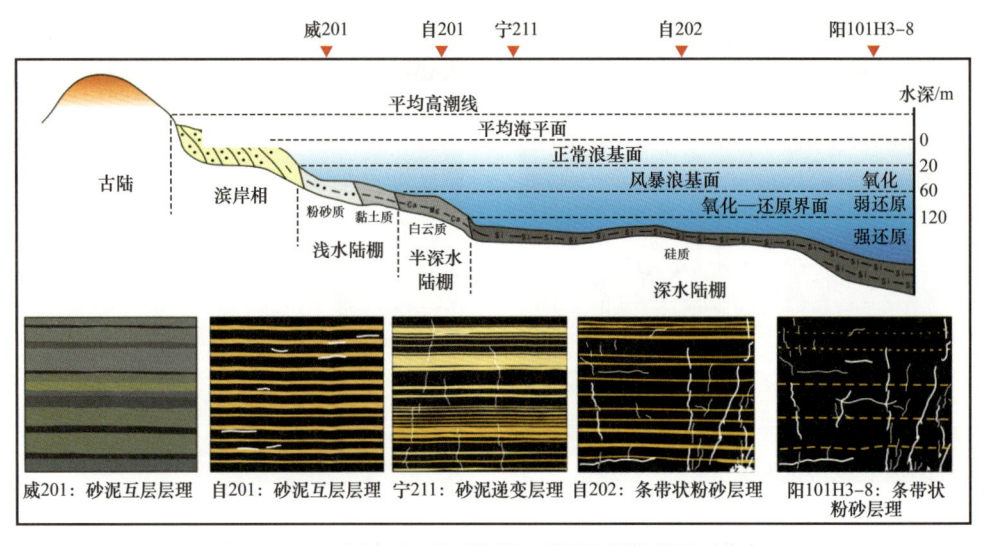

图 2-2-11　川南地区龙马溪组不同层理类型平面分布

6. "甜点"段微裂缝特征

"甜点"段页岩微裂缝含量高，相互交切构成网状。按与层理面的位置关系，五峰组—龙马溪组的微裂缝可分为顺层缝和非顺层缝（图 2-1-12）。顺层缝与层理面平行或倾角小于 15°，呈直线状或雁列状分布，硅质充填，主要为层面滑移缝、页理缝和雁列缝。

层面滑移缝分布于细泥岩中，呈束状，长度大于 2mm；页理缝发育于纹层界面处，多为平直断续状，长度大于 2mm；雁列缝多发育于细泥岩中，长度小于 2mm，雁列状分布。非顺层缝与层理面相交或垂直于层理面，硅质充填，按其形态可进一步细分为剪切缝和拉张缝。剪切缝长度大于 2mm，倾角为 15°～45°，拉张缝长度大于 2mm，与层面近于垂直。五峰组顺层缝以层面滑移缝和雁列缝为主，龙马溪组顺层缝以页理缝为主。五峰组—龙马溪组非顺层缝多切穿顺层缝或在顺层缝位置倾角发生错动。

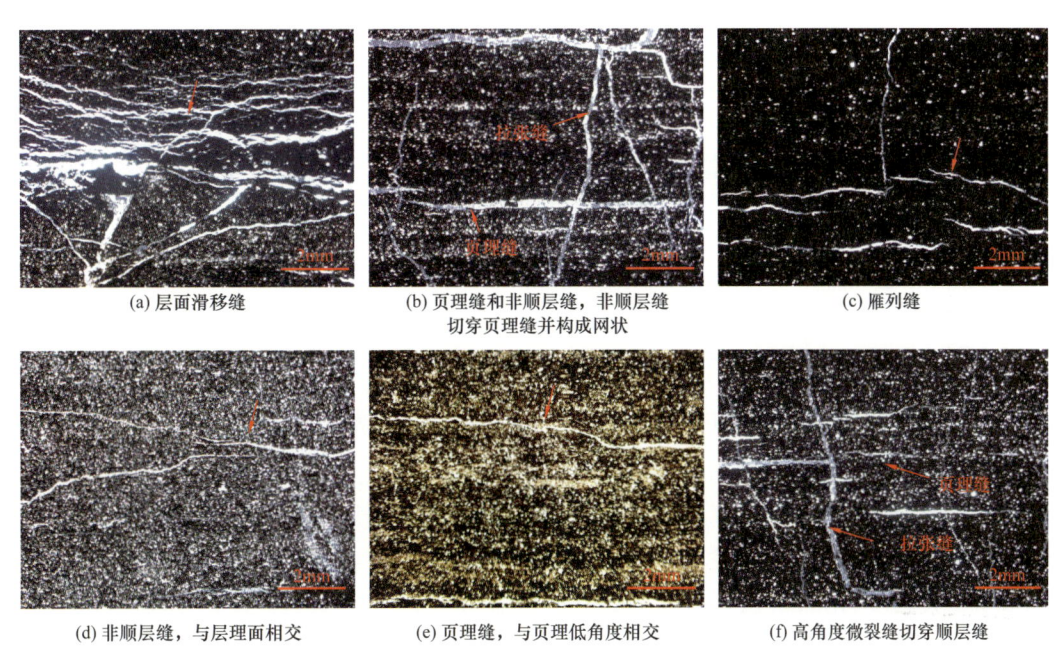

(a) 层面滑移缝　　(b) 页理缝和非顺层缝，非顺层缝切穿页理缝并构成网状　　(c) 雁列缝

(d) 非顺层缝，与层理面相交　　(e) 页理缝，与页理低角度相交　　(f) 高角度微裂缝切穿顺层缝

图 2-2-12　川南地区五峰组—龙马溪组典型裂缝照片

长宁双河剖面龙马溪组微裂缝密度较高，五峰组相对较低（图 2-2-13）。纵向上，龙马溪组顺层缝为 0～20 条/mm，非顺层缝为 0～43 条/mm，微裂缝为 0～57 条/mm。五峰组顺层缝为 0～10 条/mm，非顺层缝为 0～13 条/mm，微裂缝为 0～15 条/mm。龙马溪组内部，SLM1 段微裂缝密度最高，顺层缝平均值为 10 条/mm，非顺层缝平均值为 14 条/mm，微裂缝总数平均值为 25 条/mm。SLM2 段顺层缝发育，平均值达 6.6 条/mm，非顺层缝密度相对降低，平均值为 2.6 条/mm，微裂缝总数平均值为 9 条/mm。向上 SLM3 至 SLM5 段微裂缝密度逐渐较低，顺层缝平均值为 1.6 条/mm，非顺层缝平均值为 4.2 条/mm，微裂缝总数平均值为 5.8 条/mm。五峰组内部，SWF4 段裂缝密度最大，SWF5 至 SWF6 段次之，SWF7 至 SWF8 段最小。其中，SWF4 段顺层缝平均值为 2.7 条/mm，非顺层缝平均值为 3.8 条/mm，裂缝总数平均值为 6.5 条/mm。SWF5 至 SWF6 段顺层缝平均值为 3.7 条/mm，非顺层缝平均值为 2.2 条/mm，裂缝总数平均值为 6 条/mm。

龙马溪组内部 SLM1 段至 SLM5 段微裂缝特征差异明显。SLM1 段顺层缝和非顺层缝都十分发育，在空间上构成微裂缝网络；SLM2 段顺层缝发育，非顺层缝明显减少；SLM3 至 SLM5 段顺层缝和非顺层缝数量都进一步减少，裂缝总数也大幅度减少。

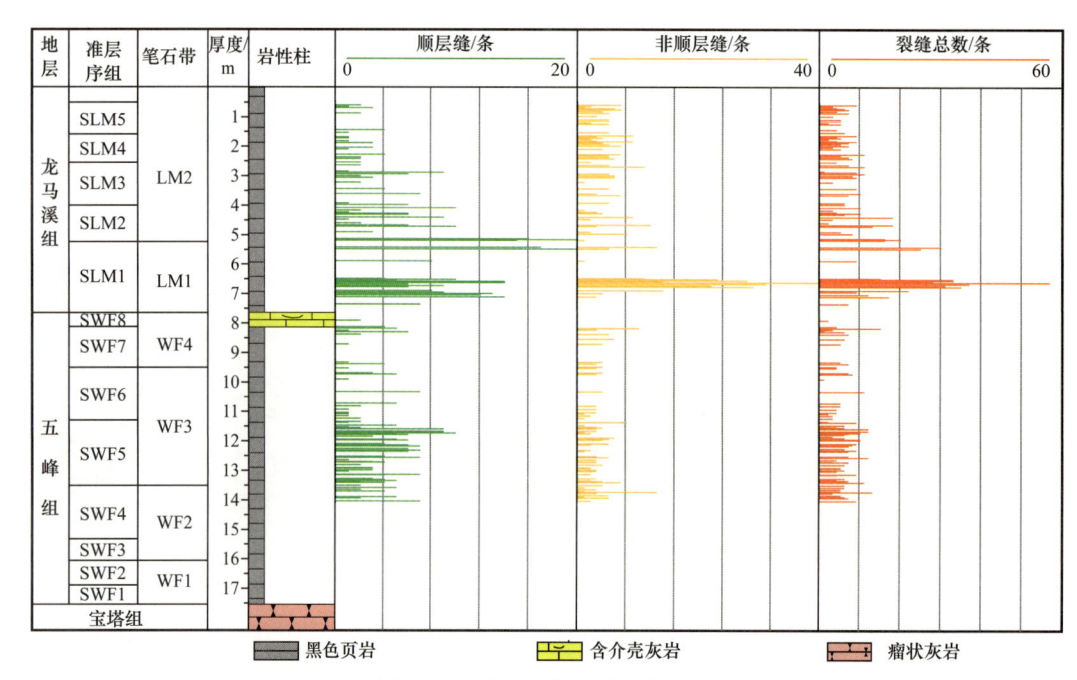

图 2-2-13 川南地区五峰组—龙马溪组微裂缝密度纵向分布

　　川南地区五峰组—龙马溪组硅质矿物主要为生物来源，生物成因硅含量决定微裂缝密度，生物成因硅含量越高，微裂缝密度越大。五峰组—龙马溪组黑色页岩微裂缝密度与硅质含量呈正相关，硅质含量越高，微裂缝密度越大。美国 Fort Worth 盆地密西西比系 Barnett 页岩及 Arkama 被动大陆边缘盆地泥盆系 Woodford 页岩硅质矿物均主要为生物来源，其微裂缝网络发育；而 Appalachian 盆地泥盆系 Ohio 组碳质页岩及 Michigan 克拉通盆地泥盆系 Antrim 组黑色页岩的硅质主要为陆源碎屑成因，故仅发育高角度天然裂缝，微裂缝不发育。三种原因造成生物成因硅含量越高，微裂缝越发育。第一种，生物成因硅基质孔发育，有机质含量高，有机质在成岩演化过程中会发生转化，造成孔隙度增加，从而岩石的抗压强度和抗张强度降低，有利于微裂缝发育。第二种，生物成因硅中的大量有机质在成岩转化过程中生烃，会造成孔隙压力增大，当压力突破岩石的抗张强度时，会形成大量微裂缝。第三种，在相同应力条件下，硅质页岩泊松比低、杨氏模量大、抗张强度小，易形成微裂缝，且富有机质页岩具有较低的黏聚力和内摩擦角，在区域水平挤压或引张应力作用下，更易沿层理面发生剪切破裂，形成低角度滑脱裂缝。同时，富含硅质的黑色页岩比富含方解石页岩脆性大，在矿物总量一定的情况下，方解石含量高，硅质含量就低，微裂缝密度将降低。

　　细泥岩中页理面是微裂缝发育的关键部位。黑色页岩粒度越细，其黏土矿物含量越高，石英、长石和碳酸盐等脆性矿物越少，在区域水平挤压或引张应力作用下，更易沿页理面发生剪切破裂，形成低角度滑脱裂缝。页岩地层可分为纹层、纹层组、层、层组、准层序、体系域和层序 7 个单元，各地层单元界面上下由于岩性、结构、构造等性质存在差异，从而构成力学性质上的薄弱面。在外力及成岩演化过程中，地层单元界面上下会造成应力集中，从而易剥离形成页理或产生顺层缝。相对于纹层界面和纹层组界面，层界面力学性质更弱，更易成为微裂缝发育的关键界面。五峰组—龙马溪组层间页理缝张开度一般较小，多数被硅质完全充填。

勘探实践证实，长宁地区龙马溪组 SLM1 段具有页理和纳米级孔隙发育、TOC 和脆性矿物含量高、含气性好、物性好、微裂缝网络发育等特点，是该地区页岩气勘探开发的"甜点"段。

7."甜点"段微裂缝形成关键因素

区域性构造活动是龙马溪组页岩储层"甜点"段微裂缝形成的关键影响因素。前人研究表明，长宁地区龙马溪组页岩先后经历了加里东期、海西期、印支期、燕山期和喜山期构造运动，地层表现为多期次挤压、抬升、剥蚀和变形。一方面，在构造挤压期间，构造应力在产生一系列大型垂直缝和斜交缝的同时，还会形成大量顺层缝、非顺层缝、滑移缝和雁列缝等微裂缝，从而形成相对发育的裂缝网络。另一方面，在抬升、剥蚀期间，由于页岩中孔隙流体渗流不畅，部分原始压力得以保存。岩层在上升剥蚀卸压过程中，岩石流体发生回弹，造成压力变化，这种变化与岩石、流体的力学性质有直接关系。相对砂岩，泥页岩压缩系数更大，特别是成岩阶段中后期泥页岩回弹能力较成岩阶段初期更弱。较大的压缩系数及较弱的回弹能力造成原始地层压力在抬升剥蚀后仍得以保存，在空间上易形成异常压力，从而有利于微裂缝形成。

成岩收缩是页理缝形成的重要动力。成岩演化早期，矿物由于脱水、收缩及矿物相变，造成岩石体积和结构变化，从而形成成岩收缩缝。成岩收缩缝多沿纹层面发育，被后期硅质充填或半充填。成岩演化后期，区域构造拉张造成五峰组—龙马溪组发育近垂直于层面的张裂缝，非顺层缝切穿顺层缝，并被后期硅质充填。

生烃增压和强成岩收缩是页岩储层"甜点"段微裂缝大量发育的主要原因（图 2-2-14 和图 2-2-15）。有四个方面证据：（1）"甜点"段黑色页岩 TOC 高，平均为 7.9%，R_o 为 2.5%～3.98%，有机质达到成熟—过成熟演化阶段，具备大量生烃物质基础和条件；（2）页岩储层"甜点"段黑色页岩页理发育，垂向渗透率远低于侧向渗透率，能对烃类物质形成有效封盖；（3）生烃高峰期页岩储层"甜点"段黑色页岩仍处于深埋期，且邻区未出露地层明显表现出超压，压力与 TOC 和页岩含气性呈正相关关系；（4）微裂缝密度与 TOC、硅质含量均呈正相关关系，且 TOC 与硅质含量也具正相关性、与碳酸盐含量具负相关性，由 SLM1 段到 SLM5 段，随着 TOC、硅质含量的不断降低，微裂缝密度也相应逐渐降低。

有机质在埋藏过程中，随着埋深加大、地层温度升高，有机质生烃造成地层压力增大。同时，由于上、下地层物性较差，油气不能运移出去或只能部分运移出去，从而形成异常高孔隙流体压力。异常高孔隙流体压力一方面降低了泥岩颗粒之间摩擦系数，使岩石强度降低；另一方面改变了岩石发生破裂时的有效应力场，促使破裂产生。前人研究表明，当脆—弹性岩石孔隙充满流体时，岩体承受着总应力场和有效应力场，当孔隙流体压力增加到一定程度时，有效应力场导致岩石剪切破裂或张性破裂，在异常高孔隙流体压力层段主要产生张裂缝，而静水压力带在构造应力作用下仅产生剪裂缝。"甜点"段 TOC 高，生烃过程产生的高异常压力导致黑色页岩张性破裂，形成高密度裂缝网络体系。同时，高硅质含量导致成岩过程中易发生收缩形成与层面平行裂缝。由 SLM1 段到 SLM5 段，随着 TOC 和硅质含量降低，生烃增压和成岩收缩微裂缝密度相应减少。

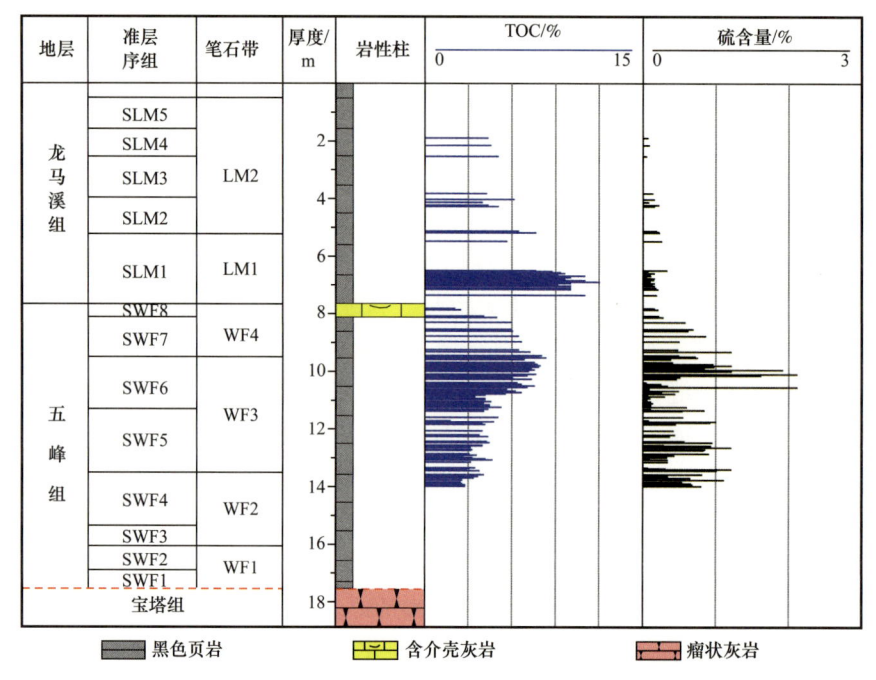

图 2-2-14　长宁双河剖面五峰组—龙马溪组 TOC 纵向分布

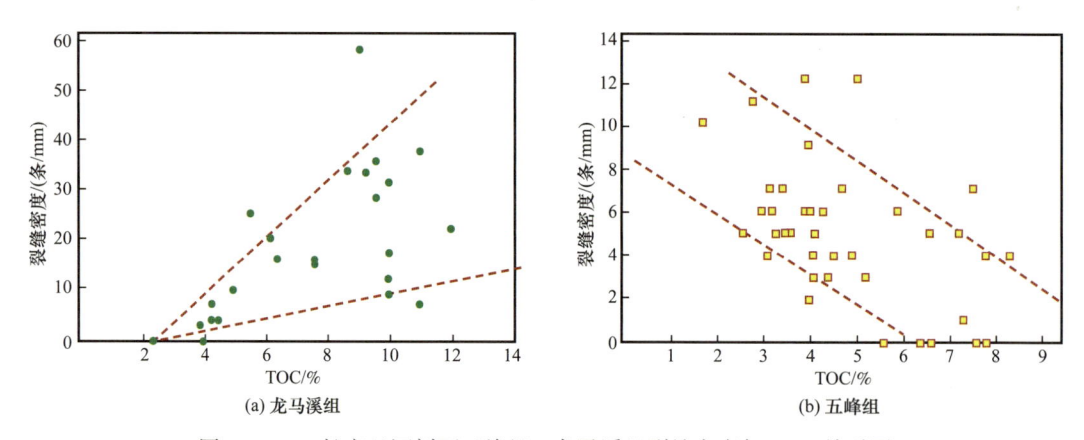

图 2-2-15　长宁双河剖面五峰组—龙马溪组裂缝密度与 TOC 关系图

第三节　页岩气差异富集规律

我国南方地区五峰组—龙马溪组页岩气有利（富集）段与"甜点"段在厚度、含气量、TOC 等方面具有明显差异。

五峰组—龙马溪组页岩层系在我国南方地区广泛分布，厚度一般可达 300m 以上，其中龙马溪组可分为两段，即龙一段和龙二段。页岩气非富集段分布于龙一段中上部和龙二段，岩性主要为灰黑—灰绿色页岩夹泥质粉砂岩，总体上厚度较大，一般为100～250m；页岩气有利（富集）段主要位于龙一段底部和五峰组，由黑色页岩组成，厚度一般为10～60m；而页岩气"甜点"段则位于有利（富集）段中下部，由黑色富硅质页岩组成，厚度一般为10～40m（图2-3-1）。

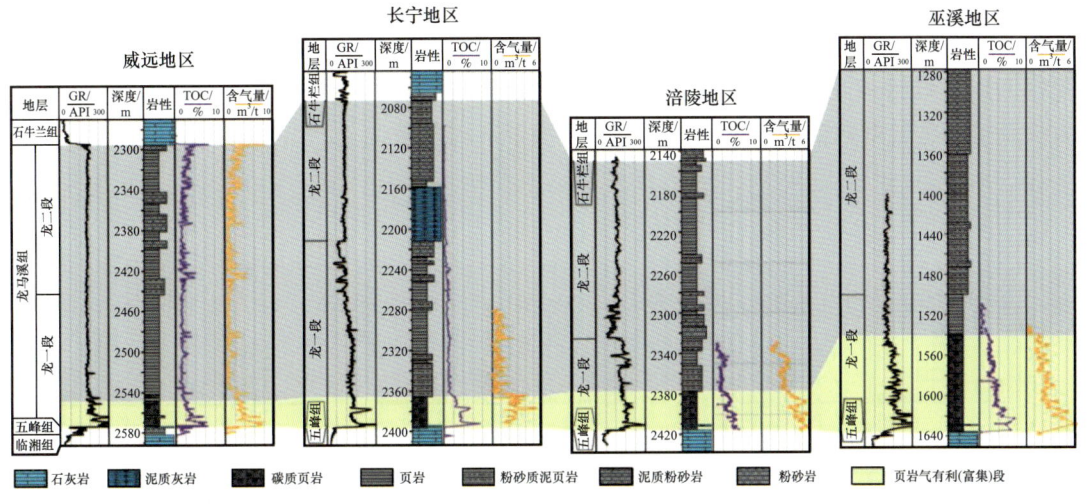

图2-3-1 川南五峰组—龙马溪组页岩气主要勘探开发区有利（富集）段分布特征

基于前人已发表成果，结合笔者们已有研究基础，综合分析表明，威远、长宁、涪陵及巫溪地区的有利（富集）段和"甜点"段厚度也存在着较大差异。威远地区的有利（富集）段厚度一般为10～45m，长宁地区为25～50m，涪陵地区为35～75m；而巫溪地区的厚度最大，一般大于40m，最厚者可达90m。对于这四个地区的"甜点"段，涪陵地区的厚度最大，一般为30～50m，其次为长宁地区（15～40m），而威远和巫溪地区的相对较薄，其分布范围分别为5～10m和5～20m。

页岩含气量是一吨岩石中所含天然气的总量，主要包括游离气和吸附气。含气量高低是页岩气富集程度的直接体现，是决定含气页岩是否具有商业开采价值的关键指标。基于我国南方五峰组—龙马溪组600余组页岩含气量数据，统计结果表明页岩纵向上含气量变化较大（图2-3-2），低者几乎不含气，高者可达9.0m³/t。非富集段含气量一般低于1.5m³/t或2.0m³/t；有利（富集）段含气量一般为2.0～4.5m³/t，其中最富集的为"甜点"段，其含气量一般为3.0～7.5m³/t。

上述数据进一步按照不同区域对比分析，主要为威远、长宁、涪陵及巫溪地区，它们的有利（富集）段和"甜点"段含气量均存在着较大差异，具体如下：（1）有利（富集）段。威远地区和巫溪地区的含气量较相似，主体数据分别为1.8～4.9m³/t和1.9～4.9m³/t；长宁地区一般为2.1～5.5m³/t；涪陵地区的最高，一般为3.8～7.0m³/t [图2-3-3（a）]。（2）"甜点"段。威远地区的含气量主体介于4.7～7.2m³/t；长宁地区一般为3.2～5.5m³/t；涪陵地区的仍为最高，一般为4.7～7.7m³/t [图2-3-3（b）]；巫溪地区含气量相对最差，一般为3.4～5.0m³/t。

值得注意的是，含气量差异部分可能来自测定方法的不同，尤其是游离气含量测定。目前，页岩含气量主要通过两种方式测试。一种为间接测定法，即通过等温吸附实验确定吸附气含量、测井解释或实验确定游离气含量，从而得出总含气量；另一种为直接测定法，即通过钻井现场取岩心直接放入密封罐，直接测定页岩中含气量。间接测定法中受实测数据限制难以准确刻度测井数据，从而造成游离气含量估算存在一定误差；直接测定法中损失气量无法直接测定，从而使得游离气含量估算也存在一定误差。由于游离气是页岩含气量的主要部分，如美国典型页岩气田中游离气占总含气量的20%~80%，而我国四川五峰组—龙马溪组页岩气总游离气含量可达70%，故本书尽量选择同一种测定方法获得的含气量数据，以减少不同测试方法带来的误差。

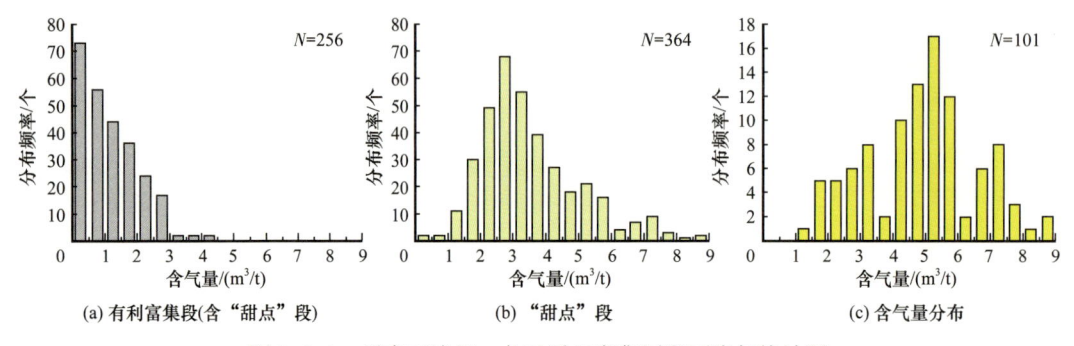

图2-3-2 川南五峰组—龙马溪组富集层段页岩气统计图

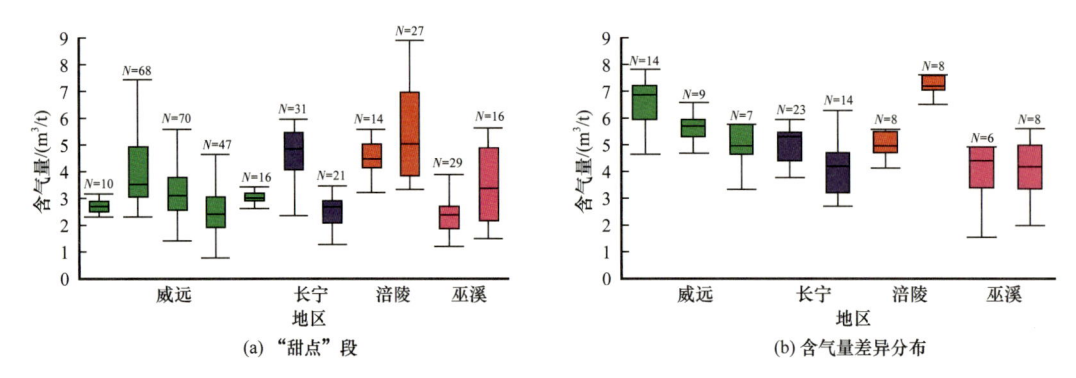

图2-3-3 川南不同区域（典型井）五峰组—龙马溪组含气量统计图

基于对我国南方五峰组—龙马溪组1000余件页岩TOC数据的分析，结果表明该套页岩层系纵向上TOC变化较大（图2-3-4），低者可在0.5%以下，高者可达10%以上。非富集段TOC一般低于2.0%；有利（富集）段TOC变化范围较大，主体分布范围为2.0%~5.0%；"甜点"段作为页岩气有利段中最优质含气量富集段，其TOC主体为3.0%~6.5%。对来自威远、长宁、涪陵及巫溪地区典型井或剖面进行区域对比分析，五峰组—龙马溪组页岩气有利（富集）段和"甜点"段TOC存在一定差异。对于页岩气有利（富集）段，威远地区和长宁地区的TOC较相似，主体数据分别为2.1%~4.7%和2.2%~4.9%；涪陵地区和巫溪地区的相对偏高，主体数据分别为2.0%~6.7%和1.7%~5.9%［图2-3-5（a）］。这四个地区的"甜点"段TOC与有利段的总体趋势相似，表现为威远地区和长宁地区偏低，主体数据分别为 4.1%～5.4% 和 3.3%～5.4%；而涪陵地区和巫溪地区的相对偏高，主体数据分别为 4.0%～7.5% 和 4.7%～8.0%［图 2-3-5（b）］。

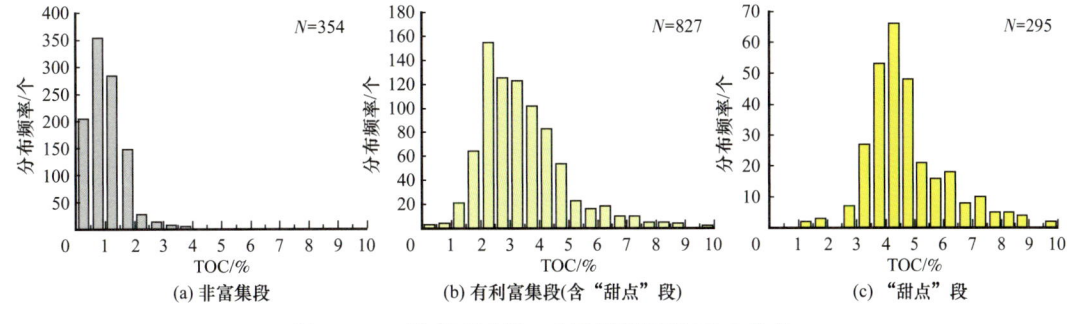

图 2-3-4　川南五峰组—龙马溪组页岩 TOC 分布

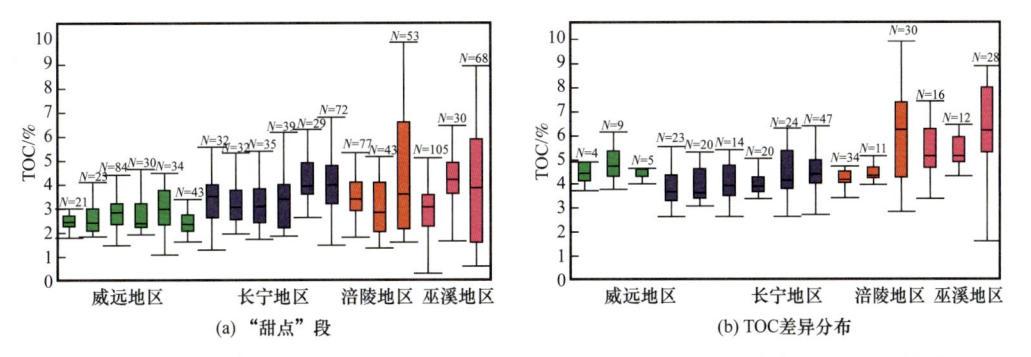

图 2-3-5　川南不同区域（典型井）五峰组—龙马溪组页岩气有利（富集）段 TOC 统计图

综上所述，我国南方五峰组—龙马溪组页岩气在纵向上和区域上均具有一定差异富集特征，具体表现在纵向上集中发育"甜点"段，区域上"甜点"段厚度、含气量、TOC 存在较大变化。

页岩有机质丰度是影响页岩气富集程度的关键因素。含气量作为衡量页岩气富集程度的关键指标，其影响因素较多，如岩性、有机质类型、有机质丰度（即 TOC）、成熟度、石英含量、黏土矿物含量、孔隙度、黄铁矿含量及后期保存条件（断裂发育程度）等。而对于我国南方普遍高成熟度的五峰组—龙马溪组页岩，诸多研究已表明页岩 TOC 是影响页岩气含气量的重要因素。基于我国南方威远、长宁、涪陵、巫溪等地区近 400 件岩心含气量与 TOC 数据统计分析，结果表明这四个地区的含气量与 TOC 具有较好正相关性。总体上，对于相同 TOC 样品，威远地区含气量最高，其次分别为长宁地区、涪陵地区，而巫溪地区含气量最差（图 2-3-6）。

五峰组—龙马溪组页岩中含有大量有机质，有利于页岩气大量生成和储集。一方面，这是因为这些有机质主要由具有较多脂肪族结构的浮游藻类、疑源类和细菌等组成，它们均具有较高的生烃潜力；另一方面，有机质在生烃过程中热解作用可以发育大量纳米级孔隙，形成纳米级孔喉系统，为页岩气提供大量储集空间。据统计，美国五大主要产气页岩层系中，有机质纳米级孔所储层的页岩气占其总储量的 20%～50%（Ross et al.，

2007，2008）。中国南方地区五峰组—龙马溪组页岩气"甜点"段的有机质孔隙直径主体分布于50~300nm，其孔隙占页岩总孔隙度的50%以上。因此，可以认为五峰组—龙马溪组页岩的有机质丰度（TOC）是影响其页岩气富集程度的关键因素。

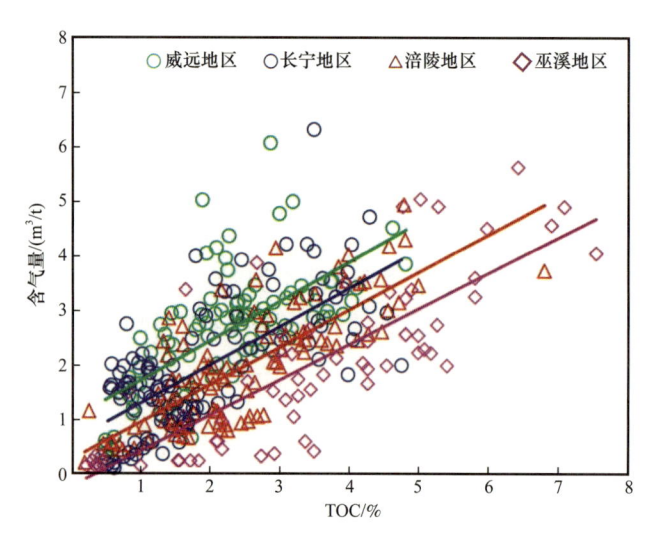

图 2-3-6　川南不同区域（典型井）五峰组—龙马溪组页岩气含气量与 TOC 相关性分析

通过系统分析，认为"甜点"段的形成主要有以下原因：

（1）"甜点"段页岩高 TOC 和高硅质含量的形成与局限海盆沉积环境及富硅水体有关。

前人研究表明，晚奥陶世赫南特阶晚期—早志留世鲁丹阶，全球气候变暖，全球海平面快速上升。该时期四川盆地为半封闭的陆表海，发育缺氧的半局限海盆环境。含条带状粉砂纹理页岩和砂泥递变纹理页岩的形成，同样表明沉积时期水动力弱，陆源碎屑供给不足。且水体中大量溶解态硅造成放射虫、硅质海绵及浮游藻类大量繁盛，并以"海洋雪"方式缓慢沉积。现代海洋调查结果也显示，水体中硅元素含量高低直接决定初级生产力的高低，硅质生物大量发育时，藻类也一同繁盛，从而造成 TOC 和硅质富集。非"甜点"段发育的赫南特阶早期，由于全球气候变凉，两极冰川广泛发育，海平面下降，大洋循环条件变好，陆源碎屑供给增加，海水处于充氧的凉水状态，故硅质含量和 TOC 降低。非"甜点"段页岩发育的鲁丹晚期—埃隆期，陆源碎屑供给增大，硅质生物生长受到抑制，沉积速率增大，TOC 和硅质含量降低（图 2-3-7）。

（2）"甜点"段页岩高 TOC 和高硅质含量有利于孔隙度和渗透率的增大。

含条带粉砂纹理页岩和砂泥递变纹理页岩有机质孔均超过 50%，多数有机质孔在三维空间构成有效的连通网络，从而提供了大量储集空间，也极大地提高了储层连通性。前人研究表明，页岩孔隙度与渗透率与 TOC 呈正相关。生物成因硅中的放射虫、硅质海绵等生物体内发育小孔和空腔，其在成岩过程中会残余大量孔隙，且硅质颗粒抗压实能力较强，有利于各类孔隙保存。董大忠等（2018）研究表明，"甜点"段页岩微裂缝密度高，且顺层缝和非顺层缝相互交切，在空间构成三维裂缝网络体系，从而大大提高了"甜点"段页岩渗透率。

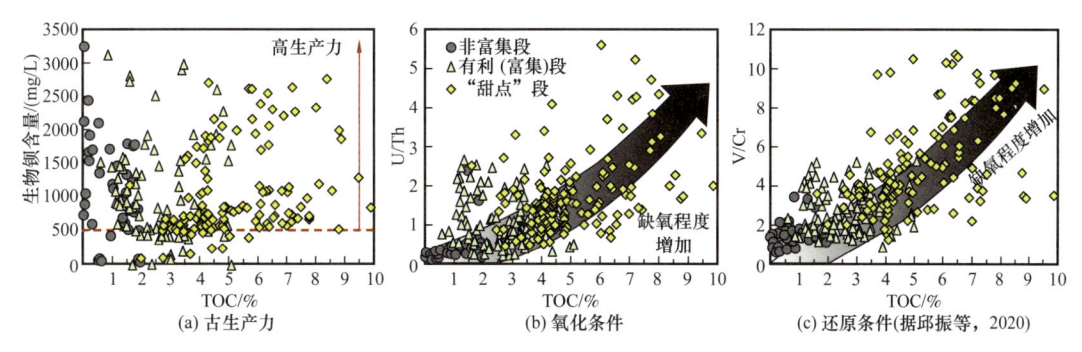

图 2-3-7　川南地区五峰组—龙马溪组页岩气 TOC 与古生产力、氧化还原条件相关性分析图

（3）"甜点"段页岩粉砂纹层与泥纹层交互造成水平渗透率与垂直渗透率差异。

含条带粉砂纹理页岩和砂泥递变纹理页岩中粉砂纹层与泥纹层交互，造成储层垂向非均质性增强，故垂直渗透率降低。而在水平方向上，页岩储层的矿物组成和结构相对均一，且水平微裂缝大量发育，故水平渗透率增大。Sun 等（2016）的研究表明，含气页岩垂向上致密，具有偏低垂直渗透率，阻碍了页岩气垂向迅速逸散而有利于保存，而水平层理（缝）发育大大改善页岩储层的水平渗透能力。Jin 等（2016）和 Wei（2015）的研究认为，水平渗透率与垂直渗透率的差异能够在水平井水力压裂改造后形成复杂裂缝网络，从而提高页岩气产量。

五峰组—龙马溪组沉积时期，中国南方发育扬子陆棚海，自南向北水体逐渐加深，位于扬子陆棚海的内陆棚（威远和长宁）、中陆棚（涪陵）和外陆棚（巫溪）四个地区对比分析结果表明：

（1）五峰组—龙马溪组底部即页岩气有利（富集）段沉积时期，总体上发育两个铁化—硫化缺氧旋回。第一个旋回对应笔石带为 *D. Complexus-M. extraodinarius*，第二个旋回对应笔石带 *M. extraodinarius-A. ascensus*。

（2）区域上硫化缺氧发育程度存在差异，具体为涪陵地区开始硫化缺氧最早，持续时间最长，其次为长宁地区和巫溪地区，而威远地区的硫化缺氧开始最晚，持续时间最短。

（3）页岩气"甜点"段纵向上分布与区域上展布，与硫化缺氧的水体条件发育程度对应较好。具体为涪陵地区"甜点"段厚度最大（30～50m），硫化缺氧持续时间最长；其次为长宁地区（15～40m），硫化缺氧持续时间较长；而威远地区的"甜点"段最薄（5～10m），其硫化缺氧持续时间最短。

基于中国南方川南五峰组—龙马溪组页岩气"甜点"段（区）地质特征解剖，结合当前页岩气勘探开发实践，笔者们提出了页岩气"甜点"段形成需具有四个基本条件：（1）缺氧陆棚环境发育富有机质沉积，有利于页岩气大量生成；（2）有机质发育纳米级孔喉系统，有利于页岩气大量储集；（3）相对稳定陆棚环境发育封闭的顶板与底板，有利于页岩气有效保存；（4）低沉积速率控制纹层发育与富硅质沉积，易于形成微裂缝，有利于页岩气有效开采。在这四个基本条件中，硫化缺氧陆棚环境是其他三个条件发育的物质基础。而"甜点"区作为"甜点"段在区域上的延伸，它的形成需要在区域上具备"甜点"段发育的所有条件，而其最终规模与分布则受控于后期构造活动的改造强度。这是因为我国南方地区经历海西、印支、燕山等多期构造运动，五峰组—龙马溪组页岩层系沉积以后经历了多次挤压、抬升等，局部地区发育断裂带。在断裂带附近页岩层系中，断层能够切穿页岩气富集层段，形成断裂系统网络，会降低页岩中含气量，加快"甜点"段页岩气散失，从而不利于页岩气"甜点"区形成。例如，川东北巫溪地区五峰组—龙马溪组页岩气"甜点"段厚度可达20m，明显厚于威远等其他页岩气产区。但其页岩产状变陡且发育大量断层，使得在页岩TOC相同情况下，巫溪地区含气量明显低于威远等其他地区，且目前该区所钻探的3口评价井（巫溪2井、溪202和溪203井）均未见页岩气产量。这进一步证实了五峰组—龙马溪组页岩气富集高产规律：早期富有机质沉积是富集的基础，后期有效保存条件是高产的关键。

综上所述，我国南方五峰组—龙马溪组页岩沉积时期的海洋表层水体总体为高生产力背景，是有机质大量生成的重要前提条件，而在断裂带发育较弱的构造稳定区域，硫化缺氧的水体条件是控制页岩气"甜点"段纵向及区域上"甜点"区形成的关键因素。

第三章　四川盆地及周缘海相页岩气有利区优选

海相页岩层系的演化划分为建造期和改造期。建造期主体为晋宁期到印支期，是海相页岩层系沉积和主体热埋藏阶段，亦是页岩气物质基础形成演化阶段。改造期为燕山期到喜马拉雅期，是海相页岩层系抬升剥露和褶皱断裂阶段，亦是页岩气改造和保存阶段。针对中国南方海相页岩高成熟和强改造的突出特点，选区策略以保存条件为核心、地质评价为主体，兼顾经济评价，形成了有利区优选评价体系。

第一节　页岩气保存条件评价技术

一、构造特征和分区

中、新生代多旋回构造运动是影响页岩气保存的根本原因，四川盆地及周缘页岩气区域宏观保存条件受区域构造整体制约，其主要制约因素包括叠加构造样式、埋藏作用、隆升剥蚀作用和伸展作用。

叠加构造样式影响页岩气的保存和改造类型；埋藏作用影响页岩气的保存强度；隆升剥蚀作用影响页岩气的破坏程度；伸展作用一定程度上破坏页岩气的区域保存环境。四川盆地及周缘下古生界主力海相页岩层系在空间展布和区域构造属性上分别归属于湘鄂西—川东构造域、大巴山构造域、龙门山构造域、川中构造域、川南/川西南构造域等，不同构造域具有不同的动力学来源和属性，对页岩气保存条件的影响也有显著的差异。

本次构造划分研究充分结合五峰组—龙马溪组构造的空间展布特征、区域构造属性、龙马溪组底界埋深等影响该套页岩气保存条件的最核心因素进行。

考虑到不同构造域内部存在构造属性和构造样式的差异（如湘鄂西—川东构造域存在湘鄂西/黔北厚皮冲断带/伸展活动区以及川东薄皮冲断带的不同），将同一构造域内部进一步划分出不同构造带。因此，最终区分不同构造带以目的层（O_3—S_1）的构造样式为主。以川东断褶带为例，具有滑脱型断块—断褶组合构造样式的区域归属于川东滑脱断褶带，具有对冲宽缓复向斜组合构造样式的区域归属于中上扬子对冲过渡带，具有弧形滑脱型断块—断褶组合构造样式的区域归属于川东弧形断褶带。

基于上述区域构造分区原则，将四川盆地及周缘下古生界主力海相页岩层系（五峰组—龙马溪组页岩层系、筇竹寺组页岩层系）划分为9个一级构造区和20个二级构造区。9个一级构造区分别为川东断褶带、大巴山冲断褶皱带、川北褶皱带、川西断褶带、川中平缓褶皱带、川西南断褶带、川南褶皱带、川南—滇北断褶带和湘鄂西—黔北断褶带。宏观上，在主力页岩层系不同构造单元，不仅埋深不同，而且主要构造样式、地层隆升及剥蚀作用、地层伸展作用等特征均存在显著差异。

1. 川东断褶带

川东断褶带分为3个二级构造：川东断褶带、中上扬子对冲过渡带和川东弧形断褶带，目的层埋深以>4500m为主，3500~4500m为辅。川东断褶带目的层为滑脱型断块—断褶组合构造样式，初始隆升发生于110~90Ma，剥蚀强度中等—弱。中上扬子对冲过渡带目的层为对冲宽缓复向斜组合构造样式，初始隆升发生于120~110Ma，剥蚀强度中等—弱。川东弧形断褶带目的层为弧形滑脱型断块—断褶组合构造样式，初始隆升发生于120~110Ma，剥蚀强度中等—弱。

2. 大巴山冲断褶皱带

大巴山冲断褶皱带目的层为山前薄皮逆冲滑脱断褶组合构造样式，目的层埋深以4500~1500m条带分布，初始隆升发生于120~110Ma，剥蚀强度中等—强烈。

3. 川北褶皱带

川北褶皱带分为3个二级构造：NE—NW向强改造叠加带、NE—NW向弱改造叠加带、NE向变形带，目的层埋深>4500m，初始隆升发生于110~90Ma，剥蚀强度中等—弱。NE—NW向强改造叠加带目的层为基底卷入高陡断块—断褶组合叠加构造样式。NE—NW向弱改造叠加带目的层为平缓复向斜—断褶组合构造样式。NE向变形带目的层为断块—断褶组合构造样式。

4. 川西断褶带

川西断褶带为北部断褶带，目的层为山前冲断—断褶组合构造样式，目的层埋深>4500m，初始隆升发生于110~80Ma，剥蚀强度中等—弱。

5. 川中平缓褶皱带

川中平缓褶皱带目的层为平缓褶皱组合构造样式，目的层埋深>4500m，初始隆升发生于90~70Ma，剥蚀强度弱。

6. 川西南断褶带

川西南断褶带分为3个二级构造：威远断褶带、宜宾断褶带和绥江断褶带，初始隆升发生于140~110Ma，剥蚀强度中等。威远断褶带目的层为宽缓褶皱—断褶组合构造样式，目的层埋深为中等埋深2500~4500m。宜宾断褶带目的层为宽缓褶皱—断褶组合构造样式，目的层埋深以>4500m为主，3500~4500m为辅。绥江断褶带目的层为褶皱—断褶组合构造样式，目的层埋深以中等埋深3500~4000m为主，<3500m和>4500m为辅。

7. 川南褶皱带

川南褶皱带分为 3 个二级构造：华蓥山南帚状断褶带、泸州—赤水构造叠加带和长宁断褶带。华蓥山南帚状断褶带目的层为滑脱型帚状断褶组合构造样式，目地层以中等埋深 3500~4000m 为主，>4500m 为辅，初始隆升发生于 115Ma，剥蚀强度中等。泸州—赤水构造叠加带目的层为正交断褶叠加组合构造样式，目的层埋深以>4500m 为主，初始隆升发生于 115Ma，剥蚀强度中等。长宁断褶带目的层为断褶组合构造样式，目的层埋深以中等埋深 3500~4000m 为主，<3500m 为辅，初始隆升发生于 125Ma，剥蚀强度中等。

8. 川南—滇北断褶带

川南—滇北断褶带分为 2 个二级构造：永善断褶带和昭通断褶带。永善断褶带目的层为断褶叠加组合构造样式，目的层埋深为浅—中等，初始隆升发生于 145Ma，剥蚀强度强烈。昭通断褶带目的层为正交断褶叠加组合构造样式，目的层埋深以>4500m 为主，初始隆升发生于 145Ma，剥蚀强度强烈。

9. 湘鄂西—黔北断褶带

湘鄂西—黔北断褶带分为 3 个二级构造：利川—正安断褶带、鹤峰—遵义断褶带和张家界—铜仁断褶带。利川—正安断褶带目的层为厚皮断褶—微弱反转组合构造样式，目的层大面积剥蚀，以中等埋藏条带分布，初始隆升发生于 145Ma，剥蚀强度强烈，为伸展扰动区。鹤峰—遵义断褶带目的层为厚皮断褶—弱反转组合构造样式，目的层大面积剥蚀，以浅—中等埋藏条带分布，初始隆升发生于 155Ma，剥蚀强度强烈，为伸展活动区（北东强、南西弱）。张家界—铜仁断褶带目的层为高陡厚皮断褶—强反转组合构造样式，目的层大面积剥蚀，以浅埋藏条带分布，初始隆升发生于 165Ma，剥蚀强度强烈，为伸展活跃区。

二、构造期次和埋藏演化

在川西南断褶带、川南褶皱带、湘鄂西—黔北断褶带、川东弧形断褶带和大巴山冲断褶皱带，开展了磷灰石裂变径迹、磷灰石 U-Th/He 裂变径迹和锆石裂变径迹三个系列的构造年代学测试，定量厘定了页岩气重点探区多期构造活动及变形时序。

构造年代学分析反映出燕山期和喜马拉雅期构造运动的多期性以及局部构造位置的差异，磷灰石裂变径迹年龄反映了燕山晚期构造事件发生在 82~72Ma；磷灰石 U-Th/He 年龄数据揭示了古新世（63Ma）、始新世（40Ma）、渐新世（28~21Ma）、中新世（19~16Ma）的构造活动。在巫溪地区喜马拉雅期存在古新世（57Ma）和渐新世（29Ma）两期活动。同时，磷灰石裂变径迹年龄反映喜马拉雅早期构造事件发生在古新世 66~57Ma、始新世 53~36Ma、渐新世 29~31Ma。基于年代学数据开展的热史模拟结果也揭示了研究区存在四次快速隆升过程，分别为晚白垩世 100Ma 左右、晚白垩世后期 85~80Ma 左右、古新世 60~53Ma 左右、中新世 20Ma 左右。

基于裂变径迹初始隆升年龄的大数据分析结果显示,湘鄂西褶皱带的初始隆升(或构造变形)发生于晚三叠世—早侏罗世(~200Ma),并且这一期构造变形主要出现于湘鄂西褶皱带的东部,向北可以延伸至鄂西黄陵隆起,向南延伸至娄山断褶带。自东南向北西方向,湘鄂西褶皱带的初始构造变形时序呈减小趋势:鹤峰—遵义断褶带为165Ma,利川—正安断褶带为135Ma。这表明湘鄂西褶皱带初始隆升的动力来自东南方并渐次向北西方向扩展,直至四川盆地川东高陡褶皱带(120Ma)。早白垩世(135Ma)四川盆地周缘发生全区域构造抬升,米仓山—大巴山褶皱冲断带和龙门山褶皱冲断带的初始隆升基本同步发生于这一时期,代表了盆地周缘造山带向四川盆地的初始迁移过程,是四川盆地的第一期萎缩时间。

以四川盆地及周缘目前14个页岩气勘探重点区块为对象,开展局部构造特征典型解剖。这些重点区块分布于川南叠加构造区、川东—湘鄂西构造区、川北—大巴山构造区,涵盖了工业气藏、含气构造、失利构造等不同类型,14个页岩气勘探重点区块分别是:永善—绥江区块、昭通区块、赤水—林滩场区块、长宁区块(东部)、长宁区块(西部)、泸州区块、威远区块、渝西区块、丁山区块、正安区块、彭水区块、涪陵区块、忠县—丰都区块和宣汉—巫溪区块。结合局部构造类型及构造紧闭程度、断裂发育程度、断裂走向、规模及切层深度,构造活动期次或强度,现今最大水平主应力方向与应力差值,再结合地层压力系数、页岩层埋深、页岩气产量等参数,对这些页岩气重点探区局部构造的构造—保存条件规律性进行分析,评价重点区块页岩气构造—保存条件,确定页岩气保存优势局部构造类型。

四川盆地下志留统页岩气的富集保存受到多期构造联合作用的影响,但平面上影响局部区域页岩气保存条件的主要构造事件、次数和影响方面存在差异。区域上,燕山早期构造活动主要影响盆地北部的大巴山冲断褶皱带、川东断褶带、黄陵隆起周边的宜昌地区;燕山晚期构造作用使川东南地区褶皱变形,主要形成NE向和SN向构造,以形成狭窄的褶皱为特征,晚白垩世末期—始新世形成近EW向构造;喜马拉雅期的褶皱作用自西向东仅波及川西南断褶带的宜宾地区,特点是形成宽缓的构造。在重点探区层次,燕山早期构造作用主要影响宜昌区块和镇巴区块;燕山晚期晚白垩世的快速隆升主要发生在大巴山构造带的巫溪区块、湘鄂西—川东构造带的彭水—涪陵区块、川南构造带的泸州区块—渝西区块和赤水区块东南地区;晚白垩世后期的快速隆升发生在巫溪区块、涪陵区块和彭水区块以南;古新世快速隆升发生在川西南构造带的威远区块、宜宾区块和长宁区块;在叙永、巫溪、涪陵地区还存在一期显著的中新世快速隆升。

依据重点探区的断裂发育程度、断裂走向、断裂发育规模、切层深度、局部构造类型、构造紧闭程度、构造活动期次、现今地应力特征、压力、埋深等因素,将四川盆地及周缘下古生界14个典型页岩气区划分为5种模式类型并评价:(1)宽缓背斜—箱状背斜模式为宽缓正向构造—少断裂—埋深中等—横向、纵向封闭性好;(2)背斜模式为高陡正向构造—少断裂—埋深中等—封闭性一般;(3)断背斜模式为断控正向构造—多断裂—埋深中等—纵向封闭性一般;(4)隔档式断褶模式为高陡正向—宽缓负向构造—多断裂—埋深较大—横向封闭性一般—纵向封闭性好;(5)宽缓向斜—向斜中低幅背斜模式为宽缓负向构造—少断裂—埋深浅、中等—横向封闭性好、中等—纵向封闭性好——一般。宽缓向斜—向斜中低幅背斜模式和宽缓向斜—向斜中低幅背斜模式相对评价较好。优势局部构造类型以正向构造、宽缓、断裂少、现今最大水平主应力与构造走向正交、纵向地层压力大、埋深深于中等为最佳。

四川盆地及周缘下古生界海相页岩层普遍经历了深埋藏作用，其热演化程度显著受地史过程中埋藏、演化以及抬升、剥蚀的影响。因此，典型地区、典型构造主力页岩的有机质埋藏演化史、生烃—排烃史定量模拟，对于页岩气形成与保存的研究，具有重要意义。基于四川盆地及周缘37口典型钻井进行了埋藏演化史、生排烃恢复，以川东地区、川东南地区、川南地区、鄂西—渝东地区等大区加以总结。

整体而言，鄂西—渝东地区五峰组—龙马溪组烃源岩沉积后埋深较大、成熟较早、生排烃时间可早至早三叠世之前，但晚期抬升时间最早，剥蚀幅度最大，因此埋藏史是最不利于五峰组—龙马溪组页岩气保存的。而川南地区五峰组—龙马溪组烃源岩沉积后埋深相对较小、经海西期抬升后印支期再次沉降才成熟，因此生排烃时间较晚，而且晚期抬升时间也最晚，剥蚀幅度相对较小，因此埋藏史是最有利于五峰组—龙马溪组页岩气保存的。川东南地区、川东地区基本介于鄂西—渝东地区与川南地区之间。综合各大区典型钻井埋藏演化史、生排烃史、抬升剥蚀作用、构造演化与热演化的匹配关系、埋藏—抬升样式，认为四川盆地及周缘地区各区块五峰组—龙马溪组页岩气保存条件由优至劣依次为：川南地区最优，川东地区次之，川东南地区再次之，鄂西—渝东地区最不利。

区域地质图有效揭示了地层出露层位、地层产状、断裂与褶皱构造等信息，其垂直构造线方向的图切剖面还展示了地层构造基本轮廓。鉴于海相沉积岩层厚度比较稳定，根据区域地质图包含的各种有效地质信息，结合数字高程（DEM）资料，能够有效预测海相页岩层地下埋深和海拔高度。这种方法弥补了页岩气低勘探程度区地震资料覆盖不全的不足。应用该方法预测结果，编绘了四川盆地及周缘全区龙马溪组底界、筇竹寺组底界页岩层埋深等值线图。新编绘的页岩层埋深图，为页岩层构造划分、页岩气保存条件研究，提供了页岩层埋深这一重要参数。

页岩层的现今埋深通常能一定程度上反映地层压力与纵向封闭条件，是页岩气保存条件的重要参数；另外，埋深还直接影响页岩气开发工程与经济效益。因此，页岩层的埋深参数是页岩气保存条件评价和勘探目标优选的重要参数。充分考虑工区资料实际情况，在缺少全工区地震资料的情况下，结合部分重点勘探区块的地震资料、测井资料、1∶200000地质图、NASA全球高程数据，利用Sufer、Geomap、Global Mapper等软件，开发了四川盆地及周缘下古生界海相地层现今埋深的预测方法。

考虑到海相沉积岩层厚度通常比较稳定，可根据区域地质图的地层出露层系、产状、褶皱与断裂构造等有效地质信息，建立地表地层单位与其下方页岩层的埋深之间的拟合关系；将数字高程图与区域地质图叠置，数字化地质图上地层界线的高程；地层界线高程与其对应的地下埋深的拟合值之差代表目的层构造高度；将构造高度构成数据体进行网格化，由高程网格与构造高度网格之差代表岩层现今埋深。利用该专利技术，预测了四川盆地及周缘龙马溪组底界埋深状态。具有地震资料解释的龙马溪组底界埋深的地区，以地震资料解释深度为主，预测埋深主要用于填补地震资料缺失区的埋深空白。

四川盆地及周缘五峰组—龙马溪组现今埋深分带明显：盆外大巴山冲断褶皱带、湘鄂西—黔北断褶带、滇北断褶带埋深较浅，普遍浅于3500m，滇黔北及湘鄂西区域大量目的层出露、被剥蚀，埋深浅也是盆外勘探效果不理想的一个因素；盆内川北、川东北区域埋深较深，普遍深于5000m，过深的埋深给页岩气勘探技术提出了更高的要求；川西南、川南褶皱带埋深居中，为3000～5500m，这两个区块也是目前勘探的重点区。

根据五峰组—龙马溪组的现今埋深，再结合寒武系和奥陶系分布厚度相对稳定的特点，综合求取了四川盆地及周缘筇竹寺组底界埋深图。筇竹寺组页岩埋藏深度适中的地区主要分布在盆地内的威远地区、盆地南缘的昭通地区、以及盆地东缘的重庆地区。盆地内部的广大地区埋藏深度超过5000m。

三、保存条件评价

基于上述区域构造演化、局部构造特征、重点地区地应力、重点页岩气勘探区页岩层构造样式等研究成果，以及页岩埋深预测成果，综合分析了页岩气保存条件影响因素的层次性、多尺度性，提出了四川盆地及周缘海相页岩气保存条件分级评价体系，并评价了两个级别、三个尺度的具体有利保存单元。

根据一级评价参数的评价结果，将复杂构造区划分为相对稳定区、弱构造改造区、强构造改造区三大宏观保存单元。再分别根据三大宏观保存单元内的二级评价参数，确定其各自的有利保存单元为：（1）盆内相对稳定区范围内，优选出威远区域、川北区域2个保存有利区域；（2）盆缘弱构造改造区，优选出华蓥山南帚状断褶带、泸州—赤水断褶带、焦石坝背斜等3个A类构造带，长宁断褶带、自贡断褶带2个B类构造带；（3）盆外强构造改造区，利川向斜、罗场向斜、建武向斜、大树向斜（太阳背斜、大寨区块）、武隆向斜、罗布向斜等6个A类有利向斜构造。

在后期构造极其复杂的地区，页岩气保存条件至关重要。前人已从不同角度提出页岩气保存条件的许多评价参数，如页岩气物质基础方面、构造作用和演化历史、地层水条件、盖层及微观性质、天然气组分和压力系数、页岩顶底板条件和构造强度等。实际上，不同的评价参数，其有效性和适用范围应该是不同的。有些参数只能评价页岩气的微观保存条件，有一些只能评价宏观保存条件，还有一些既能评价宏观保存条件，也能评价微观保存条件。有必要探讨页岩气保存条件的多尺度性，针对不同尺度采用不同参数评价相应的页岩气保存条件。

区域保存条件评价指标：四川盆地及周缘的构造背景复杂，构造因素是影响下古生界海相页岩气保存条件的主要因素。其中，区域性（数十至数百千米级）保存条件控制因素及评价指标主要有：地层隆升时间、构造样式、地层剥蚀厚度、断裂发育规模、埋藏深度、页岩厚度、地层压力系数、温度等。

局部保存条件评价指标：局部保存条件是界定在千米级左右对页岩气的保存条件进行评价，主要针对构造带进行评价。局部保存条件指标主要有：页岩厚度、现今埋深、局部构造紧闭程度、压力系数、页岩有机质成熟度、断裂发育、局部盖层发育及岩性。

微观保存条件评价指标：微观评价是评价页岩内部的烃气赋存能力，主要通过孔径大小和微裂缝来影响页岩气的赋存及保存。评价指标主要有：有机质含量及类型、黏土矿物类型及含量、地层压力、页岩孔隙结构和微裂缝发育程度。

1. 页岩气保存一级评价体系

将对工区内页岩气保存条件起到关键、宏观控制作用的因素，称为一级主控因素。根据一级主控因素在工区内划分宏观保存区。在各个宏观保存区内，通过典型页岩气区块解剖，筛选出相应的二级主控因素，再据二级主控因素进行二次评价。这种多尺度的评价体系既突出了页岩气保存条件的主控因素，同时也兼顾了宏观与微观的多层次评价。

以地层的构造改造强度为主要指标，根据目的层的分布范围，结合工区的构造分区与地质概况、地层压力系数（表3-1-1），划分出四川盆地及周缘五峰组—龙马溪组页岩气一级保存分区，即1—相对稳定区（盆内）：川西断褶带、川北褶皱带、川中平缓褶皱带、川西南断褶带；2—弱构造改造区（盆缘）：川西南断褶带、川南断褶带、川东断褶带、中上扬子对冲过渡带；3—强构造改造区（盆外）：米仓山隆起、南大巴山冲断褶皱带、湘鄂西—黔东南断褶带、娄山断褶带、峨眉山凉山地块。将工区划分成相对稳定区、弱构造改造区、强构造改造区，构造改造强度的强弱之分只是相对的，不是绝对的标准。所对应的页岩气宏观保存条件由好到坏依次递减。

表3-1-1 四川盆地及周缘五峰组—龙马溪组宏观页岩气保存区评价表

保存条件评价指标 \ 宏观保存区	相对稳定区	弱构造改造区	强构造改造区
目的层构造样式	地层宽缓，断裂不发育	强烈褶皱＋宽缓褶皱组合	地层强烈褶皱、断裂极其发育
地层初始隆升时间/Ma	100～65	120～75	200～110
地层剥蚀厚度/m	1000～4000	1500～4500	4000～8000
断裂发育规模（温泉水温度）	小	较大	大
区域盖层发育	发育	发育	不发育
目的层现今埋深/m	2000～6000为主	3500～6000为主	0～3500为主
目的层预测压力系数	1.0～2.0（高压）	1.0～2.0（高压）	1.0左右（常压）
页岩气宏观保存条件	优	良	差

利用量化综合评估方法，以研究区全区9构造区20构造带为单位，提取相应参数。计算获得各构造带综合得分，按照由大到小的顺序进行排序（表3-1-2）。

根据四川盆地及周缘各构造带进行三级参数综合评价，得出的构造保存条件综合评价得分位于0.2913～1之间。其中Ⅲ-2、Ⅴ-1得分最高，Ⅸ-3最低。由好—差分为A～D四等级。0.9～1为A等级，0.8～0.9为B等级，0.7～0.8为C等级，小于0.7为D

等级，编制四川盆地及周缘区域构造分区保存条件综合评价图表（图3-1-1）。A级构造保存条件构造带7个；B级构造保存条件构造带6个；C级构造保存条件构造带3个；D级构造保存条件构造带4个。评价结果证实，从构造保存角度而言，四川盆地内部整体是有利于页岩气保存的，而盆外由于构造抬升幅度大，整体宏观保存条件是不利的。

表 3-1-2 四川盆地及周缘分区构造保存条件评价数据表

气藏/构造	分区	加里东期剥蚀区	正断裂发育密度（0.7） 30km（0.6）	正断裂发育密度（0.7） 2km（0.4）	规模性逆断裂密度（0.3）	深埋期后最早抬升时间（0.35）	三叠系膏岩顶板厚度（0.1）	综合评价得分	构造保存条件等级	保存条件排序
川东断褶带	Ⅰ-1	否	Ⅰ	Ⅰ	Ⅱ	Ⅰ	Ⅰ	0.9588	A	3
	Ⅰ-2	否	Ⅱ	Ⅱ	Ⅲ	Ⅱ	Ⅰ	0.7338	C	15
	Ⅰ-3	否	Ⅰ	Ⅰ	Ⅱ	Ⅱ	Ⅰ	0.8713	B	10
大巴山冲断褶皱带	Ⅱ-1	否	Ⅳ	Ⅱ	Ⅳ	Ⅱ	Ⅳ	0.502	D	18
川北褶皱带	Ⅲ-1	否	Ⅰ	Ⅰ	Ⅲ	Ⅰ	Ⅰ	0.9175	A	4
	Ⅲ-2	否	Ⅰ	Ⅰ	Ⅰ	Ⅰ	Ⅰ	1	A	1
	Ⅲ-3	否	Ⅰ	Ⅰ	Ⅲ	Ⅰ	Ⅰ	0.9175	A	4
川西断褶带	Ⅳ-1	否	Ⅰ	Ⅰ	Ⅳ	Ⅰ	Ⅱ	0.8513	B	13
川中平缓断褶带	Ⅴ-1	否	Ⅰ	Ⅰ	Ⅰ	Ⅰ	Ⅰ	1	A	1
川西南断褶带	Ⅵ-1	否	Ⅰ	Ⅰ	Ⅱ	Ⅰ	Ⅰ	0.9125	A	6
	Ⅵ-2	否	Ⅰ	Ⅰ	Ⅱ	Ⅱ	Ⅱ	0.8875	B	8
	Ⅵ-3	否	Ⅰ	Ⅰ	Ⅱ	Ⅱ	Ⅲ	0.8625	B	11
川南褶皱带	Ⅶ-1	否	Ⅰ	Ⅰ	Ⅱ	Ⅰ	Ⅰ	0.9125	A	6
	Ⅶ-2	否	Ⅰ	Ⅰ	Ⅱ	Ⅱ	Ⅱ	0.8875	B	8
	Ⅶ-3	否	Ⅰ	Ⅰ	Ⅱ	Ⅱ	Ⅲ	0.8625	B	11
川南—滇北断褶带	Ⅷ-1	否	Ⅰ	Ⅰ	Ⅱ	Ⅲ	Ⅳ	0.75	C	14
	Ⅷ-2	否	Ⅰ	Ⅰ	Ⅱ	Ⅲ	Ⅳ	0.7088	C	16
湘鄂西—黔北断褶带	Ⅸ-1	部分	Ⅲ	Ⅲ	Ⅱ	Ⅲ	Ⅱ	0.5663	D	17
	Ⅸ-2	部分	Ⅳ	Ⅳ	Ⅱ	Ⅲ	Ⅲ	0.4038	D	19
	Ⅸ-3	部分	Ⅳ	Ⅳ	Ⅲ	Ⅳ	Ⅳ	0.2913	D	20

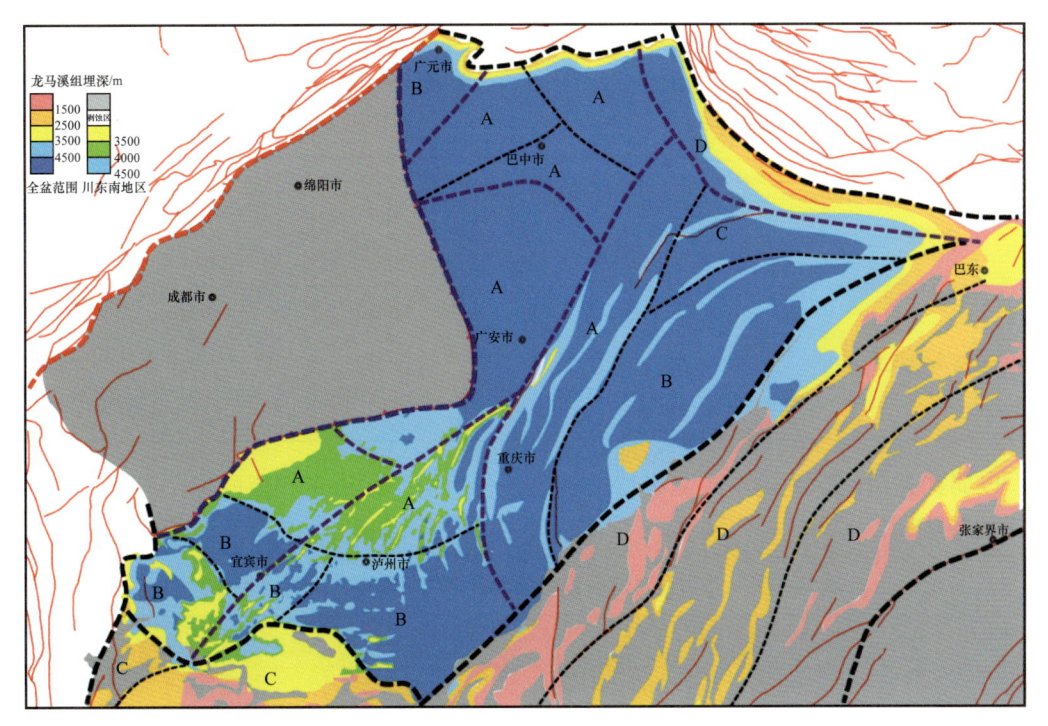

图 3-1-1　四川盆地及周缘区域构造分区保存条件综合评价图

2. 页岩气保存二级评价体系

对每个宏观保存区内的重点页岩气区块、页岩气井进行解剖，筛选在不同的构造改造强度下，各宏观保存区内页岩气保存的二级控制因素，根据二级主控因素，在各宏观保存区内再进行保存有利区域、区带的划分。

相对稳定区：通过对相对稳定区内的威远区块的解剖，在相对稳定区进行二级保存有利区域的筛选主要用到富有机质页岩厚度、目的层现今埋深、地层压力系数、有机质成熟度等参数。将这些评价条件进行综合信息叠加，筛选出相对稳定区内的二级保存有利区域。保存有利区域主要包含威远断褶带以及川北褶皱带，从经济以及技术的角度上看，威远断褶带优质页岩厚度大，埋深适中，是最理想的页岩气保存区域；川北目的层埋深过大，目前作为页岩气勘探的远景区。

弱构造改造区：弱构造改造区包括盆缘以及盆内大部分区域，各构造带的构造样式区别较大，页岩气的保存条件也存在较大的差异，在弱构造改造区内筛选二级保存有利区要综合考虑多方面的因素。通过对涪陵区块、丁山区块、泸州区块的解剖，对弱构造改造区内的五峰组—龙马溪组页岩气的保存条件评价，主要综合沉积物质基础、构造运动与埋藏演化两类宏观控制因素，在其中选取最具代表性的可以量化评分的具体参数对各个构造带进行量化加权评分，对其页岩气保存条件进行优劣排序（表 3-1-3），进行评价时将各评价参数对应的基础值根据权重逐级相乘，将各结果相加，得到最终的综合定量评价分数，根据分数高低对各构造带的页岩气保存条件进行排名。

表 3-1-3　弱构造改造区页岩气保存条件评价关键参数标准表

评价参数及权重系数		评价等级		
		A（1.0）	B（0.66）	C（0.33）
沉积物质基础（0.4）	优质页岩厚度（0.8）	>50m	25~50m	<25m
	区域盖层厚度（0.2）	>100m	50~100m	0~50m
构造运动及埋藏演化（0.6）	目的层现今埋深（0.5）	>3500m	2000~3500m	<2000m
	初始隆升时间（0.5）	<100Ma	120~100Ma	>120Ma
	有机质成熟度>3.5% 否决	—	—	—

以弱构造改造区内的 7 个二级构造带为评价对象，提取了相应的评价参数。经过计算，结果见表 3-1-4。

表 3-1-4　弱构造改造区各构造带页岩气保存条件定量评价表

构造带	沉积物质基础（0.4）		构造运动及埋藏演化（0.6）			综合得分	等级	排名
	优质页岩厚度（0.8）	区域盖层厚度（0.2）	目的层现今埋深（0.2）	初始隆升时间（0.8）	$R_o/\%$			
自贡断褶带	B	B	A	A	2.5~2.8	0.864	B	4
华蓥山南寻状断褶带	A	A	A	A	2.4~2.6	1	A	1
长宁断褶带	A	C	A	A	2.6~3.4	0.9464	B	3
泸州—赤水断褶带	A	B	A	A	2.8~3.4	0.9728	A	2
川东断褶带	C	A	A	B	2.6~3.5	0.6224	C	6
渝东断褶带	A	A	A	C	2.4~3.5	0.6784	C	5
中上扬子对冲过渡带	—	—	—	—	>3.5%			

根据排名结果，将弱构造改造区内各构造带的页岩气保存条件评价分为三个优劣等级。A 类：华蓥山南寻状断褶带、泸州—赤水断褶带和焦石坝背斜；B 类：长宁断褶带和自贡断褶带；C 类：渝东断褶带（除焦石坝背斜）和川东断褶带。A 至 C 类保存区页岩气保存条件依次变差。

强构造改造区：强构造改造区基本包含了盆外大部分区域，地层褶皱强烈，大规模断裂发育，目的层埋深较浅甚至已被剥蚀，整体保存条件较差。因此在强构造改造区要遵循点对点、差中选优的原则进行个别保存有利构造的筛选。通过对彭水区块、大巴山区块、昭通区块的解剖，对强构造改造区内的五峰组—龙马溪组页岩气的保存条件评价，认为：（1）强构造改造区的页岩气保存条件整体上较差，强烈的构造运动对页岩气的保存造成了破坏，大部分区域页岩气已经散失，不能"成藏"。在盆外寻找大面积连续的页岩气"甜点"的可能性不大，页岩气"甜点"一般存在于较为宽缓、页岩埋深较深的构造部位。（2）宏观上，强构造改造区的页岩气保存条件在区带上存在差异，川南昭通区块相对最优，湘鄂西利川—正安断褶带次之，南大巴山区块最差。（3）在强构造改造区内进行二级有利区带的筛选要遵循差中选优的原则，在整体保存条件不佳的情况下，要适当放宽沉积物质基础造成的影响，体现出构造因素对页岩气保存条件的主控作用。在盆外对二级保存有利区的筛选要围绕盆外宽缓向斜进行，盆外向斜的构造样式是强构造改造区内的二级主控因素。评价盆外向斜的页岩气保存条件主要用到以下参数：向斜核部出露地层、目的层现今埋深、核部距离露头距离、残余向斜两翼的夹角（反映向斜宽缓程度）大小、核部距离通天断裂的距离（表3-1-5）。

表3-1-5 盆外向斜页岩气保存条件评价体系表

评价参数\保存条件级别	好（A）	较好（B）	一般（C）
向斜核部出露地层	J_3—K	J_1—J_2	T
目的层现今埋深/m	>3000	2000～3000为主	<2000
核部距离露头距离/km	>10	8～10	<8
向斜顶角/（°）	>120	100～120	<100
核部距离通天断裂的距离/km	>10	8～10	<8

根据上述二级评价体系，统计了各残余向斜的相关参数，筛选出A、B、C三类保存有利构造。A类向斜6个：利川向斜、罗场向斜、建武向斜、大树向斜（太阳背斜、大寨区块）、武隆向斜和罗布向斜；B类向斜5个：彝良向斜、道真向斜、正安向斜、高桥向斜和桑拓坪向斜；C类向斜2个：洛旺向斜和夜郎向斜。其中，彝良向斜、高桥向斜、洛旺向斜和夜郎向斜为本次研究新提出的盆外有利向斜。

综合一级、二级页岩气保存条件评价体系，将相对稳定区（保存有利区域—Areas）、弱构造改造区（保存有利构造带—Zones）、强构造改造区（保存有利构造—Synclines）三类保存区综合，得到四川盆地及周缘五峰组—龙马溪组页岩气保存条件综合选区图。

不同一级保存单元内的二级保存单元评价结果：（1）盆内相对稳定区范围内，优选出川北褶皱带区域、威远断褶带区域共2个保存有利区域；（2）盆缘弱构造改造区，优选出华蓥山南帚状断褶带、泸州—赤水断褶带和焦石坝背斜共3个A类构造带，长宁断褶带和自贡断褶带2个B类构造带，渝东断褶带（除焦石坝背斜）和川东断褶带2个C类构造带；（3）盆外强构造改造区，利川向斜、罗场向斜、建武向斜、大树向斜（太阳背斜、大寨区块）、武隆向斜和罗布向斜等6个A类有利向斜构造，彝良向斜、道真向斜、正安向斜、高桥向斜和桑拓坪向斜等5个B类较有利向斜构造，夜洛旺向斜和夜郎向斜2个C类一般向斜构造。

第二节　页岩气有利区优选参数体系及方法

一、选区评价参数

页岩气勘探开发有利目标区的识别对确定页岩气有利目标的分布，实现页岩气有效开发具有重要意义。通常包括地质、工程两方面的因素，分别称为地质因素和工程因素。随着页岩气开发过程中的地质工程一体化，页岩气有利目标区的识别与评价更加需要综合权衡地质与工程两方面的因素。

1. 五峰组—龙马溪组页岩气有利区评价参数及指标

页岩气有利区构成要素主要体现在生烃能力、储集能力、保存条件和易开采性 4 个方面。前 3 个方面主要属于地质"甜点"范畴，后 1 个方面主要属于工程"甜点"范畴。生烃能力方面主要包括：沉积环境、TOC、R_o 等因素。储集能力方面主要包括：富有机质页岩厚度、储层厚度、孔隙度、脆性矿物含量、含气量等因素。保存条件方面主要包括：构造类型及改造程度、压力系数、距剥蚀线距离、距大型（Ⅰ类）断层距离、顶底板条件等。易开采性方面主要包括：埋藏深度、地面条件、可压性（岩石脆性、地应力差）等。根据川南地区页岩气勘探开发实践，总结出适合该区的页岩气三类有利目标区或"甜点"区选区评价的参数及标准体系。

2. 页岩气有利区优选方法

页岩沉积是页岩气富集的基础，以Ⅰ+Ⅱ类储层的厚度以及 LM1—LM3 的厚度分布为基础，配合页岩储层埋深指标及地表城镇条件及地形因素等经济开发和平台实施条件等因素，分析储层压力特征及孔隙保存条件，落实不同区域的保存条件有利区，叠合Ⅰ+Ⅱ类储层参数及 LM1—LM3 层段储层参数特征，优选页岩气分布的有利区。

同时，针对不同的构造发育区，以储层参数特征为基础，将有利区划分为Ⅰ类、Ⅱ类和Ⅲ类有利区，具体的划分标准在遵循的基础上，进一步细化为表 3-2-1。

二、选区评价体系

建立评价体系原则：以成藏条件为重点，兼顾经济与工程因素，并突出"源—保"耦合机制对页岩气富集的控制作用。即：以构造复杂程度和有利原始沉积相带控制选区带或大区块，以有机质含量、成熟度、页岩厚度、压力系数、脆性指数等关键参数进行有利目标优选。

优选页岩气有利区块本质上就是考虑多种评价指标对评价区块的综合影响，从而筛选出有利区块、较有利区块等。针对中国南方海相页岩高成熟和强改造的突出特点，选区策略以保存条件为核心、地质评价为主体，兼顾经济评价，形成了以构造复杂程度和有利原始沉积相带控制选区，以有机质含量、成熟度、页岩厚度、压力系数、脆性指数

表 3-2-1 四川盆地三类有利区优选评价主要参数表

构造分区	LM1-3 厚度/m			I+II类储层厚度/m			埋深/m	地层压力			LM1-LM3 参数				I+II类储层			构造有利区
	I	II	III	I	II	III		I	II	III	TOC/%	含气量/m³/t	φ	脆性	TOC/%	含气量/m³/t	φ	脆性	
盆内构造稳定区	>3	2~3		>30	20~30		<4500	>1.4	<1.4	<1.4	>4	>4	>6	>75	>2	>2	>3	55	—
中低缓构造发育区	>3	2~3		>30	20~30		<4500	>1.4	<1.4	<1.4	>4	>4	>6	>75	>2	>2	>3	55	避开一级断裂
高陡构造发育区	>3	2~3		>30	20~30		<4500	>1.4	<1.4	<1.4	>4	>4	>6	>75	>2	>2	>3	55	避开高陡构造发育
盆缘弱改造区	>3	2~3		>30	20~30		<4500	>1.4	<1.4	<1.4	>4	>4	>6	>75	>2	>2	>3	55	相对稳定的向斜区
盆缘强烈改造区	>3	2~3		>30	20~30		<4500	>1.4	<1.4	<1.4	>4	>4	>6	>75	>2	>2	>3	55	保存条件最佳区域

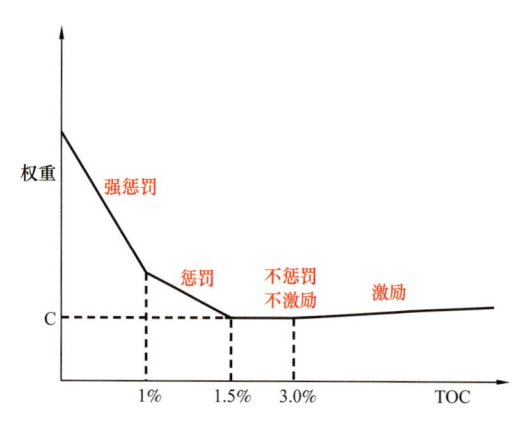

图 3-2-1 基于变权分析法设置的状态变权函数
以 TOC 为例，横坐标为有机碳含量 TOC，纵坐标为权重

等关键参数优选区带，在已优选的区带内考虑页岩埋深、水资源条件和地表条件等经济—技术条件选区的评价体系。

在实际的选区工作当中，受勘探程度影响较大。针对不同勘探开发程度的区块，本项目分别建立了两类评价选区体系。对于勘探开发程度较高的区块而言，建议使用基于变权法的页岩气选区参数体系（表3-2-2），体系选取了 10 个指标，将其分成了 4 类区间，分别为强惩罚区间、惩罚区间、不惩罚不激励区间以及激励区间（图 3-2-1）。基于该评价体系选区的可靠性较强，但是可能会将某些较有利区块排除在外，因为该评价体系所具有的特征是保守型的选区策略，即保证选择的区块一定是各个指标都相对偏好。对于勘探开发程度不高的区块而言，由于缺乏相关的数据，可以采取基于赋值法的评价体系（表 3-2-3）。该体系仍然选取了 10 个相同的指标，但在实际工作中可根据实际情况进行选择。这些指标分成了两类即远景区和近景区。该评价体系的特征是易于应用，选区结果的可靠性较差，但选择的结果可剔除各项指标均不好的区块。

表 3-2-2　南方海相页岩选区参数体系（变权法）

指标	强惩罚区间	惩罚区间	不惩罚也不激励区间	激励区间
有机碳含量 /%	<1.0	1.0~1.5	1.5~3.0	>3.0
R_o/%	>4.0	3.5~4.0	3~3.5	1.6~3.0
有效厚度 /m	<10	10~20	20~33	>33
含气量 / (m³/t)	<0.5	0.5~1	1~2	>2
压力系数	<1	1~1.2	1.2~1.4	>1.4
孔隙度 /%	<1	1~2	2~4	>4
地层倾角 / (°)	>30	20~30	10~20	<10
埋深 /m	<500, >4500	500~1500/2500~3500	1500~2000	2000~3500
脆性矿物含量 /%	<40	40~50	50~65	>65
泊松比	<0.15	0.15~0.2	0.2~0.3	>0.3

由于我国南方海相页岩气富集成藏的复杂性，每一个评价指标都有可能具有一票否决权，如 TOC 过低，页岩具有适宜的成熟度，较大的厚度和较好的压力系数仍然不会富集页岩气。因此在实际工作中，应根据页岩的生烃潜力、储集能力和保存条件确定适合研究区的评价参数及评价体系。本项目所提供的选区参数体系可供参考。

表 3-2-3　南方海相页岩选区参数体系（赋值法）

指标	远景区	有利区
有机碳含量 /%	>1.5	>3.0
R_o /%	>3.5，1.1~2.0	1.1~3.5
有效厚度 /m	>10	>30
含气量 /（m³/t）	>0.6	>1.2
压力系数	>1.0	>1.2
孔隙度 /%	>2.0	>4.0
地层倾角 /（°）	<30	<10
埋深 /m	500~6000	2000~4500
脆性矿物含量 /%	>50	>65
泊松比	>0.2	>0.3

三、选区评价方法

目前针对我国南方海相页岩气有利区优选的评价方法主要包括：多因素叠合法、模糊优化法、层次分析法以及多种方法融合的方法，最为常用的选区方法为层次分析法或层次分析法与模糊评价法相结合的常权评价方法，采用该方法确定选区的参数体系、层次结构、权重和隶属度，最终得到各个研究区块的综合评价值，然后根据所得到的综合评价值优选有利区。优选有利区块本质上就是考虑多种评价参数对评价区块的综合影响，从而筛选出有利区块、较有利区块等。而评价参数具有量多、复杂、可变、相互影响的特征，且部分参数的指标可能存在一票否决权的特点，即选区评价类似于系统学中的木桶效应，最差的评价指标值应该对最终的评价结果具有决定作用，而不能使较差的指标被好的指标所中和。层次分析法所存在的问题就是参数的权重一旦确定后无论主控因素在研究区的指标数值如何变化，权重数值在整个研究区均固定不变。这种权重固定不变的常权模型，仅仅考虑到各类指标在决策中的相对重要性，而忽略了指标内部差异性对有利区优选的整体性影响，进而影响评价结果的客观准确性。因此将变权理论引入南方海相页岩选区的评价中。

变权分析法就是既注重各主控因素对有利区优选的控制作用，也注重各主控因素之间的相互组合关系对有利区优选的控制作用。变权模型不仅能够考虑各因素在有利区优选中权重的相对重要性，也能有效地对评价单元各因素的状态值变化对有利区优选的控制作用进行考虑，更重要的是可以考虑多种因素指标值在不同组合状态水平下的控制作用。

页岩储层本身就具有自生自储的特征，因此对于海相页岩气储层的评价自然就要对页岩气的"源"和"保"进行综合评价。其中"源"主要针对烃源岩品质和储层储集能力评价，具体表现为对有机质成熟度、有效厚度（TOC>2%）、有机碳含量、干酪根类型、孔隙度、脆性矿物、渗透率、含气量等参数的评价；"保"主要是对页岩气的保存条件的评价，具体表现为对压力系数、埋深、抬升时间和幅度、盖层品质、断层发育程度等参数的评价（表3-2-4）。页岩的"源"和"保"具有成因上的联系和统计上的相关，其包含的各个参数也具有成因上的联系和统计上的相关，因此对于海相页岩气储层的评价必须选取几个关键参数。北美大型油气公司的基本思路是从生烃能力、储集能力和易开采性三方面评价页岩气储层，具体表现为有机碳含量、有机质成熟度、含气量、页岩厚度、物性参数、埋深、矿物组成和力学性质8个参数。借鉴北美的经验在结合我国南方海相页岩的特点（多期构造运动和高成熟度），以"源—保"耦合机制对页岩气富集的控制为原则，选取了有机碳含量、有效页岩厚度、有机质成熟度、埋深4个关键参数。这4个参数所具有的就是简单易获取且涵盖了"源"和"保"两方面的特征。

表3-2-4　南方海相页岩气富集的关键参数

评价大类	评价参数	关键参数
"源"	有机碳含量、有机质成熟度、有机质类型、有效厚度、孔隙度、渗透率、脆性矿物、含气量等	有机碳含量、有效页岩厚度、有机质成熟度
"保"	压力系数、埋深、抬升时间和幅度、盖层品质、断层发育程度等	埋深

在优质页岩层段中，往往TOC与页岩的孔隙度、吸附性和脆性都具有成因上的联系和统计上的正相关关系，TOC越高，页岩的生烃潜力、储集能力和脆性均较好，但TOC与有效页岩厚度无明显的相关性，有效页岩厚度越大，往往有利于富集页岩气。因此有机碳含量和有效页岩厚度这两个参数可综合反映页岩"源"的品质。压力系数是页岩气保存程度的综合反映，压力系数与含气量和产气量均存在明显的正相关性。由于我国南方海相页岩均经历了不同程度的抬升，因此埋深较大的页岩受破坏程度会比埋深较浅的页岩小得多，而且埋深相对其他参数容易获取。因此埋深可综合反映页岩"保"的品质。有机质成熟度既可以反映页岩"源"的品质，也可以反映页岩"保"的品质。一方面，适宜的成熟度有利于页岩气的大量形成和有机质孔隙的大量生成，从而有助于页岩气的富集；另一方面，过高的成熟度会使有机质发生碳化使有机质孔隙遭到破坏降低页岩的储集能力，同时过高的成熟度也会破坏页岩中的气体组分，表现为降低甲烷的浓度可能提高氮气的浓度，对页岩气的保存不利。

根据3口钻井的5个关键参数绘制了蜘蛛网图（图3-2-2）。从图3-2-2中可以看到JY1井的蛛网图面积最大，其次为SY井牛蹄塘组面积居中，SY井五峰组—龙马溪组蛛网图面积最小。SY5井储层的不利之处

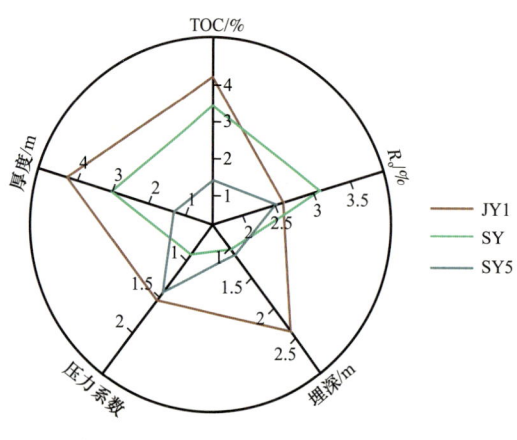

图3-2-2　典型井页岩层段参数蛛网图

在于 TOC 和有效页岩厚度均较低，"源"的品质相较于 JY1 井较差，这可能是 SY5 井含气量不高的主要原因，尽管 SY5 井五峰组—龙马溪组压力系数和埋深也都低于 JY1 井，但保存条件可能不是它们含气性具有差异的主要原因。牛蹄塘组埋深太浅、压力系数较低且有机质成熟度相对较高，尽管具有与 JY1 井相当的有机碳含量和有效厚度，但保存条件太差，这是 SY 井牛蹄塘组不含气的主要原因。可见，"源"是页岩气富集的基础，而"保"是页岩气富集的关键。

同时在上述关键参数选取的基础上，利用开发的选区软件基于变权分析法进行了上扬子地台龙马溪组有利区的优选。

从宏观角度来看，"源"的品质受控于沉积相，深水陆棚相是富有机质页岩形成的基础。深水陆棚相具有长期稳定的厌氧环境并发育良好的成烃生物，为有机质的富集、有机硅的形成等方面提供了有利环境，这是"又脆又甜"优质页岩形成的物质基础。"保"的品质在宏观上则受控于构造活动的强弱，决定了页岩气藏的破坏程度、是否具备商业价值以及产量高低。因此，针对研究区海相页岩高成熟和强改造的突出特点，结合我国具体的页岩气勘探开发实践，本书提出以构造复杂程度和原始沉积相带在宏观上控制选区，再以有机质含量、有机质成熟度、有效页岩厚度、压力系数、埋深等关键参数优选有利储层，即形成以保存条件为核心、地质评价为主体，兼顾经济评价的总体勘探开发策略。

第三节 四川盆地及周缘海相页岩气有利区优选

我国海相页岩气主要分布在南方中上扬子地区，经过勘探开发证实最为有利的区域在四川盆地及其周缘。四川盆地是一个历经多期构造运动，由海相克拉通盆地与陆相前陆盆地组成的大型叠合盆地，海相、海陆过渡相、陆相页岩均发育。盆地及周缘广泛发育 5 套海相页岩地层，但最为有利的是奥陶系—志留系的五峰组—龙马溪组黑色页岩，其次为下寒武统筇竹寺组黑色页岩。

四川盆地五峰组—龙马溪组及筇竹寺组分布面积大，页岩气资源丰富。但这两套页岩沉积时间早，沉积后经历长期、复杂的构造演化，使得四川盆地页岩气富集条件及富集规律较为复杂。近年来，中国石油在四川盆地南部的威远—长宁及昭通、中国石化在重庆的焦石坝等页岩气示范区开展了页岩气开发工作，取得了较大进展，2020 年页岩气总产量超过 $200 \times 10^8 m^3$。相比之下，示范区外围的页岩气勘探进展滞后。为了页岩气产业的发展，需要加强四川盆地示范区之外的页岩气地质选区及勘探工作。

一、五峰组—龙马溪组页岩气有利区优选

研究表明，四川盆地五峰组—龙马溪组页岩气富集有三大主控因素：（1）沉积成岩控储；（2）保存条件控藏；（3）储层连续厚度控产。针对五峰组—龙马溪组页岩开展了储层厚度、储层参数工业图件的系统编制，为选区评价奠定了基础，同时，针对页岩优质储层展布（LM1–LM3）、孔隙发育的有利区、不同构造区域页岩气富集主控因素的综

合分析，建立了复杂构造背景下的有利区优选评价方法，优选有利区31个。

针对页岩气储层的各项基本参数和指标开展了具体的分析和评价工作，明确了不同参数指标的展布情况。

1. 页岩储层区域展布

页岩的厚度展布是页岩气富集的基础。四川盆地Ⅰ+Ⅱ类储层中心主要分布于川东北地区和川南地区，而"甜点"段LM1—LM3层段厚度中心的分布趋势与Ⅰ+Ⅱ类储层厚度分布趋势一致。

蜀南厚度中心分布在威远南—富顺—永川—泸州—长宁一带，五峰组—龙马溪组下部暗色页岩厚度80～120m；川东厚度中心分布在万州—石柱—丰都—涪陵—武隆一带，五峰组—龙马溪组下部暗色页岩厚度80～100m。

按照TOC≥2%的标准，编制富有机质页岩厚度等值线图，发现富有机质页岩的厚度中心与暗色页岩厚度中心位置相同，只是富有机质页岩厚度是暗色页岩厚度的50%左右。蜀南厚度中心还是分布在威远南—富顺—永川—泸州—长宁一带，五峰组—龙马溪组下部富有机质页岩厚度45～65m；川东厚度中心分布在巫溪—万州—石柱—丰都—涪陵—武隆—南川一带，五峰组—龙马溪组下部富有机质页岩厚度35～50m。

2. 页岩埋藏深度

页岩储层埋深是目前工程技术条件下经济开采的重要指标，就目前的工程技术条件来看，埋深小于4500m条件下可实现经济有效开发。综合中国石油、中国石化地震及埋深资料，结合盆缘地区1∶20万地质图，编制了四川盆地及周缘五峰组—龙马溪组底部埋藏深度图。四川盆地埋深小于4500m的范围主要集中在川南地区和川东盆缘地区。川东北广大地区埋藏深度大于5000m，目前无法有效开展页岩气开发工作。

3. 储层压力系数

储层压力系数是页岩气保存条件的体现，压力系数大于1.2的地区，页岩气保存条件均较好。压力系数在1.8～2.0的地区保存条件较为优越，主要分布在川南的富顺—泸州—长宁，以及川东—重庆地区的涪陵—忠县—万州—达州地区。但压力系数大于2.0的地区多数埋藏深度较大，页岩气开发难度加大。

由于多数地区缺乏地层压力数据，因此资料的精度不足，只能作为选区时的参考，Ⅰ类区尽量选择压力系数大于1.2的地区，Ⅱ、Ⅲ类有利区尽量选择压力系数大于1.0的地区。

压力系数是反映页岩储层保存条件和游离气含量的重要指标，同时也是反映页岩储层孔隙发育程度的重要指标，川南地区压力系数整体较高（一般在1.4以上）。

4. Ⅰ+Ⅱ类储层参数

Ⅰ+Ⅱ类储层的厚度中心主要分布于川南和川东北地区，TOC、脆性矿物和含气量的变化趋势与厚度趋势基本一致，TOC＞2%的区域主要分布于川东北和威远—大足一带。

5. LM1–LM3 页岩储层参数

LM1–LM3 层段页岩与Ⅰ+Ⅱ类储层厚度中心分布趋势一致，主要分布于川南和川东北地区，但储层参数明显优于Ⅰ+Ⅱ类储层。TOC、脆性矿物和含气量的变化趋势与厚度趋势基本一致，TOC＞4%的区域主要分布于川东北和川南一带。

二、筇竹寺组页岩气有利区优选

下寒武统筇竹寺组页岩是四川盆地页岩气勘探的第二套具有较大潜力的层位，目前在四川盆地的威远以及盆地周缘的宜昌、陕南、川西南金阳、昭通等地均有勘探发现。研究该套地层纵向和平面的空间展布、有机地化、储集物性、构造演化及保存条件，是勘探初期地质选区和评价研究的重要组成部分。

1. 筇竹寺组页岩区域展布特征

筇竹寺组下部主体为深灰—灰黑色碳质页岩、硅质页岩，见球状泥灰岩结核，向上逐渐过渡为灰色和深灰色粉砂岩、细砂岩，具有清晰的条带状微细层理。自上而下分为3段，富有机质页岩主要发育于第一、第二段。

筇竹寺组页岩区域厚度约50～450m，存在多个厚度中心，分别为德阳安岳裂陷区、城口—镇坪、五峰组—秀山。页岩主要在德阳—安岳裂陷槽内发育，厚度最大，为200～450m；在德阳—安岳裂陷槽南段蜀南地区，厚度略减小，为100～400m；川中古隆起北斜坡—川西北地区，页岩发育，厚度大，主要为250～400m，其中，川中古隆起北斜坡页岩厚度大，厚150～300m；川中台内区页岩厚度中等，厚50～150m；在川东北地区，在城口—开县裂陷区内页岩厚度约200～250m；由于受川中古隆起及川东地区水下高地的影响，页岩厚度较小。

受沉积环境等因素控制，不同构造区第一段、第二段页岩发育及厚度不同。第一段页岩主要发育在裂陷区和盆地边缘，第二段为全盆广覆式沉积。

第一段页岩平面展布：第一段页岩发育厚度较大，但分布局限，主要分布于裂陷区和盆地边缘，区域厚度50～300m。其中在德阳—安岳裂陷区内发育厚度大，厚度100～300m，为主要的沉积中心；川中古隆起北斜坡向裂陷区过渡，发育较好，厚度100～200m；由于城口—开县裂陷槽发育，形成深水环境，页岩厚度大，100～200m；在盆地邻区湘鄂西地区厚度为50～100m；但在盆地中心台内区欠发育，厚度较小。

第二段页岩平面展布：由于德阳—安岳裂陷槽在筇一段时期，逐渐被填平，到筇二段时期发生海进，第二段页岩在盆地及邻区内广覆式沉积。厚度主要在50～200m，其中在德阳—安岳裂陷区厚度最大，约100～200m；川东北地区在城口—镇坪一带，由于城口—开县裂陷槽的存在，页岩较发育，厚约100～150m；在湘鄂西地区页岩厚度与川东北地区厚度相当，约100～150m；川中古隆起北斜坡区及台内区页岩较第一段发育，其中川中古隆起北斜坡厚约100～150m，川中台内区厚约50～150m。

2. 筇竹寺组页岩地化及物性特征

通过对四川盆地威远地区威201井筇竹寺组页岩TOC分析表明，威远地区筇竹寺组页岩TOC变化较大，筇一$_1$亚段TOC最高，其次为筇一$_3$亚段，而筇一$_2$亚段和筇一$_4$亚段TOC相对较低。统计表明，筇一$_1$亚段TOC介于0.48%～7.56%，平均值2.48%；筇一$_2$亚段TOC介于0.56%～1.62%，平均值0.94%；筇一$_3$亚段TOC介于0.52%～3.19%，平均值1.80%；筇一$_4$亚段TOC介于0.90%～1.00%，平均值0.95%。因此，威远地区筇竹寺组页岩TOC纵向上大致表现出筇一$_1$亚段＞筇一$_3$亚段＞筇一$_4$亚段＞筇一$_2$亚段的分布特征。

全岩矿物分析表明，威远地区筇竹寺组页岩矿物组成相似，以石英为主，其次为斜长石，并含有少量的黏土矿物、钾长石、方解石等矿物。具体表现为：筇一$_1$亚段黏土矿物含量介于11%～23%，平均值为13%，石英含量介于19%～47%，平均值为34%，黄铁矿含量介于2%～7%，平均值为5%，脆性矿物含量介于21%～76%，平均值为45%；筇一$_2$亚段黏土矿物含量介于8%～20%，平均值12%，石英含量介于30%～40%，平均值为33%，黄铁矿含量介于1%～5%，平均值为2%，脆性矿物含量介于34%～47%，平均值为41%；筇一$_3$亚段黏土矿物含量介于6%～19%，平均值13%，石英含量介于29%～42%，平均值为34%，黄铁矿含量介于2%～6%，平均值为3%，脆性矿物含量介于32%～51%，平均值为40%；筇一$_4$亚段黏土矿物含量介于17%～20%，平均值为19%，石英含量介于33%～42%，平均值为38%，黄铁矿含量介于6%～7%，平均值为6%，脆性矿物含量介于40%～50%，平均值为45%。因此，筇竹寺组页岩脆性矿物含量纵向上大致表现出筇一$_1$亚段＞筇一$_4$亚段＞筇一$_2$亚段＞筇一$_3$亚段的特征。

3. 筇竹寺组页岩储层埋深

研究区内页岩储层埋深范围较大。总体上筇竹寺组页岩储层埋深要大于龙马溪组。根据前人编制的筇竹寺底界最大古埋深图可以看出，筇竹寺的最大埋深基本都在8000m之上，在南充—自贡—宜宾一带埋藏深度较浅。根据已有钻井情况，筇竹寺组页岩储层在威远构造地区埋深2000～4000m，在滇黔北地区局部埋深1000～4000m。

三、页岩气有利区优选及资源量

页岩气分布有利区的优选主要依据地质背景、盆地类型、沉积构造、主控因素以及大量的生产井数据。具体到某一研究区，页岩气富集影响因素很多，包括沉积特征、构造特征、岩性特征、有机质类型、有机碳含量、有机质成熟度、页岩厚度、埋深、矿物组成、孔隙度、比表面、顶底板条件等，每个因素影响程度不同，尤其是不同地区、不同目的层系的页岩气聚集主要控制因素也不同。

在优选方法上，分为远景区、有利区和目标区。页岩气远景区从整体出发，以区域地质资料为基础，了解区域构造、沉积背景及地层发育条件，查明页岩气的形成条件，综合采用类比、叠加等技术，选取具有页岩气聚集基础地质条件的区域，进行定性—半定量的早期评价；页岩气有利区则是在进行区域地质条件调查，掌握了一定的地震、钻井（含参数浅井）以及实验测试等资料的基础上，分析页岩沉积环境、地化指标及储集物性等参数，根据页岩分布规律、地化参数及含气量等关键参数在远景区内进一步优选出有利区域，一般采用多因素叠加、地质类比及综合地质评价等多种方法；页岩气目标区是在系统掌握页岩分布规律、地化参数、储层物性、含气量及开发地质条件等基础上，采用地质类比、多因素叠加及综合地质分析等技术手段优选能够获得商业开采的地区。

重点开展了四川盆地周缘川南地区、泸州地区、昭通地区3个有利区块2套海相页岩层位的有利目标优选工作，优选五峰组—龙马溪组页岩气有利目标6个，牛蹄塘组页岩气有利目标4个。川南地区是四川盆地页岩气有利目标大面积分布的重点地区，目前已在威远—长宁示范区开展了大规模的页岩气开发。本次重点是评价示范区外围，发现新的后备有利目标区。

页岩气"甜点"区通常包括地质、工程两方面的因素，分别称为地质"甜点"和工程"甜点"。随着页岩气开发过程中的地质工程一体化，页岩气"甜点"的识别与评价更加需要综合权衡地质与工程两方面的因素。

其中，关键参数资源丰度采用类比法，蜀南地区常压页岩气藏资源丰度为（2.4~4.1）×$10^8m^3/km^2$（赵群，2013），鉴于盆地周缘页岩气多为常压气藏，且保存条件较盆地差，对不同有利目标类型，根据其构造保存条件，拟采用的资源丰度参数见表3-3-1。

表3-3-1 有利目标资源丰度参数表

序号	有利目标类型	资源丰度/（$10^8m^3/km^2$）
1	弱改造区持续保存型（Ⅰ类）	3.0
2	强改造区向斜散失残留保存型（Ⅱ类）	2.5
3	强改造区盖层稳定、挤压性背斜保存型（Ⅲ类）	2.0

综合考虑筇竹寺组黑色页岩厚度及埋藏深度，对页岩气有利区进行优选，并针对重点有利区开展评价，确定有利目标。四川盆地内部大部分地区筇竹寺组埋藏深度较大，埋深小于4500m的地方主要靠近盆缘。以筇一段+筇二段黑色页岩厚度等值线图为基础，考虑埋藏深度及已钻井的气显示情况（埋藏深度小于4500m，暗色页岩厚度大于200m），初步圈定出四川盆地筇竹寺组3个页岩气有利区，分别是：（1）资阳—威远区块；（2）宜宾—威信区块；（3）城口—巫溪区块。其中，宜宾—威信、城口—巫溪区块已经在盆地之外或盆缘，但都在中国石油探矿权区内，都归为四川盆地一起评价。

第四章 页岩气储层精细表征成藏评价技术

不同地区、不同层段页岩含气性差异较大，页岩有机质含量、矿物组分等非均质性差异大、演化条件差异大，导致页岩生气条件、储集条件及保存条件存在巨大差异；页岩自身、顶（底）板和间接盖层等的发育程度和分布特征存在差异，不同构造样式对页岩气聚散的控制作用存在差异。通过开展页岩气富集关键地质要素定性和定量表征及评价，精细刻画页岩储层层内及层间非均质特征及展布规律，精细定量表征页岩储层孔隙及演化模式，创新页岩物性和含气性测试技术和方法，定量评价不同地质条件下页岩吸附气量和游离气量，阐明页岩气聚散控制因素，动态评价页岩气生成—聚集—散失量，明确供气、储气、保气、构造样式等时空匹配关系。

第一节 页岩储层定量表征及评价

页岩内部结构复杂，纳米级孔隙发育，Passey 等（2010）认为页岩内部结构主要包括基质和孔隙两部分组成，其中基质包括黏土矿物、非黏土矿物和有机质，孔隙内部包含束缚水、可动水和烃类物质等，页岩中黏土矿物重要包括高岭石、绿泥石、伊利石和蒙脱石等。Loucks 等（2012）将页岩内孔隙结构分为裂缝、无机孔和有机质孔三种类型。无机孔可以分为粒间孔（矿物颗粒与颗粒之间的孔隙）和粒内孔（矿物颗粒内部的孔隙），有机质孔主要分布在有机质内部。

国际纯粹与应用化学联合会（IUPAC）将多孔介质材料按照孔径大小分为微孔（$d<2nm$）、中孔（d 为 $2\sim50nm$）和大孔（$d>50nm$）（Barrett et al.，1951）。页岩中有机质孔大小主要为 $5\sim750nm$，平均为 $100nm$ 左右，孔形态主要呈不规则和椭圆形分布（Ambrose et al.，2005；Loucks et al.，2009；Sondergeld et al.，2010），以中孔和大孔为主。有机质孔的发育程度与页岩热成熟存在一定的相关性，Wang 等（2009）认为有机质热成熟度为 1.6% 时，有机质的孔隙度为 20%～25%。我国南方二叠纪页岩孔径分布为主要为 30～60nm，龙马溪组页岩的孔径分布范围主要为 30～60nm 和 1.7～20nm（Cao et al.，2015）。在孔体积方面，中孔和宏孔是页岩孔体积的最主要贡献者，其次是微孔。在孔隙比表面积方面，微孔占有绝对优势，其次是中孔。中孔和宏孔提供了页岩中主要的孔体积，控制了游离气的含量。微孔的比表面积对甲烷最大吸附量具有很好的正相关关系，且提供了页岩中主要的比表面积，控制了吸附气的含量。宏孔提供的孔体积和比表面积在页岩中不占优势，对吸附气和游离气含量的影响较弱，但可作为页岩气渗流的主要运移通道。我国南方海相龙马溪组和筇竹寺组两套页岩的孔隙结构存在一定差异，龙马溪组页岩内粒内孔、粒间孔和有机质孔隙均较为发育；而筇竹寺组页岩内溶蚀孔和粒间孔较为发育,有机质孔隙发育不均匀;筇竹寺组页岩在微孔范围内的孔体积与比表面积占有优势,而介孔与宏孔范围内的孔体积与比表面积均小于龙马溪组(王哲等,2016;杨潇等,2016;姜振学等,2016)。页岩的微孔、中孔和宏孔的分布特征,尤其是微孔和中孔对页岩中吸附气和游离气富集的贡献最大,对页岩气勘探与开发具有重要指导意义(姜振学等,2016)。

一、页岩储层微观表征技术

1. 扫描图像分析技术

目前主要是采用微米CT、纳米CT和扫描电子显微镜等高分辨率扫描技术进行页岩样品的扫描成像,不同实验技术所采用的样品大小和分辨率有所不同:微米CT分辨率可达1μm左右;纳米CT分辨率可达50nm左右;扫描电子显微镜分辨率最高可达1nm左右(WU et al.,2019)。特别是结合了离子束的扫描电子显微镜(FIB-SEM),可以同时实现样品的切割和成像,将扫描电子显微镜成像的范围从二维拓展到了三维(汪贺等,2019)。结合上述3种实验技术,可以较全面地定性认识页岩的微观孔隙结构(Curtis et al.,2010;朱如凯等,2018;吴玉琪等,2019;汪贺等,2019)。图像处理技术是采用相关图像处理软件,对孔隙进行了识别、分割和重构,并定量化地研究孔隙分布情况(朱如凯等,2018),包括孔隙的类型(有机孔、无机孔)、孔隙的大小、孔径分布及孔隙度(面孔率)。图像处理技术的发展将孔隙表征从定性识别拓展到了定量分析。

利用图像分析软件对页岩扫描电子显微镜图像进行图像处理,可单独提取孔隙、微裂缝、有机质、黄铁矿和其他矿物,可以获取孔隙数量、孔隙等效直径和面积、有机质和矿物颗粒面积等数据,并计算面孔率、有机质面积百分比和矿物颗粒面积百分比,定量分析页岩孔隙结构特征。结合上述方法,分析了龙马溪组龙一$_1$亚段内4个小层页岩孔隙结构的发育差异,基于图像分析技术,可以看出其中龙一$_1^1$小层的面孔率最高,气体保存条件较好,对于页岩气开发层位的优选具有一定的指示意义。

2. 流体注入分析技术

流体注入分析技术是指在一定温度下对页岩样品注入流体,测量不同压力下流体注入量,通过不同的模型方法定量表征页岩的微观孔隙结构特征(王秀等,2019)。目前主要采用高压压汞实验、低温N_2吸附实验和低温CO_2吸附实验分别表征宏孔(大于50nm)、中孔(介于2~50nm)和微孔(小于50nm)的孔径分布特征(Zhu et al.,2018,2019;Zhang et al.,2017)。针对分别运用单种流体注入技术表征孔隙微观结构存在孔径尺度不一致的问题,进一步联合上述3种流体注入分析技术,选取每一种技术可以表征的优势孔径范围,对页岩全孔径分布进行定量表征。

单独研究一个孔径区间范围内的孔隙结构特征比较片面,越来越多的学者联合运用上述3种流体注入分析技术进行页岩全孔径分布特征分析(戴方尧等,2018;何生等,2019)。王哲等(2016)对川南龙马溪组页岩和下寒武统筇竹寺组页岩进行对比,两者孔容和比表面积的变化率均随孔径增大而减小,中孔和微孔提供主要的孔隙比表面积和孔体积，筇竹寺组页岩的总孔容和总比表面积均小于龙马溪组页岩。何庆等（2019）认为鄂西牛蹄塘组页岩孔隙体积和比表面积主要由微孔和介孔提供，孔径分布呈多峰型，介孔多分布在 2～25nm 之间。赵迪斐等（2018）研究表明鄂尔多斯盆地下二叠统山西组过渡相页岩孔隙以中孔为主，孔隙形态多以平行板状孔隙和墨水瓶状孔隙为主。周尚文等（2019）结合低温 N_2 吸附和低温 CO_2 吸附实验，发现页岩与煤岩的微孔结构存在着很大的差别，页岩中微孔比表面积仅占总比表面积的 40% 左右，而煤的微孔比表面积占总比表面积的 99% 以上。这也是页岩吸附能力远低于煤岩的重要原因。

虽然联合上述 3 种流体注入分析技术表征全孔径分布特征的方法已经得到了广泛的运用，但仍存在着部分问题尚未解决。主要包括：（1）3 种流体注入分析技术能表征的孔径范围均有重合部分，孔径重合部分的孔隙如何选取还没有比较明确的方法；（2）目前中孔孔径分布仍主要运用 BJHAD 方法获取，有少量学者已经开始运用 NLDFT 方法或其他方法进行对比，这些方法尚未规范统一；（3）流体注入分析技术大多以圆柱状孔隙为模板进行测试，而页岩中孔隙形状多样，测试结果的准确性还需进一步优化。

低温氮气吸附曲线和脱附曲线的数据都可以用于计算孔径分布。以 W50 页岩和干酪根样品为例，分别计算出样品的吸附曲线和脱附曲线的孔径分布；可以发现，页岩和干酪根的脱附曲线孔径分布在 4nm 处出现一个强峰，该峰是由张力强度效应（TSE 现象）造成的假峰。因此，为了更加准确地评价页岩孔径分布，选取低温氮气吸附曲线，利用 BJH 法分别计算页岩和干酪根样品的孔径分布进行分析，得到页岩和干酪根的孔体积和孔径分布状况。

页岩的 BJH 孔体积为 0.015～0.035mL/g，平均值为 0.025mL/g，BJH 平均孔径范围 7.25～16.31nm，平均值为 11.22nm。干酪根的 BJH 孔体积为 0.170～0.237mL/g，平均值为 0.197mL/g，BJH 平均孔径范围 10.63～16.18nm，平均值为 13.08nm。与页岩中矿物成分相比，有机质中的孔隙更发育，因此干酪根的孔体积要远大于页岩。

为了对比不同 TOC 和不同比表面积的页岩样品的孔径分布，本章选择了 3 个不同比表面积大小的样品（比表面积：W29＞W46＞W50）进行孔径分布分析。从页岩孔径分布情况可以看出，页岩中纳米级孔径分布范围为 1.5～150nm，主要分布在 2～50nm 之间，以中孔为主；对应页岩中干酪根的孔径分布范围为 1.5～150nm，主要分布在 1.5～50nm 之间，以微孔和中孔为主。页岩和干酪根孔径分布范围存在一定差异，原因主要为黏土矿物和有机质都具有较强的化学活性，页岩中只有少量有机质呈颗粒态与矿物共生，其余绝大部分与黏土矿物相结合，广泛以有机黏土复合体的形式存在，这些复合体主要通过氢键、离子偶极力、静电作用和范得华力等方式结合，黏土矿吸附于干酪根表面后，使得页岩的孔径分布与干酪根的形成差异。另外，页岩中非黏土矿物还发育一些粒间孔和溶蚀孔，这些孔隙的发育也会导致页岩与干酪根孔径分布的差异。

对页岩和干酪根孔径分布进行了划分，研究微孔、介孔和大孔与比表面积之间的相关性（图 4-1-1）。从图中可以看出，页岩和干酪根中微孔和介孔的孔体积与比表面积之间呈正相关性，同时比表面积增大时，页岩和干酪根的大孔孔体积基本不发生变化。因此，页岩和干酪根中微孔和介孔的发育程度直接影响比表面积，是比表面积的主要贡献者。结合前文的论述，页岩中微孔和介孔发育程度直接控制页岩的比表面积、吸附能力和含气量。

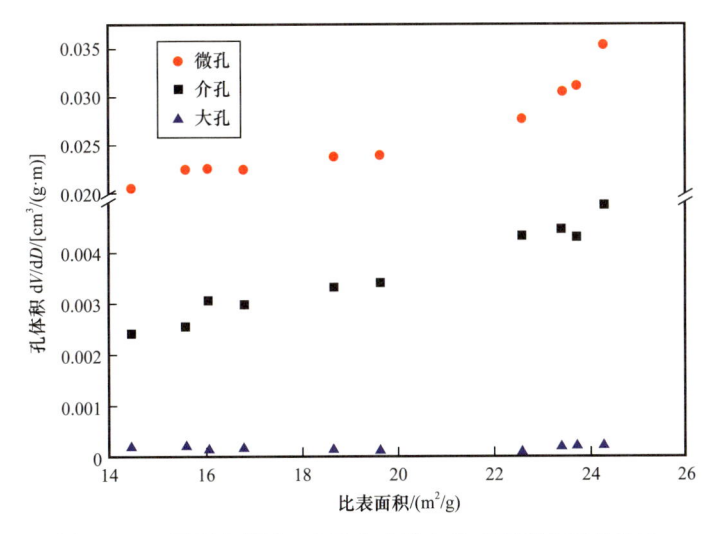

图 4-1-1　页岩中微孔、介孔和大孔与比表面积之间的关系

3. 纳米级孔隙识别及定量表征技术

纳米级孔隙是黑色页岩储层重要储集空间，其类型、组成和结构不仅决定页岩储层储集性能，而且影响水平井体积裂缝扩展规律与压裂效果。黑色页岩微观孔隙按其发育位置和成因分为粒间孔、粒间溶孔、有机质孔和微裂缝，不同地区和层段孔隙类型、组成和结构都存在差异。页岩储层孔隙定量表征的关键是识别孔隙类型，确定不同类型孔隙的组成和分布，明确孔隙与微裂缝相互耦合关系，从而为页岩气储层评价和开发提供支撑。电子显微镜观察技术能够精确识别孔隙和形态，获得孔隙大小，目前已成为国际上研究页岩微孔隙的主流技术。电子显微镜常用场发射扫描电镜、聚集离子束扫描电镜及与之联用的 FESEM-QEMSCAN、FIB-FESEM，综合这些设备开展图像识别和参数的定量统计。目前，黑色页岩电子显微镜观察是基于制作尺寸为 8mm×6mm×2mm 的氩离子抛光片开展的，其表面上有一个小月牙形的抛光面。研究人员在电子扫描电子显微镜下观察时，常常有选择性地保存部分代表性图片，给出相应结果报告。然而，这种研究方法存在以下问题：（1）小牙形抛光面视域太小，且少数几幅图像常常不能全面地反映页岩储层的整体特征；（2）不同研究人员选择不同放大倍数能够观察孔隙，从而观察到的最小微孔隙不同，且不同视域观察的微孔隙特征、大小等有差异；（3）储层孔隙定量统计没有统一标准，观察和统计结果均存在巨大差异。本发明针对以上问题，制作抛光面积 1cm×1cm 的大氩离子抛光片，通过在对角线上选取 6 个区域，在放大倍数至少 3 万的镜头下，每个区域采集 7×8 张照片的研究方法来定量统计储层孔隙，从而能全面记录页岩储层信息，避免了扫描电子显微镜图像采集的人为因素及视域太窄的问题。

通过大氩离子抛光片制作与多视域统计相结合，定量研究黑色页岩微纳米级孔隙特征。具体操作分抛光片制作、图像采集、图像拼接、图像分析四大步。

1）抛光片制作

抛光片制作：研究内容是制作大氩离子抛光片，尺寸（1.0～1.5）cm×（1.0～1.5）cm×（0.5～0.7）cm。首先，核实样品信息并记录，垂直页岩层理从试样（岩心）切取10mm×10mm的切片。然后，用AB胶将切片固定于定型样品台上，待AB胶固化后再作处理。其次，待AB胶完全固化后，将切片放置于TXP研磨机上，调整刀片距离，留下合适样品厚度（不超过10mm）。再次，切割完成后，分别用15μm、9μm、3μm、0.5μm的抛光仪，逐级进行机械抛光，保证样品整体平整度。再后，待机械抛光完成后，将样品置于多功能离子减薄仪样品台上，调整样品高度，抽取真空，设置电压、电流、抛光时长、角度（5kV、2.5mA、4h、2.5°），待真空＜$1.4×10^{-6}$mbar时，点击开始。最后，抛光完成后取出样品，放置于样品盒内，并做好标记。

2）图像采集

图像采集分以下步骤：首先，确定扫描电镜放大倍数。确定扫描电镜放大倍数为至少3万倍（单张照片尺寸6.88μm×12.3μm），依据有三：（1）电子显微镜放大倍数只有达到3万才能观测到10nm以上的微孔隙，当放大倍数在3万～9万时，能够观测到3～10nm微孔隙；（2）页岩中含气的有机质微孔隙主要分布于10～200nm之间，应该选择3万以上放大倍数；（3）放大倍数小于3万时的储层各参数（如平均孔径）统计结果变化大，不具代表性，放大倍数大于3万时，统计参数相对稳定，能够代表样品实际参数特征。其次，确定采集方式与采集区域。首先，确定采集区域。沿着大氩离子抛光片，标出对角线，以对角线交线为中心，在每条线上等间距选出3个区域，并对每个区域进行标号。其次，确定采集面积。确定每个区域采集图像张数为7×8张（单张尺寸6.88μm×12.3μm，共采集面积55μm×86μm）。最后，确定采集方式。以区域编号为顺序采集图像，单个区域图像以蛇形方式采集。第三，选用采集设备。采集设备的选用必须符合以下要求：（1）全自动电动载物台必须为软件控制，可根据程序设定好的方式连续采集图像，采集好的图像能实现无缝拼接；（2）在最佳工作距离下设备分辨率高于5nm；（3）设备X、Y移动距离大于100mm。最后，开展图像采集。首先，针对每个区域确定其对角位置，高精度数字平台自动记录焦距（Z值），在采集未对焦的视域时会自动根据附近对过焦的视域焦距自动调整焦距，采集过程无须人工调整Z轴焦距。其次，利用高精度数字平台进行蛇形采集，完成区域1数字图像采集。最后，采用同样步骤和方法完成区域2至区域6的数字图像采集。

3）图像拼接

图像拼接主要研究内容是完成所有采集区域的图像拼接。操作步骤如下：（1）选用Adobe Photoshop CS5及以上版本图形处理软件；（2）开展图像拼接，拼接过程是先将相邻的4张图像拼接为1张，然后再将合成的4张相邻大图像进行拼接，依此方法完成区域1拼接；（3）采用同样步骤和方法完成区域2至区域6的数字图像拼接。

4）图像分析

图像分析研究内容是分析黑色页岩微—纳米级孔隙类型、组成和分布。操作步骤如下：（1）利用"颗粒（孔隙）及裂隙图像识别与分析系统（PCAS）"自动识别所有孔隙边界，具体识别方法参考相关软件说明书；（2）利用"颗粒（孔隙）及裂隙图像识别与分析系统（PCAS）"，根据不同孔隙特征人为标识出各孔隙类型，并用不同颜色填充，具体识别方法参考相关软件说明书；（3）利用"颗粒（孔隙）及裂隙图像识别与分析系统（PCAS）"，分别统计区域1内所有图片孔隙数量和面孔率；（4）利用"颗粒（孔隙）及裂隙图像识别与分析系统（PCAS）"统计区域1不同类型孔隙数量、比例、面积、面孔率和面积比例；（5）利用"颗粒（孔隙）及裂隙图像识别与分析系统（PCAS）"统计不同粒径范围不同孔隙类型数量、比例、面积和面积比例；（6）利用Excel软件编制不同类型孔隙组成百分比图（数量和面积）、孔隙孔径分布图（数量和面积）、不同类型孔隙孔径分布图（数量和面积）及同一孔径不同类型孔隙组成分布图（数量和面积）等；（7）重复以上程序，完成区域2至区域6相关统计，并完成整个大氩离子抛光片的相关统计和图件编制。

二、页岩纵向非均质性评价

低场核磁共振（NMR）岩心分析是测试页岩孔隙度、渗透率、润湿性和含水饱和度等重要参数的常用方法（Coates et al.，1999；Fleury et al.，2013；Daigle et al.，2014；Zhang et al.，2018；Yao et al.，2019；Quan et al.，2020；Zhang et al.，2020a，2020b）。NMR也可以用来评价页岩的孔隙大小分布（PSD）（Yao et al.，2019）。目前常用的表征页岩孔隙结构的实验方法有低压氮气吸附、低压二氧化碳吸附、高压压汞和一些无创成像方法（Yang et al.，2015；Wu et al.，2018；Wang et al.，2019）。与这些方法相比，核磁共振的测量范围为较宽，覆盖了整个孔隙大小范围（Yao et al.，2019）。

为了解决上述两个问题，一些研究者利用高频率和低T_E的核磁共振仪器来检测纳米级孔中出现的流体信号（Tinni et al.，2014；Li et al.，2017a，2017b；Su et al.，2018）。Tinni等（2014）在T_E=0.2ms、0.3ms的条件下，对卤水、油和甲烷饱和的页岩进行了核磁共振T_2分布，并对水湿和油的T_2峰进行了分类湿孔隙度分数。周尚文等（2016）使用T_E为0.1ms的核磁共振低温测孔仪来表征天然气页岩的孔径分布。李俊倩等（2017）使用23.15MHz核磁共振光谱仪评估了CO_2增强的页岩吸附气回收率。苏思源等（2018）进行了T_E为0.1ms的核磁共振测试来研究油页岩的润湿性。姚艳斌等（2019）利用频率为23.15mHz的核磁共振光谱仪对页岩的多相甲烷吸附能力进行了表征。然而，对于中国龙马溪组富有机质页岩的核磁共振响应特征及其在储层评价中的应用研究却很少（Tan et al.，2015；Li et al.，2017a，2017b；Dang et al.，2018）。

随着核磁共振技术的发展，越来越多的实验研究采用二维核磁共振（D—T_2、T_1—T_2）测量方法检测页岩样品中不同的氢（Kausik et al.，2011；Fleury and Romero-Sarmiento，2016；Li et al.，2018，2020；Newgord et al.，2020；Zhang et al.，2020a，2020b）。以往的研究报道了T_1—T_2图谱上不同含氢组分的位置（Kausik et al.，2011；Fleury and Romero-Sarmiento，2016；Li et al.，2018，2020；Khatibi et al.，2019）；Khatibi等（2019）将T_1—T_2图中的不同区域与Bakken页岩的地球化学性质进行了对比；李进步等（2019）得出结论，相当一部分核磁共振信号强度来自非流体组分，TOC和黏土矿物含量越高，非流

体信号强度越强；张鹏飞等（2020）利用特定的 T_2—T_1/T_2—比值对束缚水、吸附水、游离水、晶体水和结构水进行了表征；李进步等（2020）采用核磁共振 T_1—T_2 映射方法对页岩中吸附油和游离油含量进行了定量分析。总体来说，已经建立了 T_1—T_2 流体填图方法来识别含油气页岩中的组分。然而，高 TOC 和高黏土含量的干页岩样品的信号来源尚不清楚（Li et al., 2018，2020），这种清晰度的缺乏是随后所有页岩岩石物理性质分析的基础。

本研究旨在阐明中国四川盆地南部龙马溪组页岩的干燥和饱和的核磁共振响应特征。结合 TOC 和矿物分析和 T_1—T_2 映射，确定干核磁共振信号的来源，并用于页岩孔隙度的校正，分析龙马溪组小层 T_2 谱特征随深度的变化。利用核磁共振关键参数 T_2 几何均值（T_{2g}）对储层质量进行分类评价，可以作为页岩气"甜点"和开发层的良好指标。

通过测定发现 Y115 井、Y135 井和 Y136 井三口井的 TOC 均在 0.25%～6.15% 之间，且研究表明龙马溪组底部有机质丰度更高。Y115 井的 TOC 较低，平均只有 1.5%；Y135 井的 TOC 分布在 0.95%～4.68% 之间，平均值为 2.0%；而 Y136 井的 TOC 分布在 0.25%～6.15% 之间，平均值为 1.93%。

页岩样品主要由黏土矿物和石英组成，三口井的页岩样品平均含矿量均超过 60%。其中，石英含量范围区间为 13.6%～41.9%，平均值为 33.1%；而黏土矿物含量范围区间为 19.1%～43.6%，平均值为 32.0%。分析三口井实验数据均表明，矿质含量随深度增加变化较大，龙马溪组龙一$_1^1$小层中黏土矿物含量最低，且石英含量最高。这一结果表明，在该小层中，页岩具有较高的脆性和可碎性，该层所拥有的这些特性是我国选择在这一层压裂和页岩气开发的重要原因之一。

经水饱和处理后，T_2 光谱的面积显著增加，表明水已进入页岩孔隙。与初始态相比，饱和态的峰向右移动了，光谱呈现出更明显的二峰分布或三峰分布，结果表明了孔隙中水分分布广泛。同时，随着深度的增加，T_2 在饱和状态下的峰值向右倾斜，且三口井的 T_2 谱均有相同的变化趋势。假设所有的孔隙都被能水饱和，则 T_2 谱可以反映页岩的孔径分布。随着深度的增加，T_2 的右偏谱反映了页岩样品孔隙尺寸的增大，龙一$_1^1$小层页岩中大孔隙比例最大。

在 T_2=0.1ms 和 T_1/T_2<100 时，干页岩的核磁共振信号峰值总是在一个区间内，而对于 Y115-31 样品和 Y115-33 样品，小信号均来自 T_1/T_2>100 的区域，含水饱和后，信号明显增大，主要分布区间为 1ms<T_2<10ms 和 1<T_1/T_2<100。总结出含氢组分分布规律如下：（1）有机固体中的 T_1 较长，而有机固体中的 T_2 较短，有机质的 T_1/T_2 最高（T_1/T_2>100）；（2）在黏土结构水中，T_2<0.2ms，1<T_1/T_2<100；（3）T_2 越长，组分的流动性越强。图的右边的信号区域来自可移动的成分或大孔隙中的液体，而左边的信号区域来自束缚液体、小孔隙中的液体或固体成分。

因此，可以对含气页岩中不同组分的信号进行分离。干页岩信号主要来自有机质和黏土结构水，水饱和页岩信号主要来自孔隙水，Y115-31 样品和 Y115-33 样品 TOC 较高，故来自大 T_1 区域（T_1/T_2>100）的信号强度较大，从而证明该区域的信号反映了有机质的存在；样品 Y115-23 样品和 Y115-33 样品部分信号某些部分 T_2 较长，而样品 Y115-31

样品未检测到这部分信号，说明该部分区域的信号（$T_2>10$，$1<T_1/T_2<10$）来自裂缝中的水。结合以往含油页岩研究成果和本次的研究成果，初步提出了龙马溪组含气页岩中质子的划分方法。在该图中，有机质和黏土结构水的核磁共振信号部分重叠，故不能进行有效的区分。因此，对于 T_1—T_2 图中富含有机质页岩的黏土结构水和有机质信号的划分还有待进一步研究。

黏土矿物含量、石英含量、核磁共振孔隙度与 T_{2g} 相关性较差，只有 TOC 与之有较好的相关性。黏土矿物含量与 T_{2g} 呈一定的负相关性，说明黏土矿物中主要发育小孔隙，故 T_2 谱的形状将呈左分布；TOC 与 T_{2g} 之间具有良好的正相关关系，说明 TOC 是控制龙马溪页岩孔隙发育的最重要因素。

综上所述，龙马溪组各小层的岩石物理性质差异较大，通过核磁共振响应特征可以反映出来，这对确定最有利的小层具有重要的地质意义。T_2 谱从龙一$_1^4$ 小层到龙一$_1^1$ 小层有明显的变化，这些变化是储层质量的良好指标。在物理意义上，T_{2g} 反映了弛豫光谱的分布和形态，T_{2g} 越大，松弛时间长的组分所占比例越大，T_2 谱在一定程度上能反映页岩的孔隙结构特征，且龙一$_1^1$ 小层中 T_{2g} 最大，说明该层页岩中大孔隙比例最大。

在本次研究中，通过核磁共振测试提出的 T_{2g} 可以表示孔径大小分布。因此，可以为页岩气储层分类增加一个评价指标（T_{2g}）。结合 T_{2g} 的相关性与 TOC 和分类边界的 TOC（Ⅰ类储层，TOC≥3%；Ⅱ类储层，2%≤TOC≤3%；Ⅲ类储层，1%≤TOC≤2%）的边值 T_{2g} 决定如下：Ⅰ类储层，T_{2g}≥0.7；Ⅱ类储层，0.6≤T_{2g}≤0.7；Ⅲ类储层，0.5≤T_{2g}≤0.6。结合核磁共振波谱分析，提出了龙马溪组核磁共振 T_2 谱和 T_{2g} 随深度的变化模型。

在研究的三口井中，龙马溪组底部龙一$_1^1$ 和龙一$_1^2$ 小层的 T_{2g} 均大于 0.7ms，则龙一$_1^1$ 和龙一$_1^2$ 小层属于Ⅰ类储层，其他层属于Ⅱ类储层、Ⅲ类储层。因此，需要考虑首先开发龙一$_1^1$ 小层和龙一$_1^2$ 小层以获得高产气流，且需要注意的是，为了更准确地确定 T_{2g} 的边界值，还需进一步的实验数据和分析。

三、页岩储层综合评价

在自然资源部颁布的 DZ/T 0254—2020《页岩气资源量和储量估算规范》中，页岩气储层评价参数包括有效厚度、含气量、TOC、R_o、脆性矿物含量五个指标（表 4-1-1），以三种不同条件下厚度的区别，将含气页岩下限定为：TOC≥1%、R_o≥0.7%、脆性矿物含量≥30%。不同厚度条件下，总含气量下限分三种，即总含气量≥1m³/t（有效厚度≥50m）、总含气量≥2m³/t（30m≤有效厚度<50m）、总含气量≥4m³/t（有效厚度<30m）。

表 4-1-1 页岩储层参数下限标准

页岩有效厚度 /m	总含气量 /（m³/t）	TOC/%	R_o/%	脆性矿物含量 /%
>50	1			
30~50	2	1	0.7	30
<30	4			

由于页岩有效孔隙度对总含气量中的游离气含量影响较大,因此将孔隙度作为页岩储层评价指标之一,综合国内外各大页岩气田对于储层分类标准的判定,确定四川盆地五峰组—龙马溪组海相页岩储层判定标准,将储层分为Ⅰ类、Ⅱ类和Ⅲ类(表4-1-2),选取的地质指标参数有 TOC、含气量、有效孔隙度及脆性矿物含量4个。根据此标准,Ⅰ类储层必须满足:TOC≥3%、总含气量≥3m³/t、有效孔隙度≥5%、脆性矿物含量≥55%;Ⅰ类+Ⅱ类储层必须满足:TOC≥2%、总含气量≥2m³/t、有效孔隙度≥3%、脆性矿物含量≥45%。

表 4-1-2 页岩储层分类标准

参数	页岩储层		
	Ⅰ类	Ⅱ类	Ⅲ类
TOC/%	≥3	2~3	1~2
有效孔隙度/%	≥5	3~5	2~3
脆性矿物含量/%	≥55	45~55	30~45
总含气量/(m³/t)	≥3	2~3	1~2

1. 中美页岩气非均质性参数对比

美国主要有九大产气页岩区,分别是 Antrim 页岩、New Albany 页岩、Ohio 页岩、Marcellus 页岩、Barnett 页岩、Lewis 页岩、Woodford 页岩、Fayett 页岩、Haynesville 页岩,它们的埋深范围介于 150~3350m 之间,厚度介于 6~180m 之间,孔隙度介于 3%~14% 之间,有机质含量介于 0.45%~25% 之间,有机质成熟度介于 0.4%~3.4% 之间(图 4-1-2)。这九大成功实现商业性开发的页岩产区表明,从未成熟到过成熟,埋深小于 200m 到埋深大于 3000m,有机质含量小于 1% 到有机质含量大于 20% 的页岩都有勘探开发的前景,这就给其他地区和国家的页岩气勘探开发带来了期望。与北美的页岩气勘探开发进展相比,中国的页岩气起步相对较晚,中美页岩气勘探开发的地质结构和基础设施有很大的不同,主要表现在 4 个方面(Jarvie et al., 2007; Katz and Lin, 2012; Hao et al., 2013):(1)北美页岩主要发育于相对稳定的构造环境,而中国页岩尤其是南方海相页岩在主生烃期后经历了多期构造运动,包括印支期、燕山期和喜马拉雅造山运动;(2)美国的主要产气页岩都作为常规油气的烃源岩,比如从 20 世纪早期,Barnett 页岩就作为位于得克萨斯州中北部的 Fort Worth 盆地的烃源岩,生产出了约 20×10⁸bbl 石油和 7×10¹²ft³ 的天然气,而中国海相/海陆过渡相煤系页岩对于常规油气的贡献较小;(3)美国页岩气系统主要建立在相对有利的地貌条件下,而中国页岩尤其是海相页岩主要分布在山地和沙漠地区;(4)美国大约有接近 500000km 的天然气运输管道,而中国只有约 50000km 的天然气管道网络。

由于页岩气富集成藏如此的复杂与特殊,优选页岩气勘探开发有利区需要考虑多种因素,可以归纳为三类——成藏参数指标、工程参数指标、经济—开采技术参数指标（表4-1-3）。页岩气勘探选区参数体系具体包括富有机质页岩的分布特征（厚度、连续性和面积）、有机地化特征（有机质含量、成熟度和干酪根类型）、矿物组分、储集性能（孔隙度、渗透率、吸附性和孔隙结构）、保存条件（盖层品质、构造类型、构造变形程度和储层压力等）、含气量、经济技术条件（埋深、地表条件、交通和天然气管道设施等）。近几年来，我国在页岩气选区参数体系的研究方面已做了大量工作，如王世谦等（2013）对影响页岩气藏规模和产能大小的关键评价参数及其取值标准进行了探讨，认为有机质含量的高低是页岩气选区最为关键的参数；杨振恒等（2011）以中—上扬子下寒武统海相页岩层系为例提出了页岩气的勘探选区模型，认为应以有机质含量、成熟度、页岩厚度和埋深等参数来约束勘探选区；郭彤楼（2016）对比了中国南方和美国页岩气的地质特点，探讨了中国式页岩气成藏富集主控因素及勘探开发的关键问题。此外，尚有许多学者也都在页岩气选区方面展开了不同侧重点的相关研究（李建青等，2014；刘洪林等，2016；徐政语等，2016）。

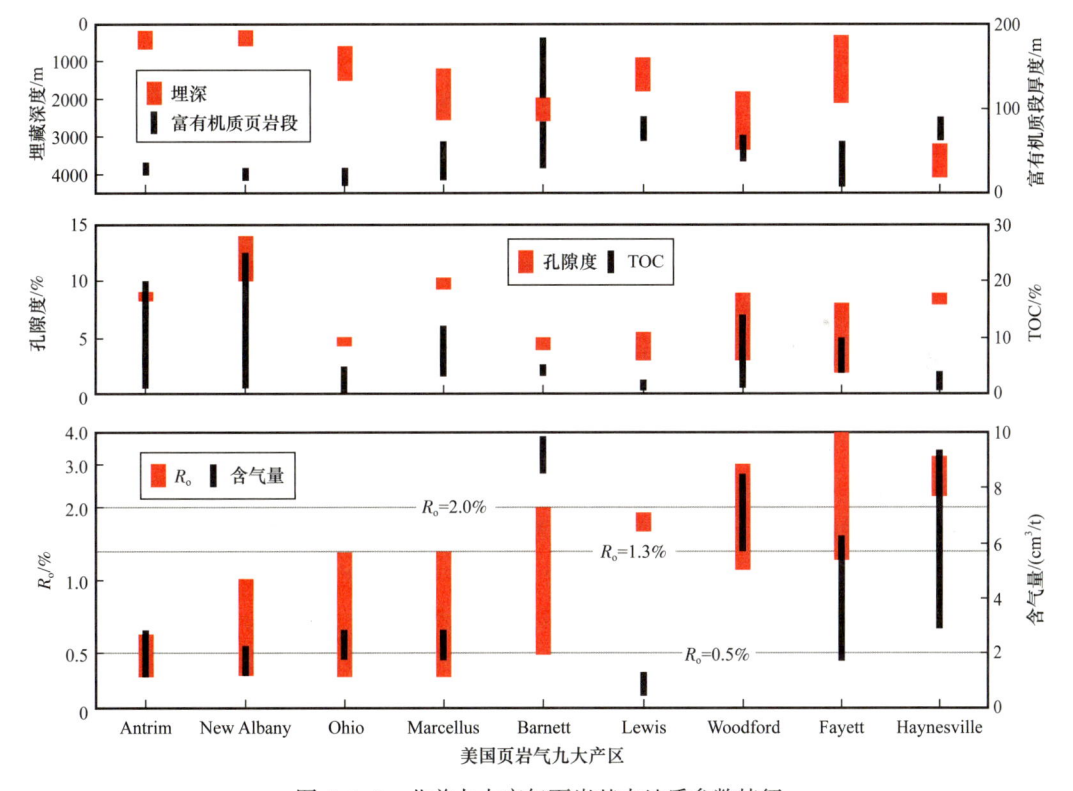

图4-1-2 北美九大产气页岩基本地质参数特征

总结来看中国南方与北美地区页岩气地质条件及选区参数的共性主要包括：

（1）页岩TOC的分布范围均较为宽泛，最小值在0.5%左右，最大值可以达到20%左右，平均值均在2%以上，具有较好的生烃潜力；

（2）干酪根类型均以Ⅰ型和Ⅱ型为主，其显微组分以腐泥组为主，具有较大的生气潜力；

表 4-1-3　页岩气选区参数指标

参数类型	评价参数	重要参数
富集成藏因素	生气能力：有机质含量、类型和成熟度、页岩厚度、面积和连续性； 储集能力：孔隙度、渗透率、孔隙类型、孔径分布、吸附能力； 地层压力：地层温度、含气饱和度、含气量； 保存能力：盖层岩性、盖层厚度、页岩埋深、地层倾角、断层类型、距离断层距离、构造变形程度、压力系数	有机质含量、有机质成熟度、页岩有效厚度、含气量、储集能力、构造变形程度、压力系数
工程因素	地应力场、脆性矿物、黏土矿物类型、泊松比、杨氏模量	脆性矿物含量
经济—开采因素	水资源、地形地貌、道路交通、天然气管道网络	地表条件

（3）发育纳米级的孔隙系统，孔隙度和渗透率很低，页岩储层孔隙度一般在 10% 以下。我国南方海相页岩储层物性较北美地区稍差，可能是由于深埋藏及强改造导致的；

（4）有机质孔是页岩气富集的主要储集空间；

（5）石英含量较高，一般在 40%～45% 之间，部分在 45% 以上，具有较好的可压裂性。

其差异主要包括：（1）中国南方页岩热演化程度较美国页岩层系高。美国页岩层的 R_o 值集中分布于 1.5%～2.5% 之间，但我国南方海相页岩 R_o 一般在 2% 以上，对于时代老、埋藏深的下寒武统页岩来说成熟度普遍在 3% 以上，川南—黔北和川东北一带的局部地区牛蹄塘组 R_o 超过 4%（燕继红等，2011）。冷济高等（2014）测得湘西北地区牛蹄塘组的固体沥青反射率达到 4.83%～6.33%，换算为镜质组反射率平均值为 3.58%；（2）北美页岩气盆地构造稳定，页岩发育连续、页岩层基本未被破坏，而中国南方海相页岩层系普遍经历了多期构造叠加改造作用，表现为多期次抬升、剥蚀和变形，页岩气的保存变得至关重要；（3）北美页岩气盆地多为常规油气勘探区，地表条件优越，中国南方地区主要为山地、丘陵地形地貌，多为油气勘探风险区。中国页岩形成的时代老、热演化程度高、地下构造及地表条件差、经历强烈的构造运动，这些差异才是决定中国南方海相页岩气富集成藏的因素，而以往的研究多着重于比较共性方面的因素。

从控制页岩气成藏的因素角度出发，可以将这些指标分为内部因素和外部因素：内部因素是指页岩本身的因素，主要包括有机质类型及含量、成熟度、裂缝、孔隙度和渗透率、矿物组成、厚度、湿度等；外部影响因素也较多，但对于具体的页岩气藏来说主要包括深度、温度与压力等。其中内部因素中的有机质类型和含量、成熟度、裂缝及孔隙度和渗透率是控制页岩气成藏的主要因素。正确评价并选区适当的参数对合理评价页岩气藏及优选有利区具有重要的意义。

2. 非均质性表征参数地质意义

1）有机碳含量

有机质含量是页岩气聚集成藏最重要的控制因素。一般来讲，高有机质含量意味着页岩具有高生烃潜力、高吸附性、高含气性、高孔渗性和高放射性，而且 TOC 越高，页岩品质越好，越有利于页岩气的成藏和富集。因此，选区时 TOC 不设上限，但对于 TOC

的下限不同学者有不同的标准（大多认为在0.5%～2%之间）。值得注意的是，目前通过Leco CS230碳硫分析仪获得的有机碳含量为残余有机碳含量，对于南方高成熟海相页岩来说，残余有机质含量和原始有机质含量存在一定的差异。对于高—过成熟页岩来说，其现今TOC无法准确反映原始地球化学特征。原始有机碳含量和残余有机碳含量存在差异，需要进行恢复。

不同学者采用不同的方法将残余有机碳含量恢复为原始有机碳含量，所得到的结果大致相同（秦建中等，2007；张林等，2008；李延钧等，2013）。当残余有机碳含量为1.0%时，恢复到原始阶段的有机碳含量可达到2%左右。一些文献中提到，TOC可降低至0.5%，甚至降到0.3%，王世谦等（2013）认为这是指整套页岩岩系的TOC而非页岩气开发层段的TOC。例如，涪陵气田产层五峰组—龙马溪组下部的含气页岩层段厚83.5～102.0m，其中TOC大于2%的优质页岩厚度仅为38～44m（金之钧等，2016）。综上所述，本书认为TOC下限值可设为1%，但是页岩层系需发育连续厚度大于2%的富有机质层段。按照涪陵气田产层五峰组—龙马溪组比例，页岩有效厚度为30m时，TOC大于2%的富有机质层段不小于12m。李延钧（2013）则认为页岩厚度为30m时，应包含至少厚15m的富有机质页岩层段（TOC＞2.0%）。

2）页岩成熟度

页岩气的生成与有机质成熟度关系密切，以往的研究多着重于对有机质成熟度下限的讨论。我国南方海相页岩层系普遍成熟度较高，一般超过设定的R_o下限值（R_o=1.3%或R_o=1.1%）。因此，评价高成熟的南方海相页岩（尤其是下寒武统牛蹄塘组）应讨论R_o的上限值，过高成熟度对于页岩气富集成藏的影响主要体现在3个方面（同时也是设定R_o上限值的依据）：（1）有机质出现炭化现象，页岩吸附能力明显下降；（2）有机质孔隙含量明显减少，Chen（2014）和Sun等（2016）认为当页岩R_o>3.5%时，有机质孔隙明显减少。页岩R_o达到3.5%意味着页岩的最大埋深超过6000m（Hao et al.，2013），出现炭化的有机质更易被压实，大量的有机质孔隙消失，且Millken（2013）发现当有机碳含量大于5.5%时，有机质孔隙大量减少，对页岩气的储集会产生极为不利的影响；（3）甲烷含量明显减少，氮气的含量可能会明显增多。一方面由于页岩的储集能力降低，导致甲烷含量的减少。同时过高成熟度也会对气体成分的构成产生影响，如破坏甲烷分子，生成大量氮气。其中Chen等（2014）认为当页岩R_o>3.5%时，随着成熟度的增加，残余有机质会生成大量的氮气，这方面还需进一步研究。

中国南方海相页岩层系成熟度普遍较高，牛蹄塘组页岩成熟度一般介于2.5%～4.5%之间，集中于2.5%～3.5%之间，五峰组—龙马溪组页岩成熟度一般介于2.0%～3.5%之间，集中于2.0%～3.0%之间。T_{max}也可以间接反映页岩的成熟度，牛蹄塘组页岩T_{max}平均值为495℃，指示牛蹄塘组页岩已进入过成熟阶段，有机质可能出现了炭化现象。五峰组—龙马溪组页岩镜质组反射率介于2.13%～2.84%之间，平均值为2.56%，T_{max}平均值为397.2℃，指示五峰组—龙马溪组页岩也已达到过成熟阶段，但其成熟度小于牛蹄塘组（图4-1-3）。

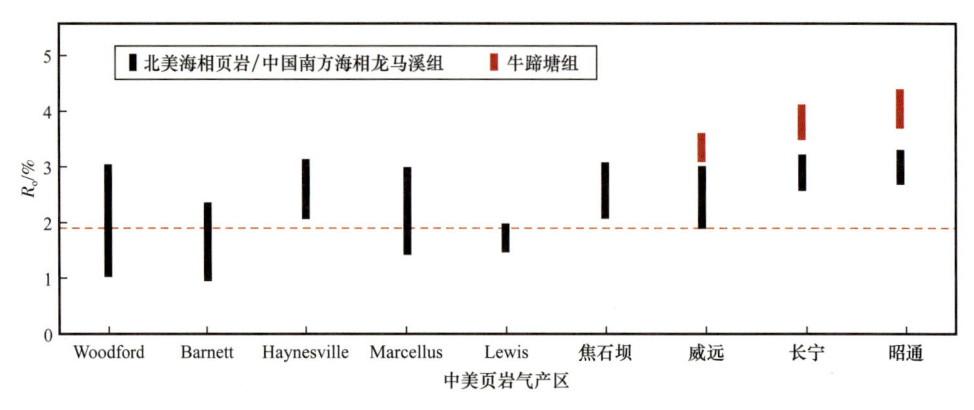

图 4-1-3　北美海相页岩与中国南方海相页岩的有机质成熟度

为了研究高成熟海相页岩孔隙演化特征，选取了一块志留系龙马溪组的露头页岩样品进行无水热解实验。本次研究中，温度间隔设定为 50℃，温度设定的范围是 500～750℃。因此，将原始样品六等分，每个样品的规格是高 2.5cm 和直径 2.5cm 的圆柱体，每一个温度均采用一块新的样品。利用 CO_2、N_2 和压汞测试分析初始样品和 5 个热模拟后样品的孔隙结构，以此来分析高成熟海相页岩孔隙的演化特征。

原始样品的 R_o 为 2.03%，与高—过成熟阶段相对应，TOC 为 3.84%，腐泥组含量达到 90% 以上。原始样品的 TI 值和 $\delta^{13}C_{PDB}$ 指示样品的干酪根类型以 I 型为主。石英是样品 M-0 的主要矿物，含量达到 62.5%，其次为黏土矿物，含量为 30.2%。伊利石是主要的黏土矿物类型，含量为 82%，其次为伊/蒙混层。

热模拟试验条件下，R_o 随温度的增加逐渐增加，所得到的成熟度范围为 2.47% 到 4.87%，对应过成熟阶段或过高成熟度阶段。许多研究均指出时间、温度和成熟度具有相关关系（Waples，1980；Sweeney et al.，1990），因此利用热模拟实验所得到的 R_o 可以代表地质条件下相对应成熟度阶段的页岩。

根据本次研究的实验结果，可以将高成熟海相页岩孔隙结构的演化划分为两个阶段，两个阶段的分界点大概在 600℃（R_o=3.36%）。

（1）从初始样品加热到 600℃，微孔、中孔和大孔的体积随着温度的升高而逐渐增大，尤其是微孔和小孔径中孔隙的含量。孔隙含量的增加与有机质进一步裂解有关，一方面堵塞孔隙的有机质转化而使得一些孔隙重新张开，一方面有新的有机质孔生成。

（2）热模拟温度从 600℃增加到 750℃，小孔径的孔隙含量减少而大孔径孔隙含量增加。在热模拟温度达到 600℃时，页岩的成熟度已经高于 3.50%，有机质出现炭化现象，有机质的结构趋向于石墨化变得更加均一，无机矿物也进一步降解，这导致小孔径的孔隙扩大直径（如通过相邻孔隙的聚结），因此出现微孔和小孔径中孔减少而大孔和大孔径中孔隙含量增加的现象。Bai 等（2017）同样指出，在热模拟温度达到 600℃以后小孔径的孔隙会向大孔径孔隙转化，主要以小孔径孔隙合并的方式转化。但是，在地质条件下这些由小孔径孔隙向大孔径孔隙转化而形成的孔隙很难保存下来，因为页岩的过高成熟度必然对应更大的埋深和更强的压实作用。

进一步根据我国南方牛蹄塘组页岩气勘探实践情况和已成功进行商业开发的

Marcellus页岩和Haynessville页岩证明页岩在R_o=3.0%~3.5%的阶段仍然具有开发价值，结合上述理论分析，R_o的上限值可设为3.5%。

3）石英含量及成因

海相页岩中一般发育三种类型的石英。第一类石英的颗粒粒径通常较大，一般介于5~35μm之间，集中分布在10~25μm之间。石英颗粒的形态不规则，具有一定的磨圆度，散落在页岩的基质中，石英颗粒之间不接触。部分石英颗粒表面发育孔隙，孔隙呈孤立状，形态以圆形或椭圆形为主，孔径较小且相互之间不连通。这类石英表面的孔隙可能是由于氩离子抛光过程中包裹体掉落形成的。第二类石英的颗粒粒径通常较小，一般介于1~5μm之间，石英颗粒具有一定的晶型，且石英颗粒之间紧密生长，部分呈团簇状。这类石英常与有机质共生，石英颗粒之间发育粒间孔。这类粒间孔形态不规则，孔径分布在几百纳米到几微米之间，孔隙之间具有一定的连通性，但大部分石英颗粒间的孔隙被有机质充填。第三类石英只能通过扫描电子显微镜阴极发光图像识别，表现为石英的次生加大边，但只有少数的石英颗粒存在次生加大边现象。

石英是海相页岩中最主要（含量>40%）及最重要的脆性的矿物，不仅石英含量对页岩脆性有十分显著的影响，石英的赋存特征（成因）对页岩脆性也有着十分显著的影响，即不是所有的石英对页岩的脆性都有贡献。在扫描电子显微镜下，根据石英颗粒的形状、大小及赋存状态识别出了3种类型的石英，每种类型的石英对页岩脆性的贡献程度相差较大。

第一类石英主要是陆源石英，具有较强的阴极发光，其特征表现为单一的大颗粒的石英具有较均匀的强发光特征。第二类石英主要是自生成因，具有不发光或弱发光的特征，其阴极发光的图谱显示第二类石英只具有一个明显的较为宽泛的峰值，介于580~650nm之间。第三类石英主要是自生成因，具有不发光或弱发光的特征，第三类石英的阴极发光的图谱具有很强的噪声且峰值十分宽泛。综上所述，海相页岩中的石英既有自生成因也有陆源成因，其中第二类自生石英在五峰组和牛蹄塘组下段是最易被观察到的，第一类陆源碎屑石英在龙马溪组和牛蹄塘组上段常见，第三类表现为次生加大边的自生石英在研究区较少被观测到，在龙马溪组中相对常见。

第二类自生成因的石英是海相页岩中最为发育的石英类型，而且多数研究也认为中国南方海相页岩中的石英主要是自生成因的，尤其是在富有机质页岩（如碳质页岩）中。研究区样品中的SiO_2含量与Zr和TiO_2均呈明显的负相关关系（图4-1-4），表明研究区海相页岩中的石英可能也主要为自生成因类型。自生石英的硅质来源主要包括生物来源、黏土矿物转化来源、硅质矿物压溶来源、热液输入和火山灰蚀变等，有几个直接或间接的证据认为研究区海相页岩中自生石英的硅质来源主要为生物成因和黏土矿物的转化。

研究区样品Rb/K_2O的含量接近于PAAS页岩，表明研究区自生石英中的硅较少来源于火山灰的蚀变。尽管研究区海相页岩存在大量的硅质矿物，但硅质矿物通常是散落在页岩的基质中，较少观察到硅质矿物呈线接触或凹凸接触的现象，因此研究区页岩自生石英中的硅可能较少来源于硅质矿物的压溶。

在五峰组—龙马溪组的初始沉积阶段，海洋表面富含大量的硅质生物，如藻类、放射虫和海绵骨针，尤其是在龙马溪组下段底部和五峰组沉积时期（Zhang et al., 2018）。这些硅质生物的溶解可以提供大量的生物硅。第二类自生石英是研究区富有机质页岩中最为发育的类型且常与有机质共生，而且第二类石英具有较小的颗粒粒径并且石英颗粒之间紧密生长，这类石英的形态及其分布特征与生物蛋白石结晶形成的石英特征类似，且与其他地区页岩或泥岩中的生物成因石英特征也相似，这进一步证实了研究区第二类自生石英可能大多是生物来源。

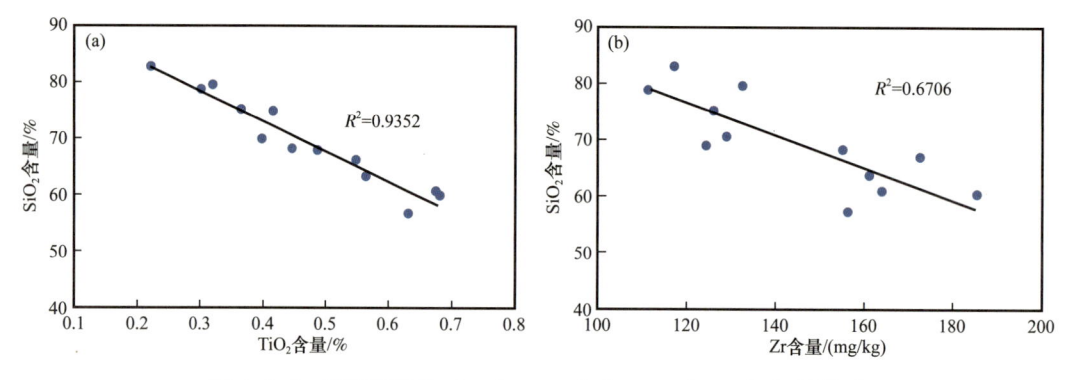

图 4-1-4 研究区样品 SiO_2 和 TiO_2（a）、SiO_2 与 Zr（b）的关系

研究区页岩的黏土矿物含量较低，而且如前所述理论上含量25%的蒙脱石含量只能转化为5%的自生石英，因此也可证明自生石英的硅质来源可能不是黏土矿物转化的主要成因。

总结上述，自生石英是研究区海相页岩石英的主要类型，生物成因的硅才是主要的自生石英的硅质来源。根据本次的研究结果计算得出，研究区页岩含有约48%左右的生物成因的石英，6%左右的由黏土矿物转化而形成的石英和46%左右的陆源石英（表4-1-4）。

表 4-1-4 研究区页岩中不同成因的硅质含量百分比

样品	陆源 SiO_2 含量 /%	生物 SiO_2 含量 /%	黏土转化 SiO_2 含量 /%	相对含量 /%		
				陆源 SiO_2	生物 SiO_2	黏土转化 SiO_2
SY-1	31.62	34.78	3.74	45.08	49.58	5.34
SY-2	27.68	27.93	5.02	45.65	46.06	8.28
SY-3	22.10	53.76	3.74	27.76	67.54	4.69
SY-4	40.62	20.18	2.59	64.08	31.84	4.08
SY-5	30.98	35.53	2.18	45.10	51.72	3.18
SY-6	45.91	8.00	6.08	76.54	13.33	10.13
SY-7	31.98	31.42	4.52	47.08	46.26	6.66
SY-8	48.08	4.16	4.57	84.63	7.32	8.05

续表

样品	陆源 SiO$_2$ 含量 /%	生物 SiO$_2$ 含量 /%	黏土转化 SiO$_2$ 含量 /%	相对含量 /%		
				陆源 SiO$_2$	生物 SiO$_2$	黏土转化 SiO$_2$
SY-9	20.63	53.36	4.52	26.28	67.96	5.76
SY-10	25.51	45.52	4.02	33.99	60.65	5.35
SY-11	17.16	61.42	4.27	20.72	74.13	5.15
SY-12	35.68	27.43	3.26	53.75	41.33	4.92
SY-13	29.62	41.54	3.77	39.53	55.44	5.03

自生石英对于页岩的脆性和可压裂性贡献更大，它们以胶结物的形式将页岩基质胶结在一起，硅质粒间孔和有机质孔的耦合共生有利于孔隙连通，提高了页岩的可压性。

成岩阶段包括初始沉积阶段、早成岩阶段、中成岩阶段和晚成岩阶段。研究区自生成因的石英主要有两类硅质来源。有几个直接或间接的证据指出生物成因石英主要形成于浅埋藏的早成岩阶段，而由黏土矿物转化形成的石英主要形成于中成岩阶段。不同硅质来源的自生石英形成于不同的成岩阶段，对页岩储层的发育有十分重要的影响。

4）成岩作用与对孔隙结构及脆性的影响

页岩在未受到强压实作用之前具有较大的孔隙度（应在60%以上）和较多的原生粒间孔隙。随着埋深的不断增加，受机械压实的影响页岩的孔隙度迅速较少，页岩矿物的接触方式由点接触逐渐变为线接触或凹凸接触，大量的原生粒间孔隙消失。但实际上随着埋深的增加，页岩孔隙度的减小也受到化学压实作用的影响，比如胶结作用。生物成因的石英是在早埋藏的浅成岩阶段以充填孔隙的方式沉积形成的，因此生物成因的石英占据了一定的原始孔隙空间，以胶结作用的方式减小了页岩的原始孔隙度。但是从另一个角度考虑，尽管生物成因的石英占据了一定的原生孔隙空间，但是其形成于强压实作用之前且石英作为一种刚性矿物可以保护原生孔隙受到进一步的压实。因此，在扫描电子显微镜下观测到了许多自生石英颗粒间的原生粒间孔隙或是自生石英与其他矿物之间的粒间孔隙。但是大部分的石英原生粒间孔隙被转移有机质所充填，说明生物自生石英的形态及分布特征控制了转移有机质的分布和有机质孔隙的发育（图4-1-5）。研究区样品的石英含量与孔隙度和孔隙体积均存在明显的正相关关系，即研究区石英含量越高的样品所具有的孔隙度和孔隙体积越大［图4-1-6（a）（b）］。但是注意到TOC与孔隙度和孔隙体积具有更好的正相关关系［图4-1-6（c）（d）］，且在镜下观测到了大量的有机质孔隙，这或许表明生物成因的石英更像是孔隙的保护者而不是孔隙的提供者。尽管可以观测到一些石英颗粒的粒间孔隙，但这种相关性很大程度上可能是有机质与石英含量的正相关关系导致石英与孔隙度和孔隙体积存在正相关关系。生物成因石英的粒间孔隙是转移有机质赋存的主要空间，其刚性矿物格架可以使热成因有机质孔隙被很好地保存下来。如果在浅埋藏的早成岩阶段没有大量的生物成因的石英形成，那么由有机质生烃转化而形成的有机质孔隙则很难保存下来。Fishman等（2012）发现在富含黏土矿物且富含有机质的成熟页岩中很难观察到有机质孔隙，因为生成的有机质孔隙缺乏刚性矿物的保护很难保存下来。是否页岩中生物成因石英的含量越高页岩的孔隙体积和孔隙度越大？基于本书的实验结果，生物成因的石英含量与页岩的孔隙体积和孔隙度存在明显的正相关关系［图4-1-6（e）（f）］，原因可能有两个方面：（1）生物成因石英含量越高，保存下来的颗粒粒间孔隙可能越多；（2）页岩存在更多的生物成因石英则具有更高的有机质丰度。因为强还原环境和高生产力有利于生物成因石英的形成，同时也有利于有机质的富集，有机质含量越高，有机质孔隙就越发育，又由于大量的生物石英的存在，所以生成的有机质孔隙也可以很好地保存下来。第二方面的原因可能是生物成因石英含量与页岩孔隙度和孔隙体积存在正相关关系的主要原因。但深入讨论石英成因与硅质来源与有机质的富集的关系可能超出了本次研究的主题，需要后续深入研究。

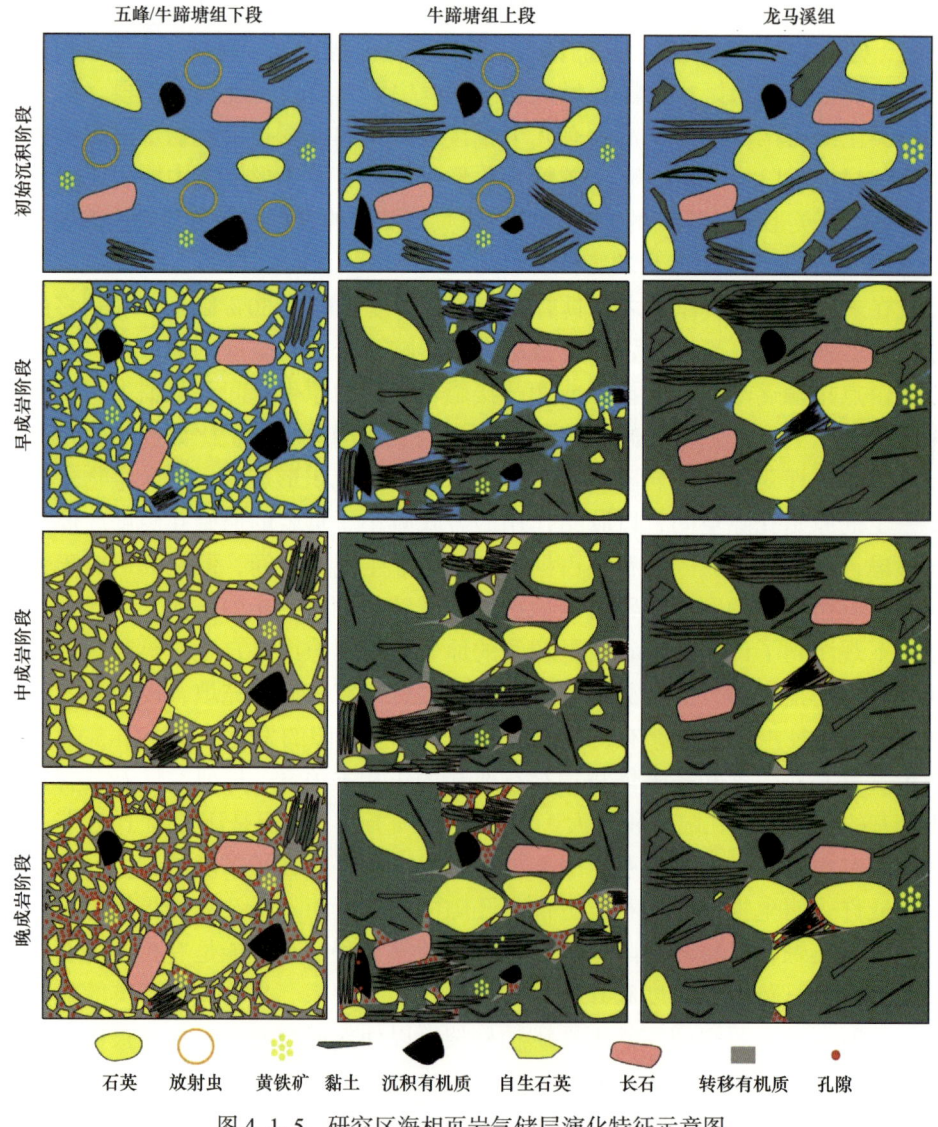

图4-1-5 研究区海相页岩气储层演化特征示意图

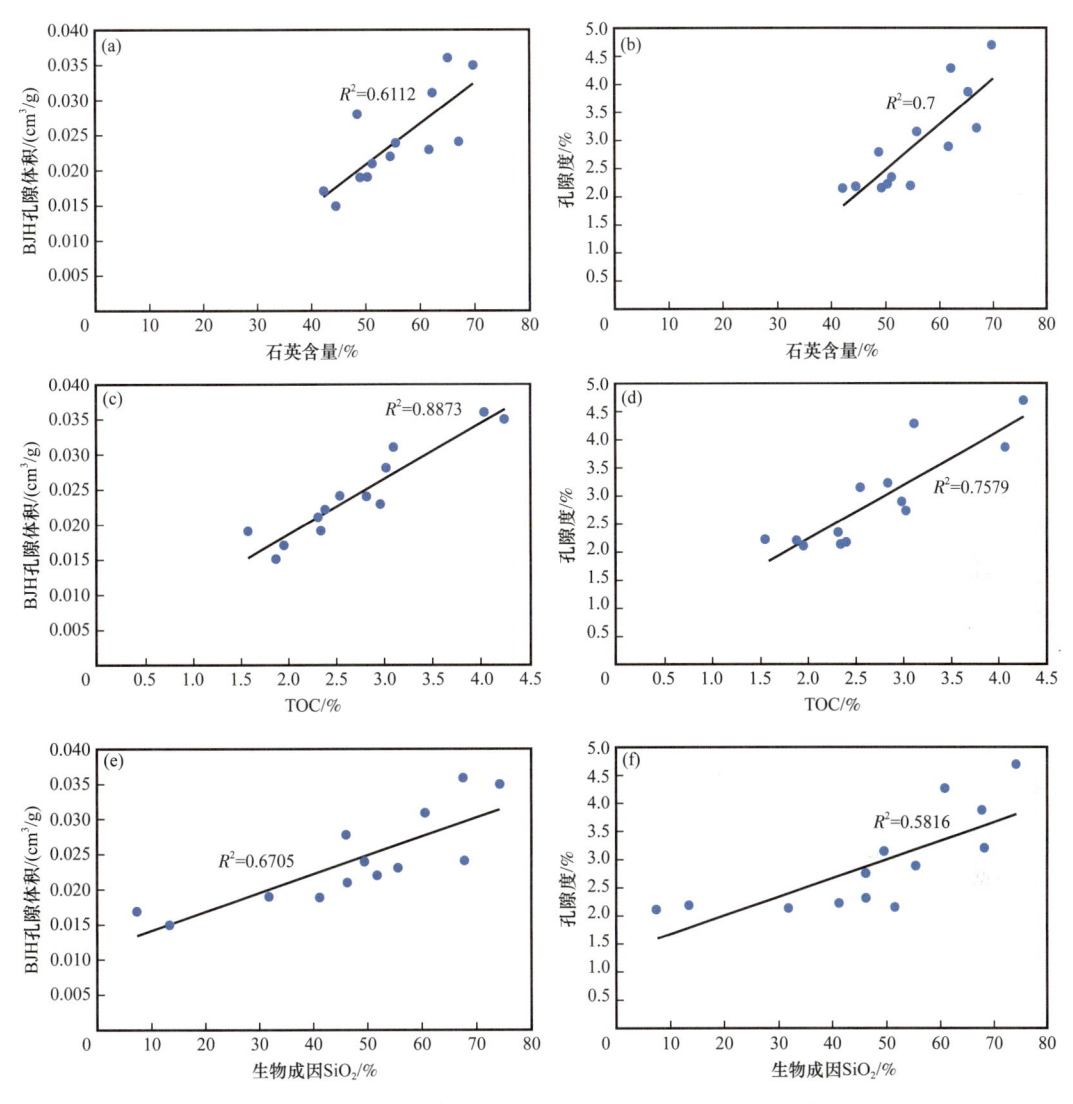

图 4-1-6　页岩孔隙体积和孔隙度与 TOC 和石英含量相关性

研究区由黏土矿物转化而形成石英的表现为石英的次生加大现象，主要起胶结作用减小页岩的孔隙度。但是由于研究区页岩样品的黏土矿物含量较低，因此由黏土矿物转化而形成的石英可能对页岩的孔隙结构没有明显的影响。而对于那些富含黏土的海相页岩来说，由黏土矿物转化而形成的石英含量越高，则页岩储层的孔隙度和孔隙体积可能越小。

第二节　页岩储层孔隙演化及评价

一、有机—无机孔分类表征

利用扫描电子显微镜可以对页岩样品进行高精度、高分辨的成像，从而观察成像视域中孔隙的分布特征。目前的成像技术已有很大进步，除了可以采集常规的小视域（微米级）高分辨（纳米级）图像，还可以进行毫米—厘米级的大视域高分辨成像（图 4-2-1）。通过扫描电子显微镜图像虽然能观察到有机孔隙、无机孔隙，但两类孔隙无论是孔隙形态还是灰度特征都很相似，利用市面上已有的图像处理软件，无法快速、准确地区分这两类孔隙。目前的做法是保证采集的图像中只有一类孔隙（有机孔隙或无机孔隙），进而对该图像进行整体孔隙统一提取以表征一类孔隙的特征。针对这个问题，开发了一套对页岩有机孔隙和无机矿物孔隙进行自动识别和定量分析的技术方法。该方法通过对页岩样品的扫描电子显微镜图像进行滤波、分割、孔隙类型判别等技术流程处理（图 4-2-1），实现了页岩样品扫描电子显微镜图像中有机孔隙和无机孔隙的自动识别和定量分析。

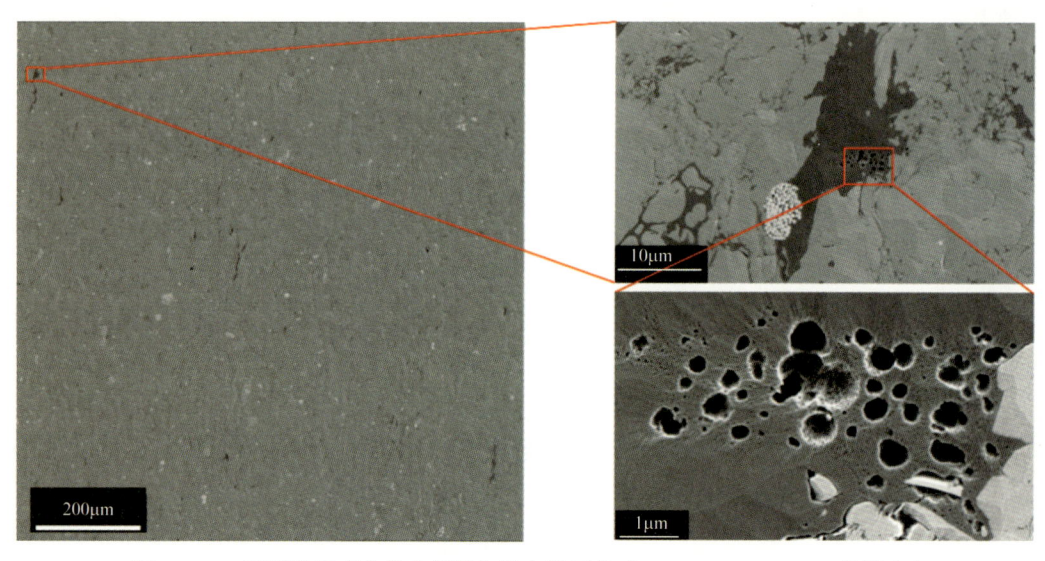

图 4-2-1　页岩样品高分辨大视域扫描电镜图像（1mm×1mm，10nm 分辨率）

首先利用高分辨扫描电子显微镜对页岩样品进行扫描，获取清晰的、包含不同类型孔隙的扫描电镜图像。扫描对仪器本身型号没有特殊要求，扫描电子显微镜图像大小不受限制，X 方向和 Y 方向的像素可以是任何数值，每个像素点大小也不受限制，图像采集信号可以是二次电子信号或者背散射信号。此处分析的扫描电子显微镜图像大小为 4364×3520 像素，每个像素代表 5nm，即扫描区域大小为 21.82μm×17.6μm。图像采集完毕后，进行预处理工作，主要是滤波处理，这里采用的是非局部均值滤波，对图像进行平滑处理。通过该处理，在去除噪声的同时很好地保留了图像的细节特征。扫描电子显微镜图像为灰度图像，有机质、无机质和孔隙三种物质的灰度值区分较明显，通过设定的灰度阈值把预处理后的图像像素值分为有机质像素、无机质像素和孔隙像素三类。对预处理的图像进行阈值分割，得到孔隙、有机质和无机矿物的分布图；图中黑色部分代表孔隙、灰色部分代表有机质、白色部分代表无机矿物。

该方法特别适用于目标占据不同灰度级范围的图像。它不仅可以极大地压缩数据量，而且也大幅简化了分析和处理步骤，因此是进行图像分析之前必要的图像预处理过程。

图像阈值化的目的是要按照灰度级，对像素集合进行一个划分，得到的每个子集形成一个与现实景物相对应的区域，各个区域内部具有一致的属性，而相邻区域不具有这种一致属性。这样的划分可以通过从灰度级出发选取一个或多个阈值来实现。

通过阈值分割，可以初步将扫描电子显微镜下的页岩样品的孔隙、有机质和无机矿物区分开。但是由于阈值分割不考虑孔隙的真实存在的可能性，因此，需要将异常点剔除，如分割出单个像素的点是否为孔隙，在此认为此情况下不是孔隙，需要将其剔除。通过分析可知，本视域页岩的孔隙共有8060个，在页岩样品中分布情况十分复杂。孔隙周围的物质有时是同一种物质，但有时并不一定是同种物质，有可能一部分是有机质，一部分是无机矿物。因此，需要对每个孔隙周围的物质进行统计。将有机孔隙和无机孔隙有效识别并区分，可分别针对有机孔隙和无机孔隙进行统计分析。统计得知，有机孔隙共计7772个，无机孔隙共计288个。

视域内有机孔隙和无机孔隙分别分析表明，得到有机孔隙和无机孔隙的平均直径分别为58.467nm、122.212nm；有机孔隙和无机孔隙的面积分别为12.136μm^2、2.614μm^2，对应的有机孔隙和无机孔隙的面孔率分别为3.16%、0.68%（图4-2-2）。

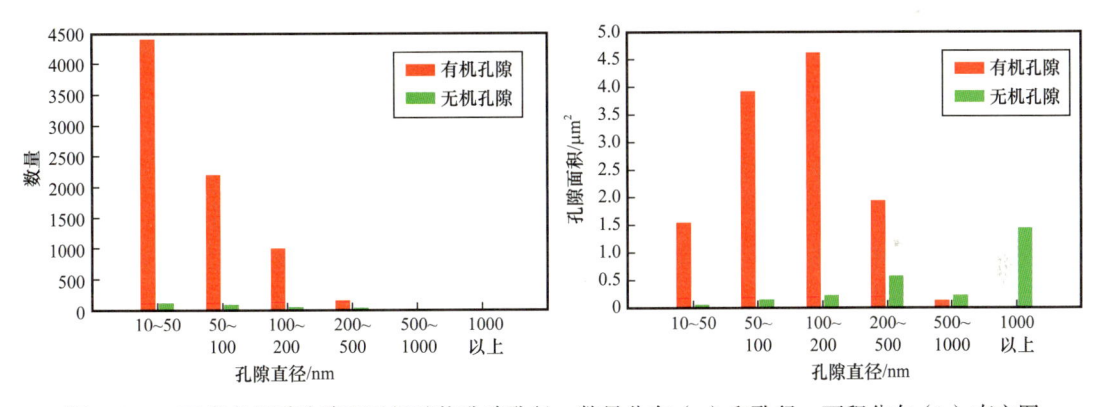

图4-2-2 页岩有机质孔隙和无机矿物孔隙孔径—数量分布（a）和孔径—面积分布（b）直方图

统计发现，分析区域无机矿物发育的整体孔隙数量为25053个，孔隙直径为8.5~4350.4nm，孔隙面积从0.00004μm^2到0.14μm^2不等，无机矿物发育的孔隙提供的面孔率为0.7%。是视域内无机矿物发育的整体孔隙数量—孔隙直径和孔隙面积—孔隙直径关系图，可以看出孔隙直径小于100nm的无机矿物孔隙占了绝大多数，而无机矿物的面孔率主要是由50~500nm的孔隙提供。

分析不同类型无机矿物孔隙发育情况来看，视域中粒内孔隙和粒间孔隙的发育情况具有较大差别：粒内孔隙孔径偏小，以小于50nm的孔隙发育为主，提供主要面积的是10~500nm的孔隙，粒内孔隙发育的规模依次是黏土矿物＞石英＞长石＞碳酸盐矿物＞黄铁矿；粒间孔隙孔径偏大，主要发育10~500nm的孔隙，提供主要孔隙面积的孔隙为200~1000nm的孔隙，其中又以大于1000nm的孔隙提供的孔隙面积最多，粒间孔隙的发育规模是两种以上矿物粒间孔隙＞黏土矿物—长石粒间孔隙＞黏土矿物—石英粒间孔隙＞长石—石英粒间孔隙＞碳酸盐矿物—石英粒间孔隙。

二、页岩储层孔隙演化特征

1. 低熟页岩样品孔隙热演化物理模拟

为了实现实时观测有机质在温度变化下的反应，本任务设计利用高分辨率扫描电子显微镜内置高温物理模拟装置，对富有机质页岩进行加热过程中的扫描电子显微镜观测，用来表征页岩储层孔隙结构升温过程的实时变化。

所用高温物理模拟装置是以配件的形式购进，经过对配件和扫描电子显微镜的设计改造后，使得模拟装置能够在扫描电子显微镜中使用。高温物理模拟实验装置是由控制单元、水冷单元和加热单元组成，最高加热温度可以达到1050℃，完全可以满足有机质热演化的需求。

对配件的改造主要是对加热装置的改造，在装置底部设计增加与扫描电子显微镜真空仓内移动轴相匹配的卡扣，使其能够牢固地安装在扫描电子显微镜真空仓内移动轴上，保证在扫描过程中加热台不会移动产生位移，既保障了扫描电子显微镜的安全使用，也使扫描能够顺利进行。所用高温物理模拟装置是以配件的形式购进，经过对配件和扫描电子显微镜的设计改造后，使得模拟装置能够在扫描电子显微镜中使用。高温物理模拟实验装置是由控制单元、水冷单元和加热单元组成，最高加热温度可以达到1050℃，完全可以满足有机质热演化的需求。

对配件的改造主要是对加热装置的改造，在装置底部设计增加与扫描电子显微镜真空仓内移动轴相匹配的卡扣，使其能够牢固地安装在扫描电子显微镜真空仓内移动轴上，保证在扫描过程中加热台不会移动产生位移，既保障了扫描电子显微镜的安全使用，也使扫描能够顺利进行。

2. 物理模拟结构演化特征

在高温物理模拟实验装置改造完成后，寻找合适的样品进行实验是下一步的目标。在调研了大量文献之后，选取了河北下花园地区的下马岭组页岩为热模拟实验的样品。在进行现场踏勘和采样后，获得了20块野外样品，在进行有机地球化学分析后，确定了其中一块样品为目标样品。

该样品T_{max}为429℃，说明该样品热演化程度低，处于未成熟阶段，适合做热模拟实验。矿物分析可以看出，样品中石英含量高，质量分数为57.53%，其次为碳酸盐矿物和黏土矿物，这与龙马溪组页岩的主力产层具有一定相似性。

高温热模拟实验在高分辨扫描电镜样品仓内进行，环境为真空状态，借鉴岩石热解分析的升温温度，本次实验升温温度点分别设置为100℃、200℃、300℃、400℃、500℃、600℃，每个温度点分别恒温一定时间进行同一视域的二次电子图像采集。

页岩样品中有机物质和无机矿物受热过程中的结构变化不同，而不同方向页岩结构的变化也是不一样的。同一位置加热观察显示，随温度增加样品整体呈现出先膨胀后收缩的现象。升温前期出现微裂缝的扩张和闭合等现象，升温时中后期产生新的较大的裂缝，已有裂缝提前出现扩张现象。

实现结果显示，持续受热的页岩样品垂直层理和平行层理两个方向结构变化不同：初始升温阶段（室温向200℃升温），两个方向均发生收缩到膨胀的现象；随温度升高平行层理方向变化较小，基本保持弱膨胀状态；随温度升高垂直层理方向一直保持收缩状态，500℃时收缩最强烈。

与自然演化样品展示的孔隙结构不同的是，热模拟后期并未观察到类似高演化页岩中发育的蜂窝状的孔隙。初步分析认为，可能与扫描电子显微镜内为真空环境，该模拟实验装置相当于是一个开放体系的热模拟试验，在整个加热过程中没有压力的参与有关。但通过文献调研发现，前人进行富有机质页岩同一视域非持续高温高压环境测试结果显示，即使在高温高压环境下，页岩样品也并未产生明显的蜂窝状孔隙。

3. 自然页岩样品储层孔隙演化特征

基于扫描电子显微镜内同一视域持续升温加热观察所获得的孔隙结构结果与自然演化样品有一定差异，又选取了12块不同演化程度的自然页岩样品进行孔隙结构演化的研究。这12块样品的R_o从0.6%到3.92%不等，能够反映从未成熟/低—过成熟的整个页岩演化过程。

首先分析了有机孔隙和无机孔隙的孔隙度变化特征。为了更准确地反映有机质孔隙度，排除样品不同TOC对结果的影响，使用了单位TOC有机质孔隙度进行分析。通过对单位TOC有机质孔隙度和R_o相关分析发现，随着演化程度的增加，单位TOC有机质孔隙度出现先增加后减小的趋势，单位TOC有机质孔隙度在R_o为2.5%~3.0%时达到最大。这与扫描电子显微镜图像观察到的现象吻合，且两个阶段的趋势线拟合度也较高，分别为0.9829和0.7634。

也分析了无机孔隙度随热演化程度的变化特征，可以看出，随R_o增大，无机孔隙度具有减小的演化趋势。从趋势图也可看出，R_o为1.2%时无机孔的孔隙度与整体变化规律有些出入，其无机孔隙度比演化趋势偏小。分析认为，R_o为1.2%时样品处于生油窗，生成的液态烃会堵塞孔隙，造成孔隙度比整体趋势偏小。

除了有机—无机孔隙度，还分析了孔隙圆度这一参数随热演化程度增加的变化规律。可以看出，有机孔隙圆度普遍大于无机孔隙圆度，分析与两种孔隙的产生机理有关。有机孔隙主要是油气的生成排出产生的，这种孔隙边界较圆滑，形状较规则，圆度较好。而无机孔隙多以矿物堆叠、黏土层间孔等为主，这些孔隙形状不规则，圆度较差。

选取了龙马溪组和五峰组的样品进行扫描电子显微镜图像的采集，采集信号为二次电子信号，图像分辨率为4nm，图像采集视域大小为400μm×400μm。

对采集的扫描电子显微镜图像观察发现，样品发育大量的有机质，以及有机孔隙和无机孔隙，这种高分辨率大面积的扫描电子显微镜图像极具代表性，但是其孔隙结构特征的提取无法采用常规的人工处理方法。利用自主研发的有机孔隙—无机孔隙分类定量表征方法进行孔隙分类。

在孔隙精确分类的基础上，进行定量评价表征表明，两套地层页岩样品有机孔隙均较无机孔隙发育，且有机孔隙孔径均较无机孔隙孔径偏小。龙马溪组页岩样品有机孔隙<10nm 的占比 19% 左右，10～50nm 的孔隙占比约 75%，>50nm 的孔隙占比约 6%；无机孔隙孔径较大，<10nm 的孔隙占比为 18% 左右，10～50nm 的孔隙占比约 66%，>50nm 的孔隙占比约 15%；五峰组页岩样品有机孔隙<10nm 的占比 29% 左右，10～50nm 的孔隙占比约 64%，>50nm 的孔隙占比约 7%；无机孔隙孔径较大，<10nm 的孔隙占比为 21% 左右，10～50nm 的孔隙占比约 66%，>50nm 的孔隙占比约 13%。龙马溪组页岩样品中的有机质含量为 4.27%，有机孔隙度平均值为 1.22%，无机孔隙度平均值为 0.42%，有机孔隙对总孔隙度的贡献率平均为 74.4%；五峰组页岩样品中有机质含量为 2.71%，有机孔隙度平均值为 0.85%，无机孔隙度平均值为 0.51%，有机孔隙对总孔隙度的贡献率平均值为 62.5%。

第三节　页岩储层物性及含气性评价技术

一、页岩储层基质渗透率测试技术

1. 基于压力衰减的页岩颗粒基质渗透率测试系统

页岩基质颗粒渗透率测量实验系统的主要组成部分包括高压气源、参考腔、样品腔，通过高压密封管道依次连接并形成封闭空间。参考腔和样品腔之间的管路上串联设置电动平衡阀和控制阀。高压气源和参考腔之间的管路上依次设置真空/放空支路、进气阀和入口压力表。在电动平衡阀的两端并联设置耐高压压差传感器，用于记录参考腔和样品腔之间的压力差。样品腔和参考腔可根据实际需要分别设置温度传感器，用于记录腔体中的温度变化。由入口压力表、参考腔、样品腔、自动阀、球阀、压差传感器和其间的连接管路构成本系统的核心管路。整个核心管路被放置在恒温环境中。压差传感器的信号首先传入数据采集仪，之后经控制器分析后对电动平衡阀做出动作指令（图 4-3-1）。

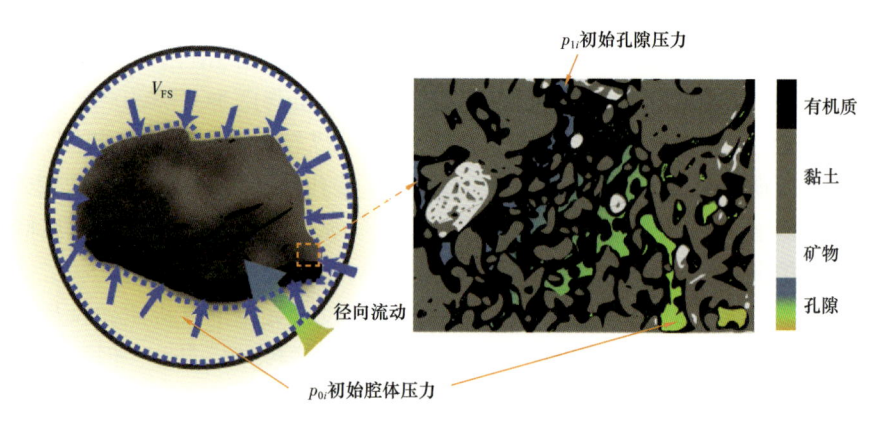

图 4-3-1　压力衰减法的物理模型

在控制阀被打开之后，系统依次经历以下三个阶段。

阶段一：自由空间的压力平衡。自由空间被连通，压差传感器的低压侧压力会首先降低，当整个自由空间压力基本平衡至 p_{0i} 后，压差传感器的信号再次归零。整个自由空间压力平衡过程持续的时间取决于系统管路的体积和流动阻力。管路的体积越大、流动阻力越大，自由空间的平衡时间越长。

  阶段二：在电动平衡阀被切断前，自由空间是连通的，压差传感器的两端也是连通的。随着气体逐渐开始渗入颗粒样品，整个自由空间的压力下降的过程由控制方程及其边界条件描述。直到电动平衡阀被切断之前，压差传感器的输出值都始终为0。

  阶段三：自由空间体积的气体渗入样品和压力衰减过程。在电动平衡阀被切断后，仅有样品腔内自由空间内的气体能够渗入样品。由于在阶段二中，衰减过程已经进行了一段时间，近似地认为阶段三是阶段二的延续。由于电动平衡阀被切断，此时参考腔部分对应的压力 p_1 将不再发生变化，而参考腔与样品腔部分对应的压力之间的压差曲线 $\Delta p(t)$ 开始被压差传感器记录，该压差曲线单调增加直至压力衰减过程结束。

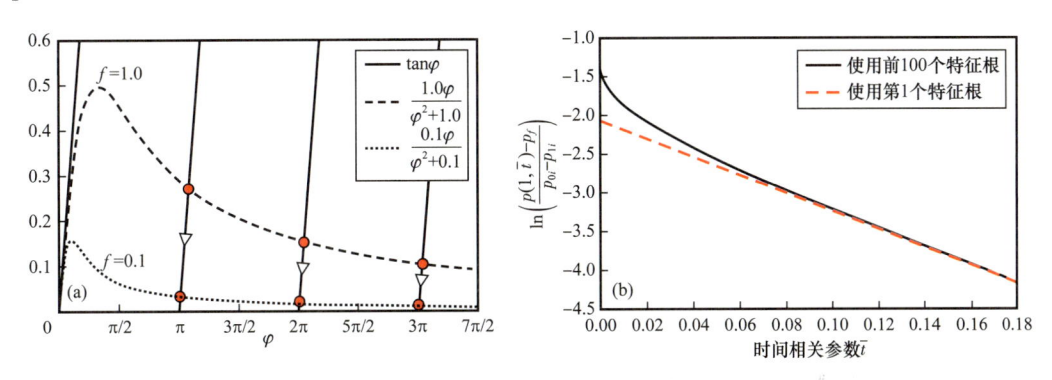

图 4-3-2 压力衰减法的物理模型

  对于工控阀瞬间关闭过程中，电机自身产生的热量加上阀门转动克服摩擦阻力做功产生的热量，使得阀门附近部分空间温度上升。以自由空间气体为整体，在总质量保持不变的情况下，温度上升，气体体积发生膨胀，从而加速了自由空间中气体渗透运移进入多孔颗粒孔隙内部的过程。由于水的比热容较大，温度在很短时间之内再次达到稳定状态，自由空间气体压力又恢复稳态。

  以 Y113-14 样品为例，选取 20～35 目颗粒样置于样品腔，在 1～8MPa、303K 的实验。图 4-3-3 给出了样品在不同平衡压力下，压差传感器监测到样品腔自由空腔中的压差变化。在低压条件下，气体近似于理想气体，随着压力的不断上升，进入到颗粒内部孔隙中的气体增加，使得压差传感器监测到的压差信号也在不断增强。由于数据的重叠，在控制阀开启到工控阀关闭过程中的压差传感器曲线被覆盖。表 4-3-8 和图 4-3-4 给出了该样品在不同压力条件下经数据处理后的压力衰减曲线。在实验开始阶段，样品腔自由空间气体和基质颗粒孔隙内部气体压差达到最大值，随后由于渗透运移过程的发生，两者之间的压差逐渐减小直至两部分气体压力达到动态平衡状态。在压力衰减过程前期，自由空间气体快速进入基质颗粒孔隙内部，压力衰减图中这一部分曲线急剧下降，持续过程约200s；随后气体渗透运移速度明显减慢，逐渐趋于平衡，图 4-3-3 中这一过程曲线斜率明显放缓，趋于水平。

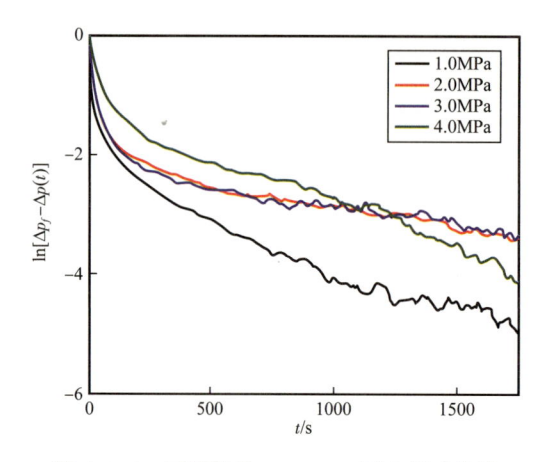

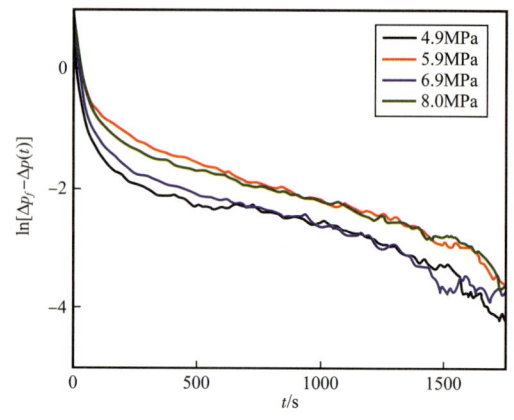

图 4-3-3　页岩样品 1~4MPa 压力衰减曲线　　图 4-3-4　页岩样品 5~8MPa 压力衰减曲线

图 4-3-5 为 4 组样品在不同压力条件下的渗透率值，从图中可以看出，随着压力的升高基质颗粒渗透率值总体处于降低的趋势，在低压时表现得尤为明显。这是由于气体分子在颗粒内部受 Klinkenberg 滑移效应的影响，使得所测表观渗透率增大。其在低压下作用效果显著，但随着压力的升高，其效果不断的降低。当压力达到一定程度之后，滑移效应几乎不产生影响，测得渗透率的值变化差异较小。因此，在高压条件下所测渗透率更接近多孔颗粒的绝对渗透率。

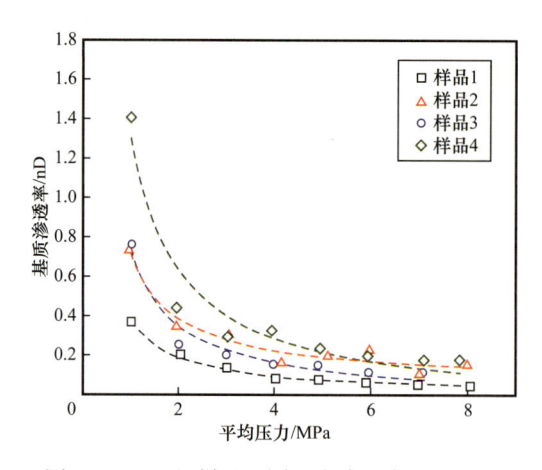

图 4-3-5　4 组样品不同压力渗透率测试结果

基质渗透率不同于常规储层岩石的根本原因是流体流动的纳米尺度特征。在页岩气藏的温度和压力下，纳米级孔中气体的流动是一种稀薄的气体流动，如图 4-3-6 所示。Knudsen 数（Kn）表示气体分子平均 λ 特征流动长度 l_F 之比。依据 Kn 对稀薄流动分区的方法：连续介质流（$Kn<10^{-3}$），滑移流（$10^{-3}<Kn<0.1$），过渡流（$0.1<Kn<10$）以及自由分子流（$Kn>10$）。图 4-3-6 表明，当特征流通空间尺度在 2~50nm 范围时，储层条件下的页岩气主要处于滑移区和过渡区。岩心分析实验的条件下，气体流动的 Kn 更高，稀薄效应更加显著。在滑移区，气体仍然保持连续介质的特征，但在固体边界上具有不为 0 的速度。

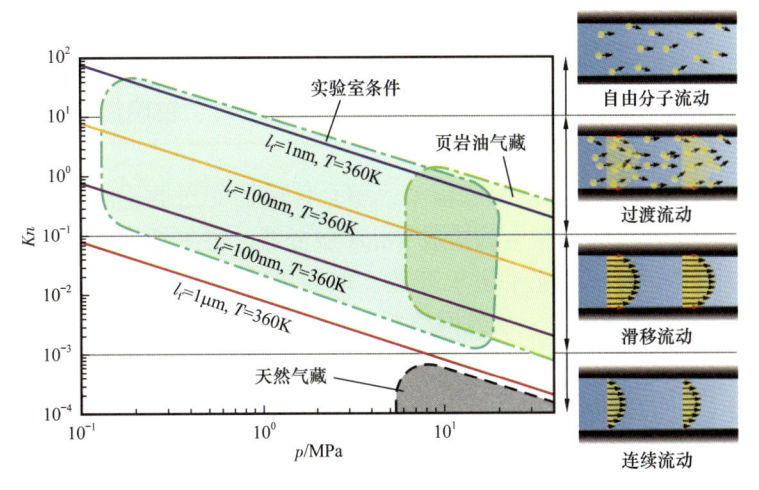

图 4-3-6 不同条件下的稀薄气体流动类型

使用 GSR 模型拟合渗透率压力结果,并与 Klinkenberg 模型进行对比,如图 4-3-7 所示。在低压条件下,使用 GSR 模型得到的渗透率低于使用 Klinkenberg 模型得到的渗透率。当流道特征长度较小时,克努森数较大,两种模型得到的渗透率差异更明显。

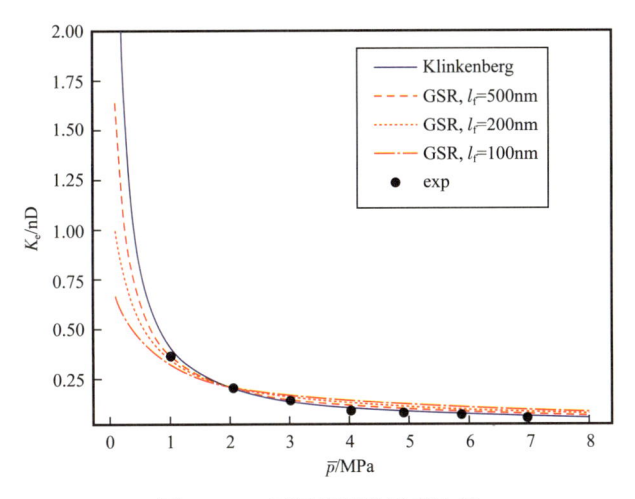

图 4-3-7 不同模型渗透率比较

2. 基于压力衰减的页岩颗粒基质渗透率测试设备

在实验室实验的基础上,开发了基于压力衰减的页岩颗粒基质渗透率测试设备,与 Corelab 公司 SMP 200 对比见表 4-3-1。

表 4-3-1 实验系统对比表

仪器	实验工质	最大压力 /MPa	压力衰减 /(kPa/min)	温度波动 /K
SMP 200(Corelab)	He	1.38	2.500	±1.00
HT2S 系统	He	8.00	<0.025	±0.05

从表 4-3-1 中可以看出，本页岩基质颗粒渗透率实验系统比 SMP 200 在最大实验压力、装置密闭性及温度稳定性方面有较大的改进。SMP 200 无法实现在高压下进行高精度的测量，通过对实验装置进行改进，有效解决了高压密封、精确控温及高压高精度测量三方面问题，提高了页岩基质颗粒测量精度。

同时，通过采用先进的 Web 编程框架，整合传感器变送器、嵌入式处理器/控制器的通信，由高性能单片机或微型电脑构成 Linux 服务器，将测量数据和控制端口在移动端（笔记本电脑、平板电脑、智能手机）开放，取代传统的仪器—工控机—PC 通信模式，方便将测量日志及数据的接入云端或网络服务器，为油气地质信息的大数据挖掘做好仪器端的接入准备。

在此基础上，使用同组样品在不同仪器之间进行了测试比对。对比 SMP200 设备与本基质渗透率设备测量结果，由于 SMP200 仅用一压力表测量压力，当高压氦气冲入样品腔后，压力迅速降低，此时由于压降过于迅速无法被捕捉到，因此初始阶段其实是被略去的，导致 SMP 的曲线在初始阶段显著低于本基质渗透率设备的数据，而本基质渗透率设备采用的数据记录是在打开阀门后待压力迅速平衡后，读取压差表示零的时间自动开始记录。在 SMP200 数据不出现明显波动时，得到的渗透率与得到的结果接近，证明了数据的合理性。

但 SMP200 设备在压力衰减一段时间后反而会上升及波动，这会导致一方面从上升开始的数据不可使用，另一方面前期使用数据极少导致认为选取的结果影响极大，无法判断该选取什么时间段计算。

在实际操作中，由于这种曲线时常出现，测试人员一般只选取 20~40s 或 20~50s 之间的数据，导致测试 2000s 后实际额数据使用率极低。同时，在处理数据时人为选取的因素很大，由于曲线的不平滑及后期的上升，在选取拟合段时，选取 20~100s 和 20~200s 之间，得到的渗透率基本相差 60%，同时看到拟合结果与实验曲线都吻合得不是很好，只有在前面很短的时间内是吻合的。而同样的样品在测试中的稳定性也不高，曲线稳定性较差，压力曲线出现明显波动。而相比之下，本设备的测试稳定性和重复性都有明显改善。

二、页岩颗粒样品孔隙度测试技术

1. 基于 LF-NMR 的页岩冻融法孔隙分布测量方法

1）冻融法测量孔隙度原理

与液态水相比，固态冰在核磁共振系统中的核磁共振信号量极低，因此可以区分固态冰和液态水的相变过程。首先将多孔结构物质饱和水后降温至较低温度，使孔中所有的液态水全部结冰，此时测得的核磁共振信号认为只存在背景信号。通过控温元件使样品腔内逐渐升温，此时小孔的固态冰率先开始融化，核磁共振信号量增长，控制缓慢的升温速率，则融化的固态冰增多。在升温过程中，通过信号量的增长，相变分为固体体积平台阶段、小孔固相融化阶段、大孔固相融化阶段和液体体积平台阶段。核磁共振信号强度在温度升高过程中的变化趋势。为了实现对页岩的冻融法核磁共振孔径分布测量，搭建了实验系统。

一般采用的 BET 法即依据物理吸附方法测量开孔孔隙度，在氮气压力较高的区域可能需要用到多套吸附方程，求解较为困难。而压汞法容易破坏纳米级孔的结构，对测量产生影响。而冻融法基于吉布斯—汤姆孙方程，球形孔中内水的固液相变温度低于大空间水。

如图 4-3-8 所示，相变温度的差与固液界面表面能，大空间熔点，固液相变的熔化焓，固相密度等相关，如果认为物质的热力学性质不变则纳米级孔相变点降低与孔径成反比，孔径越小，熔点越低。

其中，T_m^∞ 为体相流体的固液相变温度，$T_m(x)$ 对应孔径为 x 的孔隙内流体的固液相变温度，δ_{sl} 为固液界面的表面能，ΔH_f 为相变时的焓变，ρ_s 为固体的密度。对于特定的流体，其在孔隙中的固液相变温度与体相相变温度的差

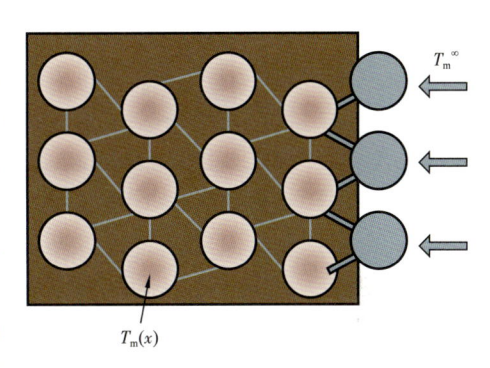

图 4-3-8 孔隙内流体固液相变温度示意图

值与孔径成反比，比例系数为由经验确定的校准常数，与流体性质及固液界面参数相关。

核磁共振理论中，物质中的 1H 原子自旋磁矩在外磁场中被定向为两个方向：沿磁场方向或磁场的反方向。处于这两种自旋量子态的 1H 原子具有不同的能量，当某个处于低能级的 1H 原子从外部环境的电磁辐射中吸收特定的能量时，它可以从低能级跃迁至高能级，此时原子进动频率与射频频率相同，这种现象被称为核磁共振。停止激发后，跃迁至高能级的原子核可以以非辐射的形式重新返回低能级，这种过程被称为弛豫。对于流体系统而言，处于激发态的 ¹H 原子磁矩的垂直于外磁场的分量衰减至 0 的过程称为横向弛豫，相应的弛豫时间常数为 T_2，该过程与流体系统内分子间、分子与表面间的相互作用有关。CPMG 射频序列是一种常用的 T_2 测量序列，在多孔介质的孔隙中，含氢流体的 $T_{2,\text{pore}}$ 为：

$$\frac{1}{T_{2,\text{pore}}} = \frac{1}{T_{2,\text{bulk}}} + \frac{\rho_p S_p}{V_p} + \frac{(\gamma G T_E)^2 D}{12} \quad (4-3-1)$$

与液态水相比，固态冰在核磁共振系统中的核磁共振信号量极低，因此可以区分固态冰和液态水的相变过程。首先将多孔结构物质饱水后降温至较低温度，使孔中所有的液态水全部结冰，此时测得的核磁共振信号认为只存在背景信号。通过控温元件使样品腔内逐渐升温，此时小孔的固态冰率先开始融化，核磁共振信号量增长，控制缓慢的升温速率则融化的固态冰增多。在升温过程中，通过信号量的增长，相变分为固体体积平台阶段、小孔固相融化阶段、大孔固相融化阶段和液体体积平台阶段。核磁共振信号强度在温度升高过程中的变化趋势如图 4-3-9 所示。

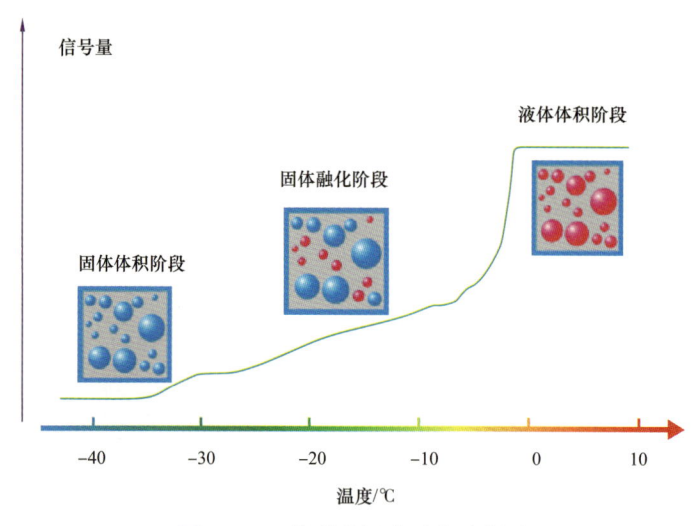

图 4-3-9　核磁共振冻融法示意图

信号强度表示的是在任何给定温度下样品中的总液体体积，对它进行微分可以得到孔径分布式。样品中的含水量不断增加，利用可以将温度变化映射到孔径大小。由于不同尺寸孔隙中水的势能差异使孔隙水冻结和解冻过程依次进行。如果吸收物的质量和密度是已知的，则信号强度可以转换为校准过的孔隙体积。核磁共振的主要作用是检测固—液转变，在不同的温度条件下，可以获得不同的 T_2 谱和相应的孔径分布。温度梯度越小，孔隙尺寸变化越小，并且孔径分布的特征越精细。

为了实现对页岩的冻融法核磁共振孔径分布测量，搭建了图 4-3-10 所示的实验系统。含饱和水的页岩颗粒样品被放置在聚醚醚酮（PEEK）样品腔中，样品腔被组装在 PEEK 材质的夹持器中，夹持器整体放置在射频线圈和永磁体磁场中。射频线圈和永磁体是上海纽迈科技生产的 23MHz 低场核磁共振仪的主要组件。样品腔中通过光纤接入测温元件进行测温，并通过接入计算机实现可调节的温控系统。低温槽在样品腔周围提供了低温的环境，为避免引入额外的氢原子信号，制冷回路中选用氟化液作为工质。氟化液从低温槽泵送至夹持器中，之后进入样品腔夹持器的围压流体空间，最终再返回储罐。

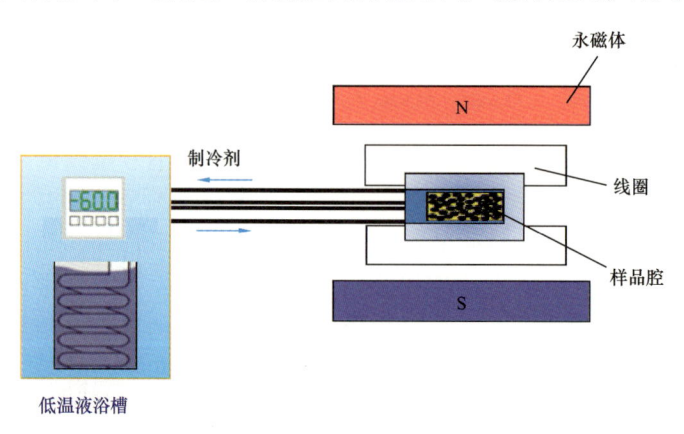

图 4-3-10　冻融法测量页岩孔隙度实验系统示意图

2）冻融法测量页岩孔径分布

针对 YS113-14 号页岩样品进行低温冻融法孔隙分布测试。根据分子筛的标定结果，认为弛豫短时间 1ms 附近区域内的信号峰包含了页岩中纳米级孔中的信号，而更大的弛豫时间对应颗粒之间的间隙，此处暂时不讨论。随着温度升高，不同孔径中的固态冰逐渐融化，液态水增多，核磁测量得到的信号峰面积增加。通过拟合信号量曲线，并做相应的数值微分处理，该样品孔隙主要分布于 5~25nm 的区间，综合孔隙度约为 1.47%（图 4-3-11）。

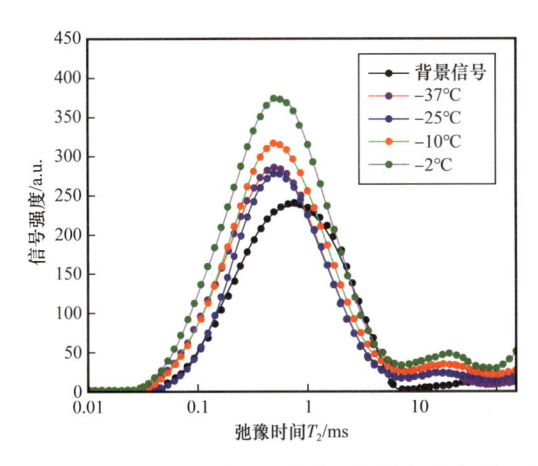

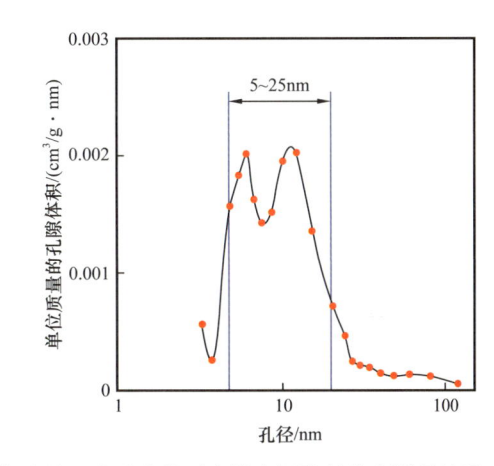

图 4-3-11 不同温度下页岩样品的横向弛豫时间分布及基于冻融法的页岩纳米级孔径分布测量结果

2. 基于氦气膨胀法的新型孔隙度测量方法研究

基于以上测试原理，开发了基于氦气膨胀法的新型孔隙度测量装置，测试系统的示意图和实物图如图 4-3-12 所示。

图 4-3-13 展示了基于氦气膨胀法的真密度仪实物图，实验系统包含一个控制工控机，用以控制仪器内气动阀的动以及真密度测试仪的主体系统。真密度仪中，包括恒温室、进气阀、真空阀、压力传感器、隔离阀、活塞缸、样品腔、样品腔端盖。活塞缸是圆柱形精密活塞容器，内部设有步进电机或伺服电机、丝杠、活塞组件、高精度位置传感器。对箱体内的气体环境进行恒温控制，温度波动小于 0.05℃。

图 4-3-12 基于氦气膨胀法的真密度仪示意图    图 4-3-13 基于氦气膨胀法的真密度仪实物图

针对实验系统，首先进行活塞压力—体积变化曲线测定，保持隔离阀开启，步进电机驱动活塞缓慢压缩，压缩行程中取若干位置，记录活塞位置变化时的压力读数，活塞变化过程中活塞位移及样品腔压力如图4-3-14、图4-3-15所示。将测试过程中的数据点整理成上行曲线，如图4-3-16所示。证明了实验系统和测试方法的稳定性和可重复性。

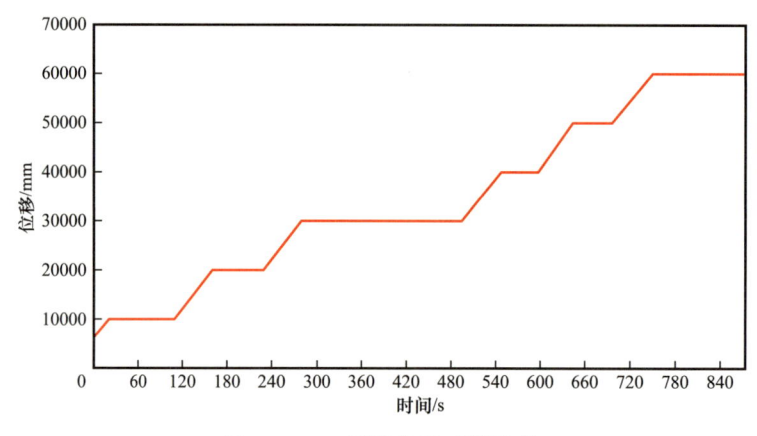

图4-3-14 活塞位移时间序列

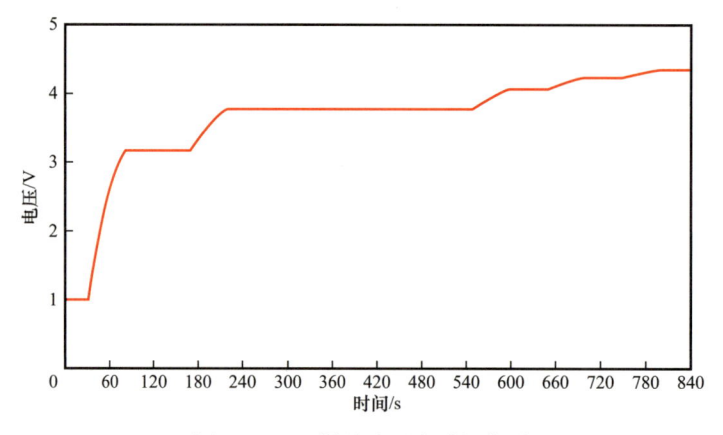

图4-3-15 样品腔压力时间序列

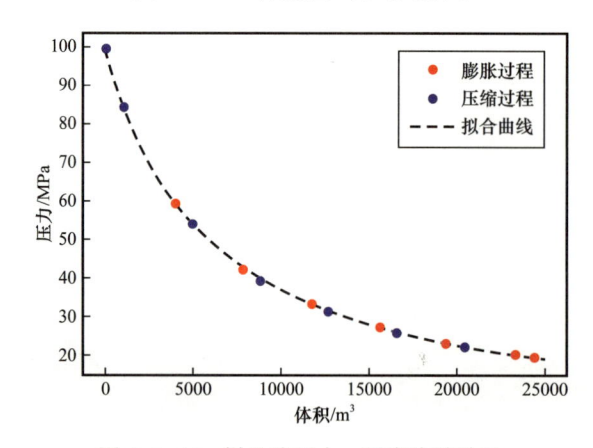

图4-3-16 样品腔压力—活塞位移关系

三、页岩含气量测试技术

1. 页岩含气性核磁共振测量实验系统

以毫米级的页岩颗粒样品为研究对象,实现单个热力学平衡态的耗时通常仅需 6~8h,较之柱塞样品小了一个数量级。这种实验方案的主要缺陷是,页岩颗粒堆积在核磁共振探测环境下,仪器将探测到来自堆积床孔隙的弛豫信号。这种信号的存在可能会给分析页岩本身孔隙的弛豫信号增加难度。

为了实现对含气页岩颗粒在不同温度、压力条件下的等温吸附在线核磁共振探测,搭建了实验系统。实验系统主要分为甲烷气路和围压油路两个部分。进气管路为闭式管路,向测试段中通入高压的甲烷气体,封闭在测试段中,当甲烷气体在纳米级孔隙中达到稳定状态时,进行核磁测定。甲烷气体从甲烷气瓶中通过减压阀,减至适当压力,进入 ISCO 泵。由 ISCO 泵提供动力,在恒压条件下将甲烷气体送入参考腔。参考腔一方面起到稳压作用使实验能在恒压状态下进行,另一方面通过参考腔压力的变化可定量计量进入样品腔的甲烷气体体积。除此之外,在进气管路中还包括一条支路,用于在实验开始前将测试段实开始前将测试段内维持在真空状态,通过真空球阀与进气管路相连,关闭真空球阀即可进行实验。当样品腔达到指定压力后关闭进气阀,随后打开参考腔与样品腔连接阀门将气体通入 PEEK 材质的样品腔。样品腔被组装在 PEEK 材质的夹持器中,夹持器整体放置在射频线圈和永磁体磁场中。射频线圈和永磁体是上海纽迈科技生产的 23MHz 低场核磁共振仪的主要组件。设置围压油路的目的是通过循环流动的油浴将样品腔加热至指定温度。为避免引入额外的氢原子信号,油路中选用 Fluorinert 公司的 FC40 氟油作为工质。氟油从储液罐经高压大流量柱塞泵增压并泵送至加热段,之后进入样品腔夹持器的围压流体空间,流经背压调节阀并节流至常压,最终返回储罐。

首先利用体相甲烷气体对当前实验仪器检测到的甲烷中氢原子的信号进行标定。在不同压力条件下对仅含有甲烷气体的样品腔进行核磁共振检测,可以获得体相甲烷气体的横向弛豫信号。根据核磁共振原理,T_2 峰的面积与流体中的氢原子物质的量成正比。在等温条件下,随压力增加,甲烷的扩散系数降低,其横向弛豫时间增大。在给定容积的条件下,其物质的量与压力呈线性关系。T_2 峰的面积也与压力具有极好的线性关系,这表明当前实验系统对甲烷的物质的量具有相当好的定量测量精度。

2. 页岩含气性核磁共振测量结果

在 T_2 谱上均呈现多个显著的峰。可以断定弛豫时间最长的峰对应样品腔自由空间的体相甲烷,与其相邻的峰相互重叠,对应于颗粒堆积床孔隙中的甲烷,也可能包括了一部分样品大孔的甲烷信号。最短弛豫时间的峰由页岩孔隙中的甲烷引起,与分子筛信号结果比较可知,检测到的气体信号的位置主要集中在 0.1~1ms 之间。

针对压力 1~12MPa 下甲烷在页岩样品中的含气量展开核磁共振实验,不同压力下的横向弛豫图谱如图 4-3-17 所示。图中的固体背景为在实验相应的温度和真空条件下的测量,包括了页岩样品和固体夹持器的信号。在横向弛豫时间 T_2 谱上主要呈现 3 个显著的峰，从左至右分别对应纳米级孔甲烷峰、堆积床甲烷峰、体相甲烷峰。各个峰对应的面积随压力的增加逐渐增加。在低压下，堆积床甲烷峰与体相甲烷峰相互重叠，随着压力升高，两个峰逐渐分离，说明在高压下堆积床与体相甲烷的弛豫差异逐渐显著。

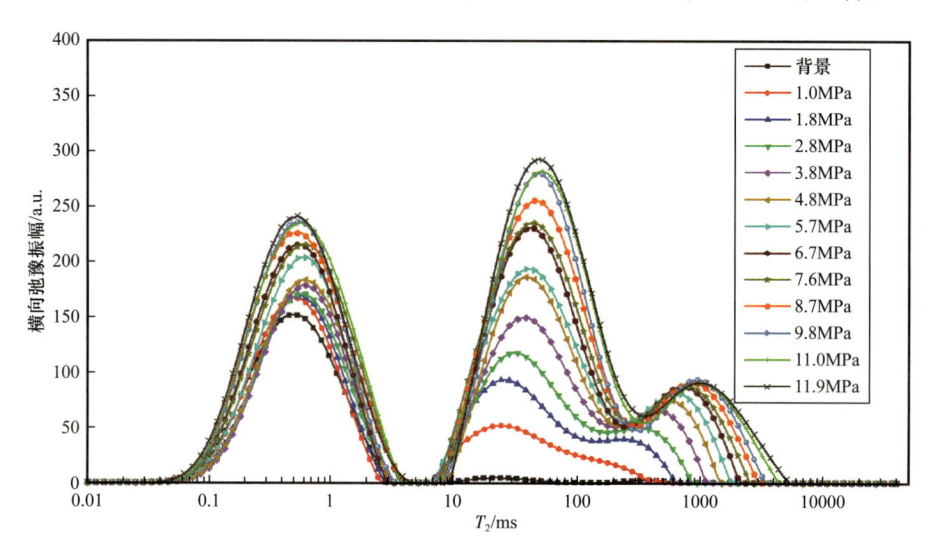

图 4-3-17　不同压力下页岩中甲烷横向弛豫时间分布

实验的横向弛豫谱表明，在 23MHz、$T_E=0.3$ms 的仪器条件下，含气页岩颗粒堆积在样品腔中，核磁共振检测到的气体信号主要来自体相甲烷、堆积床孔隙和页岩纳米级孔隙。页岩本身能产生一定的核磁共振信号，信号来源可能是有机质中的沥青或黏土中的结合水。为了明确甲烷气体信号的贡献，应当对页岩的背景信号进行准确测量。测量的难度来自页岩背景的信号弛豫很快和信号量较低，如果在真空条件下直接测量页岩背景信号，需要正确找到共振的中心频率。随着压力升高，对应的甲烷峰在面积增大的同时，也整体向长弛豫的方向移动，这是由于等温条件下甲烷的扩散系数随压力增加而降低，气体的横向弛豫能力降低。

为了为样品腔内的含气量分析提供更多定量依据，在实验系统中增加了一个前置模块，使甲烷气体经过该前置模块后再进入样品腔。该模块的工作原理与体积法测等温吸附线相同，使用一个体积已知的压力容器向样品腔供气，通过测量容器的压力变化确定进入样品腔内的气体物质的量。

页岩有机质纳米级孔隙中气体由吸附态和游离态构成，吸附态是具有接近液态密度的稠密相态。从横向弛豫的物理机理看，吸附态氢原子的横向弛豫机制与游离态不同，后者主要依靠分子扩散，而前者能通过类似液体的短程的相互作用与吸附表面发生弛豫，吸附态的 T_2 小于游离态。由于仪器回波时间测量的限制，本书认为短弛豫时间峰部分表征了页岩纳米级孔隙中的含气量甲烷，无法被检测出的甲烷一方面来自无法被本核磁共振检测出的小纳米级孔，另一方面由于部分吸附态甲烷的弛豫时间远小于当前仪器的探测阈值。因此，结合前置实验模块，能够提供更多可用于含气量计算的数据。

第四节 页岩气赋存状态转化机理及定量评价

一、页岩微观介质界面效应及其影响因素

1. 页岩储层润湿性特征

利用自发渗吸法可以研究四川盆地龙马溪组页岩样品润湿性和亲油孔隙、亲水孔隙连通性。对川南地区 5 个龙马溪组页岩样品进行自吸实验，其水自吸斜率平均值为 0.217，小于理想值 0.5，表明龙马溪组页岩样品孔隙连通性较差（表 4-4-1）。

表 4-4-1 四川盆地龙马溪组页岩自发渗吸斜率

样品号	层位	样品实验号	自吸流体	首次自吸斜率	第二次自吸斜率	第三次自吸斜率
A-1	龙马溪组	A-1 P1	水	0.148	0.244	0.252
		A-1 T1	水	0.319	0.268	0.205
		A-1 P2	正癸烷	0.184		
		A-1 T2	正癸烷	0.120		
B-1		B-1 P1	水	0.152	0.228	0.186
		B-1 T1	水	0.178	0.103	0.228
		B-1 P2	正癸烷	0.172		
		B-1 T2	正癸烷	0.216		
B-2		B-2 P1	水	0.161	0.157	0.133
		B-2 T1	水	0.188	0.160	0.134
		B-2 P2	正癸烷	0.418		
		B-2 T2	正癸烷	0.206		
B-3		B-3 P1	水	0.145	0.181	0.096
		B-3 T1	水	0.121	0.137	0.212
		B-3 P2	正癸烷	0.363		
		B-3 T2	正癸烷	0.204		
C-1		C-1 P1	水	0.265	0.274	0.202
		C-1 T1	水	0.188	0.186	0.150
		C-1 P2	正癸烷	0.449		
		C-1 T2	正癸烷	0.544		

龙马溪组页岩发育大量较小孔径的有机质孔。孔隙结构的差异，特别是有机质孔隙发育程度的差异导致了海相页岩与陆相页岩表现出具有不同润湿性的自发渗吸行为。龙马溪组页岩发育大量的亲油性有机质孔隙使其表现为偏向亲油性的自吸特点。

考虑到样品存在较多层理缝，因此连通性和润湿性判断主要依据垂直层理面自吸斜率。开展了5个样品自发渗吸过程中时间和吸入质量对数的斜率分析（表4-4-1），其中A–1、C–1具有最大的吸水斜率。A–1样品对水的亲和力大于对油的亲和力，表明其亲水孔隙网络连通性比亲油孔隙网络连通性好。A–1样品在20～50nm范围内发育无机孔，通过扫描电子显微镜观察主要是一些亲水的黏土矿物孔隙，因此表现为水湿。C–1样品的正癸烷垂直层理面自吸曲线斜率最高，从穿层样品吸油斜率来看，C–1T样品的正癸烷自吸斜率为0.544，表明其亲油孔隙连通性较好，一方面是石英含量高的页岩样品抗压实能力强，有利有机孔隙的保存，大孔有机孔占比较多，且有机质与微裂缝组合形成良好的运移通道；另一方面页岩样品中含有大量有机质—黏土矿物复合体孔隙，有机质孔隙发育，从而样品亲油能力强。

B–3样品具有很大的宏孔体积，但自吸实验中却发现连通性很差，因为其宏孔主要分布在100nm以上，通过扫描电子显微镜观察到其100nm以上孔隙主要为溶蚀孔和黄铁矿晶间孔，即使这些孔隙是亲水的，但其连通性较差，所以自发斜率较低。

C–1样品水接触角最小，而水自吸斜率却低于0.25。这可能与页岩极强的非均质性相关，从而导致表面接触角测量的局限性。A–1、B–1、C–1样品吸水斜率随着重复实验具有减小趋势，说明水岩作用降低了亲水孔隙的连通性，B–1样品自吸斜率的标准差最大，表明其水岩作用更加明显，实验重复性最差。B–3样品的伊/蒙混层含量较高，水岩作用优化了亲水孔隙的连通性，导致三次自吸斜率逐渐增加。

2. 页岩储层润湿性控制因素

页岩的成分（矿物含量、TOC、孔隙流体等）、层理方向、孔隙结构等共同影响着页岩的润湿性特征。

1）页岩含水（油/气）饱和度

页岩中的孔隙流体会影响页岩的润湿性。同一样品饱和水状态下表现出相对较强的亲水性特征，饱和油状态下则表现出相对较强的亲油性特征，样品干样润湿性介于这两者之间。说明页岩含水饱和度越高，亲水性越强；反之，含油饱和度越高，亲油性越强。

2）页岩矿物组成

页岩成分是决定储层润湿性的稳定性的关键因素。黏土矿物的存在是页岩储层润湿性因孔隙流体而改变的重要原因，黏土矿物越多，孔隙流体对页岩的润湿性影响越大。页岩中不同的矿物均表现为亲水型，但亲水能力不同，其中蒙脱石亲水性最强，黏土矿物的含量越高，样品内部孔隙流体改变时，流体—岩石相互作用越强，表面润湿性越不稳定，实验可重复性越差。

3）页岩有机质丰度与类型

TOC越高，有机质面孔率越高，页岩有机质孔的数量就越多，亲油孔隙连通性越高，样品亲油性越强，亲油孔隙连通性也越好。

4）页岩层理方向

页岩的页理方向对接触角大小有一定影响。同一样品相同饱和状态下、不同的层理方向上润湿性有差异；不同孔隙流体下的样品穿层与顺层水接触角之差不同。因此，页理方向对页岩润湿性有一定的影响，但主要的影响因素还是样品成分和不同孔隙流体造成的流体—岩石相互作用。

5）页岩孔隙结构

页岩的润湿性很大程度上取决于孔隙结构特征，特别是亲水孔隙、亲油孔隙的连通性，基于这一观点并综合前人的研究成果提出了4种简化的孔隙网络模型（图4-4-1），分别适用于偏亲水性页岩、偏亲油性页岩、混合润湿页岩、中性润湿页岩。偏亲水（油）性页岩内部亲水（油）孔隙分布更加均匀，连通性更好，形成良好的亲水（亲油）的通道；混合润湿性页岩内部亲油孔隙和亲水孔隙连通性较好，表现为既亲水又亲油的润湿性；而中性润湿页岩的亲水孔隙和亲油孔隙发育程度较差，表现为既不亲水也不亲油的润湿性。

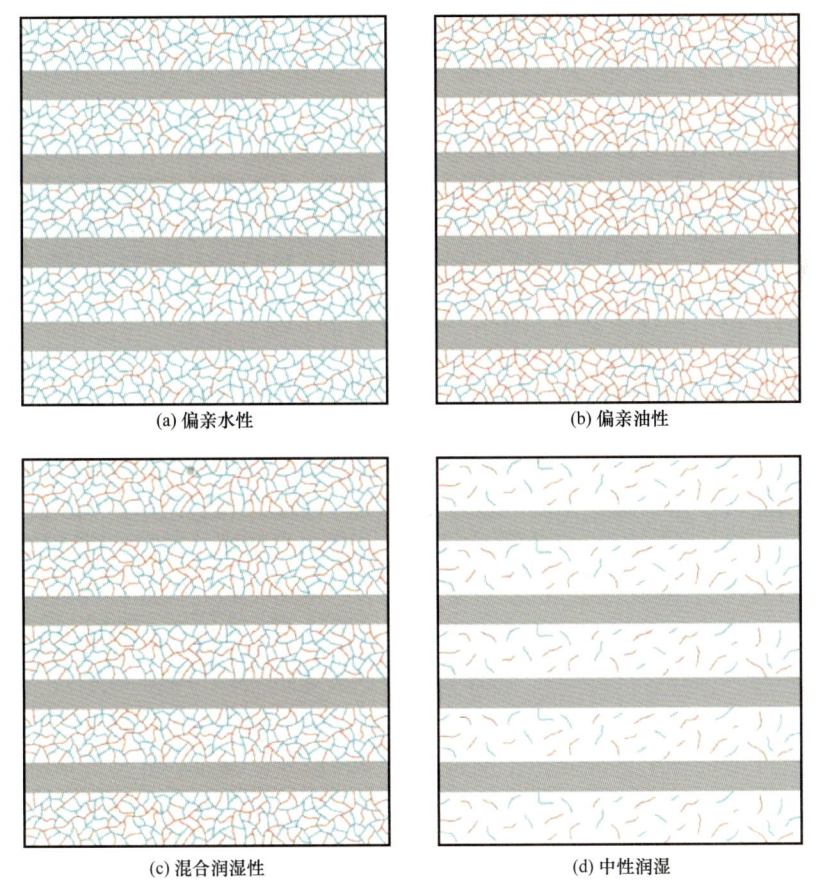

(a) 偏亲水性

(b) 偏亲油性

(c) 混合润湿性

(d) 中性润湿

图 4-4-1　不同润湿性页岩样品的简化孔隙模型
红色代表亲油孔隙，蓝色代表亲水孔隙，灰色代表页岩层理面

二、页岩气赋存状态及转化机理

1. 页岩气赋存机理

1）分子动力学模拟与吸附微观机理

川南五峰组—龙马溪组页岩矿物组分主要包含石英、长石、碳酸盐矿物和相当含量的黏土矿物,其中黏土矿物以伊利石为主。有机质和黏土矿物是页岩吸附能力的重要因素,前人对页岩储层吸附气量进行了大量研究,美国五大盆地页岩储层中吸附气含量占比20%~85%(Curtis et al.,2002)。总结前人对吸附气量的研究结果,认为吸附气量一般占页岩总含气量20%~80%,不同学者得出不同的结论可能是由于计算时所采用条件参数的差异造成的。

页岩气中吸附气表征方法主要有两种,包括实验室甲烷等温吸附实验和计算机模拟页岩吸附气量,前者主要是利用页岩样品在不同温度系列和压力系列条件下开展等温吸附实验,获取等温吸附曲线并明确温度、压力对吸附的定量影响作用;后者主要通过构建页岩组分简单吸附质模型,采用 $Q=M_{TOC} \times Q_{TOC}+M_{clay} \times Q_{clay}+M_{other} \times Q_{other}$ 对页岩吸附气量进行计算与表征,即为有机质、黏土矿物和其他矿物含量与对应吸附能力乘积的累加。

2）微观吸附分子模型

页岩储层中存在的大量纳米级孔隙是主要的储气空间,利用分子模拟技术构建页岩孔隙模型,建立多方法、多尺度、定性、定量的储集空间综合表征体系,对页岩微观吸附渗流机理进行探究,为页岩气成藏和流动机理的认识奠定了基础。但是目前页岩气产能和产量上的局限性表明页岩气富集规律的认识尚有不足。

分子动力学模拟是解释微观吸附机理(干酪根的微观结构—芳构化)的重要手段。该模型对吸附剂和吸附质进行了简化,将吸附质简化为甲烷气,温度参数采用实测目的层的地温参数,并将黏土矿物吸附剂抽象为单一的伊利石组分(可以应用伊利石标准模型模拟),所以,整个物理吸附模型剩下有机质物质分子表征式有待构建。众所周知,有机质主体是干酪根,而干酪根因其混合物的性质,是没有固定化学结构式的,因而对它的表征需要大量化学组分和分子结构联合测试实验及专业的数据分析与建模能力。

不同类型及热演化程度的有机质分子模型不尽相同。研究区海相页岩有机质类型整体为Ⅰ型干酪根与Ⅱ₁型干酪根,五峰组—龙马溪组一段一亚段 R_o 变化范围也较大,主要在2.1%~3.6%的过成熟阶段早期。考虑到本次研究目的是探讨热演化程度与干酪根类型对有机质吸附能力的影响以及页岩中有机质与黏土矿物的相对吸附能力,为了获得较好的效果,本次模拟选择Ⅰ型低成熟干酪根、Ⅰ型高成熟干酪根、Ⅱ型高成熟干酪根来表征不同热演化阶段的干酪根组分结构。

3）分子动力学模拟

基于有机质分子模型的构建,根据实际地质背景对相关模拟参数进行设计,地层压力取目的层实际地层压力40MPa;而实际地层温度介于71.8~133.92℃之间,吸附气主要赋存在目的层底部，因此外界温度设定在90℃。

分子动力学（MD）模拟实验设计了"低熟干酪根吸附剂体系""高熟干酪根吸附剂体系"及"伊利石—高熟干酪根混合吸附剂体系"三种模拟方案。由于三类吸附剂体系均为混合体系（无固定结构体系），所以这里按照"能量最低化原理"，构建初始三维立方形周期体系，通过能量最优化过程对分子键长、键角及体系构型不断调整以达到稳态，从而获取能量最优化的吸附剂体系作为最终构型。对比初始体系模型和优化后的构型可得，由于分子引力的作用，优化后的构型由非稳态的立方体系变为稳态的平行四边形体系，优化后的稳态体系由于其自身的稳定性更具代表性。

进一步对比优化前后的伊利石—高成熟干酪根混合吸附剂体系的模型可得，原本位于伊利石层间的有机质物质在经过能量最优化后，由层间位置变化到顶层伊利石附近。这一现象可以证明和解释有机质与黏土矿物之间的相互吸引作用，从而导致微观上，有机质可能会与黏土矿物存在局部共同富集现象。而有机质与黏土矿物在页岩中的相互吸附现象会造成页岩组分微观分布的非均质性及总体比表面积的减小，这表明在页岩及单组分甲烷等温吸附实验中，一定的系统误差是必然存在的（单组分的甲烷吸附量大于全岩中对应组分集合体的吸附量）。

在静态参数检验之后，先用构建的"蜂窝状中微孔高熟干酪根 $-90℃—CH_4$"的吸附模拟方案，在设定的计算机模拟参数下进行较为粗糙的动力模拟（耗时较少）及CH_4吸附的蒙特卡洛模拟。通过对动态演算参数的拾取与分析，来进行吸附模型的动态检验。例如在90℃、0.01～40MPa的条件下，模拟甲烷在干酪根的芳香结构上优先吸附，随着压力的增加吸附气量逐渐增大，达到饱和吸附后，吸附气量则不再增加，由此可认为，当地层压力增大到某一界限值时，将不再影响页岩储层的吸附气量。

通过不同吸附方案的吸附模拟结果对比可得，干酪根—伊利石混合的吸附强度小于纯干酪根的吸附强度，这是由于黏土矿物与干酪根的相互吸附作用使得吸附面积大幅降低。三维可视化模型分析页岩吸附位点与吸附强度的半定量关系，发现苯环在微观吸附强度和吸附位点上均有利于页岩气的吸附。因此，随着有机质热演化成熟度的升高（芳构化增加），有机质宏观单位比表面积的吸附能力不断增强。相对于低成熟干酪根的等温吸附曲线，高成熟干酪根的吸附强度参数大约是其4倍，而饱和吸附量是其5倍左右，显示高成熟干酪根具有较高的吸附强度与更大的有效存储空间；而伊利石与高成熟干酪根混合的吸附剂的吸附强度参数仅是高成熟干酪根吸附剂的6%左右，虽然其饱和吸附量与高成熟干酪根的近似，但是在有效压力下（页岩气藏压力40MPa），其吸附量是远小于高成熟干酪根的，表明黏土矿物的吸附强度较小，混合吸附剂的高吸附强度位点占比降低。

2. 页岩气赋存状态转化机理

温度和压力对页岩甲烷吸附能力有重要影响。甲烷气体在页岩孔隙介质中的吸附中可看作是甲烷气体与有机质、黏土矿物及其他矿物之间的相互作用。在微观分子热力学中，温度越高，甲烷分子能量越强，以至于能够脱离介质能量势场的束缚而发生脱附，当温度升高到一定界限时，甲烷分子脱附速率大于吸附速率，使得页岩吸附能力整体下降。通常页岩吸附能力可用吸附热（吸附过程中产生的热量）来表征，吸附热越大，表示页岩的吸附能力越强。随着温度的升高，页岩最大吸附量（V_L）下降，解吸率上升，且两者都与温度呈现良好的线性关系。

为了评价温度对页岩甲烷吸附能力的影响，开展了不同温度条件下（30℃、60℃、90℃）的甲烷等温吸附实验。实验结果表明，30℃时最大过剩吸附量为1.849mg/g，60℃时最大过剩吸附量为1.541mg/g，90℃时最大过剩吸附量为1.320mg/g，随温度的增加，最大过剩吸附量明显减低（图4-4-2）。

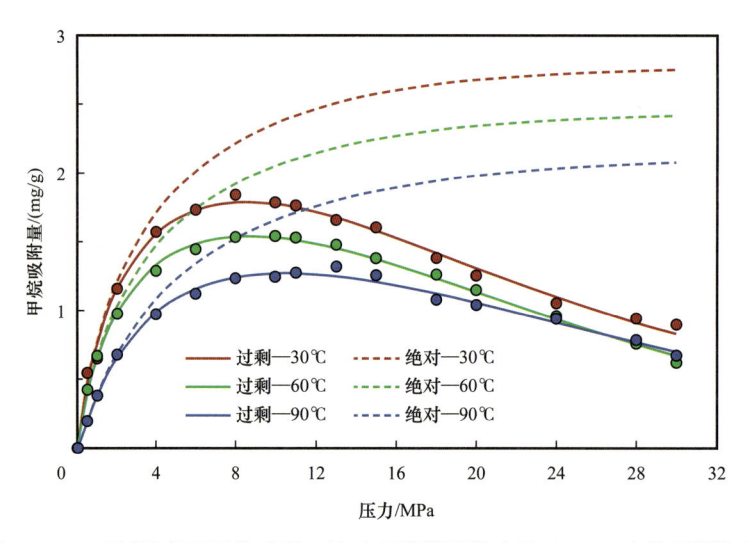

图4-4-2　不同温度下甲烷过剩、绝对吸附等温线（基于SDR过剩吸附模型）

绝对吸附量也随温度的升高而明显降低，吸附相密度也降低，反映物理吸附中温度升高，分子的扩散能力增强。30℃时绝对吸附能力为2.729mg/g，60℃时绝对吸附能力为2.442mg/g，90℃时绝对吸附能力为2.120mg/g，随温度升高，SDR模型拟合的绝对吸附能力降低速率约为0.0096～0.0107（mg/g）·℃。

三、页岩气赋存状态定量评价

1. 吸附气定量计算方法

在实际的吸附气含量计算过程中多采用Langmuir甲烷吸附气模型，将川南地区五峰组—龙马溪组页岩孔隙度与Langmuir体积V_L进行拟合，页岩总孔隙度与V_L相关性较差，表明总孔隙度不是V_L的主控因素。依据本书第四章所提出的页岩中有机孔隙和无机孔隙比例计算方法，计算出页岩有机孔隙度并将其与Langmuir体积V_L进行拟合，二者相关性较好（R^2=0.74），此外，TOC与页岩吸附气量之间良好的线性关系，表明有机质孔隙度对吸附气量存在明显控制作用。在Langmuir方程中还需确定另一参数p_L，建立$\ln p_L$与实测$1/T$之间的关系，二者之间相关性良好，可进行拟合计算。

将上式代入到Langmuir甲烷吸附方程中则可得到下式：

$$V = \frac{(0.75\phi_{\text{org}} - 0.49)p}{\mathrm{e}^{\frac{-1562.8}{t+273.15} + 5.996} + p} \qquad (4\text{-}4\text{-}1)$$

式中 V——页岩吸附量，cm^3/g；

　　　p——气体压力，MPa；

　　　ϕ_{org}——页岩有机孔隙度，%；

　　　t——地层温度，℃。

其中 t、p 已在前述章节中给出，可以直接代入进行计算。因此，在吸附气计算模型所需要的三个参数 t、p、ϕ_{org} 均已知可求的情况下，可以采用 Langmuir 甲烷吸附模型对吸附气含量进行计算。

2.游离气定量计算方法

游离气是页岩中有机质达到成熟发生排烃作用后，残留在页岩储层中的呈自由态赋存的甲烷气体。游离气一般赋存在页岩储层中较大的孔隙空间，如较大的矿物晶间孔、裂缝孔隙等。富有机质页岩的烃源岩生排烃量、排烃效率、孔隙类型、孔隙结构以及外部条件可影响页岩气的富集与成藏，其中孔隙空间（孔隙体积、孔隙度）和外部条件（温度、压力等）的变化会引起页岩储层中游离气与吸附气之间的动态转化。

在实际的页岩气开采实践中，游离气的聚集对天然气开发具有重要意义，影响页岩储层中游离气的因素较为单一，可依据简化的计算模型并结合气体状态方程计算页岩中游离气含量。

考虑到孔隙体积大小与含气量为游离气富集的重要影响因素，对于川南五峰组—龙马溪组页岩储层中游离气的预测，前人提出了多种不同的计算模型。

$$G_{\text{f}} = \frac{\phi - \phi_{\text{a}}}{\rho_{\text{b}} \cdot B_{\text{g}}} \qquad (4\text{-}4\text{-}2)$$

式中 G_{f}——游离气含量，m^3/t；

　　　ϕ——实测孔隙度，%；

　　　ϕ_{a}——吸附相孔隙度，%；

　　　ρ_{b}——页岩岩石密度，g/cm^3；

　　　B_{g}——页岩气体积系数。

计算模型中主要考虑了孔隙度、甲烷气体密度、甲烷气体偏差因子等因素，各模型适用条件略有不同。

3.川南页岩气赋存状态演化模式

在地质历史演化进程中，川南地区五峰组—龙马溪组页岩储层中游离气量和吸附气量发生动态变化，本书基于页岩储层热演化阶段的划分，分别计算每一阶段吸附气量和游离气量。在计算时基于以下假设条件。

页岩地层中甲烷气体供应量充足，地层完整，无明显断层发育；页岩进入生油窗以前，页岩地层中含气量较低；地层抬升之后，高温热裂解生气作用也随之停止，页岩地层 TOC 未发生明显变化；五峰组—龙马溪组页岩地层为古老地层，地层压实充分，认为在页岩地层抬升过程中不发生孔隙回弹作用，孔隙度基本保持不变；页岩地层含水饱和度较低，水主要赋存在无机矿物孔隙中。对于游离气而言，水占据了游离气赋存的空间；对于吸附气而言，水占据了甲烷吸附位点，取 50% 作为折扣系数，可以近似得到实际地层条件下页岩地层的甲烷吸附量。

综合不同地区构造埋藏史的差异性，认为川南长宁和威远地区为"持续不等速缓抬型演化模式"，彭水地区龙马溪组页岩地层为"持续快速深埋快抬型演化模式"。结合前文章节对孔隙演化、温度、压力演化的结果，分别建立孔隙演化模型、地层温度演化模型、压力演化模型，分别建立川南威远和长宁地区持续不等速缓抬型页岩气赋存状态演化模式图（图 4-4-3）、彭水地区快速深埋快抬型页岩气赋存状态演化模式图（图 4-4-4）。

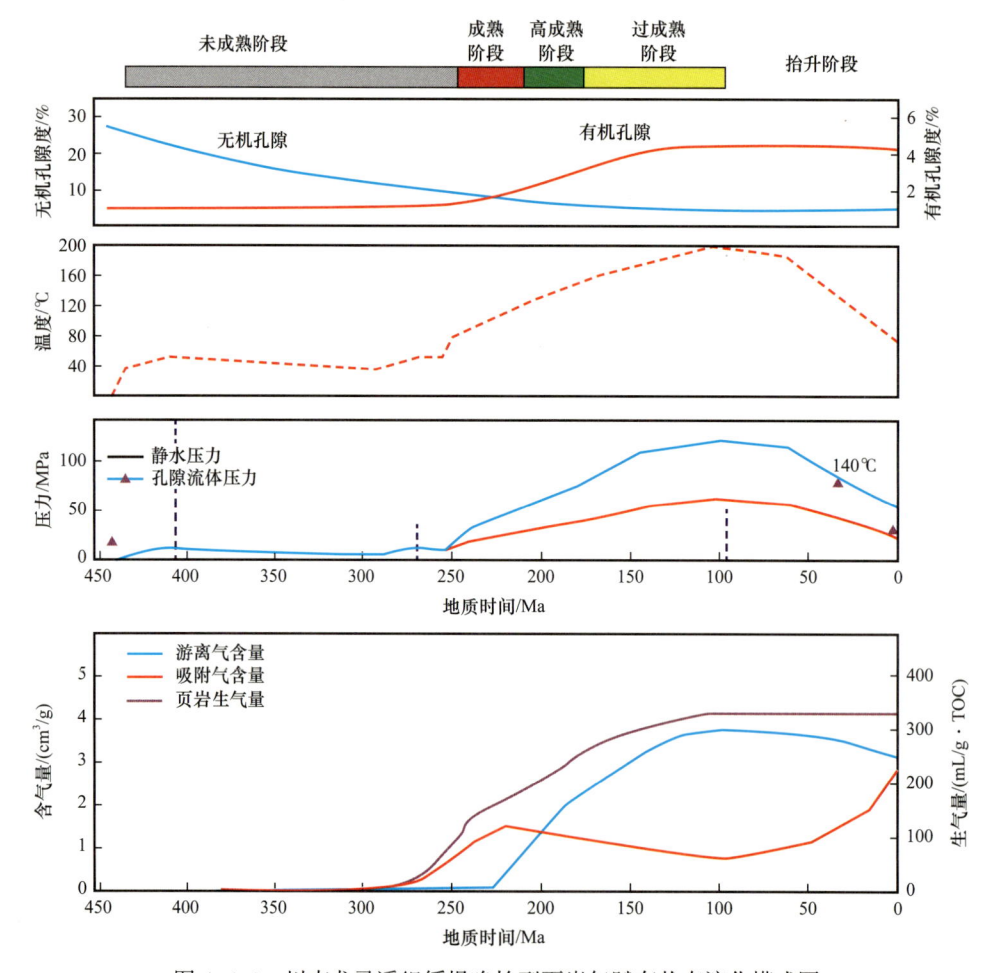

图 4-4-3 川南龙马溪组缓慢晚抬型页岩气赋存状态演化模式图

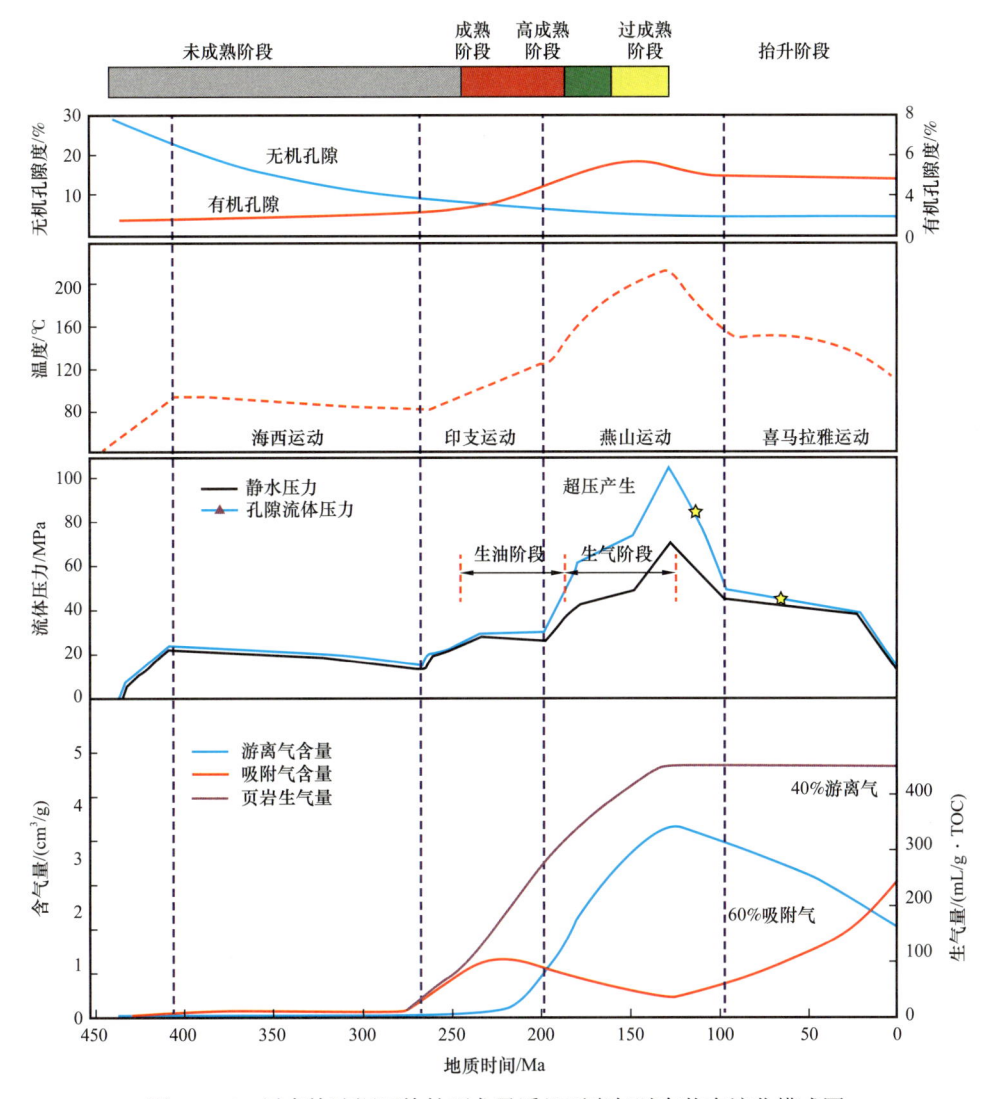

图 4-4-4　川南快速深埋快抬型龙马溪组页岩气赋存状态演化模式图

第五节　页岩气聚散控制因素及评价

一、页岩气聚散控制因素

1. 顶底板封闭性

1）三叠系膏岩盐

四川盆地内部部分地区现今保存了良好的三叠系膏岩盐。相比于泥质岩类和碳酸盐类盖层，膏岩盐作为盖层的封盖性能更好。膏岩盐可以作为良好封盖层的原因一方面是由于膏岩盐基本不发育孔隙，物性封闭能力较强；一方面是其具有较强的韧性，在构造变形过程中不易发生破裂。四川盆地内部地区保存良好的三叠系膏岩盐对于封闭五峰组—龙马溪组页岩气具有重要作用。以长宁地区为例，保存了部分嘉陵江组四段和嘉陵江组三段膏岩盐，宁 201 井五峰组—龙马溪组页岩地层压力系数为 2.00；而在富顺—永川地区，三叠系膏岩盐保存更为完整，五峰组—龙马溪组地层压力系数为 2.20；在焦石坝地区，构造演化史模拟表明，五峰组—龙马溪组页岩之上的三叠系膏岩盐在距今 5—0Ma 的时候被剥蚀掉，JY1 井地层压力系数为 1.55（李双建等，2016）。膏岩盐地层遭受剥蚀可能是导致焦石坝地区五峰组—龙马溪组页岩地层压力系数不如长宁和永川地区高的原因。在渝东南地区，地层抬升时间早，抬升幅度强，三叠系膏岩盐均被剥蚀，页岩气藏压力系数更低，基本为常压甚至负压，可见三叠系膏岩盐的发育对五峰组—龙马溪组页岩气的保存具有重要影响，膏岩盐发育的地区，页岩气散失作用较弱，反之，页岩气散失作用较强（聂海宽等，2016）。对取自长宁地区部分残留的三叠系膏岩盐进行了突破压力的分析实验结果表明三叠系膏岩盐突破压力可达 60MPa，为气藏压力的 2 倍以上，是五峰组—龙马溪组页岩气藏的良好封盖层。对永川地区三叠系膏岩盐同样进行了分析，发现其孔隙度小于 2%，远低于五峰组—龙马溪组底部页岩 5% 左右的孔隙度，且三叠系膏岩盐厚度超过 50m，可在一定程度上抵抗构造作用的破坏。四川盆地及邻区的三叠系膏岩盐主要分布在盆地的中北部，在南部宜宾地区厚度较薄（图 4-5-1）。

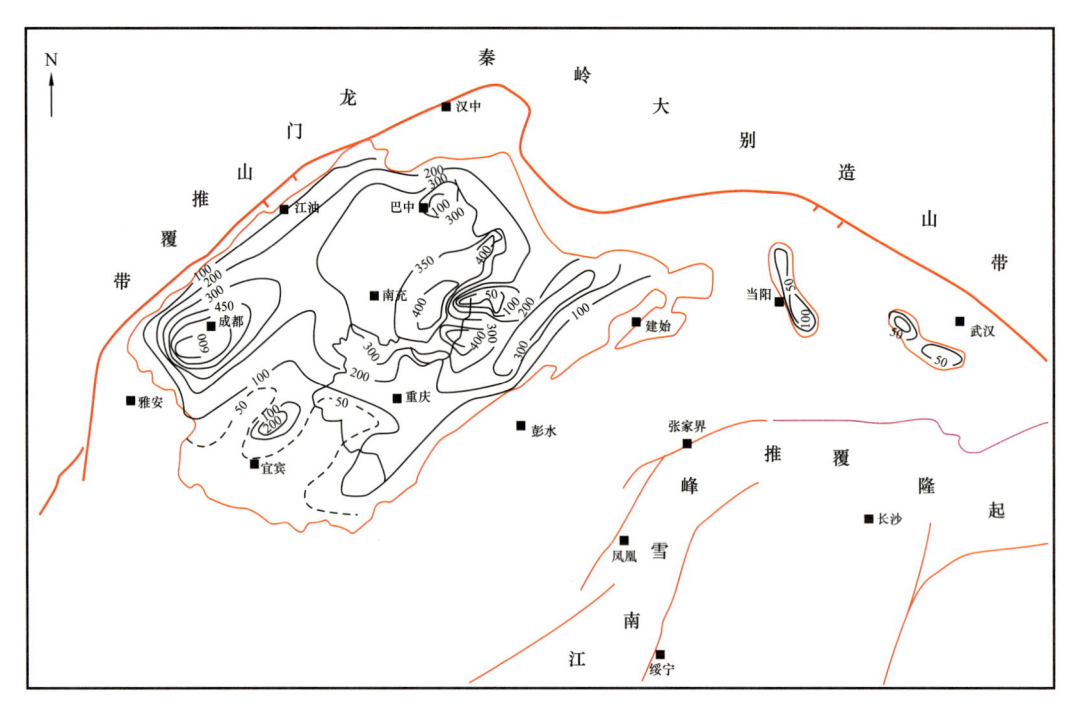

图 4-5-1 四川盆地及邻区三叠系膏岩盐分布

2）底板灰岩

四川盆地南部地区五峰组—龙马溪组页岩气具有良好的顶底板保存条件。下伏的宝塔组和临湘组瘤状灰岩的突破压力较高，在全区稳定分布，是封盖性能极好的底板。顶板方面，五峰组—龙马溪组页岩顶板层位较多，分别为石牛栏组致密粉砂岩、韩家店组泥页岩，三叠系膏岩盐由于距离五峰组—龙马溪组页岩较远，可作为间接盖层。石牛栏组致密粉砂岩和韩家店组泥页岩在四川盆地及邻区均有分布，而三叠系膏岩盐在四川盆地及邻区分布具有很大的差异性。总体来说，三叠系膏岩盐在四川盆地中北部地区发育，而在五峰组—龙马溪组页岩气建产的南部地区发育差异较大。具体来说，富顺—永川地区发育完整三叠系膏岩盐；长宁地区发育部分嘉陵江组膏岩盐；焦石坝及渝东南地区不发育膏岩盐。因而，在四川盆地南部地区，富顺—永川地区、长宁地区及渝东南地区五峰组—龙马溪组页岩气顶底板保存模式不完全相同。富顺—永川地区保存模式最好，其次为长宁地区，再次为焦石坝及渝东南地区（图4-5-2）。三叠系膏岩盐保存更为完整的地区，页岩气散失作用弱，表现为页岩含气性更好（如富顺—永川地区），反之，页岩气散失作用相对较强，页岩含气性较差（如渝东南地区）。值得一提的是，五峰组—龙马溪组页岩顶板和底板的突破压力均介于60～70MPa，指示只有当气藏压力超过60～70MPa时，气藏才能发生更为有效的散失。

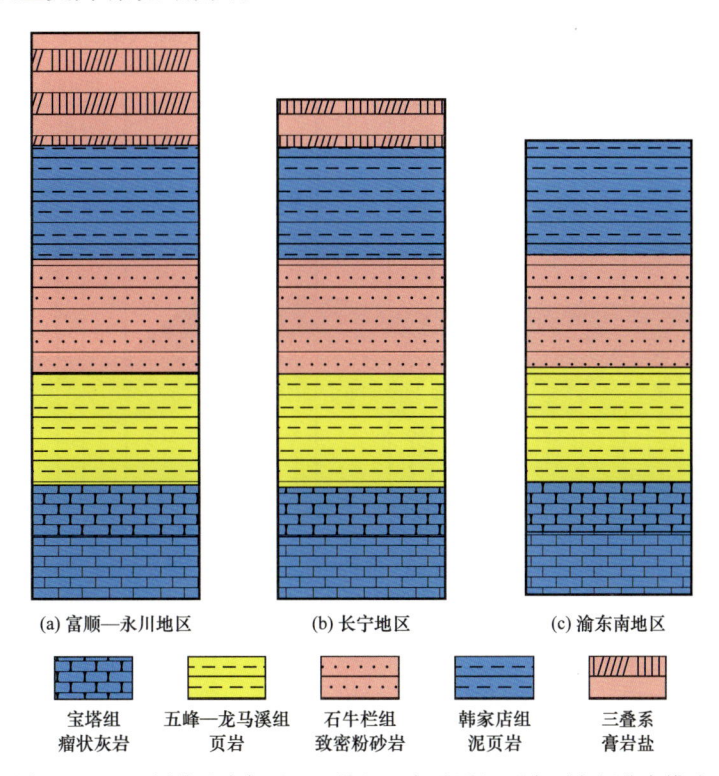

图4-5-2 四川盆地南部地区五峰组—龙马溪组页岩顶底板分布模式

2. 页岩自封闭性

五峰组—龙马溪组页岩的自封闭性可分为两个层次：一个是五峰组—龙马溪组上部地层［龙马溪组二段（简称龙二段）、龙马溪组三段（简称龙三段）页岩］对五峰组—龙马溪组一段（简称龙一段）页岩的封闭；一个是五峰组—龙一段页岩自身内部的封闭性。

龙二段、龙三段页岩对龙一段页岩气的封闭。在焦石坝地区，龙二段、龙三段页岩稳定分布（赵圣贤等，2016）。其中，焦页1井龙二段、龙三段页岩总厚度可达51m；焦页2井龙二段、龙三段页岩厚度为57.6m；焦页3井为58m；焦页4井为44m（图4-5-3）（王同等，2015）。龙二段、龙三段泥页岩的稳定分布对于封闭龙一段页岩气具有积极的作用。龙二段页岩的孔隙度普遍小于4.0%，平均孔隙度为3.4%，龙三段页岩平均孔隙度为4.5%，而龙一段页岩平均孔隙度为5.5%。同时，龙二段、龙三段的页岩渗透率与龙一段页岩也具有差异。龙三段页岩渗透率介于$1.20×10^{-4}$~$1.80×10^{-3}$mD之间；龙二段页岩渗透率介于$8.80×10^{-4}$~$1.10×10^{-3}$mD之间；五峰组—龙一段页岩渗透率介于$8.80×10^{-4}$~$2.50×10^{-3}$mD之间。龙二段、龙三段的页岩渗透率均低于五峰组—龙一段页岩渗透率。孔隙度和渗透率的物性差异归结于不同页岩层段孔—缝结构的差异。孔—缝结构连通性越好，物性也越好；反之，物性越差。龙二段、龙三段页岩层孔—缝结构较龙一段页岩差，连通性差，从而能在纵向上形成良好的物性差异封闭。物性差异对页岩气具有良好封闭作用的原因一方面是由于物性差异越大，页岩气散失需要经历的孔隙、喉道越复杂；一方面是差的物性可进一步接近页岩气流动的下限值，阻碍页岩气散失。

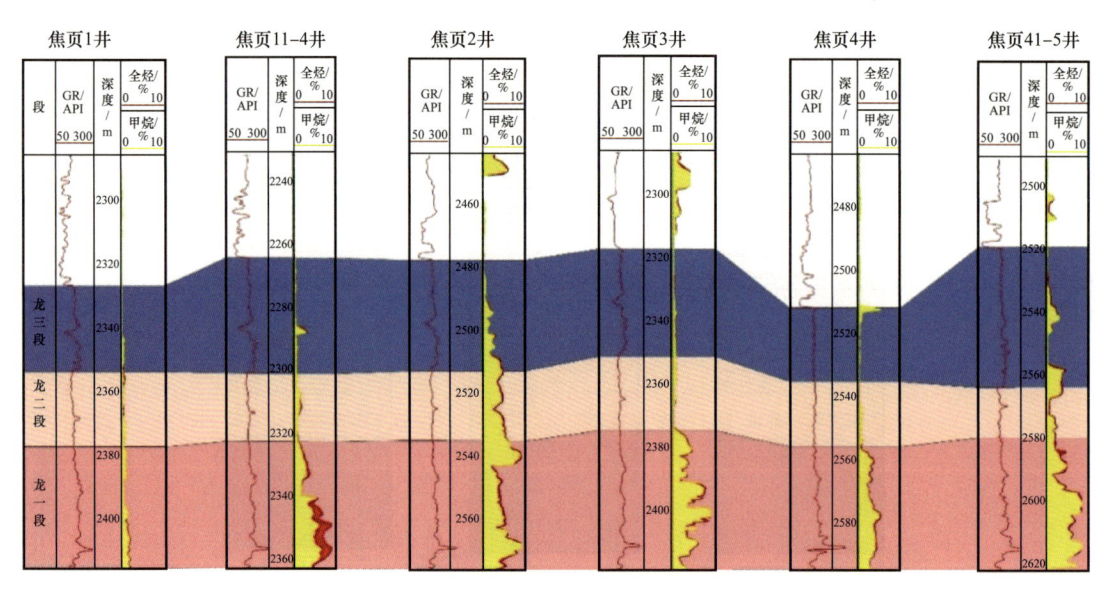

图4-5-3 焦石坝地区五峰组—龙马溪组页岩展布模式

另一方面，龙二段、龙三段页岩能对五峰组—龙一段的页岩气进行封闭的原因还在于：龙二段、龙三段页岩的有机质含量较五峰组—龙一段页岩低，从而导致纵向上，自下而上，有机质孔隙比例逐渐减少。测井解释认为，焦石坝地区龙一段页岩有机孔比例可达50%~60%，龙二段页岩有机孔比例为25%~40%，龙三段页岩有机孔比例为5%~30%。有机孔比例的减少更加有助于页岩气的封存。相对来说，有机孔对甲烷气体具有亲和性，无机孔对甲烷气体具有排斥性。当上覆地层有机孔比例减少，无机孔比例增多时，不利于页岩气向上覆地层散失；同理，龙一段页岩有机孔较发育，有利于页岩气滞留在龙一段页岩中。此外，五峰组—龙马溪组页岩有机孔的孔径一般位于中孔范围内，而无机孔的孔径一般位于宏孔范围内。龙一段页岩有机孔比例较高，因而，页岩孔径也相对较小，龙二段、龙三段页岩有机孔比例相对较低，页岩孔径也相对较高。因而，从孔喉尺寸来讲的话，龙一段的地层自封闭能力也较强。

焦页1井为川东地区焦石坝区块典型页岩气井（图4-5-4）。五峰组—龙一段岩性主要为深水陆棚下沉积的页岩，为页岩自身；其顶板为龙二段和龙三段，龙二段岩性为灰色—深灰色粉砂岩，龙三段岩性为灰色—深灰色泥岩，区域盖层为四川盆地普遍发育的下三叠统嘉陵江组膏盐岩；其底板为上奥陶统临湘组深灰色含泥瘤状灰岩、中奥陶统宝塔组灰色灰岩。对焦页1井五峰组—龙一段每隔2m均匀取样，共取42块岩心样品，利用Poro PDP-200 porosity tester测试孔隙度。

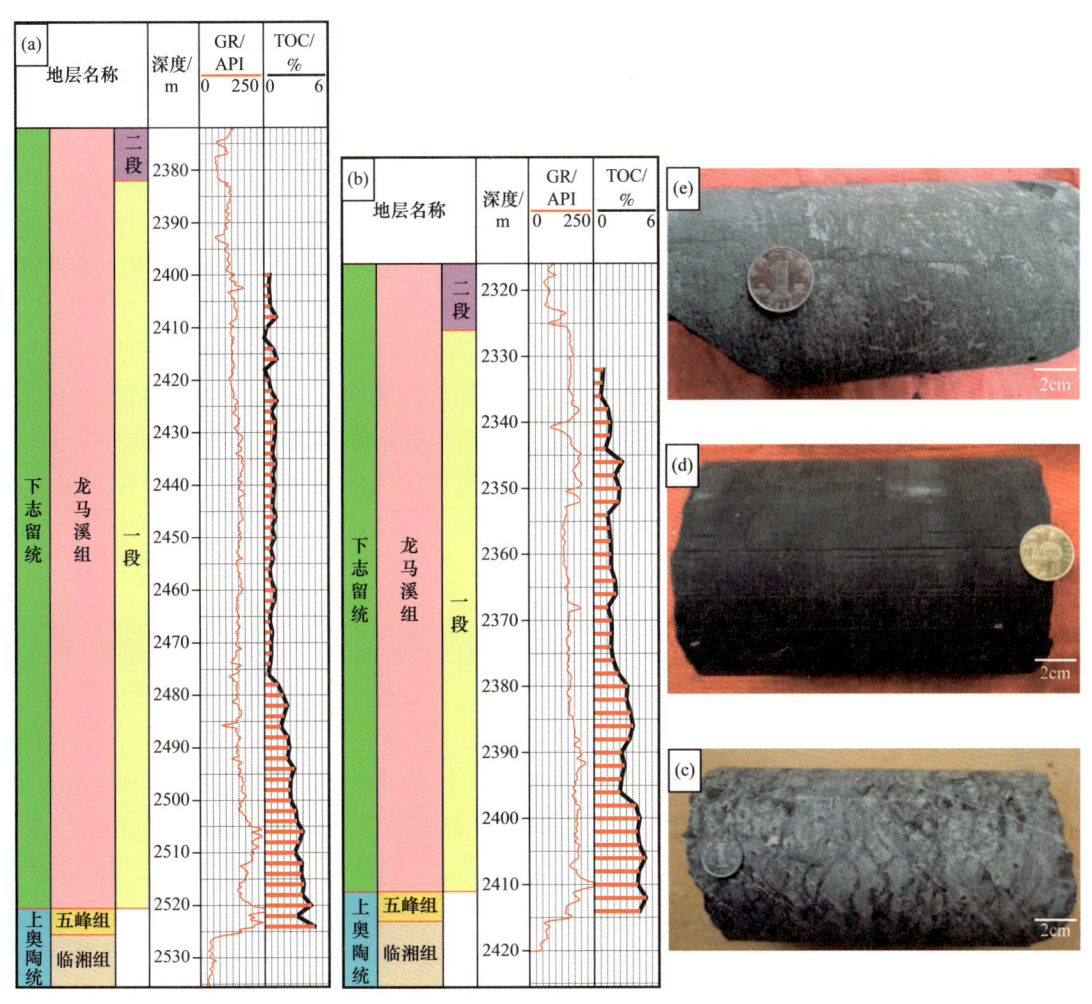

图4-5-4 宁201井、焦页1井地层柱状图及岩心照片

（a）宁201井地层柱状图；（b）焦页1井地层柱状图；（c）焦页1井上奥陶统临湘组灰色瘤状灰岩，2425m；（d）焦页1井下志留统龙一段黑色富有机质硅质页岩，2402m；（e）宁201井下志留统龙二段深灰色粉砂岩，2315m

焦页1井五峰组—龙一段页岩与其顶板和底板为连续沉积，顶板和底板展布稳定、岩性致密、厚度大、突破压力高、封闭性好。五峰组—龙一段页岩顶板为龙二段

灰色—深灰色粉砂岩（焦石坝地区厚度10~35m）和龙三段灰色—深灰色泥岩（焦石坝地区厚度100~140m），两层段平均孔隙度为2.4%，渗透率为0.0016mD，突破压力介于69.8~71.2MPa之间（郭旭升等，2016）；底板为临湘组、宝塔组的瘤状灰岩（焦石坝地区厚度30~40m，平均孔隙度1.58%），渗透率为0.0017mD，突破压力介于64.5~70.4MPa之间（聂海宽等，2016）。构造演化史模拟表明处于构造较高部位的焦页1井上部的膏盐岩层在距今5—0Ma被破坏掉，时间较晚，而构造较低部位的井位均保留有膏岩盐，厚度主要介于70~250m之间，孔隙度一般小于2.00%，突破压力一般大于60MPa，具有良好的封盖能力，处于深部的膏岩盐由于塑性较高，对天然气的封闭能力也进一步增强。

3. 构造样式与演化

1）构造演化特征

（1）地层抬升时间。

地层抬升时间控制了页岩气藏调整改造的初始时间。地层抬升剥蚀后，生烃作用停止，页岩气在后期得不到有效的补充，而散失作用还在愈发强烈地进行，因此抬升时间的早晚决定了页岩气散失时间的长短。抬升时间越晚，散失时间短，散失量少，使得页岩气能够有效地保存下来（李双建等，2016；魏祥峰等，2017；翟刚毅等，2017）。四川盆地南部地区不同页岩气地区五峰组—龙马溪组页岩抬升时间具有差异性。总体来说，在四川盆地东南部地区，自西北向东南方向，地层抬升时间逐渐变早（徐二社等，2015）。例如，焦石坝地区地层抬升时间为85Ma；对位于渝东南边缘的秀页1井的岩心样品进行分析认为地层抬升时间为160Ma；渝参6井所属的页岩气地区地层抬升时间为130Ma。威远地区五峰组—龙马溪组页岩最近一次地层抬升时间为80Ma左右，长宁地区相对较晚，为55Ma左右。

（2）地层抬升幅度。

地层抬升幅度对页岩气散失同样具有重要影响，这一点在上文中已经详细阐述了。在宏观上，地层抬升幅度越大，断裂、褶皱越发育；在微观上，地层抬升幅度表现为对页岩物性（孔隙度、渗透率、裂缝形态及规模、页岩脆性、韧性、孔隙连通性）及孔隙形态的控制（戴方尧等，2017）。地层抬升幅度越大，地层的变形程度越大，开启性断裂和裂缝越发育，造成页岩游离气散失通道的连通性越好，从而加速了游离气的散失（胡东风等，2018）。四川盆地南部地区五峰组—龙马溪组页岩均经历了强烈抬升，地层抬升幅度介于2000~6500m之间。渝参8井五峰组—龙马溪组的地层抬升幅度可达6300m，显示为最大抬升幅度；而位于盆地南部的丁山地区地层抬升幅度为2133m，为较小值。

（3）构造演化对页岩气散失的控制。

下面分别以长宁双河地区和威201井地层埋藏史为依据，阐述地层抬升过程中页岩气散失机理。总体来说，地层抬升过程中，页岩含气性和含水性均逐渐降低，页岩气散失作用一直在进行。四川盆地五峰组—龙马溪组页岩属于过成熟页岩，页岩中原生水含量较低，因此，地层条件下，页岩孔隙中存在游离气、吸附气及地层水。页岩气藏现场开发情况及室内分析化验均证实，页岩气藏是以游离气为主的天然气藏。此外，页岩中原生水含量较低，属于超低含水饱和度页岩。长宁双河地区和威201井地层埋藏史的差异主要在于，双河地区五峰组—龙马溪组页岩现今被抬升至埋深500m左右，而威201井五峰组—龙马溪组页岩现今埋深为2000m左右。地层埋深的差异是导致页岩含气性差异较大的主要原因。地层埋深越浅，页岩气保存条件越差，与大气环境沟通的可能性就越高，页岩气越容易散失；反之，页岩气保存条件相对较好，页岩气散失作用较弱。而且，最为重要的是，地层抬升过程中伴随着温压条件的变化，影响页岩气的吸附行为，进而影响页岩气散失。而在威201井，情况就有所不同，威201井五峰组—龙马溪组页岩并没有抬升至页岩吸附能力最大深度（1000m），因而，页岩吸附能力持续增大，有利于封存游离气。

以焦石坝页岩气藏为例，五峰组—龙马溪组页岩为页岩气富集的主体层位，其上覆顶板和下伏底板发育，周缘地区发育高角度逆冲断层，整体为一个形态完整的背斜构造。白垩纪以来，地层发生整体抬升，在地层抬升过程中，高角度缝和滑脱缝发育，同时，构造运动提供游离气侧向散失动力，导致构造高部位页岩气富集，低部位页岩气发生散失，呈现出一种层内阶梯式自构造低部位向构造高部位侧向散失模式（郭彤楼等，2014；郭旭升等，2016；何治亮等，2017）。

2）构造样式

构造背景对页岩游离气分布特征具有控制作用。完整背斜形态由于具有良好的封闭条件，页岩游离气主要富集在背斜构造高部位；向斜与背斜相反，游离气主要富集在构造低部位，向靠近露头区的构造高部位地区，游离气含量呈现出逐渐降低的趋势。对比焦石坝地区和长宁地区，发现页岩游离气的散失机理、特征相同，不同在于向斜构造样式中靠近露头区，页岩含气量逐渐降低；这也是游离气散失所导致的。向斜构造样式中页岩气逐渐向露头区散失同时也是导致向斜构造样式页岩含气性整体较背斜构造样式低的主要原因。因此，构造样式对页岩气的散失同样具有重要的控制作用，向斜构造样式中，页岩气在流体势差的作用下向露头区进一步散失，相比之下，背斜构造样式中，页岩气的散失作用较弱，页岩含气性更好（图4-5-5）。

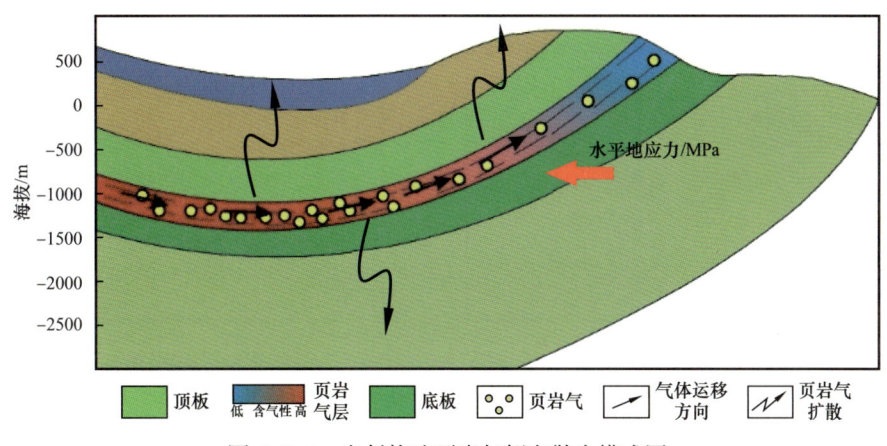

图4-5-5 向斜构造页岩气侧向散失模式图

4. 封闭性与页岩气聚散

1）岩性封闭机理

顶底板的厚度对气体封闭起着重要作用。先前的研究表明，盖层的密封能力与其厚度密切相关。盖层封闭气藏的最大高度随盖层厚度增加而增加，天然气储量的丰度也随盖层厚度的增加而增加。临湘组瘤状灰岩作为底板，厚度为30~40m，广泛分布在长宁、威远和焦石坝地区 [图 4-5-6（a）]。富含有机质硅质页岩的产气层（WF-LM1）厚度为70~150m。作为直接顶板，LM1-2层、LM1-3层中的泥质页岩和粉质页岩的厚度可达200~300m，比产气层厚3~5倍。LM2段、LM3段、小河坝组的泥岩也被认为是间接密封，其厚度为300m [图 4-5-6（a）]，平均孔隙度为1.55%。因此，致密且稳定分布的顶底板对五峰组—龙马溪组页岩气具有明显的密封作用。根据中国典型岩石顶板和底板的厚度统计，页岩气含量与顶板和底板的厚度呈正相关 [图 4-5-6（b）（c）]。非

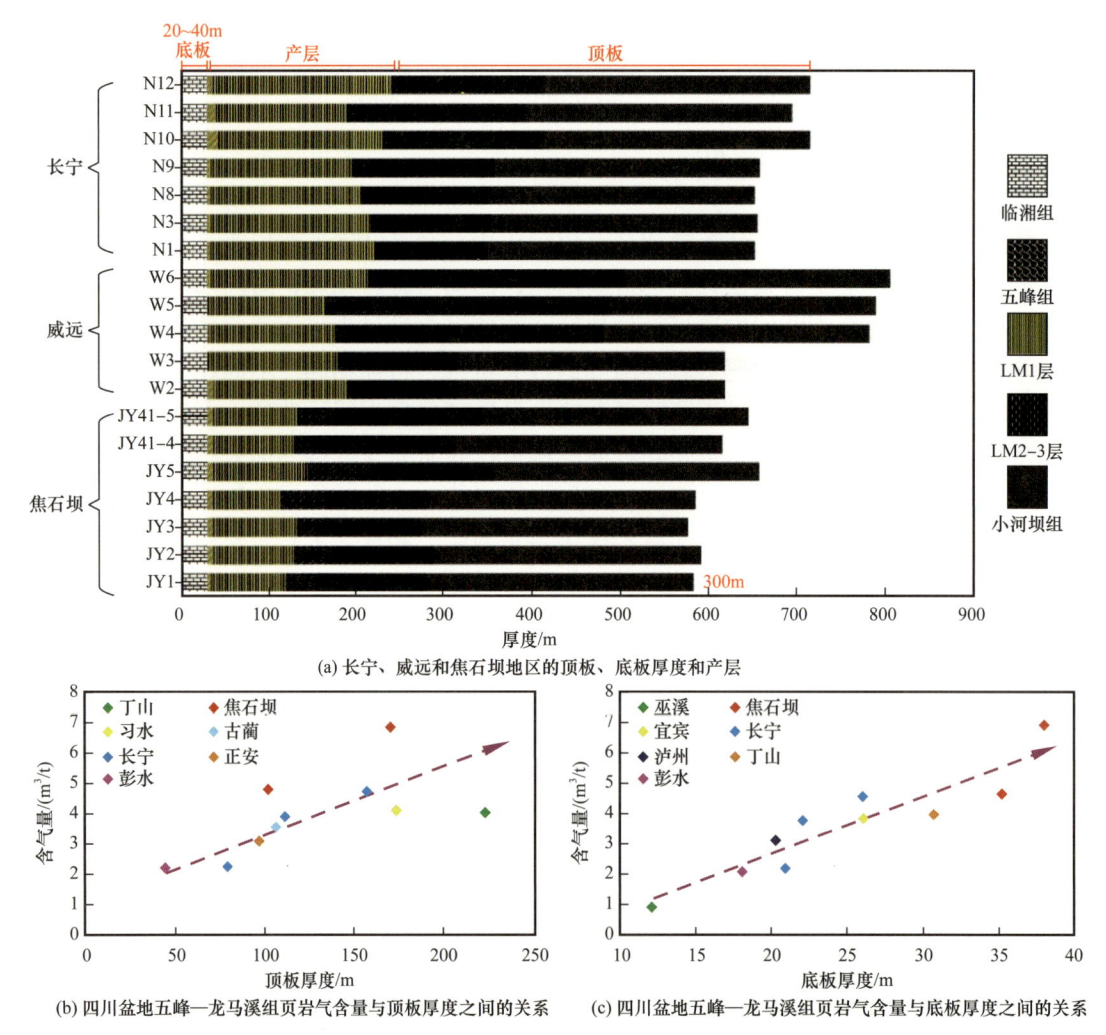

图 4-5-6 四川盆地五峰—龙马溪组页岩含气量与顶板和底板厚度的关系

常厚的盖层可以提供许多次生盖层，表明它们不易破裂，并且分布较广，从而有利于油气的积累。此外，随着盖层厚度的增加，盖层内部形成较强毛细压力的可能性增大，油气封闭能力增强。焦石坝地区的顶板、底板的厚度分别约为150m、35m，且含气量大于4.5m³/t，彭水顶板厚度小于50m，巫溪底板厚度小于15m，这两个地区含气量小于2m³/t。长宁和泸州地区，页岩气含量在2～4m³/t范围内，这是因为顶板（100～150m）和底板（20～25m）较厚。因此，当顶板的厚度小于50m而底板的厚度小于15m时，它将对页岩气的积聚产生不利影响。

2）物性封闭机理

（1）孔隙度和孔隙结构的变化。

产气层和顶底板的岩石物性的变化可以直接影响物性密封。物理密封与毛细管压力密切相关。到目前为止，许多密封参数如孔隙度、渗透率、SSA、密度、孔喉中值直径、微孔结构、突破压力被广泛用于评估顶底板的封闭能力。图4-5-7显示了焦石坝地区代表性井的LM1层中产气层段及其顶板的孔隙度和渗透率的变化。JY1井、JY2井、JY3井、JY4井、JY5井、JY41-5井、JY11-4井的生产层（LM1-1层）的平均孔隙度分别为4.7%、5.9%、3.7%、5.5%、3.6%、4.3%、4.7%。顶板（LM1-1层、LM1-2层）的平均孔隙度分别降低到3.8%、4.4%、2.9%、4.2%、2.6%、3.8%、3.7%。顶板的孔隙度比产层的孔隙度低0.9%～1.5%（图4-5-7）。孔隙率的差异将在顶板和产气层之间的界面处产生较大的毛细压力，从而阻止页岩气向上传输并形成物理密封。JY1井、JY2井、JY3井、JY4井、JY5井、JY41-5井、JY11-4井的生产层（LM1-1层）平均渗透率为0.04～2.90mD，而顶板（LM1-2层）的平均渗透率从0.004mD急剧下降至0.91mD，表明生产层的渗透率比顶板的渗透率高1.5～10倍（图4-5-7）。先前的研究表明，较低的渗透率将转化为较小的孔隙，页岩的渗透性会影响毛细管压力。渗透率的差异将导致页岩气在除顶板以外的产气层中易于输送，从而形成物性密封。

图4-5-8显示了长宁地区宁A井不同地层（LX组、WF组、LM1-1层、LM1-2层、LM1-3层、LM2段）的孔隙度、密度、含水饱和度（S_w）的变化。在图4-5-8（a）中，含气页岩（WF组、LM1-1层）的密度最低，平均值分别为2.54g/cm³、2.57g/cm³，甚至某些样品的密度可低至2.46g/cm³。临湘组瘤状灰岩作为底板，比WF-LM1-1页岩更致密，平均密度为2.66g/cm³。作为顶板的LM1-2层、LM1-3层、LM2段中的泥质页岩和粉砂质页岩也比WF-LM1-1页岩更致密，并呈逐渐增长趋势，平均值分别为2.59g/cm³、2.62g/cm³、2.63g/cm³。同时，孔隙度与密度之间呈明显的负相关[图4-5-8（c）]，致密岩石的孔隙度往往较小。因此，顶板和底板的密度都比产气层高，并且比产气层更致密，这表明在产层之上和之下的顶板和底板可以形成有效的页岩气密封层，并防止气体向上和向下扩散。在图4-5-8（b）中，WF组、LM1-1层中含气页岩的孔隙度最高，平均值分别为4.63%、5.40%，而底板的平均孔隙度为2.06%，LM1-2层、LM1-3层、LM2段中的顶板的平均孔隙度分别为4.90%、3.63%、2.70%，呈现出逐渐下降的趋势。

此外，孔体积和孔径分布也可以从微观上反映孔隙度。图4-5-9显示了顶板、底板和含气样品的PV的整个孔径分布。顶板样品（图4-5-9中的样品1～5）和含气页岩样

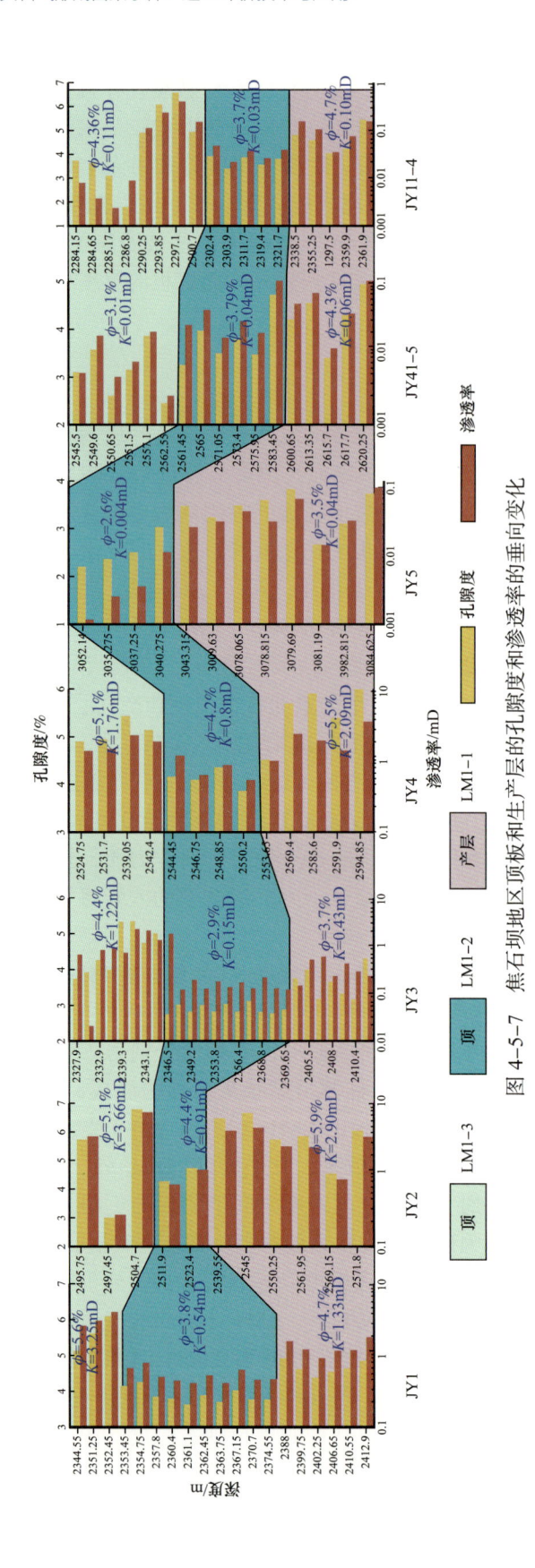

图 4-5-7 焦石坝地区顶板和生产层的孔隙度和渗透率的垂向变化

品（图 4-5-9 中的样品 6~11）都是以微孔、中孔为主，孔隙大多为 0.3~1nm、2~10nm。但是，底板（图 4-5-9 中的样品 12~13）几乎不发育微孔、中孔。顶板和底板的孔隙率和总 PV 均远低于含气页岩，顶板和底板中较低的孔隙率和较小的 PV 导致用于气体运移的孔喉更小、更窄，并且用于储气的孔隙空间更小，因此，在界面处会形成较大的毛细管压力，并为含气页岩形成更强的物性密封能力。同时，底板的孔隙率和 PV 要比顶板更低、更致密，因此底板的密封能力比顶板要强得多，从而使页岩气更容易向上迁移。

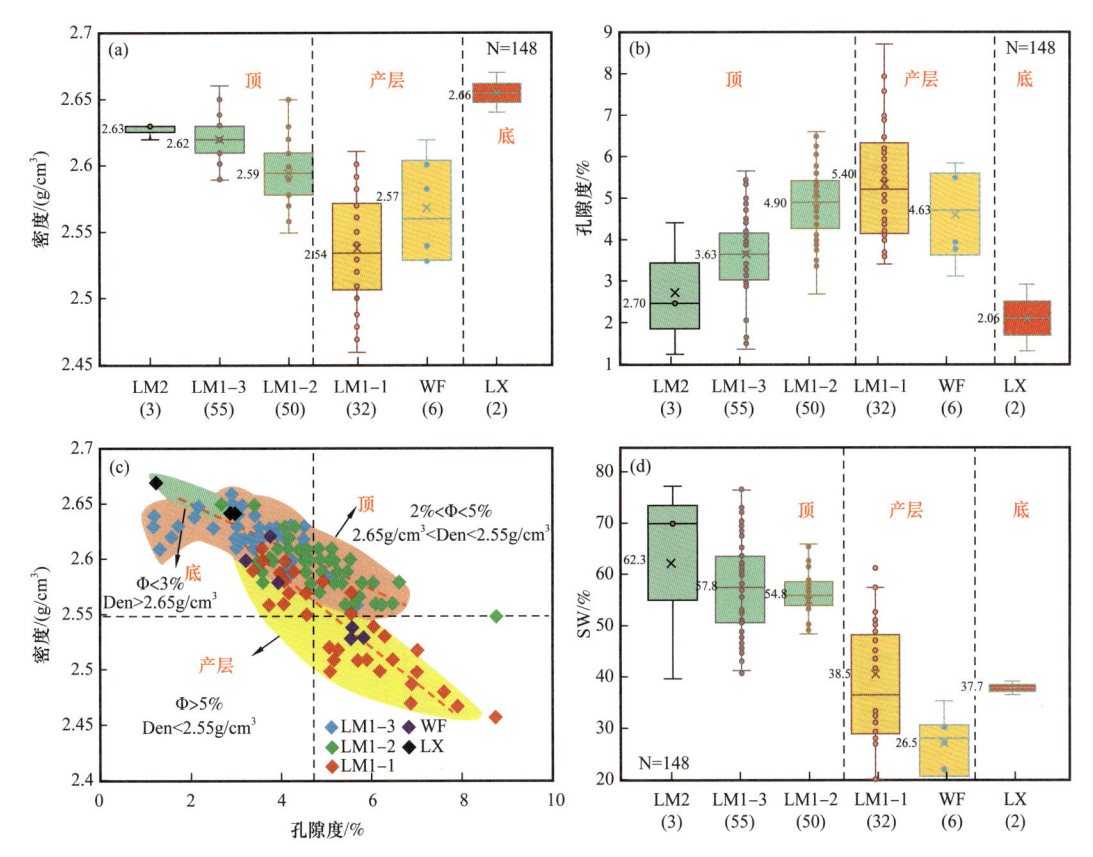

图 4-5-8 宁 A 井临湘组、五峰组和龙马溪组的密度（a）(c）与孔隙度（b）和含水饱和度（d）的变化

（2）孔隙连通性的差异。

盖层封闭油气的毛细管压力受其最大的相互连通的孔喉的大小控制，因此，盖层中的孔连通性决定了它的毛细管压力。孔隙连通性与岩石成分的非均质性和润湿性、TOC、孔径分布、流体的物性关系密切。沿层理方向的吸水斜率（P_w=0.414、P_o=0.450）比垂直层理方向的高（T_w=0.301、T_o=0.361），表明平行于岩层的孔隙连通性要好于垂直于岩层的孔隙连通性。良好的孔隙连通性可能与层理面上的有机物和黏土矿物有关。因此，页岩气更容易沿着层理面迁移而不是穿过层理面。正癸烷的吸收斜率（P_o=0.450、T_o=0.361）高于蒸馏水（P_w=0.414、T_w=0.301），这表明油润湿孔隙连通性通常好于水润湿孔隙连通性。因此五峰组—龙马溪组页岩具有较高的油湿性和较弱的水湿性，因为有机物颗粒和与有机物相关的孔隙偏油润湿，而无机矿物（黏土、石英、碳酸盐）往往是

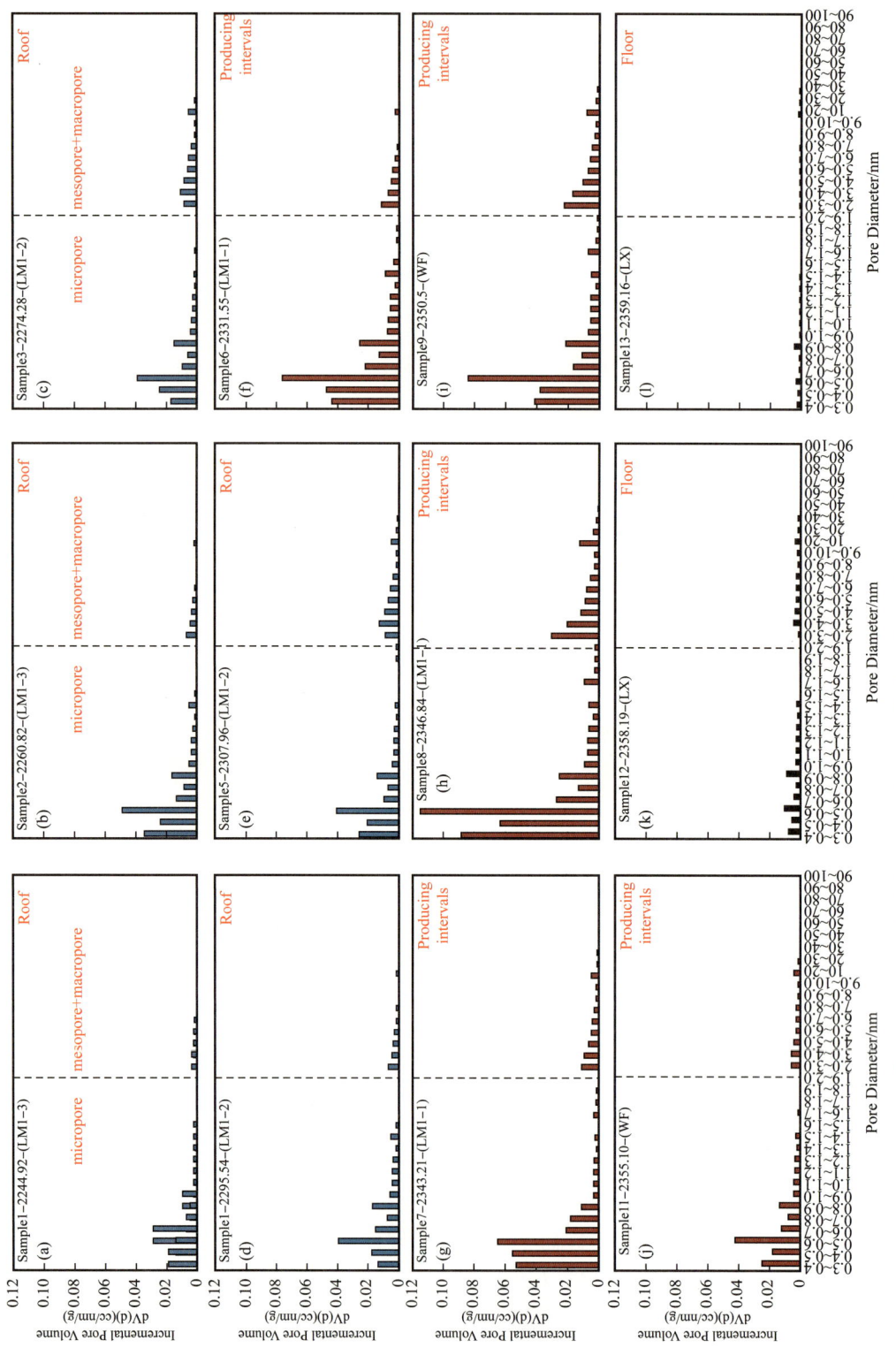

图 4-5-9　宁 A 井临湘组、五峰组和龙马溪组顶板、底板和含气页岩样品积全孔径分布

水湿的或混合湿的。此外，含气页岩样品的吸水率斜率（P_w、T_w、P_o、T_o）明显高于顶板和底板样品的吸水率斜率，表明顶板和底板样品的连通性比含气页岩差得多。

WF-LM1组中的含气页岩（样品6-11），较高的吸水斜率（P_w=0.493、T_w=0.377、P_o=0.476、T_o=0.398）表明孔隙连通良好。正癸烷的自吸斜率较高，表明富含有机质的硅质页岩具有良好连通性良好的油气孔隙系统，这与其润湿性一致。一方面，含气页岩含有较高的总有机碳含量（平均4.45%）和丰富的有机物；由于高成熟度（R_o=2.6%），有机质孔发育较好。这是因为有机质孔会优先吸引油气，同时，发育良好的有机质孔通常具有良好的孔隙连通性和疏水性。另一方面，WF-LM1组硅质页岩的石英、黄铁矿含量较高，但黏土矿物含量较低。由于存在超压及免受刚性矿物（石英、长石、黄铁矿）的破坏，有机孔和无机孔（颗粒间孔、粒间孔）得到了很好的保存，因此具有较高的孔隙连通性。此外，页岩的孔隙结构（PV、SSA、PD、孔隙度、渗透率）也可以直接决定孔隙的连通性。富含有机质的硅质页岩具有更大的PV，更大的SSA和更高的孔隙度。因此，在含气页岩地层中，发育了更多的微纳米有机孔，具有较大的PV、SSA，较高的孔隙度、渗透率，以及连通性更强的孔隙，此类孔隙有利于页岩气的运移和储存。

然而，对于顶板页岩（样品1-5），其吸水斜率相对较低，说明与含气页岩相比，其孔隙连通性相对较低。LM1-2层、LM1-3层顶板页岩TOC、石英含量较低，黏土矿物含量较高。由于有机质不富集，有机孔发育不充分。此外，由于压实性强，缺乏对刚性矿物的保护，泥质相关粒间孔隙连通性较差。

二、负向构造页岩气聚散机理

四川盆地南部受持续挤压的影响，普遍发育宽缓的向斜，形成负向构造页岩气富集区。从倾角和埋深两方面研究向斜背景下的负向页岩气富集的地质因素及作用机理。

1. 倾角保存页岩气机理

本书统计了四川盆地南部典型向斜较发育的昭通、长宁、彭水和武隆区块重点页岩气井所处的地层倾角及相应地层压力系数。对数据分析进行（图4-5-10），在物质基础基本相同的情况下，倾角小于10°时地层压力系数大于2，10°~20°地层压力系数在1~2之间，倾角大于20°时，地层压力系数为1左右。所以可以以地层倾角分别为10°和20°为界限，倾角小于10°保存条件较好，10°~20°保存条件中等，大于20°保存条件较差。

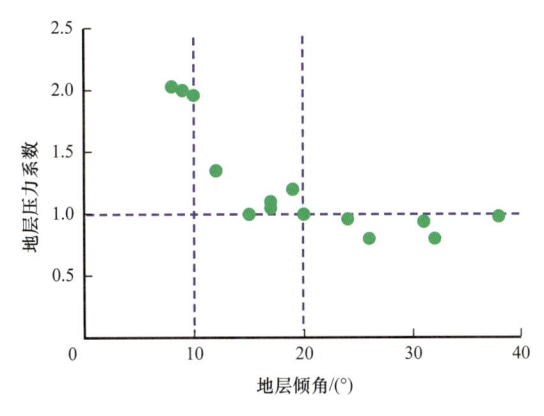

图4-5-10 典型页岩气井所处的地层倾角与地层压力系数相关图

2. 埋深保存页岩气机理

负向构造样式下埋深对页岩气富集有重要影响，对具有典型负向构造样式页岩气区块（彭水、长宁）进行研究，搜集页岩气井的埋深和地层压力系数。如表4-5-1、图4-5-11所示，随着埋深的增大，地层压力系数出现有规律的增大，由常压变至异常高压，意味着页岩含气量和页岩气井的产量也增大。由于埋深会导致页岩上覆压力的增大和吸附气量的变化，两者都会影响页岩平行于层面方向的渗透率，现从上覆压力和吸附作用两方面研究埋深对向斜中页岩气富集的影响。

表 4-5-1　典型页岩气井所处的地层倾角及地层压力系数

井名	区块	地层倾角/(°)	地层压力系数
昭101井	昭通	26	0.80
昭104井	昭通	38	0.98
YS108井	昭通	10	1.96
宁201井	长宁	8	2.03
宁203井	长宁	12	1.35
宁208井	长宁	15	1.00
宁209井	长宁	9	2.00
宁210井	长宁	20	1.00
彭页1井	彭水	18	1.06
隆页1井	武隆	19	1.20

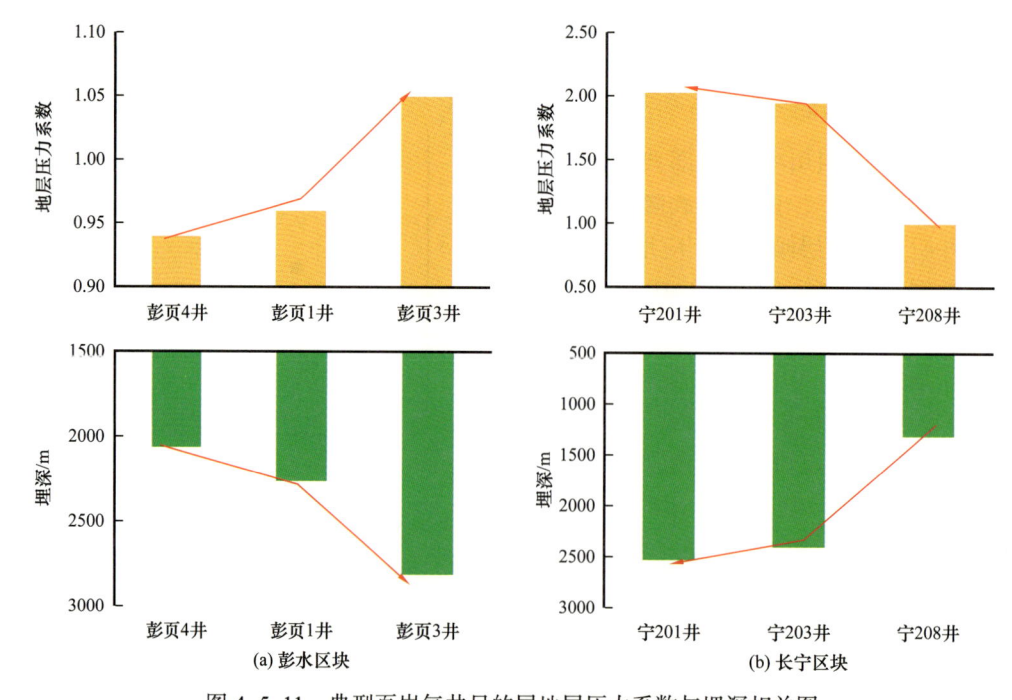

图 4-5-11　典型页岩气井目的层地层压力系数与埋深相关图

选取彭页 1 井 2141.94m、2153.32m 的龙马溪组富有机质页岩，使用 AP-608 覆压渗透率测试仪，覆压选取 9 个压力点（3.5MPa、5MPa、10MPa、15MPa、20MPa、25MPa、30MPa、35MPa、40MPa），测试平行于层面方向渗透率（魏祥峰等，2017）。结果表明彭水区块彭 1 井龙马溪组富有机质页岩在上覆压力从 3.5MPa 升高到 40MPa 过程中，平行于层面方向的渗透率大幅度下降，基本上降低了 2 个数量级，这说明在埋深逐渐增大、上覆压力逐渐增强的情况下，渗透率明显降低，页岩自封闭能力明显增强。进一步分析发现，由 3.5~15MPa 的上覆压力升高过程中，渗透率降低幅度较大，而在 15~40MPa 的上覆压力升高过程中，渗透率降低幅度相对较小。这说明在仅考虑到受上覆压力的情况下，当压力达到 15MPa（对应的埋深为 1529m）时，页岩平行于层面方向的渗透率发生突变。

选取彭页 1 井龙马溪组富有机质页岩，样品为柱样，直径为 50mm，长度为 100mm，测量介质为甲烷，利用三轴气体渗流装置，测试样品在不同渗透压（1~11MPa，均匀取 8 个测量点）条件下吸附甲烷前后的平行于层面方向的渗透率；同时利用三轴气体渗流装置对样品进行等温吸附实验，得出不同渗透压所对应的吸附气含量，两实验结果相结合，得出不同吸附气含量情况下吸附甲烷前后的平行于层面方向的渗透率（鲍云杰等，2016）。

3. 负向构造页岩气聚散机理

考虑覆压的情况下，页岩的平行渗透率在 15MPa 发生突变，其对应的埋深为 1529m；而在考虑覆压和吸附气两者共同作用下，页岩的平行渗透率在 10MPa 发生突变，其对应的埋深为 1019m。根据计算公式所得出的吸附气量为理论最大值，由于扩散作用等原因，在实际地质条件下页岩吸附气量低于理论计算值，所以平行于层面方向渗透率下降幅度低于计算值，故页岩平行于层面方向渗透率发生突变的深度介于 1019~1529m。所以在负向构造样式中钻井深度至少要深于 1019~1529m，且钻井深度越大，地层压力系数越高，页岩气井的产气量越大。在后期地层抬升过程中，页岩储层物性发生明显改善。对长宁地区五峰组—龙马溪组页岩进行了覆压孔渗实验。结果显示围压降低过程中，孔隙度和渗透率均呈现出与围压加载过程中同等程度的恢复，暗示着地层抬升过程中，物性的良好恢复可为页岩气侧向散失提供有利的通道条件，进一步促进页岩气向侧向露头区散失。

在向斜构造样式中，游离气仍然具有自构造低部位向构造高部位散失的趋势；同样存在气势差；也同样存在游离气侧向散失的通道。不同的是，向斜构造样式中，游离气逐渐向构造高部位（露头区）散失。长宁地区现今构造形态为向斜形态，在狮子山背斜处逆冲断层发育，且五峰组—龙马溪组页岩出露，游离气侧向散失，从而导致游离气分布特征为宁 201 井游离气占比为 40%，宁 203 井游离气含量占比为 30%，而到宁 208 井则几乎不含气。在向斜构造样式中，页岩气散失方式同样存在扩散和渗流。渗流基本沿着平行层理面方向进行，而扩散垂直岩层理进行。在靠近露头区，页岩与大气环境相通，渗流的影响可能更大。

三、正向构造页岩气聚散机理

1. 正向构造翼间角保存页岩气机理

褶皱变形的两翼间的夹角大小可用来表征正向构造样式变形强度。翼间角越大，变形的强度就越弱，由于构造挤压而产生的裂缝发育就越少，页岩气逸散较少；反之，翼间角越小，说明变形的强度就越强，各个构造部位会发育大量裂缝，加快页岩气的逸散（魏志红等，2015）。

四川盆地东部高陡构造带华蓥山背斜翼间角70°～120°，由于强烈的挤压，使所钻取的华地1井目的层上奥陶统五峰组—下志留统龙马溪组裂缝较为发育，与有机质纳米级孔隙共同控制了页岩的储集性；页岩气顺层沿裂缝和层理向构造高部位运移，由于志留系上部地层封闭性较好，形成具有常规天然气聚集机理的吸附—游离复合型页岩气藏（翟刚毅等，2017）。渝东南地区渝页1井由于位于四川盆地以外，受到的挤压更为强烈，翼间角小于70°，高角度裂缝较发育，页岩气大量逸散，使现今含气量极低（翟刚毅等，2017）。

2. 正向构造埋深保存页岩气机理

背斜背景下，不同的埋深对页岩气富集有重要影响。在页岩受挤压整体抬升时，水平应力不变，埋深逐渐变小，抬升到某一深度时，页岩自身会发生破裂而导致页岩气大量散失，地层压力系数降低（郭旭升等，2016）。实钻数据能反映出此规律，笔者选择四川盆地南部威远背斜物质基础相近，且由顶部到翼部从浅到深所钻取的6口井（图4-5-12），随着埋深的增加，地层压力系数逐渐增大。

三轴卸载实验通过实现恒定轴压下卸载围压的过程来模拟地层抬升过程中岩石的受力过程。实验选取了四川盆地东南缘的彭水、丁山和石柱区块16块下志留统龙马溪组页岩，沿着水平层面方向取柱样。实验过程中对页岩岩样依次增加轴压和围压，以免在加压过程中将岩样破坏，当轴向应力到达预定值后，保持轴向应力不变，逐渐卸去围压使页岩样品破坏，卸载速率设定为0.1MPa/s。部分测试数据参考了文献中的数据（郝石生等，1991；黄海平和宏文，1995；孟召平等，2000；郭旭升等，2016）。

用轴压模拟水平应力场，各样品三轴卸载实验结果表明，轴压与页岩发生破裂时的围压成正相关，轴压较高时，发生破坏的围压同样较高，这意味着高水平地应力区，页岩在较大埋深时即可发生破裂，页岩气大量散失，而在低水平地应力区，页岩在埋深较小时才发生破裂。

对实验数据进行统计，获得了岩石发生破裂时的埋深（H，单位m）与水平地应力（S，单位MPa）的数学回归方程：$H=15.404S-754.41$（相关系数$R^2=0.6834$）。通过区域应力场恢复，可得出背斜背景下某区块现今水平地应力，通过数学回归方程可以计算出背斜在整体抬升时页岩发生破裂而导致天然气大量散失的深度。

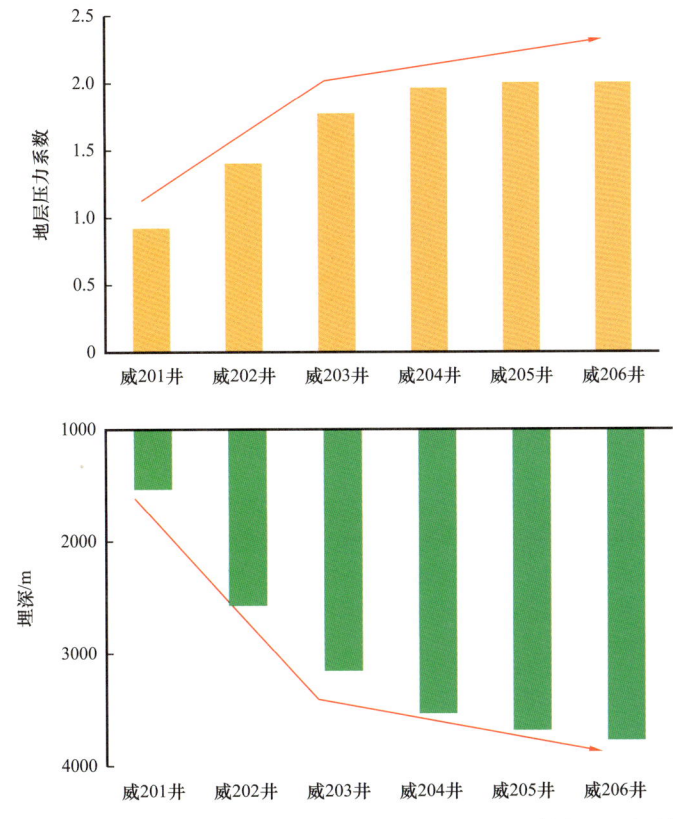

图 4-5-12　威远区块典型页岩气井目的层地层压力系数与埋深相关图

3. 正向构造页岩气聚散机理

处于不同构造部位的页岩，其孔隙结构具有一定的差异性。采用页岩储层表征技术，对比分析了焦页 1 井（构造高部位）和焦页 4 井（构造低部位）相同层位的页岩孔隙结构的差异性。结果表明，与焦页 4 井五峰组—龙马溪组页岩相比，焦页 1 井页岩总孔体积、中值半径、连通孔隙比例更高。

由于层理缝和滑脱缝等顺层裂缝的发育，页岩平行层理面的侧向渗透率普遍高于垂直层理面的纵向渗透率。对采自焦石坝地区的页岩岩心采用脉冲法进行了渗透率实验测试，发现平行层理面方向渗透率为垂直层理面方向的 5 倍左右。同时，在覆压状态下，渗透率显著降低。本书对比构造高部位和构造低部位相同层位页岩样品的覆压渗透率，两者相差 3 倍。与围压加载方式对应，围压降低过程中，孔隙度、渗透率均发生了大幅回弹，暗示在地层抬升过程中，储层物性变好，利于页岩气侧向散失。

四、典型地区页岩气聚散定量评价

页岩气聚散机理研究表明，渗流与扩散作用是页岩气运移的 2 种基本方式，由压差和浓度差驱动。龙马溪页岩层孔径主要分布在 1~2μm 范围，以扩散（滑脱）作用为主，大于 300nm 的孔隙和微裂缝中，主要发生达西渗流。扩散作用是在浓度差的驱使下以分子运动方式为主,遵循菲克扩散定律;渗流的通道主要为微裂缝层理面、断裂、粒间孔,遵循达西定律。根据页岩气的散失机理,以四川盆地及周缘地区五峰组—龙马溪组页岩气散失为例,建立了页岩气扩散散失模式、页岩气断裂散失模式和页岩气剥蚀散失模式三种模式(图4-5-13)。如图4-5-13所示,四川盆地富顺—永川地区(盆地中心)页岩气以垂向扩散散失为主;焦石坝地区(盆地转折端)兼具垂向扩散散失和渗流散失为主;渝东南地区(盆地边缘)以侧向渗流散失为主。笔者以盆缘焦石坝和盆内永川地区为例,对该地区的扩散量及渗流量进行定量评价。

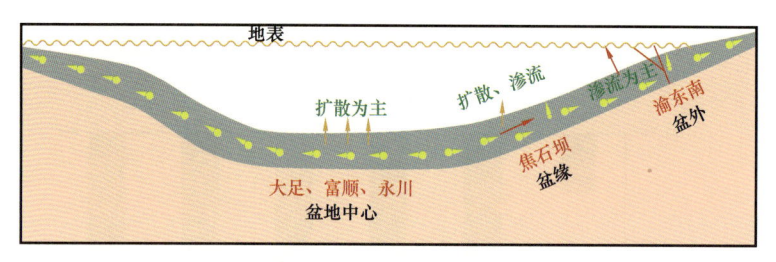

图4-5-13 四川盆地盆内、盆缘和盆外页岩气散失方式

1. 扩散量定量评价

页岩气的扩散量与四个变量有关:扩散系数 D、扩散面积 S、扩散时间 t、浓度梯度 C。以焦石坝地区JY1井为例,通过对各个抬升阶段页岩气的扩散散失量和渗流散失量进行计算,可以得到该地区页岩气聚散动态演化过程。

页岩气的扩散量可用公式表示为:

$$Q = \int_0^t D \cdot A \cdot \frac{dC}{dx} \cdot dt \qquad (4\text{-}5\text{-}1)$$

式中 D——扩散系数,由岩石属性和温度决定,可以通过实验测试获得,cm^2/s;

A——扩散面积,以各个页岩气区块为最小的计算面积,可以通过公开资料获得,km^2;

t——扩散时间,从最大埋深至今划分为几个抬升阶段,可以通过盆地模拟获得,Ma;

C——浓度梯度,简化每个抬升阶段浓度梯度不变,恢复古浓度梯度,m^3/t。

1)扩散系数

前人研究表明,页岩气的扩散系数与页岩孔隙度具有良好的相关关系。本次研究通过测定页岩气扩散系数的实验并结合前人的测试结果,拟合出页岩气的扩散系数随孔隙度的计算公式,拟合系数高达0.882(图4-5-14)。

$$D = 2 \times 10^{-7} \times \phi^{2.222} \qquad (4\text{-}5\text{-}2)$$

本次研究选取了代表性的焦石坝地区JY1井、JY2井、JY3井、JY4井,分别统计了各个单井五峰组—龙一段、龙二段、龙三段的地层厚度和平均孔隙度。根据孔隙度和扩散系数的拟合公式得到五峰组—龙一段、龙二段、龙三段的扩散系数 D_1、D_2、D_3。最后

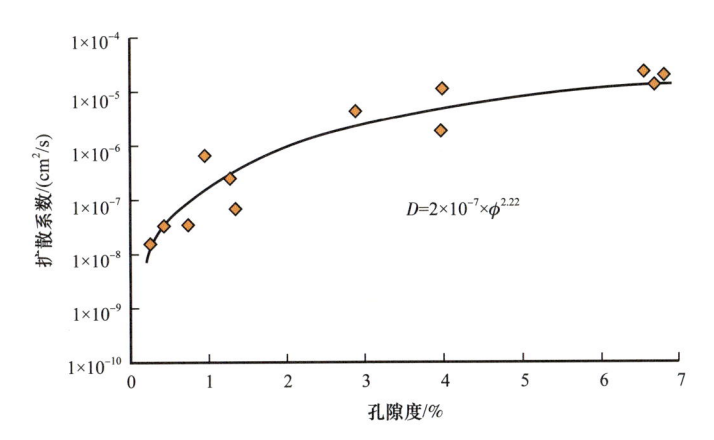

图 4-5-14　龙马溪组页岩扩散系数与孔隙度关系图

根据每个层段的厚度（L_1、L_2、L_3）进行加权平均[式（4-5-3）]，得到五峰组—龙马溪组页岩的扩散系数[式（4-5-4）]。

$$R_1=L_1/(L_1+L_2+L_3);\ R_2=L_2/(L_1+L_2+L_3);\ R_3=L_3/(L_1+L_2+L_3) \quad (4\text{-}5\text{-}3)$$

$$D=D_1D_2D_3/(R_1D_2D_3+R_2D_1D_3+R_3D_1D_2) \quad (4\text{-}5\text{-}4)$$

2）扩散浓度差

页岩气发生扩散散失的主要原因是存在浓度差。这里抬升过程中含气量的计算可以通过真实气体状态方程得到。计算公式如下：

$$V=\frac{pT_{sc}S_g\phi}{ZTR_{sc}\rho_r} \quad (4\text{-}5\text{-}5)$$

式中　V——含气量，m^3/t；

ϕ——实测孔隙度，%；

S_g——含气饱和度，%；

ρ_r——页岩密度，t/m^3；

T_{sc}——地面标准温度，273.15K；

p_{sc}——地面标准压力，0.101MPa；

Z——压缩因子；

p——气体压力，MPa；

T——气体热力学温度，K。

3）扩散散失量

根据焦石坝主体背斜区的面积即为扩散面积，为328.8km²，再结合不同阶段的散失时间，通过公式计算焦石坝地区不同抬升阶段页岩气的扩散散失量，总扩散散失量约为$2.02\times10^{12}m^3$。在地层快速抬升阶段，页岩气的扩散散失量较大为$1.14\times10^{12}m^3$，主要原因为地层刚开始抬升时页岩气浓度差较大，同时抬升时产生的裂缝加剧了页岩气的扩散；而在水平抬升阶段和缓慢抬升阶段，页岩气的扩散散失量分别为$5.31\times10^{11}m^3$、

$3.47\times10^{12}\mathrm{m}^3$（图 4-5-15）。焦石坝地区页岩气地质资源量约为 $2.0\times10^{12}\mathrm{m}^3$，可见页岩气扩散散失量不可忽略。

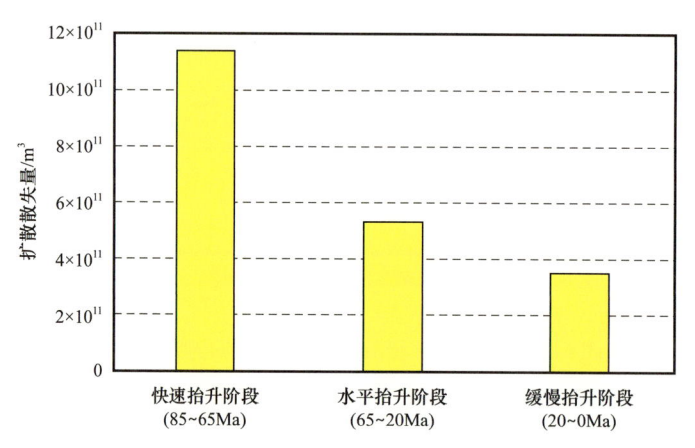

图 4-5-15 焦石坝地区不同抬升阶段页岩气扩散散失量

2. 渗流量定量评价

页岩气在裂缝和开启的断层中以渗流的形式向外散失，其渗流量与三个变量有关：渗透速度、压力梯度、渗流面积。渗透速度由岩石属性和温度决定，可以通过实验测试获得；压力梯度可以根据每个抬升阶段古浓度梯度换算出古压力梯度；渗流厚度可以通过公开资料获得。计算公式如下：

$$Q_\mathrm{f}=L\cdot H_\mathrm{f}\cdot V_\mathrm{f}\cdot T \quad (4\text{-}5\text{-}6)$$

$$V_\mathrm{f}=\frac{K_\mathrm{f}K_\mathrm{ro}\Delta\Phi}{\mu Z} \quad (4\text{-}5\text{-}7)$$

式中　Q_f——断裂渗流量，m^3；

　　　L——断距，m；

　　　H_f——断裂带宽度，m；

　　　T——渗流散失时间；

　　　V_f——断裂带的渗流速度，m/s；

　　　K_f——裂缝渗透率，D；

　　　K_ro——甲烷在裂缝中的相对渗透率；

　　　$\Delta\Phi$——断裂带流体势差，Pa；

　　　μ——甲烷黏度，Pa·s；

　　　Z——地层埋深，m。

通过计算，可以得到焦石坝地区每个抬升阶段断裂带的渗流量。断裂的规模大小控制页岩气的渗流散失量。如图 4-5-16 所示，大耳山断裂和乌江断裂渗流量较大，分别为 $4.027\times10^{12}\mathrm{m}^3$、$1.58\times10^{12}\mathrm{m}^3$。吊水岩、天台场等断裂渗流量小，与前人断裂封闭性的研究结果一致。在地层快速抬升阶段最小，为 $4.67\times10^{11}\mathrm{m}^3$，主要以扩散散失为主；水平抬升阶段渗流量次之，为 $2.49×10^{12}m^3$，兼具扩散和渗流的特征；在地层缓慢抬升阶段的渗流量最大，为 $4.96×10^{12}m^3$，主要原因是该阶段埋藏较浅，页岩裂缝渗流速度较大，散失较快（图 4-5-16）。焦石坝地区不同抬升阶段，断裂的渗流速率、断裂的规模和活动时间不一样，因此在不同抬升阶段，不同规模的断裂控制页岩气的渗流量也不一样（图 4-5-17）。总渗流散失量大约为 $7.9×10^{12}m^3$。

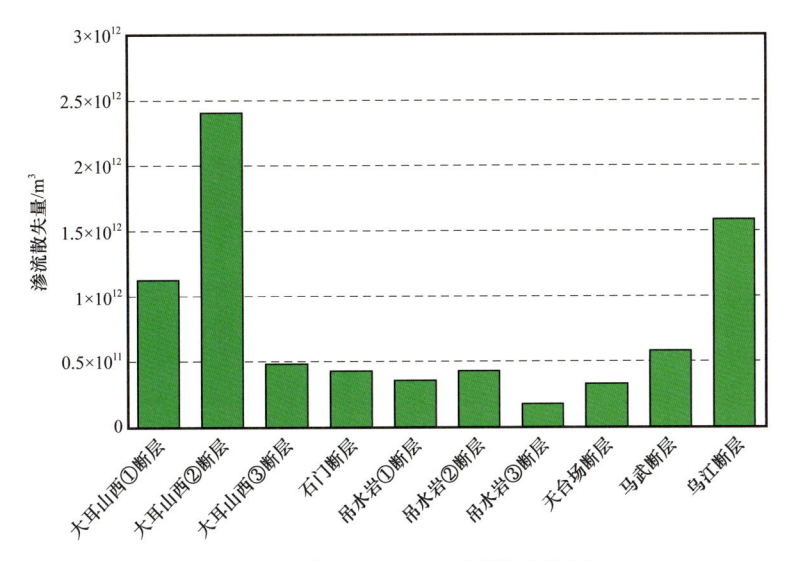

图 4-5-16 焦石坝地区各断裂渗流散失量

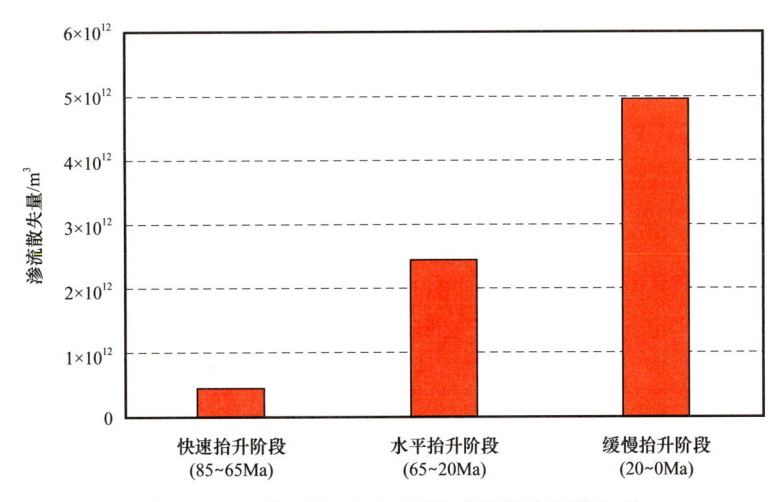

图 4-5-17 焦石坝地区不同抬升阶段渗流散失量

3. 总散失量

焦石坝地区在快速抬升初期，主要以扩散散失为主，而在中后期的水平抬升和缓慢抬升时期，主要以断裂的渗流散失为主；同时总的渗流散失量远远大于扩散散失量，约为扩散散失量的 4~5 倍（图 4-5-18、图 4-5-19）。

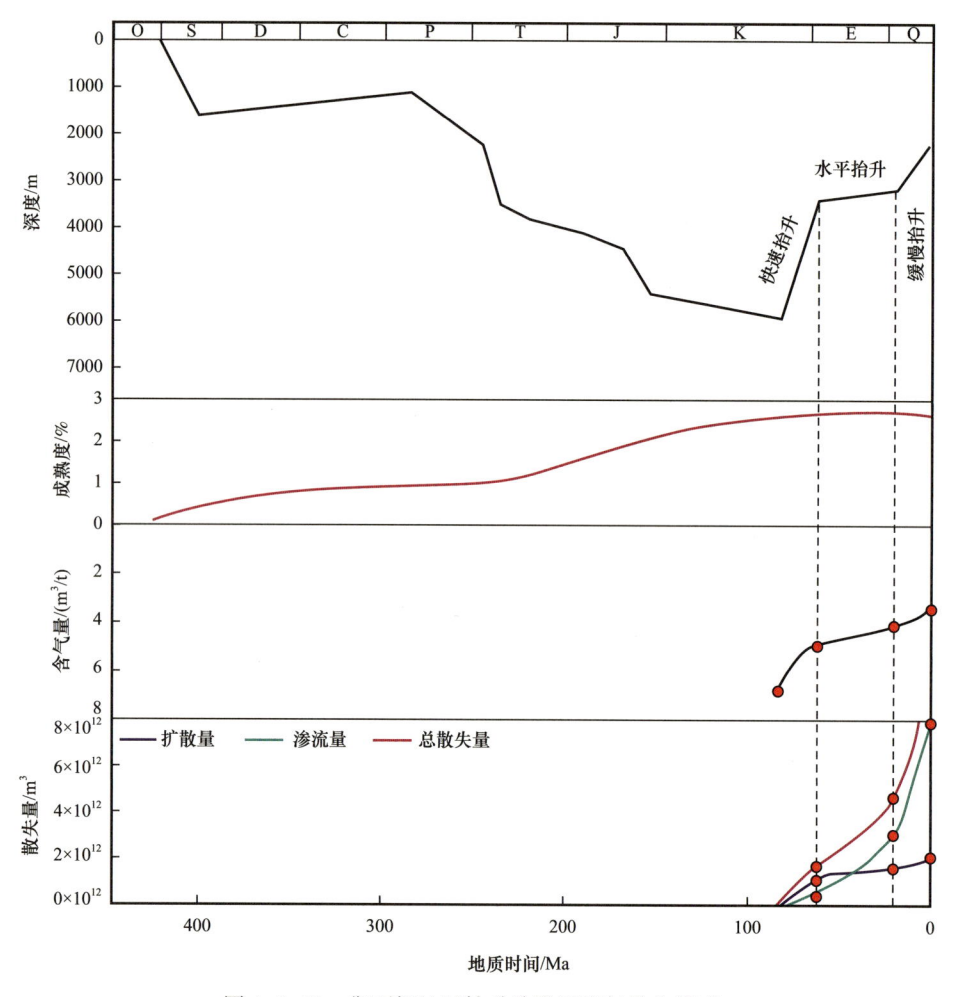

图 4-5-18　焦石坝地区抬升阶段页岩气散失模式

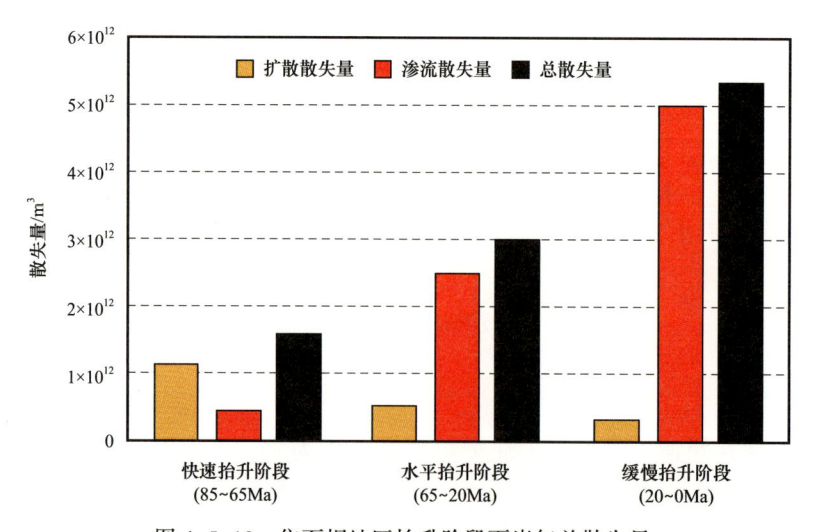

图 4-5-19　焦石坝地区抬升阶段页岩气总散失量

第六节　页岩气成藏要素匹配及综合评价

一、生—储—保时空演化综合匹配

川东南焦石坝地区典型高产井 JY1 井，奥陶纪至中—晚志留世，该区构造活动较稳定，整体为沉降背景。沉积了底板涧草沟组和宝塔组致密瘤状灰岩、五峰组—龙马溪组富有机质页岩以及其顶板下志留统小河坝组（石牛栏组）的泥页岩。随着五峰组—龙马溪组页岩埋深不断增加，一方面有机质成熟度不断增加，另一方面页岩无机孔隙快速减小。此时页岩的有机质处于未熟阶段，还没有油气生成。此阶段发育的顶（底）板及盆地沉降导致页岩持续深埋为页岩气的生成和保存提供了有利条件。

晚志留世—晚二叠世，盆地总体上普遍抬升，泥盆系和石炭系遭受剥蚀，地层抬升能够使页岩的无机孔保存较好，五峰组—龙马溪组页岩仍处于未成熟阶段，所以有机质孔还不发育。该期构造活动对五峰组—龙马溪组页岩影响较小。

晚二叠世以后，除印支期短暂抬升外，盆地总体是持续沉降的，五峰组—龙马溪组页岩的成熟度随埋深增加而不断增大。晚二叠世五峰组—龙马溪组 R_o 达到 0.5%，开始进入大量生油期，印支期短暂抬升对应生油期，因此对页岩气藏影响不大。

晚三叠世，页岩 R_o 达到 1%，进入干酪根热降解生气期。干酪根热降解生气形成的有机质孔隙使页岩孔隙小幅度增大。中侏罗世，页岩 R_o 达到 1.3%，页岩生油期基本结束，进入大量生气期。至晚白垩世末期，五峰组—龙马溪组页岩达到最大埋深，R_o 为 2.59%，在页岩达到最大埋深之前为原油裂解生干气阶段，大量页岩气的生成导致页岩有机质孔发育，孔隙度增加。

晚白垩世，页岩气大量形成之后，盆地末次抬升开始，抬升之后五峰组—龙马溪组页岩停止生气，页岩孔隙基本不发生变化。末次抬升幅度不是很大，五峰组—龙马溪组页岩没有被抬升至地表，页岩气藏未受到破坏。

中生代侏罗纪至白垩纪是焦页 1 井五峰组—龙马溪组页岩气生成的关键时期，而新生代以来的构造运动使页岩气藏调整，是页岩气藏形成的关键时期。在这两个关键时期生气、储气和保存条件均匹配较好，共同控制了焦页 1 井五峰组—龙马溪组页岩气富集成藏。

总体上焦石坝地区典型高产井，有机质含量高，经历早期干酪根生气、晚期原油裂解大量生气补充气源；有机质孔发育，孔隙度较高；底部临湘组瘤状灰岩、顶部粉砂质泥岩为良好顶底板条件，晚侏罗世—中白垩世形成源岩内部物性封闭，地层抬升时间晚、幅度适中，保存三叠系盖层，保存结构破坏时间短、程度低；生—储—保匹配有效性高，页岩气富集成藏持续时间长，富集程度高（图 4-6-1）。

二、页岩气藏演化过程中的差异富集模式

明确地层末次抬升过程中，不同类型运移气量主控因素、不同构造部位页岩含气性变化，最终建立动态的差异富集演化模式，对于页岩气"甜点"优选和资源、储量评价具有重要意义。

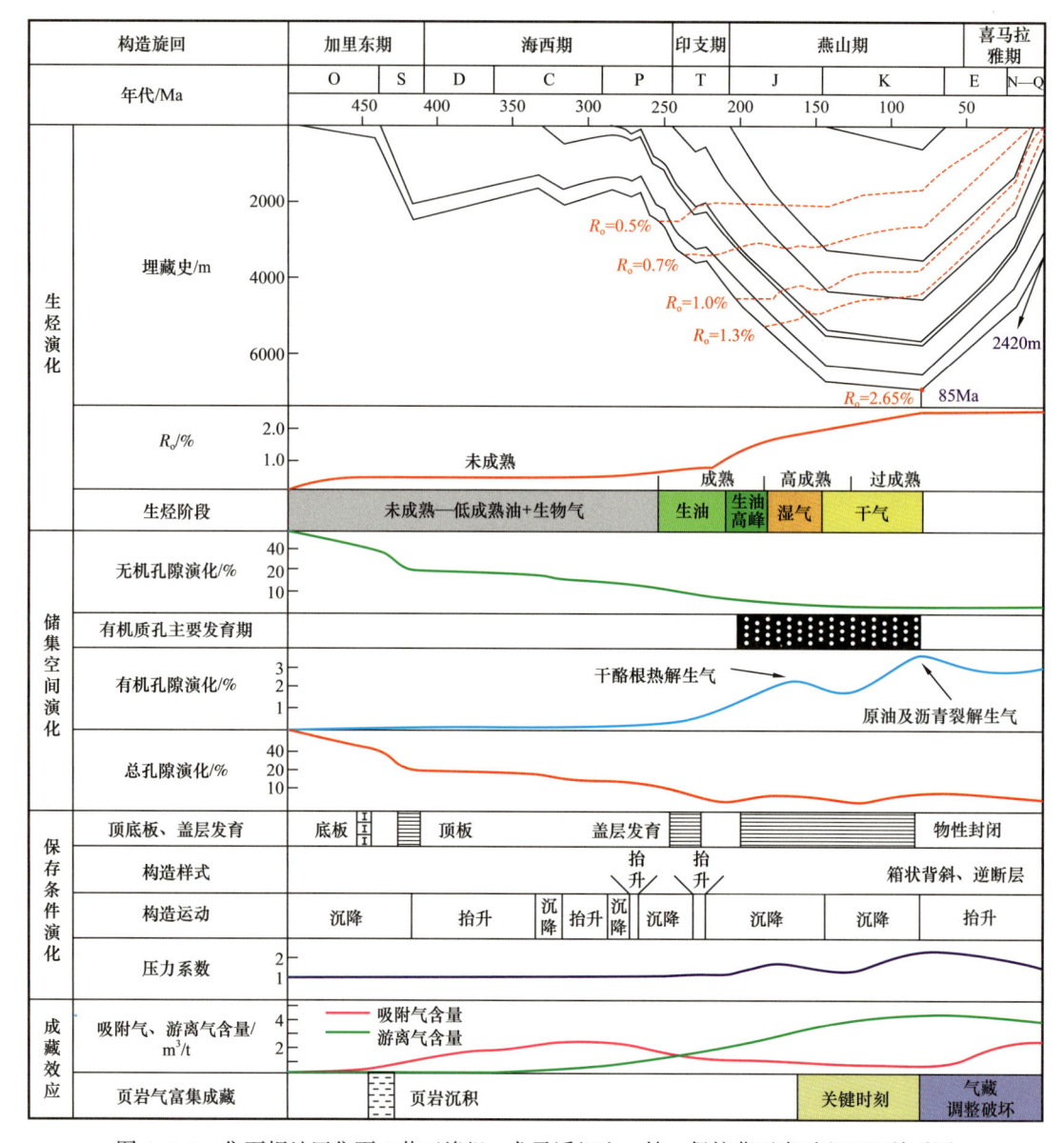

图 4-6-1 焦石坝地区焦页 1 井五峰组—龙马溪组生—储—保控藏要素时空匹配关系图

1. 页岩气差异富集数学模型

页岩水平渗透率是垂直渗透率的 2~8 倍，平行于层面方向孔隙连通性远大于垂直层面方向；在钻井现场对页岩岩心进行的浸水实验同样表明天然气气泡主要来自平行层面方向，而垂直于层面的天然气气泡较少，这些都说明天然气在页岩层系内部主要沿着层理面渗流运移。构造低部位的流体势较高，构造高部位的流体势较低，因此天然气总是从构造低部位向构造高部位运移补充。

通常情况下，正向构造比负向构造更有利于页岩气的富集。但并不是所有正向构造的高部位都能使页岩气富集成藏。对于正向构造来说，其核部为构造高部位，虽然有垂直层面方向上页岩气扩散渗流的损失，同时还有来自负向构造侧向扩散渗流的页岩气进行补给。而对于负向构造来说，其核部为构造低部位，不但有垂直层面方向上页岩气的损失，还有页岩气侧向扩散渗流的损失。但由于正向构造高部位总先于负向低部位受到剥蚀，所以正向部位的垂向扩散损失始终大于负向部位。不过在地层埋深较大时，不同构造部位间高差相对埋深并不明显，两者在垂向上扩散量差异较小，此时正向构造向相对负向构造总体更加富集气体。

末次抬升后，气体垂向损失与顺层运移量决定了不同构造部位的含气性。因此为了描述页岩气在不同构造样式间的运移与富集过程，建立了页岩气差异富集数学模型，将抽象地质问题转化为实际数学问题，从而计算出各个时间段内气体顺层及垂向的具体运移量，进一步明确不同构造样式下页岩气的差异富集变化规律（图4-6-2）。

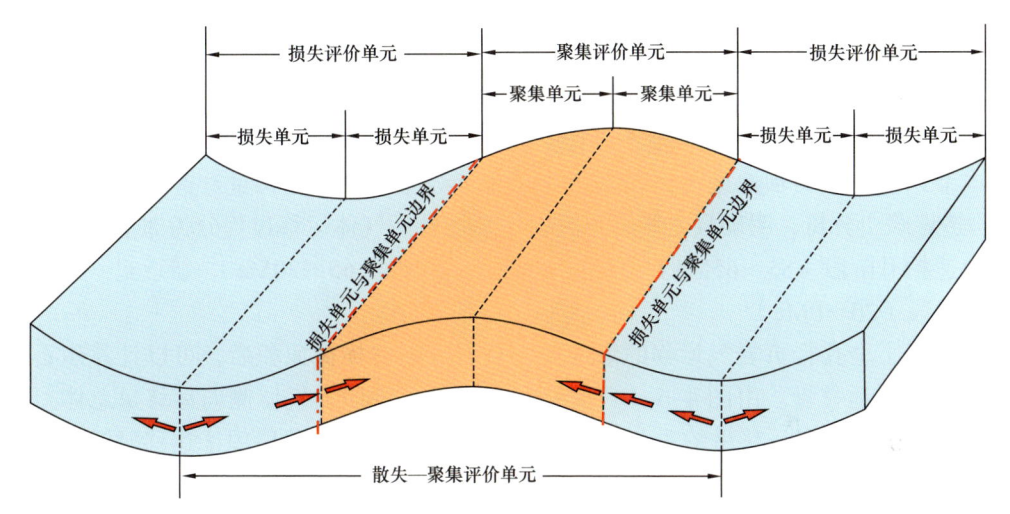

图4-6-2 龙马溪组页差异富集数学模型

2. 页岩气运移量计算方法

在页岩气差异富集数学模型基础上，基于页岩储层全尺度孔径分布特征，结合特定地区页岩气扩散和渗流的临界条件，可以计算页岩全孔径扩散和渗流的分布区间及运移能力。

以焦石坝地区为例，对应现今焦石坝页岩气藏特征（40MPa、90℃），不同运移形式的孔径范围是：表面吸附扩散（0~0.6nm）、克努森扩散（0.6~1.0nm）、菲克扩散（1.0~25.0nm）、滑脱流动（25.0~225.0nm）、达西流动（>225.0nm）。结合页岩全孔径孔隙结构特征后发现，不同运移形式对应孔隙体积占比依次为15.3%、5.6%、60.7%、6.4%、12.0%，页岩中有60.7%的孔隙体积发生了菲克扩散，微中孔为扩散主要空间。

基于焦石坝地区页岩储层实际全孔径孔体积分布，计算不同孔径体积贡献率；结合对应孔隙范围不同运移类型的表观渗透率，建立页岩全孔径渗透率分布，明确不同孔径区间对运移的贡献（图4-6-3）。研究发现，对应现今焦石坝页岩气藏特征，扩散与渗流共同控制了气体运移，宏孔主要提供了气体渗流空间，微孔与中孔主要提供扩散空间，渗流运移能力约为扩散运移能力的约106倍。虽然宏孔仅贡献了12%的孔隙体积，但由于单个宏孔孔隙尺寸远远大于微—中孔隙，即使扩散运移有较高的孔隙体积加权比例，对运移的实际贡献还是微乎其微。

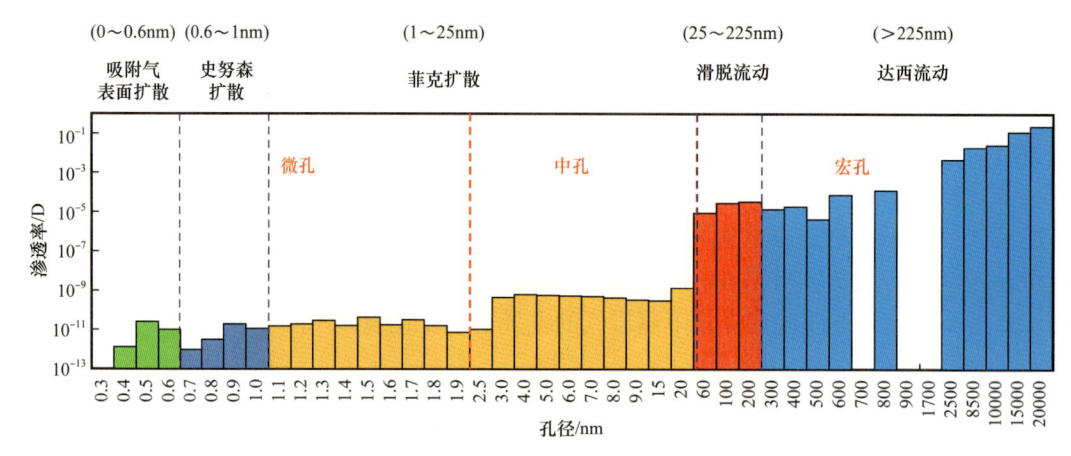

图 4-6-3　焦石坝地区龙 1 段页岩全孔径渗透率及运移类型分布直方图

本节以盆缘焦石坝地区为例，计算各个运移类型的具体运移量。首先，通过对焦页 1 井构造埋藏史分析，明确页岩气运移时间，将抬升后气体运移过程分为 3 个时段：晚白垩世快速抬升阶段（85~65Ma）、古近纪水平抬升阶段（65~20Ma）、新近纪—第四纪缓慢抬升阶段（20~0Ma）。

在明确了全孔径页岩气运移的渗透率、页岩气运移横截面积后，可以计算焦石坝地区页岩气顺层运移量。由图 4-6-4 可知，在不同地史阶段，气体侧向运移量总体差异不大，页岩总平均侧向运移量约为 $9.20×10^{11} m^3$。其中水平抬升阶段由于运移时间较长，各项运移量相对最高。在所有地史阶段，达西渗流对侧向运移贡献达到 90% 以上，对气体顺层运移起到了决定作用；其次是菲克扩散与滑脱流动各提供了约 5% 的气体运移贡献。

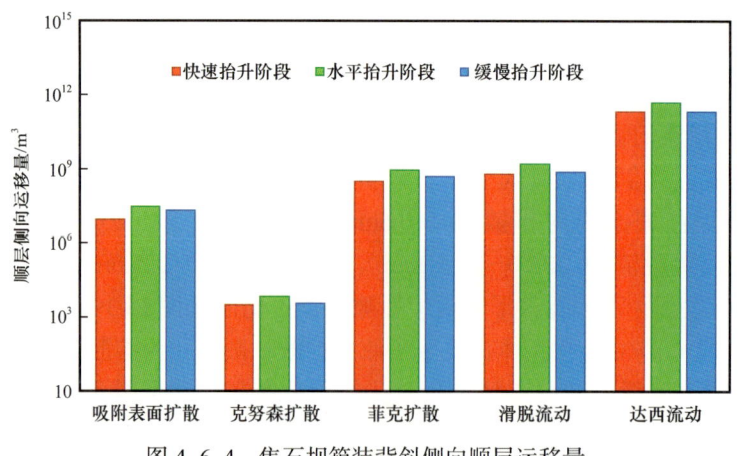

图 4-6-4　焦石坝箱装背斜侧向顺层运移量

3. 页岩气藏差异富集模式

为了明确不同构造样式页岩气差异富集模式，本节基于构造抬升幅度对差异富集的控制作用，选取了4块具有不同埋深的典型地区为研究对象，通过恢复该地区内页岩含气量随时间演化模拟的历史，明确了各个地区差异富集特征。

为了研究地层抬升幅度较小时，正向部位含气性特征，本节选取了焦石坝地区（箱式断背斜）为研究对象。其中焦页1井所在背斜部分为气体聚集单元，焦页4井所在向斜部分为气体聚集单元。

涪陵焦石坝气田处于四川盆地东南缘，川东高陡褶皱带包鸾—焦石坝背斜带。龙马溪组高页岩主要为含碳质硅质泥页岩，有机碳含量全部大于0.5%，平均TOC为2.54%，TOC大于2%的优质泥页岩厚38m，R_o为2.20%~3.06%，有机质类型为Ⅰ型或Ⅱ$_1$型干酪根，反映焦石坝地区具有良好的生烃条件。

焦石坝地区在距今85Ma开始末次抬升，现今背斜部分抬升至地下2400m处，构造幅度相对川东其他地区较弱。从沉积开始时刻至志留纪末期，地层经历快速埋深，有机质进入早成熟—低成熟阶段，储层最终含气量平均达到约0.8m³/t。但从泥盆纪早期至二叠纪中期，地层进入了较长期的缓慢抬升阶段，期间经历了短暂沉降，最终储层含气量平均达到约1.3m³/t。二叠纪中晚期后，地层迅速沉降，有机质进入高过成熟阶段，生气量快速增加；直至白垩纪末期，地层达到最大埋深，含气量平均达到约9.3m³/t。达到最大埋深后，地层受到构造影响进入差异抬升阶段；由于抬升幅度较小，正向部位上覆盖层保存相对完整，尚未达到岩石自破裂深度，气藏总体损失量较小，背斜部位含气量约6.1m³/t，好于向斜部位的含气量（约4.4m³/t）。

为了研究地层抬升幅度较大时，正向部位含气性特征，本节选取了威远地区（简单背斜）为研究对象。其中威201井所在背斜部分为气体聚集单元，威202井所在向斜部分为气体聚集单元。

威远构造区位于川西南古隆起构造低缓区，北邻川中低平构造区，整体表现为向斜。威远页岩气田龙马溪组TOC介于0.06%~6.04%之间，平均值为2.27%；R_o介于2.1%~2.2%之间，平均值为2.15%，页岩处于高成熟阶段；有机质类型为Ⅰ型或Ⅱ$_1$型干酪根。地球化学条件反映威远地区龙马溪组具有良好的生烃条件。

威远背斜在距今约100Ma时刻开始末次抬升，现今背斜部分抬升至1800m。威远地区构造抬升时间相对焦石坝地区较早，构造抬升幅度相对焦石坝地区也较大。总体来说，威远龙马溪组地层演化历史与焦石坝地区类似，但时间偏早。从沉积开始时刻至志留纪中晚期，有机质进入低熟期，储层含气量平均达到约0.6m³/t。同样，从志留纪晚期至石炭纪晚期，地层缓慢抬升，生烃作用停滞，储层含气量平均达到约0.9m³/t。二叠纪早期后，有机质生气速率快速增加；至侏罗纪末期，地层达到最大埋深，含气量平均达到约6.8m³/t。此后，地层受到构造影响进入大规模差异抬升阶段。在抬升早期，地层埋深小于岩石自破裂深度，背斜部位含气性好于向斜部位；当地层抬升到特定深度时，已经达到岩石自破裂深度，导致正向部位上覆盖层受到一定程度剥蚀破坏与断层沟通，气藏损失量相对较大，正向部位开始处于气体损失状态，导致背斜部位含气量约2.8m³/t，差于向斜部位的含气量（约3.1m³/t）。

为了研究地层抬升接近地表时，正向部位与负向部位含气性特征，本节选取了渝东南渝页1井（简单背斜）为研究对象。渝页1井龙马溪组地层地球化学指标与焦石坝及威远地区类似，均具有优异的生气条件；但后期构造保存条件差异较大。渝页1井地层经历了大幅度的抬升，目前该地区平均埋深仅为400m左右，直接盖层及区域盖层剥蚀显著，背斜部分直接出露地表，气体甚至能够形成竖直方向上的大规模渗流损失作用，整个相邻的构造单元均基本不含气。

通过总结前文论述的页岩气运移机理与差异富集控制因素，本节最终建立页岩气差异富集模式。基于渗透率公式与理想气体方程计算，当地层压力降到约67MPa时，孔径约580nm以上孔隙渗透率明显增大，气体渗流量明显增加，此时对应临界埋藏深度约为5500m。在此深度以上，渗流临界孔径明显减小，越来越多的储层空间开始发生渗流运移。考虑到页岩在主生气期的埋深远大于现今埋深，孔隙受到压实作用也更加明显，实际侧向上气体扩散量微乎其微，气体侧向运移主要受到渗流作用控制。

但随着地层抬升加剧，不同部构造位垂向扩散量差异逐渐增大。焦石坝地区龙马溪组页岩样品三轴应力试验显示，当样品横向及垂向主应力差增大至50MPa、对应深度约为1500m时，应变曲线发生断崖式下降，指示该应力差下页岩将发生显著剪性破裂，生成大量高角度裂缝。因此，当地层抬升至1500m以上，地层水平挤压力明显大于上覆地层重力，构造高部位会先于负向部位发生剪切破裂，极大降低自身封闭能力。此时，正向部位垂向气体损失由扩散形式转变为渗流形式，垂向损失量远大于负向部位对其侧向气体补给量，正向部位进入气体急剧损失状态。此时负向构造向相对正向构造更加富集气体。而当地层进一步抬升时，页岩储层出露地表，气藏则遭受彻底破坏，不论正向构造与负向构造均无法富集成藏（图4-6-5）。

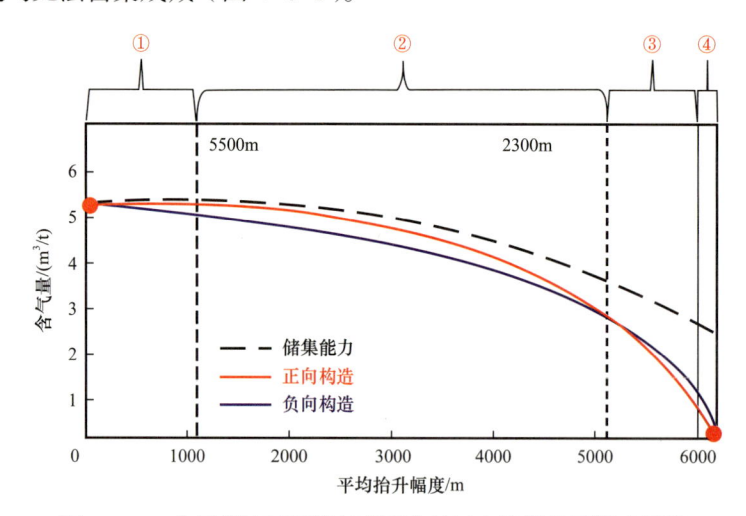

图4-6-5 焦石坝地区页岩气藏演化的四个阶段差异模式模拟

综上所述，基于前文渗流临界深度研究，结合不同构造样式与地层抬升幅度，笔者将焦石坝地区划分为4种差异富集模式：（1）正向构造部位与负向构造部位富气；（2）正向构造部位相对富集；（3）负向构造部位相对富集；（4）正向构造部位与负向构造部位贫气。当焦石坝地区刚开始进入末次抬升阶段时，抬升幅度小于1000m（埋深大于5500m），气体在侧向上以扩散作用为主，运移量较小，不同构造部位含气量相对稳定，差异不大，正向构造部位与负向构造部位均富气；随着地层进一步抬升（埋深在2300~5500m之间），此时侧向以渗流运移为主，运移量显著增大，负向构造沿侧向对正向构造部位进行补给，正向构造部位相对富集；正向部位率先抬升至岩石破裂深度（埋深小于2300m），正向部位生成大量高角度裂缝，气体大量损失，负向部位相对富集；最终随着地层出露地表，气藏彻底破坏，正向部位与负向部位均贫气。

三、生—储—保综合匹配成藏效应

生—储—保各成藏要素有效综合匹配决定着五峰组—龙马溪组页岩含气性及成藏品质。源岩品质、储集能力、保存条件各控藏要素动态演化及时空匹配的有效性，控制着页岩气成藏过程及富集程度。只有生气、储集、保存条件三者达到最优的演化和匹配组合，才能发挥出最大的成藏效应，即形成富集高产的页岩气藏。页岩大量生气时段是页岩气原始气藏富集成藏的关键时刻，该时刻内生气量大小、孔隙赋存能力及储层封闭能力是页岩气初始富集成藏的关键；关键时刻的结束时期距今时间越短越有利于页岩气富集。后期的抬升改造决定着页岩气最终的成藏规模和品质，破坏程度越小、保存条件越好，成藏效应就越好。

以四川盆地及周缘三口页岩气井为例，对生—储—保动态演化及综合匹配成藏效应进行剖析（表4-6-1）。焦页1井、PY1井、YC6井均位于川东南地区，五峰组—龙马溪组页岩为深水陆棚相沉积。焦页1井五峰组—龙马溪组页岩有机质含量高于PY1井，YC6井有机质含量在三口井中最低。三口井的热成熟度R_o均大于2.5%，为高—过成熟阶段，达到页岩气成藏的要求。三口井五峰组—龙马溪组页岩微—纳米级孔隙发育，有机质生烃作用导致有机质孔发育，有机质孔与TOC存在正相关关系，随R_o的增大有机质孔呈现先增加后减小的趋势。保存条件方面，焦页1井保存条件最好，其构造样式为一箱状背斜，附近断层的封闭性较好，末次抬升较晚且抬升幅度适中。PY1井保存条件适中，构造样式为简单向斜，构造简单，断裂不发育，末次抬升早于焦页1井，抬升幅度适中。YC6井保存条件较差，构造样式为向斜构造，末次抬升较早且抬升幅度很大，五峰组—龙马溪组甚至被抬升至地表，断裂也非常发育，造成成藏效应差，含气量低。

表4-6-1 四川盆地及周缘地区典型井成藏效应

井名	生气条件 TOC/%	R_o/%	储集条件 孔隙度/%	有机孔发育程度	保存条件 构造样式	断裂	抬升时间、幅度	压力系数	成藏静态要素条件	生—储—保综合匹配	成藏效应	含气量/m³/t
焦页1	3.58	2.65	4.87	高	背斜	封闭性逆断层	85Ma、3980m	1.55	好	好	好	2.98
PY1	2.5	2.5	2.6	中	向斜	正断层	125Ma、4100m	0.96	中	中	中	1.99
YC6	1.1	2.75	<1	低	向斜	正断层	140Ma、5720m	1.0	差	差	差	0.07

第五章　页岩气测井解释与优质储层识别评价技术

针对我国页岩气测井解释评价、优质储层识别评价及测井精细描述需要解决的关键技术问题和重大生产问题，学习借鉴国外先进的技术和方法，结合我国实际，采用常规测井与新技术测井资料相结合，认真分析页岩气测井响应特征变化规律，从加强不同测井资料页岩气信息提取入手，建立页岩气测井识别技术及适合页岩气测井响应模型，实现对页岩气富集层段判识及定量评价的目的，形成页岩气测井判识评价技术和评价标准。研究成果支撑了示范区的规模效益开发和外围接替区域优选。

第一节　页岩气藏优质储层测井响应特征

页岩气勘探开发中重要环节是寻找 TOC 高、含气量大、脆性矿物含量高、孔渗条件好的"甜点"。但是由于页岩气赋存方式的不同，即使在同一"甜点"中不同层段的产气量也存在很大差异。根据实际生产情况，本书将高产层段定义为在当前技术条件下能够达到效益开发的高产页岩层段，直井（导眼井）一般初产气量在 $1\times10^4\mathrm{m}^3/\mathrm{d}$ 以上，水平井在 $10\times10^4\mathrm{m}^3/\mathrm{d}$ 以上，可以说是"甜点"中的"甜点"。

一、高产层判识方法建立

判识高产层首先要进行"甜点"层判识，国内外许多学者对页岩气"甜点"都有详细研究。潘仁芳等 2016 年针对四川龙马溪组页岩提出"甜点"构成要素：页岩连续厚度大于 30m、TOC＞2.0%、R_o 介于 2.4%～3.5%、脆性矿物含量介于 30%～69%、黏土矿物含量小于 30%、孔隙度大于 2.0%、渗透率＞50nD、含气量＞1.45m³/t。

"甜点"判识指标可以通过岩心分析实验直接获得，在实验结果标定基础上也可以利用测井计算得到。实验分析结果和测井计算都表明了威 202 井 2540～2574m 井段 34m 厚的页岩段 TOC 均达到 2% 以上，脆性矿物含量基本在 50% 以上，实验分析含气量在 2.6～4.9m³/t，可以确定该段页岩为"甜点"层。高产层除具备"甜点"各要素外，更重要的是游离气含量的多少，然而由于游离气在取心过程中大量散失，实验分析不能获得准确结果。因此，测井计算成为评价游离气含量的重要手段。

目前，国内水平井测井项目较少，多数井仅测自然伽马、电阻率，利用测井评价的方法判识高产层段受到局限，只能通过与导眼井进行地层对比确定高产层段的方法加以实现。

建立了一套利用水平井随钻测井、（存储式）常规测井资料、录井岩屑资料结合井眼轨迹判识水平井钻遇地质小层的方法——极值方波旋回对比小层识别方法。整体评价流程如图 5-1-1 所示。

由于水平井测井受围岩影响非常大，穿过层界面时测井响应过渡带长，测井响应与真实地层值差异很大，进行地层对比十分困难。针对这些问题，建立了"极值方波旋回对比"方法进行水平井小层对比，具体方法如下：

（1）确立对比标志层。相对于直井而言，水平井在地层中多以蛇形钻进，钻进方向变化频繁，导致钻遇地层多次重复。进行水平井小层对比，需多个标志层建立标志层组合才能较准确进行。威远地区目的层段测井响应表现为高自然伽马特征，特别在龙马溪下部"甜点"段发育有 3 个高伽马尖峰和观音桥灰岩（作为标志层），将导眼井目的层段龙马溪组的龙 1- 龙 4 段及其下部五峰组细分成 8 个小层（图 5-1-2）。

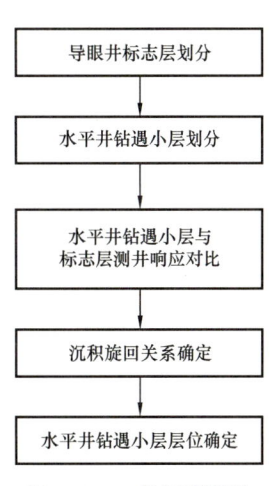

图 5-1-1 钻遇率评价方法流程图

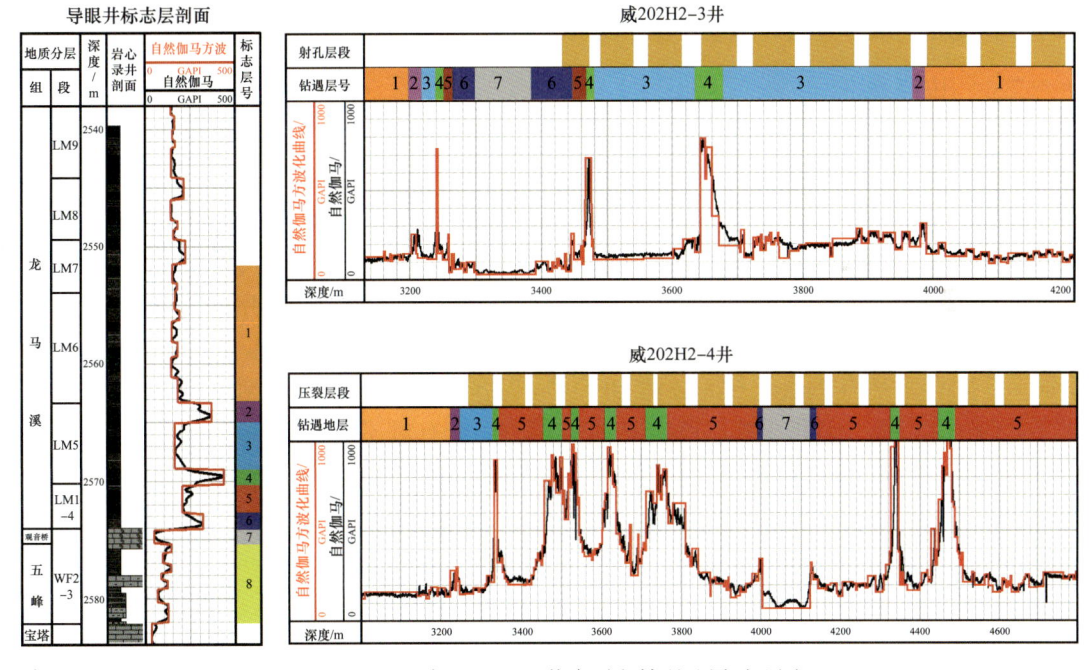

图 5-1-2 威 202H2-4 井水平段钻遇地层对比图

（2）测井曲线方波化。为进行量化对比，对比标志层确定后，需进行方波化处理，得到各标志层的测井响应特征值。

（3）钻进旋回的建立及小层对比。首先，分析四个标志层在水平井段是否齐全，如果是，"甜点"段的所有小层全部钻遇，据此可划分出小层齐全的一个至数个一级钻进旋回。其次，在一个完整的一级钻进旋回中，根据标志层出现的次数，确定所钻遇地层次级旋回的多少。最后，按照不同级别旋回确定后，根据钻进方向以及各小层的排列顺序，确定每个小层的具体层号。

如图5-1-2所示，威202H2-3井水平段在3240m、3470m、3650m附近出现500API的高伽马值、在3300～3390m井段见到50API左右的低自然伽马值，确定标志层4#、7#均已钻遇，可以建立两个一级钻进旋回：

（1）3100～3300m为由1#层向7#层钻进的正旋回（第一旋回）；

（2）3300～4200m为由7#层向1#层钻进的逆旋回（第二旋回）。

由于3300m以下井段没有再见到7#标志层，确定不存在第三个贯穿全部小层的一级旋回。

同样，威202H2-4井只在4000～4120m见到7#标志层，可划分为两个一级旋回。

威202H2-3井中第一旋回中各标志层只出现一次，确定所钻遇小层基本没有重复，第二旋回中4#标志层出现两次，断定在由7#层向1#层钻进过程中，在未钻穿3#层之前轨迹发生变化，又向下钻遇一次4#层，形成了两个包含4#层的次级旋回。确定了不同级别旋回，按照钻进方向和各小层排列顺序确定各小层层号。

通过以上流程，页岩气水平井钻遇地层层位、所钻遇各小层之间关系不仅具体体现了地层间的接触关系位置，控制了目的层段钻遇率，而且从根本上决定了页岩气产量的大小。精确判识水平井钻遇地层并建立真实地层模型在页岩气勘探开发中意义重大。

二、川南高产页岩气层识别

1. 高产页岩气层的确定

根据上述高产层判识方法对威远、长宁地区各井中进行了大规模应用，在精确确定水平井钻遇各小层的钻遇长度后，开展了产量分析研究。

威202H2-4井、威202H2-5井分别钻遇5#层1125m、267m，分别占水平井段的53.4%和12.9%。压裂改造5#层分别为11个、6个压裂级，占两井压裂级数的57.9%和30%，分别获天然气$28.8×10^4m^3/d$和$20×10^4m^3/d$。威202H2-1井虽钻遇5#层212m，占水平井段的13.5%，但因压裂层段主要是1#层，而没有对5#层进行压裂改造，测试结果为日产$3.4×10^4m^3$（表5-1-1）。因此，可以确定威远地区内高产层段为5#层。

表5-1-1 威202H2平台水平井钻遇地层产量分析

井号	水平段钻遇地层分析			压裂层段分析			测试日产气量$/10^4m^3$	试采日产气量$/10^4m^3$
	总厚度/m	5#层		总层数	5#层		
		厚度/m	占比/%		层数	占比/%		
威202H2-1	1582	212	13.5	12	0	0	3.4	3.57
威202H2-2	1769	154	8.7	16	3	18.8	5.3	6.42
威202H2-3	1936	27	1.4	16	1	6.3	3.6	3.77
威202H2-4	2107	1125	53.4	19	11	57.9	28.8	22.81
威202H2-5	2064	267	12.9	20	6	30	20	13.85
威202H2-6	2036	0	0	20	0	0	6.4	5.19

注：该平台压裂改造工艺差异不大。

威 205H 井产气剖面的测量结果从另一方面证实了这一点。该井钻遇 5# 层 2 层，在第 4、10 压裂级中分别进行了压裂测试，其中第 10 压裂级压开 4020~4110m 井段主要是 5# 层，单压裂级产气量为全井段的 25%，充分证明 5# 层为本区的高产层段。

根据元素分析，5# 层脆性矿物含量远大于其他层段，且脆性矿物以硅质为主。

综上所述，5# 层是以游离气为主的页岩气层，游离气富集是威 202H2-4 井、威 202H2-5 井高产的主要因素。结合元素分析、X 射线衍射等分析结果，该小层为 SiO_2 含量在 70% 以上的硅质页岩。

2. 页岩气层的定性识别

1）自然伽马能谱曲线重叠

以阳 101 井为例，通过曲线特征对比认识：

（1）龙一$_1^{1-2}$ 小层：铀值/总有机碳 TOC 是龙一$_1$ 段所有小层最好的；

（2）龙一$_1^3$—五峰组：无铀伽马是所有小层最低段，黏土含量最低段。

2）补偿声波与中子、密度重叠

以古 202-H1 井为例，通过曲线特征对比认识：

（1）龙一$_1^{1-2}$ 小层：以龙一$_1$ 亚段底部为基线，将补偿声波与中子、密度重叠，储层特征明显；

（2）五峰组：补偿密度增加，是区别五峰组与龙一$_1^{1-2}$ 小层的重要标志。

3）三孔隙度曲线定性判别

通过镇 101 井、古 202-H1 井的三孔隙重叠分析，同时与岩心分析结果对比，可以看出在龙一$_1^4$ 小层以上的边界，补偿密度更能反映孔隙度的变化趋势，补偿声波与岩心分析孔隙度对应关系较好，补偿中子更好地反映了岩心碳酸盐岩含量的特征。

3. 高产页岩气层的识别方法

基于页岩气层定性识别方法，通过对四川盆地及周缘的 38 口井的龙马溪组页岩储层测井特征进行分析，并结合试油成果，形成高产页岩气储层的识别方法。

（1）自然伽马异常高值，无铀伽马中、低值，铀元素含量显著增大。以阳 101 井为例，龙一$_1^{1-2}$ 段：铀值/总有机碳 TOC 是龙一$_1$ 亚段所有小层最好的；龙一$_1^3$—五峰组：无铀伽马是所有小层最低段，黏土含量最低段。

（2）双侧向测井值明显升高，一般呈正差异；阵列感应的深探测比浅探测值高，出现的电阻率值差异。在威远构造龙马溪上段，黏土含量高达 50%，TOC 低，电阻率在 10Ω·m 左右，为非页岩气层，龙马溪下段页岩气电阻率高于 15Ω·m（块状电阻），为区域优质页岩气层。

（3）因优质页岩气层段黏土含量明显减少，碳酸盐矿物增多，故补偿中子孔隙度测井值降低为中、低值，在高含有机碳井段补偿密度明显低异常，补偿声波受页理发育的影响，一般大于 65μs/ft，呈中、高值。

（4）在电成像处理成果图上有效裂缝发育，阵列声波变密度干涉条纹明显。

(5)低倾角、无复杂构造是页岩气保存的根本条件。

(6)低电阻页岩储层,含气性变差。

三、页岩气高产层主控因素

研究证明,川南地区页岩气纵向上存在高产层段,而高产层控制因素主要为游离气富集程度。川南地区页岩气游离气富集程度由四方面因素控制,即页岩气高产层"四高"特征:高脆性矿物含量、高 TOC、高孔隙度和高含气饱和度。

川南地区页岩气存在三套高产页岩气层:(1)龙马溪组龙一$_1^1$小层;(2)龙马溪组龙一$_1^2$小层及龙一$_1^3$小层;(3)五峰组。其中威远地区高产层主要为龙一$_1^1$小层,长宁主要为龙马溪组龙一$_1^2$小层及龙一$_1^3$小层,泸州地区则发育龙马溪组龙一$_1^2$小层及龙一$_1^3$小层和五峰组两套高产层段。

1)高脆性矿物含量

高脆性矿物含量主要表现为高硅质含量方面,石英含量远大于其他矿物含量,岩性普遍为硅质页岩。威远地区龙一$_1^1$小层高产层段硅质含量一般在 75% 以上,局部可达 80% 以上,长宁、泸州地区龙马溪组龙一$_1^2$小层及龙一$_1^3$小层高产层段硅质含量一般在 60% 以上,远低于威远龙一$_1^1$小层,但碳酸盐含量较高,一般在 20% 以上。

2)高 TOC

TOC 在三套高产层中普遍为高值,无论威远、长宁还是泸州地区,其 TOC 均是全井段最高值。威远龙一$_1^1$小层高产层段 TOC 可达 7.8% 以上,长宁龙一$_1^2$小层及龙一$_1^3$小层 TOC 在 3.6% 以上,泸州在 4% 以上,五峰组也在 3.5% 以上。

3)高孔隙度

高产层段孔隙度呈高值特征,威远区龙一$_1^1$小层孔隙度可达 10% 以上,测井计算可达 15% 左右,长宁龙一$_1^2$小层及龙一$_1^3$小层实验测量在 5.2% 以上,测井计算在 10% 以上,而泸州地区龙一$_1^2$小层及龙一$_1^3$小层在 5.5% 以上,五峰组也可达 5% 左右,测井计算分别 10% 和 8.5% 左右。

4)高含气饱和度

高产层段均具备良好的含气性,特别是游离气含气饱和度均为高值特征。威远区龙一$_1^1$小层含气饱和度测井计算可达 90% 以上,长宁龙一$_1^2$小层及龙一$_1^3$小层测井计算在 80% 以上,而泸州地区龙一$_1^2$小层及龙一$_1^3$小层在 75% 以上,五峰组也可在 60% 左右。

第二节 页岩气测井关键参数计算方法及评价标准

结合建产区页岩气勘探开发特点,从页岩气属性参数预测角度出发,分析页岩气富集成藏的主要影响因素(有机碳含量、矿物组分和孔隙度),建立了页岩储层品质、工程品质关键参数计算模型。

一、以游离气为核心的页岩气测井评价方法

1. 游离气核心参数及评价确定

脆性矿物指主要为组成岩石的石英、方解石、白云石的硅质、钙质矿物，是页岩气勘探开发中至关重要的参数之一。脆性矿物含量是控制裂缝发育程度的主要内在因素，在页岩气评价中，必须寻找有机质和硅质含量高、黏土含量较低（通常低于50%）、裂缝发育且能成功压裂增产的脆性优质烃源岩。

目前测井评价地层矿物含量主要方法有CRA多矿物模型、ECS元素俘获测井等资料，前者由于利用数学方法通过迭代计算两种骨架矿物含量，而非根据地层矿物的测井响应特征而来，在页岩储层中应用效果不好，与地层矿物实验分析结果存在较大误差。

岩性密度测井曲线Pe直接获得岩石骨架的测井响应值，由于岩性密度对硅质成分和钙质成分有着密切的关系，在计算出矿物含量之后利用Pe曲线可对其中脆性矿物成分进行评价分析（表5-2-1）。

表5-2-1 不同岩性Pe的响应值

骨架	孔隙度	100%含水	100%含气
石英	0.00	1.81	1.81
	0.35	1.54	1.76
方解石	0.00	5.08	5.08
	0.35	4.23	4.96
白云石	0.00	3.14	3.14
	0.35	2.66	3.07
比重		1.00	0.10

由不同成分组成的矿物的体积光电吸收指数公式：

$$U_i = Pe_i \cdot \rho_i \quad (5\text{-}2\text{-}1)$$

$$U = \sum_i V_i \cdot U_i \quad (5\text{-}2\text{-}2)$$

可以计算纯砂岩和纯灰岩的Pe值（表5-2-1），两者差别非常大，因此可以利用Pe值与两者的关系，确定硅质和钙质的相对含量。硅质矿物的Pe用Pe_sand表示，值为1.81，钙质矿物的Pe用Pe_lime表示，值为5.08，根据实际测井Pe与两者的相对关系，具体公式如下：

钙质相对含量：

$$V_{ca} = (Pe - Pe\_sand) / (Pe\_lime - Pe\_sand) \quad (5\text{-}2\text{-}3)$$

硅质相对含量：

$$V_{si} = 1 - V_{ca} \quad (5\text{-}2\text{-}4)$$

如果再去除黏土矿物的体积 V_{cl}，就能够得到硅质和钙质的绝对含量。

应用 Pe 曲线法对研究区页岩气井进行脆性矿物评价，评价结果与 X 射线衍射实验分析，通过逐点对比，两者与实验结果吻合较好。ECS 测井计算的矿物含量与实验分析结果趋势与实验结果一致，在部分层段计算的硅质含量要高于实验分析结果。

2. TOC 计算方法

通过对页岩中放射性含量测量、TOC 实验分析、现有模型对比后，认为自然伽马能谱法和等效含气饱和度法来进行 TOC 测井评价，收集资料适应性好。

1）自然伽马能谱法

龙马溪组 TOC 高的页岩段，普遍具有高伽马特征。通过自然伽马能谱测井分析，其高伽马主要是由自然伽马能谱中高 U 引起，而 Th 和 K 含量基本与 TOC 无相关性。根据前人文献，有机物在还原条件下发生转换，而这样的还原环境，也促使了铀元素从细菌和腐殖碎片存在的双氧铀溶液中吸附到有机质中，当酸性条件下，离子状态的 UO_2^{2+} 转化为不可溶解的 UO_2 沉淀下来，从而使现在富含有机质的地层表现为较高的铀放射性。

通过测量地层中放射性铀含量，可以间接地评价地层中有机质的富集程度。昭 104 井页岩地层中 TOC 与能谱测井中铀具有较好的线性正相关关系。

2）密度曲线计算 TOC 方法

根据资料有机质的密度低，达到 1.2～1.8g/cm³，受有机质演化程度控制，远小于石英、方解石等骨架矿物密度，因此可以利用有机质的这方面特性开展 TOC 测井评价。

以昭 104 井岩心实验分析的 TOC 与密度测井数据对比，相关系数 R^2 达 0.88，可以作为 TOC 评价方法，但是页岩层段的密度测井资料易受井眼扩径等影响，因此在井眼条件好的井段可以考虑利用密度测井进行 TOC 评价。

3）声波曲线计算 TOC 方法

昭 104 井的岩心纵波时差、横波时差与饱水法孔隙度关系呈线性关系，一致性非常好，根据拟合的关系推算声波骨架值为 49μs/ft。根据之前岩心 X 射线衍射分析结果，昭 104 井区龙马溪组矿物成分主要以方解石、石英、长石、黄铁矿等组成。声波实验纵波时差测量值与 TOC 关系具有强正相关关系，相关关系为 $y=0.212x^2-2.1862x+56.626$，说明有机质对纵波传播有影响，并且随着有机质含量的增加，纵波速度减小。声波实验测量的横波时差与 TOC 呈现正相关，说明随着 TOC 增加，页岩横波传播速度减小。根据以上测量纵横波时差，可以了解纵横波速度比与 TOC 之间相关性关系不明显。

根据有机质声波时差低于石英、方解石等骨架矿物声波时差，开展利用声波时差资料评价 TOC 方法研究，相关关系较好的纵横波速度比与 TOC 的关系图，相关系数 R^2 仅能达到 0.6134，数据点分布特征表现为随着 TOC 的增加，纵横波速度比减小，但数据点发散，有机质与声波曲线并不表现为单一的相关性。

$$\mathrm{TOC} = -26.81 \times v_p/v_s + 47.871 \qquad (5-2-5)$$

通过纵波时差、横波时差与孔隙度之间交会，可知如下特征：

（1）声波时差（纵波、横波）与页岩孔隙度具有明显正相关关系；

（2）声波时差（纵波、横波）能够反映 TOC 的变化；

（3）声波时差受到孔隙度、TOC 的双重影响。

造成有机质声波特征具体原因可能是页岩中的有机质分布非均质造成，当有机质分布连续，呈层分布，对声波的传播影响最大，时差减小越明显。

4）ΔlogR 方法

该方法是 Exxon/ESSO 自 1979 年以来研究并经试验获得，已在世界上许多井中都得以成功应用，证明对碳酸盐岩及碎屑岩源岩是适用的，在较大成熟度范围内能精确预测 TOC（Passey 等 1989）。

$$\Delta \log R = \log(R/R_{基线}) + K(\Delta t - \Delta t_{基线}) \quad (5-2-6)$$

$$TOC = (\Delta \log R) \times 10^{2.297-0.1688 LOM} \quad (5-2-7)$$

式中　ΔlogR——经过一定刻度的孔隙度曲线（如声波测井）与电阻率曲线的幅度差；

$R_{基线}$——非源岩的电阻率基线；

Δt——声波测井值；

$\Delta t_{基线}$——非源岩的声波测井基线；

K——刻度系数，取决于孔隙度测井的单位；

LOM——热成熟度，与镜质组反射率有一定的函数关系。

在应用中，时差曲线及电阻率曲线按如下进行刻度：相对刻度是 -100μs/ft（-328μs/m）对两个对数电阻率周期（即比值为 -50μs/ft 或 -164μs/m 对一个电阻率周期）。对曲线进行重叠并以细粒"非源"岩确定基线。确定基线的条件是两条曲线"一致"或在相当深度范围彼此重叠。基线确定以后，可据两条曲线的幅度差和不平行鉴别富有机质层段。二者之间的幅度差以 ΔlogR 表示，可对每一深度增量进行测定。

幅度差 ΔlogR 与 TOC 线性相关，是成熟度的函数。

在确定或估计了成熟度（以有机变质单位级别用 LOM 表示，Hood 等，1975）之后，应用 ΔlogR 图可将幅度差直接转变成 TOC。LOM 实际上是据许多样品分析（如镜质组反射率，热变指数或 T_{max}）或据埋藏史及热史估计得到的。若成熟度（LOM）估计不正确，绝对 TOC 相对错误，但可正确代表 TOC 的垂向变化率。若 OMT（有机质类型）已知，Rock Eval 确定（Espitalie 等，1977）的热解 S_2 就可据 TOC 转变成的 S_2 进行预测。

所有页岩实质上都含有可测定的有机碳。世界范围内页岩平均 TOC 为 0.2%～1.65%；页岩 TOC 一般超过 0.8%（Tissot 和 Welte，1984）。非源岩富黏土岩时差及电阻率曲线基线的确立，表示定为基线的层段基本上为"零 TOC"；事实上该层 TOC 约为 0.8%。由于 TOC 具有该背景值，对所有具正 ΔlogR 幅度差（无论 ΔlogR 幅度差大小）层段，式（5-2-7）所计算的 TOC 还应加上 0.8%（质量分数）。

ΔlogR 幅度差见于富有机质源岩及含烃类储层层段；因而计算 TOC 剖面时，可据自然伽马曲线或自然电位（SP）幅值除去储层层段。

由电阻率曲线及孔隙度曲线（如声波曲线）来确定基线的优点在于两条曲线对孔隙度变化都较敏感，对一定岩性确立基线后，孔隙度变化影响两条曲线的响应，一条曲线的位移可由另一曲线对应大小的位移来反映。例如，孔隙度增加引起 Δt 增加，也即传导性水体积增加，导致电阻率减小，上述变化是成比例的，若孔隙度及电阻率曲线被正确刻度（如附录所述），孔隙度增大量引起孔隙度及电阻率曲线类似大小的偏差，因此可排除孔隙度的相干性。这使得在不直接测量 TOC 时可计算井的 TOC。

通过昭通地区的实际应用，该方法也存在一定的适用条件。应用 $\Delta \log R$ 方法对宁 201 井、昭 104 井进行 TOC 计算，发现按照其预定参数或者修改参数，其计算结果均无法与实验分析的结果相吻合。经分析，本地区龙马溪组含气层段与上部地层差异小，受地层矿化度及页岩缝发育等因素影响，使测井电阻率整体偏低，无法有效反映地层 TOC 的变化情况。

5）等效饱和度计算 TOC 方法

根据现代生、排烃理论，烃源岩进入成熟门限后，有机质转化为油气，有机质含量越大，成熟度越高，油气转换量越大。油气进入烃源岩孔隙之间，形成油气水三相共存的局面，孔隙压力不断增大，最终达到突破压力时微裂缝形成，油气水同时排出。孔隙压力释放后微裂缝闭合，油气又开始不断补充，而孔隙水无法补充。因此，随着排烃期次不断增加，烃源岩孔隙中含油气饱和度将会越来越高，间接反映烃源岩中有机质的富集程度，因此提出等效饱和度法 TOC 计算方法来评价烃源岩的 TOC。

本方法假设富含有机质的烃源岩由三部分组成：岩石骨架、固体有机质和充填孔隙的流体。非源岩仅由岩石骨架和充填孔隙的流体两部分组成［图 5-2-1（a）］。在不成熟源岩中，固体部分包括固体有机质和岩石骨架，地层水充填孔隙空间［图 5-2-1（b）］。在成熟源岩中，一部分固体有机质转化为液态（或气态）烃，并运移到孔隙中替代地层水［图 5-2-1（c）］。这些物理变化对孔隙度和电阻率测井响应产生影响。

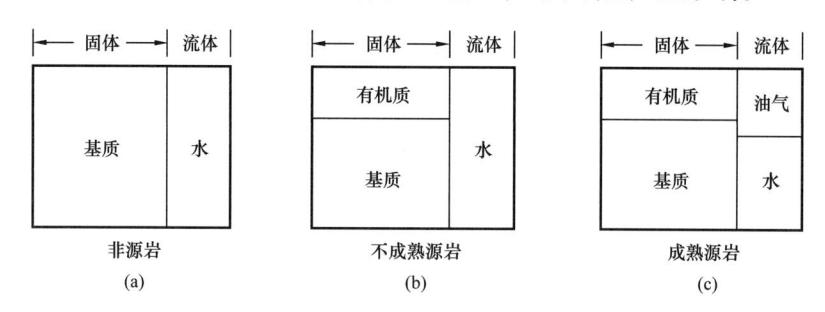

图 5-2-1 烃源岩中流体富集模型

上述源岩概念模型与其他测井解释模型的不同之处是，在生油气岩概念模型中，增加了固体有机质（干酪根）部分，并把其作为岩石骨架的一部分设置的。固体有机质具有低速度、低体积密度和高氢指数的物理化学特征。因此，固体有机质具有高声波时差、低体积密度和高中子孔隙度的测井响应。伴随有机质成熟生烃，使生油气岩孔隙中的含水饱和度降低，含油气饱和度升高，故引起生油气岩电阻率的增加。这是用生油气岩概念模型研究生油气岩有机质丰度、成熟度、产烃率的理论基础。

利用测井方法分析页岩有机质含量是通过计算烃源岩的总孔隙度 ϕ_t、含油气饱和度 S_g、剩余烃含量 VHC、总有机碳含量 TOC 等参数进行。

生油气岩中的剩余烃含量 VHC，是指残留于油气源岩孔隙中的油气含量。VHC 的大小，与生油气岩有机质的类型、丰度、成熟度和产烃率有关。

有机质的丰度越高，并且成熟度也越高，VHC 值将越大；反之，有机质丰度低，或是成熟度低，VHC 将都表现为低值，即对丰度高而不成熟的生油气岩，或是尽管成熟度高而有机质太贫乏的生油岩，VHC 都表现为低值。因此，VHC 值是反映生油气岩是否已经生成油气和生气量大小的一个参量。关于 VHC 的计算，是在精细计算孔隙度和含气饱和度基础上进行的，其公式为：

$$VHC = \phi_t \cdot S_g \qquad (5\text{-}2\text{-}8)$$

式中　ϕ_t——单位岩石体积的百分数；

　　　S_g——含气饱和度百分数；

　　　VHC——剩余烃含量，单位则是单位页岩体积的百分数。

在计算剩余烃含量基础上，利用测井方法计算页岩总有机碳 TOC 公式如下：

$$TOC = \frac{VHC \cdot DHYP}{XDMT} \times 100 \times 10^{2.297-0.1688 \times MATU} \qquad (5\text{-}2\text{-}9)$$

式中　DHYP——页岩和干酪根的混合密度，g/cm³；

　　　XDMT——页岩的岩石密度，g/cm³；

　　　TOC——页岩总有机碳含量，%（质量分数）。

3. 页岩储层孔隙度计算方法

1）有机孔孔隙度估计

有机质纳米级孔作为页岩气孔隙空间的重要组成部分，考虑纳米级孔中吸附大量甲烷分子或少量游离气，及常规测量系列中仪器的响应机理，这部分孔隙空间应该能被探测到，但是受仪器精度及这部分孔隙孔隙度小，岩石物理响应微弱，因此可以得出如下结论，即利用现有测井曲线很难直接准确地计算出到有机质纳米级孔孔隙体积。

采用计算模型来自 Dicman Alfred 模型（SPWLA，2012），通过研究不同热成熟度的页岩，获得页岩 R_o 与干酪根密度直接存在较好的幂指数关系。

$$\phi = 1 - \frac{A(\rho_{bnk} - \rho_b)}{TOC \rho_{nk}(\rho_{bnk} - \rho_{bk})} \qquad (5\text{-}2\text{-}10)$$

$$A = (1 - \phi_k)\left[TOC(\rho_{nk} - \rho_k) + C_k \rho_k\right] \qquad (5\text{-}2\text{-}11)$$

式中　ρ_{bnk}——无机矿物储层视密度，g/cm³；

　　　ρ_{bk}——有机质部分视密度，g/cm³；

　　　C_k——有机质中碳的百分含量，%。

实验测量 T_{max}=430～460℃时，有机质中干酪根的骨架密度 1.45～1.53g/cm³。而按照 Dicman Alfred 的模型，用长宁昭通地区的龙马溪组 R_o 实测数据 3.5，估计干酪根骨架密度在 1.7g/cm³ 左右。

根据以上数据，结合成熟的 TOC 计算结果和干酪根骨架密度，可以估算干酪根纳米级孔体积。

2）中子密度交会无机孔孔隙度计算方法

无机孔孔隙度包括无机矿物粒内、粒间孔隙及黏土矿物层间体积。不同于常规的砂岩、灰岩储层，页岩孔隙度低，评价难度大，将干酪根作为骨架加入地层计算，获得的孔隙度将更加准确，采用中子—密度交会计算总孔隙度和有效孔隙度。通过中子、密度测井质量检验、岩性对孔隙度影响的校正、油气对孔隙度影响的校正等处理方法的基础上，采用多参数综合优化处理，利用循环迭代逐次逼近的办法，求准每一点的中子、密度的流体参数、岩石骨架参数、干黏土骨架参数、湿黏土参数等；然后利用流体参数、岩石骨架参数、干黏土骨架参数建立交会三角形，由中子、密度组合计算总孔隙度；用流体参数、岩石骨架参数、湿黏土参数建立交会三角形，由中子、密度组合计算有效孔隙度。

页岩孔隙度低，受井眼、泥质、油气对孔隙度计算精度影响大。在计算过程中增加如下步骤：（1）曲线编辑与中子测井井眼校正。在页岩地层中，井眼易扩径垮塌，声波、密度测井极板不能很好地贴井壁，造成密度值过低，声波测井易产生不规则的跳动现象，如果井眼过大，则中子测井、密度测井探测不到地层信号。（2）中子测井、密度测井质量的检验。质量检验最基本的方法可以通过岩心孔隙度和岩心密度同中子和密度曲线进行对比。由于岩心资料数量有限，采用中子、密度、声波三种孔隙度曲线相互比较的方法。选择两条相近中的一条作为标准曲线，校正中子孔隙度和密度测井值。（3）岩性对孔隙度影响的校正。对于地层骨架矿物多于一种的情况，中子、密度值就随骨架矿物含量的变化而变化，那么应用单一骨架计算的孔隙度值，就会影响精度。应采用中子密度交会三角技术计算双矿物的百分含量，然后计算中子、密度及声波混合骨架值。（4）油气对孔隙度影响的校正。页岩地层中天然气的存在使得中子、密度测井对孔隙流体反映小于理论值，因此计算孔隙度时需要进行考虑油气对孔隙度的影响。本书通过中子、密度组合计算获得视流体密度，然后计算残余气饱和度，从而确定中子和密度流体校正因子。通过考虑以上因素，对川南不同地区测井孔隙度计算结果与实验分析结果进行验证，中子—密度交会法计算的结果与饱水法测量孔隙度结果吻合一致性较好。宁 203 井测井计算孔隙度与实验分析孔隙度对比关系图显示，测井计算的有效孔隙度和岩心分析的孔隙吻合得非常好。

4. 吸附气含量计算方法

一般认为页岩气主要包括游离气和吸附气，TOC 和吸附气相关。而实际页岩的吸附能力影响因素很多，包括页岩的总有机碳含量、有机质热演化程度、黏土含量与成分、储层温度、地层压力、页岩原始含水量和天然气组分等因素，其中有机碳含量、地层压力、地层温度是最主要的几个影响因素。吸附气量与有机碳含量和地层压力成正比；压力越大，含气量越大；温度越高，游离气越多，吸附气越少。页岩吸附规律满足

Langmuir 方程，根据等温吸附实验确定其中的参数。

Langmuir 方程：

$$V = \frac{V_L p}{p + p_L} = \frac{V_L k p}{1 + kp} \qquad (5-2-12)$$

式中　k——吸附系数，与吸附剂特性有关代表了固体吸附气体的能力，$k = \dfrac{1}{p_L}$。

页岩吸附气含量测井评价主要根据等温吸附实验获取区域的 Langmuir 方程，结合地层温度、压力计算地层吸附气含量。

1）页岩吸附机理分析

首先从甲烷的物性特性，甲烷的临界压力是 4.54MPa，临界温度是 196.6K（-82.6℃），甲烷是非极性物质，多层吸附困难，即使第一次吸附之后仍有极性，第二层吸附也较难，因此完全满足 Langmuir 单层吸附理论。对于影响吸附气含量的主要为 TOC、温度、压力外，针对页岩地层中含量较高的黏土进行研究。

根据相关学者开展的不同类型黏土矿物等温吸附实验结果可知，黏土矿物对甲烷具有不可忽略的吸附贡献。因此在确定 Langmuir 方程参数的时候必须考虑黏土矿物的影响。可以利用矿物的物质组成就可以确定 Langmuir 方程参数 V_L 和 p_L，而页岩地层的矿物组分是可以通过测井得到的，从而实现利用测井手段评价页岩吸附气含量。

由此，对于页岩吸附气评价提出以下几点新认识：

（1）Langmuir 方程中 V_L 和 p_L 两个参数主要受样品矿物成分与含量、实验温度、含水率三方面影响。其中矿物成分包括黏土矿物成分和有机质类型。

（2）从等温吸附实验到地层条件，需要考虑地层水、地层压力等因素，而其中页岩地层压力的确定非常困难。

（3）页岩气赋存环境有待进一步认识，目前普遍认为页岩气储层是含水的，也有认为页岩气处于超低含水饱和度的地层。确定地层条件下吸附气含量的关键因素是地层水的多少，游离水和黏土束缚水各占比例，以及孔隙压力。目前这两点的确定一直存在，并困扰着含气量评价的精度。

当页岩样品粉碎后，其干酪根和黏土在等温吸附实验过程中应是同等条件接受甲烷气体的吸附。那么实验得到 Langmuir 方程参数就可能与实际地层的参数不符。

2）吸附气富集模式及评价模型

根据现场测试与实验资料以及不同井试气结果，页岩气储层吸附气富集方式不同，页岩气的赋存条件对吸附气含量的影响较大，主要受地层对页岩生烃产生的异常压力保存情况和页岩中是否存在导致页岩气发生横向运移的疏导层影响，提出对页岩气储层储集类型分为两类，一类为封闭型，另一类为开启型（表 5-2-2）。两者都能形成良好的页岩气储层，但两者也存在差别。封闭型页岩气储层表现为地层压力高，吸附气含量高。开启型页岩气储层表现为页岩气赋存条件好，地层压力相对降低，吸附气含量低，而游离气含量相对较高。

表 5-2-2　页岩气藏类型及测井解释模型

类别	示意图	页岩气类型	所受压力类型	含气性	测井响应特征	测井解释模型
封闭式		以吸附气为主：干酪根吸附气、纳米级孔游离气	排烃作用异常压力、地层压力	好	高铀、高阻、低密度、高声波时差	最大 Langmuir 吸附气模型、基于矿物组分 Langmuir 吸附气模型、纳米级孔游离气模型
开启式		以游离气为主：页理缝游离气、干酪根吸附气	地层压力、浮力	好	高铀、低阻、低密度、高声波时差	低压 Langmuir 吸附气模型、基于矿物组分 Langmuir 吸附气模型、微孔—裂缝游离气模型

对于不同储集类型的吸附气含量需建立不同的评价方法。

对于页岩气保存条件好，则孔隙压力维持一定高度，那么其吸附气量达到或者接近页岩的最大吸附气含量，则：

$$V \approx V_L \tag{5-2-13}$$

因此通过等温吸附实验确定页岩的最大吸附气含量，就可以获得地层的吸附气含量，该转换关系适用于最大 Langmuir 吸附气模型、低压 Langmuir 吸附气模型、黏土 Langmuir 吸附气模型，用于评价不同吸附气赋存模式下吸附气含量。

另外基于以上研究基础，考虑页岩吸附机理，建立了新的基于岩性组分 Langmuir 吸附气评价模型，能够实现地层条件下吸附气含量测井评价。

最大 Langmuir 吸附气模型：由于吸附气主要吸附在有机质干酪根，因此吸附气含量与 TOC 存在一定关系，文献中也已证实。本研究利用昭通地区页岩实验资料，利用岩心等温吸附实验与 TOC 分析结果直接建立最大吸附气含量与 TOC 之间的关系。该模型考虑因素少，方便实用，能够方便直观地评价页岩气吸附气含量。

$$V_L = 1.2 \times TOC + 1.0333 \tag{5-2-14}$$

低压吸附气量与 TOC 关系模型：针对开启式页岩气储层，利用不同压力条件下等温吸附实验数据，建立 1MPa、4.2MPa 两种条件下 V_L 与 TOC 之间的关系，用于评价吸附气含量：

$$1\text{MPa}：V_L = 0.21081 \times TOC + 0.4402 \tag{5-2-15}$$

$$4.2\text{MPa}：V_L = 0.5888 \times TOC + 0.776 \tag{5-2-16}$$

5. 游离气含量计算方法

游离气饱和度（$S_g=1-S_w$）一般采用斯伦贝谢公司修改过的西门度公式计算：

$$\frac{1}{R_t} = \frac{V_{sh}^{evcl}}{R_{sh}} S_w + \frac{\phi^m}{aR_w(1-V_{sh})} S_w^n \tag{5-2-17}$$

式中　R_t——地层电阻率，$\Omega\cdot m$；

　　　R_{sh}——纯泥岩电阻率，$\Omega\cdot m$；

　　　V_{sh}——泥质含量，%（体积分数）；

　　　evcl——泥质指数；

　　　a——岩性系数；

　　　m——胶结指数；

　　　n——饱和度指数；

　　　ϕ——孔隙度，%（体积分数）；

　　　R_w——地层水电阻率，$\Omega\cdot m$；

　　　S_w——含水饱和度，%（体积分数）。

根据测井解释结果，威202井纵向上游离气含气饱和度变化明显，其中：（1）5、6小层游离气含气饱和度为最高值，变化范围介于70%～92%，平均为90%左右；（2）1小层游离气含气饱和度呈中高值特征，范围介于40%～60%，平均为50%左右；（3）3小层游离气含气饱和度呈中低值特征，范围介于30%～40%，平均为38%左右；（4）2、4小层游离气含气饱和度呈低值特征，基本在10%以下。

利用公式（5-2-18）可将其折算为游离气含气量：

$$G_{游离}=\frac{P_2T_1m_{岩}}{P_1T_2\rho_{岩}}S_g\phi \quad (5\text{-}2\text{-}18)$$

式中　$m_{岩}$——岩石质量，t；

　　　ϕ——岩石孔隙度，%；

　　　$\rho_{岩}$——岩石密度，g/cm^3；

　　　S_g——地层含气饱和度，%。

　　　T_1——地面温度，K；

　　　T_2——井下温度，K。

为防止温度、压力参数取值产生误差，可利用两小层相对量比较。由于二者在深度上只相差10m左右，温压场基本相同，其游离气含量的比值（相对量）实际上由S_g、ϕ控制。通过计算，5小层游离气含量可达1小层的3.6倍。

综上所述，5小层含气性最佳，不仅含气量为全井段最高，页岩气赋存方式以游离气为主，而且其游离气含量远高于其他层段，这与本区页岩气产量完全相符合。

6. 储层关键参数的地震属性优化技术

利用W204井测井解释成果，优化出井旁地震属性组合，建立了页岩气储层关键参数的地震属性计算模型，并以地震属性与W204井测井计算关键参数进行了拟合对比，建立了利用地震属性模型计算获得的W204井区页岩气关键参数模型。

7. 原评价标准结果矛盾原因分析

页岩气层与常规天然气层存在很大不同，其中最为典型的特征就是多样的赋存方式和孔隙类型。页岩气主要来源于干酪根裂解以及残留的原油裂解。气体赋存方式分为三种：以游离态存储于天然裂缝和孔隙中，以吸附态吸附在有机物质和黏土表面，还有少量气体溶解于干酪根和沥青中。由于溶解气量很小，页岩气含气量大小主要由吸附气量和游离气量决定，吸附气量占总气量的20%～80%。页岩中的孔隙类型主要可以分为三类，即粒间孔隙（InterP）、粒内孔隙（IntraP）和有机物质伴生的孔隙，前二者属于无机孔隙，后者属于有机孔隙。

根据Milliken等的研究表明，大部分原生颗粒间孔隙在成岩过程遭受损坏，目前岩心和露头观测到的孔隙主要为有机质伴生的次生孔隙，此类孔隙主要跟TOC、有机质热成熟度以及干酪根类型有关。

无机孔部分因为粉砂颗粒多为脆性物质，在压实过程中有利于孔隙的保存，粉砂含量和颗粒间的孔隙度有正相关性。Milliken等的研究表明孔隙度和粉砂颗粒含量以及颗粒大小的正相关性并没有在Barnett页岩中发现。而Ko等在Eagle Ford页岩中发现无机孔和石英以及长石含量存在微弱的正相关性。在我国四川盆地的五峰组—龙马溪组地层页岩中，Wu等也发现页岩孔隙度随石英含量的增加而增大。

复杂的孔隙类型以及多样的气体赋存方式综合反映到测井曲线上必将增大测井信息反演地质信息的困难。在这种情况下，如果应用测井资料来正确表征页岩气层地质特征，加强页岩气层测井响应机理研究，厘清不同测井响应反映的地质信息非常重要。

1）评价指标对比

对比威远地区产能与原储层划分矛盾最大的1小层和5小层，可以发现5小层无论是TOC、岩性、物性方面都远优于1小层，但含气量实验结果却相差不大。

TOC：5小层TOC变化范围为3.63%～7.02%，平均值5.3%，1小层为1.99%～5.60%，平均值为3.2%，5小层平均高于1小层2.1%左右。

脆性矿物含量：元素分析实验结果表明，5小层可命名为硅质页岩，1小层为含钙、含砂质泥质页岩。

孔隙度及孔隙类型：5小层物性参数要优于1小层，其孔隙度为4.8%～9.6%，平均为7.4%，而1小层孔隙度为2.5%～8.4%，平均为5.7%，孔隙度比1小层高1.7%左右。扫描电镜成果显示，1小层储层无论无机孔还是有机孔均不发育，且孔隙半径较小。

含气量：解吸法含气量检测结果表明5小层与1小层之间差异很小。5小层总含气量仅为1小层的1.2倍左右。二者在含气量上的差别不仅与其他指标性参数不吻合，更与3.5～4.5倍的产气量差异相差甚远。因此，威远地区页岩气储层不能有效区分或者高产层无法有效界定的根源在于含气量指标没能发挥其应有的作用。

2）含气量实验测量误差分析

页岩气赋存方式分为三种：以游离态存储于天然裂缝和孔隙中，以吸附态吸附在有机物质和黏土表面，还有少量气体溶解于干酪根和沥青中。由于溶解气量很小，页岩气含气量大小主要由吸附气量和游离气量决定，吸附气量占总气量的20%～80%，同样，游离气量也可达到总含气量的20%～80%。

目前，含气量的确定方法大致分为直接法和间接法两类。

直接法即解吸法，是指通过测定现场钻井岩心或有代表性岩屑的解吸获取实际含气量。间接法则是通过等温吸附实验模拟以及测井解释等方法获取含气量结果。

解吸法测得的页岩气含量 G_C 等于损失气含量 G_{CL}、实测的自然解吸气含量 G_{CD} 和残余气含量 G_{CR} 之和。自然解吸气含量是将岩心从取心筒取出装入解吸罐密封，放入地层温度条件的恒温水浴中自然解吸出的含气量。残余气量是终止解吸后仍留在样品中的那部分气体含量。自然解吸结束后，将样品捣碎装入球磨罐密封，在球磨机上进行破碎，测得的含气量为残余气含量。损失气含量是取心完成后上提至地表，直至装入解吸罐之前所释放出的气量。

自然解吸气含量和残余气量可以通过实验方法精确获得，而损失气量无法通过实验直接测量，只能通过气体损失时间和实测解吸气量的变化速率进行理论推算。

由于不确定因素很多，不同地区、不同类型页岩气层损失气量完全不同，且很难准确计算。同时损失气量主要是游离气，储层物性越好，游离气含量越高，散失气量则越大。因此，解吸法不能得到准确的游离气含量。

等温吸附法是通过页岩样品的等温吸附实验来模拟样品的吸附过程，从而计算页岩的吸附气含量，也无法获得游离气含量。

8. 页岩气赋存方式测井判识

基于上述响应机理，页岩气赋存方式可以通过饱和水岩石电阻率实验测量与实际测井资料对比获得。

饱和水岩石电阻率是岩石完全不含气状态下的实验测量电阻率值，代表了地层完全含水情况下的电阻率，基本没有气的影响，而测井得到的电阻率是当前真实地层状态的电阻率，将二者进行比较即可得到含气性信息。如果测井电阻率值与饱和水岩石电阻率相等或接近，代表地层当中基本没有游离气的存在，当测井电阻率高于饱和水岩石电阻率时，表明地层有游离气的存在，且差值与含气饱和度正相关。

如表 5-2-3 所示，威 202 井岩电实验与电阻率测井对比结果显示，1 小层真实地层电阻率（测井值）与饱含水状态电阻率非常接近，二者比值为 1.2~2.6。5 小层真实地层电阻率远大于饱含水状态电阻率，二者比值为 4.2~6.4。由此表明 1 小层游离气含量较低，页岩气主要以吸附气为主，5 小层游离气含量较高，页岩气以游离气为主。

表 5-2-3　岩电实验测量电阻率与测井电阻率对比表

小层号	井深 /m	饱和水实验测量电阻率 R_0/（Ω·m）	测井电阻率 R_t/（Ω·m）	R_t/R_0
1 小层	2551.48	21.0	27.46	1.3
	2554.04	24.3	29.75	1.2
	2557.99	13.0	33.3	2.6
5 小层	2570.96	24.9	105.6	4.2
	2573.2	44.2	284.9	6.4

二、以游离气为核心的页岩气层类型划分方案

将岩性、物性、含气性（包括页岩气赋存方式）综合考虑，建立以游离气含量为核心的页岩气类型划分标准，以更加适合实际生产需求。根据TOC、吸附气含量、脆性矿物含量、孔隙度、游离气含量（为便于使用，含气量以测井计算含气饱和度代替），将威远地区龙马溪组页岩地层分为游离型、过渡型和吸附型三大类（表5-2-4）。

表5-2-4 页岩气层类型划分标准

页岩气层类型	岩性	脆性矿物/%	TOC/%	吸附气量/m³/t	孔隙度/%	游离气饱和度/%	级别划分
游离型	硅质页岩	>80	—	—	>8	>80	Ⅰ类
		>80	—	—	5～8	60～80	Ⅱ类
		>80	—	—	<5	50～60	Ⅲ类
过渡型	含砂质泥页岩	50～80	>3	>3	>8	40～50	Ⅰ类
		50～80	2～3	2～3	5～8	30～40	Ⅱ类
		50～80	<2	<2	<5	<30	Ⅲ类
吸附型	泥质页岩	<50	>3	>3	>5	<30	Ⅰ类
		<50	2～3	2～3	3～5	<30	Ⅱ类
		<50	<2	<2	<3	<30	Ⅲ类

游离型页岩气层主要指标参数要求岩性为脆性矿物（石英、长石、云母）含量大于80%的硅质页岩，页岩气以游离气为主，游离气含气饱和度大于50%，对于TOC、吸附气量不做要求，并且测井计算孔隙度在8%以上。在此基础上，还可根据游离气饱和度及孔隙度变化将其细分为Ⅰ、Ⅱ、Ⅲ类。

过渡型页岩气层主要指标参数要求岩性为脆性矿物（石英、长石、云母）含量为50%～80%的含砂质泥页岩，游离气含气饱和度为30%～50%，页岩气类型为游离气与吸附气共存。根据TOC、吸附气含量以及游离气饱和度及孔隙度变化，过渡型页岩气也可以细分为Ⅰ、Ⅱ、Ⅲ类。

吸附页岩气层主要指标参数要求岩性为脆性矿物（石英、长石、云母）含量小于50%的泥质页岩，页岩气主要以吸附气为主，游离气含气饱和度低于30%。根据TOC、吸附气含量变化，吸附页岩气层同样可以细分为Ⅰ、Ⅱ、Ⅲ类，此类页岩气层基本与Q/SY 1847—2015《页岩气测井评价技术规范》原标准保持一致。

根据标准Q/SY 1847，威远地区威202井龙一$_1^1$小层中下部（5小层附近）的脆性矿物高达80%，含气饱和度在90%左右，且测井计算孔隙度在10%以上，划分为游离型页岩气层；龙一$_1^1$段上部（4小层附近）的脆性矿物小于50%，含气饱和度小于30%，划

分为吸附型页岩气层；龙一$_1^2$小层（3小层）以及龙一$_1^4$小层下部（1小层）脆性矿物在50%以上，含气饱和度为40%~50%，TOC大于2%，划分为过渡性页岩气；龙一$_1^3$小层下部（2小层）脆性矿物小于10%，含气饱和度小于10%，TOC大于2%，划分为吸附型页岩气层。

游离型页岩储层以游离气为主，在生产过程中初始产量比较高，然后快速递减。过渡性的页岩储层以游离气、吸附气共存，初始产量低，递减速度慢。吸附型页岩储层以吸附气为主，初始产量低，产量递减缓慢。

威202H2平台6口井生产曲线显示威202H2-4井、威202H2-5井具有20×10^4~$30\times10^4 m^3/d$以上的初产，但开发初期具有很强的递减速率。在不到1年半的时间内（威202H2-4井515天，威202H2-5井436天），其产量从开发初期$20\times10^4 m^3/d$以上快速下降至$4\times10^4 m^3/d$左右。然而，在此快速递减期内，其产气量分别占总产气量的75%以上。根据国外页岩气开发经验，此类页岩气为典型的游离型页岩气层。威202H2-6井生产曲线表明，该井具有短暂的快速递减期，产气量在150天左右的时间内由原来的$7\times10^4 m^3/d$左右递减到$4\times10^4 m^3/d$以下。在此期间，累计产气量分别占产气总量的32%，贡献率较小，表现出过渡型页岩气特征。而其他井基本上以低产缓慢递减为主，没有快速递减期，为吸附型页岩气层。

需要注意的是，吸附气、游离气是页岩气主要的两种赋存方式，必然同时存在于页岩气层之中，任何页岩气层不可能完全是游离气，也不可能完全是吸附气，只是两种类型页岩气富集程度上存在差异。基于游离气为核心的页岩气层类型划分不是将其完全割裂成三种类型，而是将游离气富集程度作为主要指标进行分类。

这种分类对于页岩气效益开发具有一定指导意义。游离气型页岩气层初产高，见效快，是威远页岩气开发的首选目标，随着工艺改造技术不断进步，混合型页岩气层也将是效益开发的可选目标，而对于纯吸附型页岩气层而言，除非工艺改造有革命性突破，否则很难进行效益开发。

第三节 页岩气藏测井综合品质评价

随着四川盆地页岩气勘探开发的不断深入，地质、工程、试油资料的不断丰富，对页岩气藏储层综合品质评价与气藏测井精细描述的要求也在不断提高。从长宁—威远区块生产现状来看，不仅页岩气水平井单段压裂产能差异较大，井与井之间的产能差异也较大，致使页岩气精细解释评价与描述的难度不断加大。与此同时，深层页岩气储层综合品质评价与气藏测井精细描述刚刚起步，尚无经验可循。针对上述问题，围绕四川盆地长宁—威远页岩气及其周缘深层页岩气的基本地质特征，先后开展了优质页岩气层测井特征识别、页岩气关键参数井震结合解释、页岩微细裂缝测井评价、页岩气产能预测、页岩气储层综合品质评价、页岩气三维空间分类表征，实现了在长宁—威远示范区及四川周缘页岩气开发中的规模应用，获得了显著的应用成效。

一、页岩微细裂缝测井评价

根据交叉偶极阵列声波资料,以及岩心矿物骨架成分值、深浅双侧向电阻率的差异、三孔隙度曲线之间的差异,来评价页岩气微细裂缝发育程度,建立了裂缝发育指数评价新方法、斯通利波能量衰减评价法;通过远探测声波 XMFC-F1 测井资料在地质反射界面的变化特征来提取裂缝发育类型、产状等相关地质信息。

1. 页岩气微细裂缝测井评价远探测声波评价法

1) 基于常规测井原理

(1) 反射声波测井基本原理:声源在井中激发,会产生各种模式波,主要包括泄漏模式波和简正模式波,前者指的主要是滑行波,后者主要是指面波和斯通利波。这些波的传播被局限在井眼附近,因而可以反映井眼周围较近范围的地层性质。波主要在井眼及其附近传播是因为井内液体和井壁的波阻抗差异较大,声波能量的投射系数很小。由于井内液体和井壁的这种波阻抗特性,井壁周围的小范围成了声波的非理想波导,这种非理想波导必然会造成两种结果:一是能量中的绝大部分被局限在井轴方向;二是少部分的能量泄漏到井壁以外的地层中去。

井壁的非理想波导特性造成部分能量的泄漏,形成了泄漏模式波。泄漏模式的存在,必然会造成井中能量的辐射,这部分能量以纵波和横波的形式向井周传播。如果介质是均匀的,纵波和横波的传播不会受到干扰和改变而传到无穷远处。然而,事实上,实际地层并非是理想的各向同性介质,地层的不均匀性使得其内部存在各种各样的波阻抗界面,这些波阻抗界面会改变纵波和横波的传播规律。纵波和横波在传播过程中碰到波阻抗界面时,会产生反射,反射的结果是产生了传播方向与原来反向的反射纵波和反射横波。由于反射过程中,波的传播方向都会发生改变,因而理想介质条件下那些辐射到无穷远处的能量在实际地层条件下会有一部分再回到井中,并且被接收探头记录下来,成为研究井周较远处阻抗界面最直接的手段。

反射声波远探测测井技术就是以井中声源辐射到井外地层中的声场能量作为入射波,探测从井旁地质构造反射回来的声场,通过分析处理接收器接收到的声波信号,对井周围的地层构造进行声波成像,并获得井旁地质构造的图像。

反射声波测井井中记录到的远探测反射信号受一系列因素影响,具体表达式如下:

$$RWV(\omega) = S(\omega) \cdot RD(\omega) \cdot RC(\omega) \cdot e_{-\omega T/2Q} \cdot RF/D \quad (5-3-1)$$

式中　RWV——井孔中接收到的反射信号;
　　　S——包括仪器的发射和接受系统的传递函数;
　　　RD——声源在远场的辐射指向性;
　　　RC——井孔接收调制(根据互易原理,RC 随入射角变化与 RD 随出射角的变化是一致的);
　　　RF——进入地层声波在反射界面处的反射系数(反射波在地层中传播过程中会衰减,由两个因素控制,分别为沿传播路径 D 的几何扩散 $1/D$ 和衰减 $e_{-\omega/2Q}$);

T——沿传播路径 D 传播的总时间；

Q——衰减因子。

式（5-3-1）表明，若理论上记录到的波形时间大于 T，且反射信号大于噪声，即可从单极或偶极数据中提取到反射波信号，并对井旁反射体成像。

反射声波远探测测井采用阵列声波测井，按波的传播形式不同可分为 P 波和 S 波远探测；按声源的不同可分为单极子纵波、偶极子横波和交叉偶极子横波远探测，由于偶极子横波远探测不能全面覆盖井周范围，其应用较少，通常将交叉偶极子横波远探测称为偶极横波远探测。

单极子源换能器一般为圆管状，对称地以膨胀、收缩方式振动，均匀地向地层发射能量，在井中激发全波列波形，包括地层纵波、地层横波（硬地层）、斯通利波等。偶极子源为非对称源，只能在横向上以压缩与拉伸产生单方向压力引起井壁弯曲振动，从而在软、硬地层中产生弯曲波。

（2）偶极横波远探测测井基本原理：横波的特点是质点的振动方向与波的传播方向垂直，因此在振动平面内，可将横波位移矢量分解为水平面内的水平分量 SH 波和竖直平面内的竖直分量 SV 波。偶极横波远探测就是利用横波水平分量 SH 波进行反射声波成像。

在式（5-3-1）的理论模型中非常重要的一个因素是井眼对于入射波的响应 RC，对于横波入射来讲，井眼响应有着非常明显的特征。若将井眼接收特性定义为井中流体位移与入射 SH 或 SV 波位移之比，研究其随入射角变化的关系。

在高速围岩地层 0.2m 井径的充液井中，SH 和 SV 波以不同角度入射至井眼时，接收振幅比的变化。SH 波入射时，在非常宽的入射角均有较好的响应，意味着较广的井周覆盖性，而当 SV 波入射时，随入射角接近 90°时，振幅比快速衰减为 0，意味着当射线接近垂直井眼时，将无法接收到 SV 波。井眼对于 S 入射波的此种响应特征对于偶极横波成像的进一步研究非常重要。

在式（5-3-2）和式（5-3-3）的理论模型中另外一个非常重要的因素为井中声源在远场的辐射特性 RD。一直以来偶极声波测井用于测量地层速度与方位各向异性，其显著特点为声源与接收均具有方向性，声源激发和接收器接收到的质点振幅、振动方向随方位不同而变化。激发或接收的振幅大小取决于 S 波质点振动方位（极化）与声源或接收器指向方位间的夹角 Φ，Schmitt 给出了在一口直井内，偶极声源激发产生的 SH 和 SV 波具有如下方位特性：

SV 波，极化方向为竖直平面：

$$u_\theta \propto \sin\Phi \tag{5-3-2}$$

SH 波，极化方向为水平：

$$u_\Phi \propto \cos\Phi \tag{5-3-3}$$

式中 Φ——方位角；

θ——与井轴夹角；

u_θ、u_Φ——SV、SH 波位移。

依据 Ben-Menahem 等人的研究，充液井中单极子声源在远场的辐射可以简化为无井情况下的一个等价力源。与此类似，充液井的低频偶极子声源的远场辐射与无限介质中的单力源的辐射是完全等同的，其表达式为：

$$u_\theta \propto \cos\theta\sin\Phi \tag{5-3-4}$$

$$u_\Phi \propto \cos\Phi \tag{5-3-5}$$

这种等价性可以从另外两个角度来看待，首先，有同样形式的方位特性；其次，在低频偶极子辐射情况下，沿 X 轴水平激发的偶极子声源，水平 XOY 平面内产生的 SH 波位移 u_Φ 可以忽略井眼影响，对于 XOZ 剖面内的 SV 波位移 u_θ 同样如此。

图 5-3-1 立体地展示了沿 X 轴激发的井中偶极声源的远场辐射特性。在 YOZ 垂直面内 $\Phi=0°$，井外辐射的 S 波仅存在 SH 波分量，无 SV 波，且振动大小一致；在 XOZ 垂直面内 $\Phi=90°$，井外辐射的 S 波仅存在 SV 波分量，无 SH 波，且 SV 振幅受 $\cos\theta$ 调制；若分别在 X、Y 轴设置间隔为 1m 的垂直接收器排列，通过数值模拟得到如图 5-3-1 所示的信号对比图。

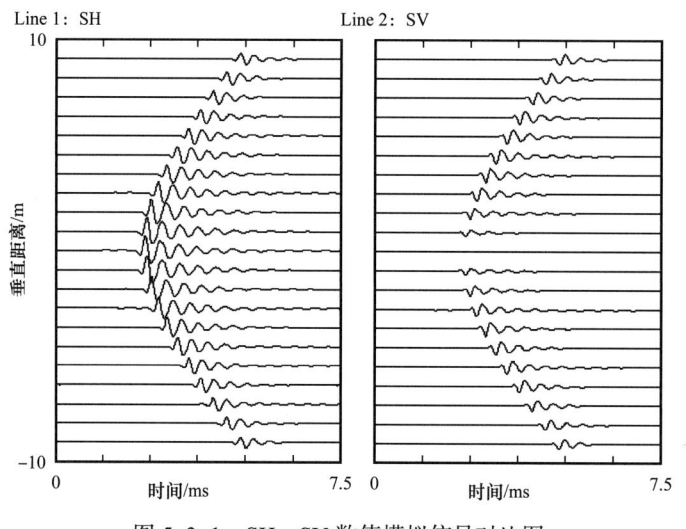

图 5-3-1　SH、SV 数值模拟信号对比图

图 5-3-1 表明，接收排列 1 上的 SH 信号整体上比接收排列 2 上的 SV 信号强。原因为 SH 信号强度与入射角 θ 无关，仅受球面扩散影响；而 SV 波由于同时受入射角 θ 与球面扩散影响。因此，对于深横波成像而言，理论上 SH 分量信号成像质量将优于 SV 分量信号。

假设测量系统对于整个反射体来说，反射仅发生在由井轴、反射线构成的二维竖直反射面内。偶极子 x 声源与反射面余角为 Φ。由于井中偶极声源的远场辐射特性等价于单力源，所以 x 声源产生的力可以矢量分解为两个正交方向的分量，其中一个分量在反射面内，另一个分量垂直于反射面，其对应的关系式如下：

$$SH = S \cdot \cos\Phi \ ;\ SV = S \cdot \sin\Phi \tag{5-3-6}$$

式中 S——偶极声源信号强度。

SH 分量在反射面内产生纯 SH 波；而 SV 分量在反射面内产生纯 SV 波；假设地层为各向同性介质，SH、SV 波以相同的入射与反射路径。现在考虑 x 与 y 接收器对于 SH、SV 波的接收投影，四分量信号与 SH、SV 波间存在如下关系：

$$\begin{cases} xx = \text{SH} \cdot \cos^2\Phi + \text{SV} \cdot \sin^2\Phi \\ xy = -(\text{SH}-\text{SV}) \cdot \sin\Phi\cos\Phi \end{cases} \begin{cases} yy = \text{SH} \cdot \sin^2\Phi + \text{SV} \cdot \cos^2\Phi \\ yx = -(\text{SH}-\text{SV}) \cdot \sin\Phi\cos\Phi \end{cases} \quad (5-3-7)$$

式中 xx、yy——声源 x 发射 x 接收、y 发射 y 接收的内联信号；

xy、yx——声源 x 发射 y 接收、y 发射 x 接收的正交信号。

通过式（5-3-7）中可推出 SH、SV 波的表达式为：

$$\begin{cases} \text{SH} = xx \cdot \cos^2\Phi - (xy+yx)\sin\Phi\cos\Phi + yy \cdot \sin^2\Phi \\ \text{SV} = xx \cdot \sin^2\Phi + (xy+yx)\sin\Phi\cos\Phi + yy \cdot \cos^2\Phi \end{cases} \quad (5-3-8)$$

式（5-3-8）表明，对于夹角为 Φ 的反射体，当 Φ 为 0°或 180°时，仅有 xx 分量测得反射体信号，xx 即为 Φ 方位的 SH 波信号；相对地，yy 即为此方位的 SV 信号。当夹角 Φ 为 90°或 270°时，仅有 yy 分量测得反射体信号，yy 即为 Φ 方位的 SH 波信号；相对地，xx 即为此方位的 SV 信号。而当反射体位于其他方位时，四个分量 xx、yy、xy、yx 均能测得反射体信号。因此正交偶极具有良好的井周覆盖性，能够接收到井周各个方位的反射信号。

斯通利波在井筒内沿井壁表面传播，沿垂直井壁方向振动。斯通利波的能量与井壁的径向距离呈指数关系衰减。井壁上由于溶蚀孔、洞、缝的存在会导致斯通利波传播速度的变化，产生斯通利波的反射，导致斯通利波的能量衰减。斯通利波是评价储层渗透性（裂缝）的有效手段之一，在页岩气储层在一定程度上可以利用斯通利波能量来划分裂缝发育段。

斯伦贝谢公司在对 Thrubit 交叉偶极阵列声波处理过程中，未能提供斯通利波能量衰减曲线，在对裂缝段的划分上仅能通过低频斯通利波波形的异常对裂缝段进行划分，所以对 Thrubit 的低频斯通利波能量的提取需要技术攻关。

经过攻关，中油测井公司在对 Thrubit 交叉偶极阵列声波的数据解编基础上，对 Thrubit 的时差和能量进行提取，并编制了处理软件。

2）Thrubit 交叉偶极阵列声波仪器结构及数据解编

仪器结构：TBT 是斯伦贝谢公司过钻头测井系统 ThruBits 的新型声波测井仪器，有小型化 SonicScanner 之称。主要特点：一是无割缝仪器外壳设计；二是 CHIRP 偶极声波发射器具有连续、宽频、高信噪比等优势；三是 12 级独立的接收器组较大程度地改善了波形数据质量（图 5-3-2）。

接收器间距为 4in，单极发射器到第 1 组接收器间距为 5.85ft、偶极发射器到第 1 组接收器间距为 6.5ft。

（1）数据解编：斯伦贝谢公司过钻头测井系统 ThruBits 数据格包括了单极发射记

录的12组高频全波波形和12组低频全波波形；偶极发射记录4个方位共48组横波波形。

电子线路	声波探测器	阻隔设计	单极/偶极发射器
MAPC	MAMS	MASS	MAXS

图 5-3-2　Thrubit 交叉偶极阵列声波仪器结构图

（2）具体曲线名：

高频全波为 SWFA_MH；低频波形为 SWFA_ML；横极横波：SWFA_XDIN、SWFA_XDOF、SWFA_YDIN、SWFA_YDOF。

（3）时差处理流程：对于 TBT 阵列声波资料，根据测井资料的实际情况，选择不同的波形对时差进行提取。

① 纵波时差提取使用高频全波波形组 SWFA_MH；

② 横波时差提取使用 XX 或 YY 方向偶极横波波形组，即 SWFA_XDI 或 SWFA_YDI；

③ 斯通利波时差提取使用低频全波波形组 SWFA_LH。

（4）能量处理流程：对于 ThruBits TBT 全波能量提取，采用了分窗统计算法来提取各模式波的能量信息。

Thrubit 阵列声波处理软件开发极睿解释平台针对 TBT 仪器，采用 WaveTool 处理模块对 TBT 仪器的慢度、能量进行处理。

2. Thrubit 交叉偶极声波资料处理解释

1）威 204H39-5 井斯通利波能量处理解释

威 204H39-5 井共解释 12 段裂缝发育段，共 455m（图 5-3-3 和表 5-3-1）。

2）威 204H39-6 井斯通利波能量处理解释

威 204H39-6 井共解释 12 段裂缝发育段，共 283m（图 5-3-4 和表 5-3-2）。

3. 页岩气微细裂缝测井评价裂缝指数法

1）计算地层岩石体积压缩系数 $C_{\log}$

$C_{\log}$ 计算公式为：

$$C_{\log} = 1.0824 \times 10^{-5} \cdot \frac{3\Delta t_s^2 \cdot \Delta t_c^2}{\rho \cdot \left(3\Delta t_s^2 - 4\Delta t_c^2\right)} \qquad (5\text{-}3\text{-}9)$$

式中　Δt_s，Δt_c——横波时差、纵波时差，μs/ft；

ρ——地层密度，g/cm³。

Δt_s、Δt_c、ρ 这三个量都是测井仪器通过测量地层得到的测量数据。

将测井测量的数据代入式（5-3-9）中，就可以计算出岩石体积压缩系数 $C_{\log}$（单位：GPa⁻¹）。

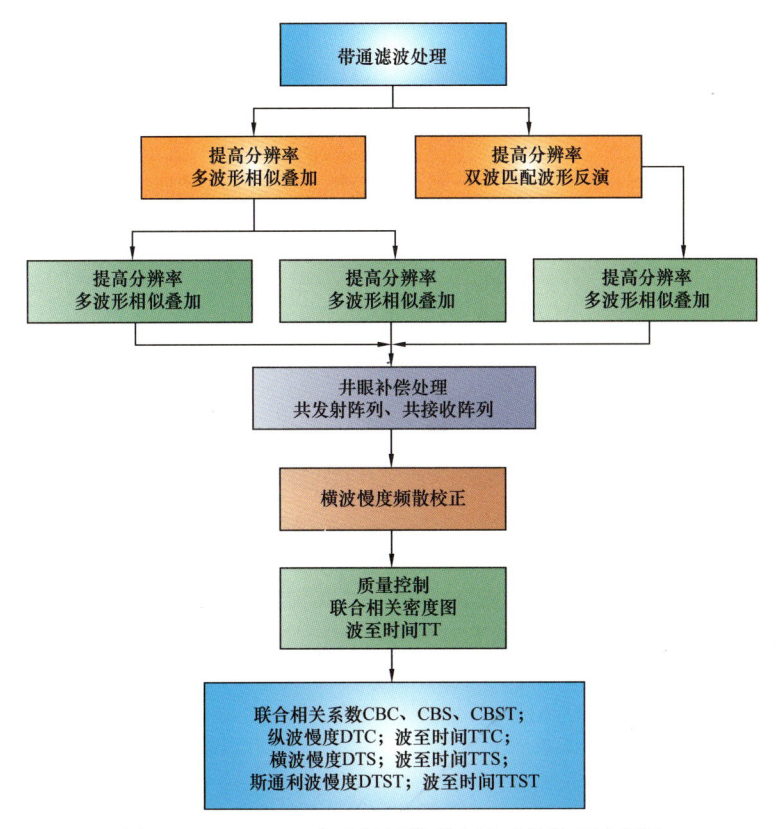

图 5-3-3　Thrubit 交叉偶极阵列声波时差处理流程图

表 5-3-1　威 204H39-5 井微细裂缝评价表

序号	层位	井段 /m	厚度 /m	解释结论
1	龙一$_2$	3286~3294	8	裂缝发育段
2	龙一$_1^3$	3417~3435	18	裂缝发育段
3	龙一$_1^1$	3526~3540	14	裂缝发育段
4	龙一$_1^1$	3560~3573	13	裂缝发育段
5	龙一$_1^1$	3600~3635	35	裂缝发育段
6	龙一$_1^1$	3678~3738	60	裂缝发育段
7	龙一$_1^1$	3750~3813	63	裂缝发育段
8	龙一$_1^1$	3967~4012	45	裂缝发育段
9	龙一$_1^1$	4107~4250	43	裂缝发育段
10	龙一$_1^1$	4307~4321	14	裂缝发育段
11	龙一$_1^1$	4531~4546	15	裂缝发育段
12	龙一$_1^1$	4598~4725	127	裂缝发育段

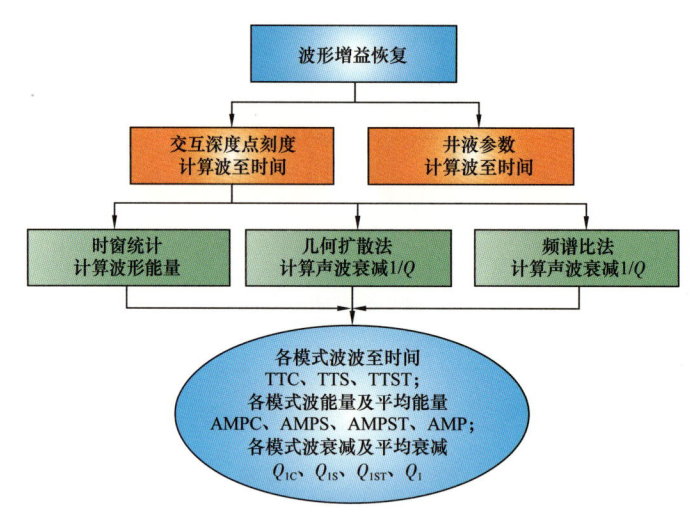

图 5-3-4　Thrubit 交叉偶极阵列声波能量处理流程图

表 5-3-2　威 204H39-6 井微细裂缝评价表

序号	层位	井段 /m	厚度 /m	解释结论
1	龙一$_1^4$	3521～3546	25	裂缝发育段
2	龙一$_1^1$	3588～3600	12	裂缝发育段
3	龙一$_1^1$	4000～4032	32	裂缝发育段
4	龙一$_1^1$	4103～4123	20	裂缝发育段
5	龙一$_1^1$	4175～4245	70	裂缝发育段
6	龙一$_1^1$	4383～4403	20	裂缝发育段
7	龙一$_1^1$	4441～4449	8	裂缝发育段
8	龙一$_1^1$	4694～4722	28	裂缝发育段
9	龙一$_1^1$	4767～4779	12	裂缝发育段
10	龙一$_1^1$	4790～4798	8	裂缝发育段
11	龙一$_1^1$	4917～4955	38	裂缝发育段
12	龙一$_1^1$	5365～5375	10	裂缝发育段

2）计算含气饱和度 S_g

S_g 计算公式为：

$$S_g = 1 - \sqrt[n]{\frac{a \cdot b \cdot R_w}{R_t \cdot \phi^m}} \qquad (5\text{-}3\text{-}10)$$

式中　a、b——与岩性相关的参数（通过岩电实验可以得到，在没有进行实验的情况下，对于非常规页岩气，可以取默认值 $a=1$，$b=1$）。

通过岩电实验可以得到，在没有进行实验的情况下，对于非常规页岩气，可以取默认值 $m=2$，$n=2$；

R_w 是地层水电阻率，单位为 $\Omega\cdot m$，默认值可以取 $R_w=0.015\Omega\cdot m$；

R_t 是原状地层电阻率，单位为 $\Omega\cdot m$，它是通过电阻率测井仪器对地层进行测量得到的测井数据；

ϕ 是孔隙度，它是通过补偿中子测井或核磁共振对地层进行测量得到的测井数据。

上述可知，a、b、m、n、R_w 是通过实验得到的区域参数，R_t、ϕ 是测井仪器通过测量地层得到的测量数据，代入式（5-3-10），就可以计算出含气饱和度 S_g（单位：%）。

3）计算岩石骨架的密度

对于非常规页岩气，其岩石骨架有 9 种岩性矿物，它们分别是干酪根、黄铁矿、石英、长石、方解石、白云石、蒙脱石、伊利石、绿泥石。对于这 9 种矿物成分的密度骨架值见表 5-3-3。

表 5-3-3　页岩气岩性矿物分成密度骨架值

序数 i	1	2	3	4	5	6	7	8	9
矿物名称	干酪根	黄铁矿	石英	长石	方解石	白云石	蒙脱石	伊利石	绿泥石
密度/（g/cm³）	1.4	4.99	2.65	2.61	2.71	2.4	2.7	2.7	2.7

页岩岩石骨架密度 ρ_m（单位：g/cm³）计算方法为

$$\rho_m = \frac{1}{1-\phi}\sum_{i=1}^{9} V_{mai}\cdot\rho_{mai} \qquad (5\text{-}3\text{-}11)$$

式中　i——第 i 种岩性矿物，序数；

　　　V_{mai}——第 i 种矿物百分比含量，%；

　　　ρ_{mai}——第 i 种矿物的密度，g/cm³。

式（5-3-11）中，各种矿物的百分比含量 V_{mai} 是地层元素测井仪器通过测量地层得到的测量数据；ρ_{mai} 对照表 5-3-3 对应取值就可以得到；ϕ 与前述含义相同。

4）计算岩石骨架纵波时差、横波时差

对于非常规页岩气岩石骨架有 9 种岩性矿物：干酪根、黄铁矿、石英、长石、方解石、白云石、蒙脱石、伊利石、绿泥石，其纵波时差骨架值见表 5-3-4。

表 5-3-4　页岩气岩性矿物分成纵波时差骨架值

序数	1	2	3	4	5	6	7	8	9
矿物成分	干酪根	黄铁矿	石英	长石	方解石	白云石	蒙脱石	伊利石	绿泥石
纵波时差/（μs/ft）	130	39	55.5	51	47.5	47.5	90	90	90
横波时差/（μs/ft）	169	61.62	86.025	79.05	90.25	73.625	166.5	166.5	166.5

页岩岩石骨架纵波时差 Δt_{cm}（单位：μs/ft）计算方法为：

$$\Delta t_{cm} = \frac{1}{1-\phi} \sum_{i=1}^{9} V_{mai} \cdot \Delta t_{c,i} \qquad (5-3-12)$$

页岩岩石骨架横波时差 Δt_{sm}（单位：μs/ft）计算方法为：

$$\Delta t_{sm} = \frac{1}{1-\phi} \sum_{i=1}^{9} V_{mai} \cdot \Delta t_{s,i} \qquad (5-3-13)$$

式中　$\Delta t_{c,i}$——第 i 种岩石矿物的纵波时差值，μs/ft；

　　　$\Delta t_{s,i}$——第 i 种岩石矿物的横波时差值，μs/ft。

5）计算岩石骨架体积压缩系数

根据计算得到的 Δt_{cm}、Δt_{sm}、ρ_m 计算岩石骨架体积压缩系数 C_m（单位：GPa^{-1}），计算式为：

$$C_m = 1.0824 \times 10^{-5} \cdot \frac{3\Delta t_{sm}^2 \cdot \Delta t_{cm}^2}{\rho_m \cdot (3\Delta t_{sm}^2 - 4\Delta t_{cm}^2)} \qquad (5-3-14)$$

6）计算岩石理论压缩系数

根据岩石体积模型阐述：岩石可看作由岩石骨架和孔隙流体（气、水两相）两部分组成，则岩石理论压缩系数 C_{th}（单位：GPa^{-1}）可由下式来计算：

$$C_{th} = \phi \left[S_g \cdot C_g + (1-S_g) \cdot C_w \right] + (1-\phi) \cdot C_m \qquad (5-3-15)$$

通过实验可以得到天然气体积压缩系数 C_g，水的压缩系数 C_w；其值分别为：C_g=0.56GPa^{-1}，C_w=0.043GPa^{-1}；代入公式（5-3-15）就得到了岩石理论压缩系数 C_{th}。

7）计算裂缝发育指数 FI

非常规页岩气裂缝发育指数计算方法主要考虑了实测地层岩石体积压缩系数 C_{log} 与基于页岩矿物成分计算的理论体积压缩系数 C_{th} 之间的差异信息，同时还考虑原状地层电阻率 R_t 与地层冲洗带电阻率 R_{xo} 之间的差异信息，非常规页岩气裂缝发育指数 FI（无单位）计算式为：

$$FI = \begin{cases} (C_{log} - C_{th}) \cdot \sqrt[m]{\dfrac{R_{mf}}{R_{xo}} - \dfrac{R_w}{R_t}} & (C_{log} \geq C_{th}, R_t \geq R_{xo}) \\ (C_{log} - C_{th}) \cdot \sqrt[m]{K_R \dfrac{R_{mf}}{R_{xo}} - \dfrac{R_w}{R_t}} & (C_{log} \geq C_{th}, R_t < R_{xo}) \\ 0 & (C_{log} < C_{th}) \end{cases} \qquad (5-3-16)$$

式中　R_{mf}——冲洗带钻井液滤液的电阻率（在进行测井时，通过测量可以得到），$\Omega \cdot m$；

　　　R_{xo}——地层冲洗带电阻率（通过测井仪器对地层进行测量可以得到），$\Omega \cdot m$；

K_R——水平缝标识参数，默认取值 $K_R=1.3$。

根据式（5-3-16）就可以计算出非常规页岩气裂缝发育指数 FI。

二、页岩气产能预测

1. 储层产能控制因素分析

1）优质页岩气层的测井特征

从已试油的 33 口评价井的测井曲线特征来看，长宁—威远区块的优质页岩气层都具备以下测井和地质特征：（1）高伽马、低密度、高孔隙度和中—高脆性矿物含量是页岩气储层的基本测井特征；（2）高电阻是评价页岩气含气量和单层高产的重要指标；（3）低倾角、无复杂构造是页岩气保存的根本条件；（4）纵向上优质页岩气层的厚度是单井能否稳产和高产的关键因素。

长宁—威远区块的综合测井曲线图中，最左边自然伽马和无铀伽马的充填部分，形态越饱满，其有机质含量越高。三孔隙度曲线中声波值越大、密度值越低代表孔隙物性越好，同时密度在井眼较好的情况下也与有机碳含量呈现较好的正相关性。中子曲线则是岩性与物性的综合结果，中子幅度值降低，表现脆性矿物越高。电阻率曲线是反应含气性最为"灵敏"的指标，且以块状电阻率为主。威 202 井的龙一$_1^1$小层、宁 201 井的龙一$_1^1$—龙一$_1^2$小层、威 204 井的龙一$_1^1$小层底部均呈现块状优质页岩气层特征，且宁 201 井较威 202 井和威 204 井在优质页岩厚度上更占优势（这也是长宁区块较威远区块产能好的主要因素之一）。长宁—威远区块在页岩气保存条件上也有着较好的表现，构造条件较为简单，未出现大型的揉皱或断层，且地层倾角较低，主力优质储层龙一$_1^1$小层地层倾角均在 10°以内。

2）产能预测敏感参数的提取

以上单井直井的常规综合测井曲线来看，优质页岩气层与岩性、物性、电性等均具有较好的正相关性。但是页岩气开发主要是水平井试油生产，其实际产能的高低除了本身的储层品质外，还与工程施工有着重要的关系。为了更加准确地建立页岩气水平井产能预测模型，需要将产能主控因素中的各项关键参数提取出来，建立预测模型。

（1）测井评价 4 项关键参数提取。

通过长宁 3 口井、威远 6 口井的生产测井资料与常规资料对比分析，认为长宁—威远优质储层主要集中在龙一$_1^2$和龙一$_1^1$这 2 个小层。

以威 204H6-5 的生产测井评价为例（表 5-3-5），龙一 1^4—龙一 1^1 这 4 个小层均有产能，但主力产层段在龙一$_1^1$小层。利用测井解释成果参数与单段产能进行相关性分析，其中，总有机碳含量（TOC）、含气量（QALL）、孔隙度（POR）和脆性指数（BRIT）这 4 项关键参数与产能关系密切。总有机碳含量、含气量、脆性指数和孔隙度与单段的页岩气产能具有一定的正相关关系，可用这 4 项关键参数与单井总产能，建立产能预测模型。

（2）体积压裂关键参数提取。

体积压裂对于提高页岩气单井产能有着重要影响，体积压裂目的是形成裂缝网络、建立渗流通道、增加供气单元,但这些参数难以直接获得,便于评价方便,仅从压裂施工参数对施工效果进行间接评价,当然施工规模也可能会与实际施工的效果有较大出入。分别从实际压裂段长、段数、单井总加砂量、单井总加液量这 4 个方面进行相关性分析。单井产能与压裂改造工程的强度呈现宏观的正相关关系,和实际压裂改造的段数与实际压裂段长也呈现正相关关系,因此这 4 项参数也需要放进产能预测公式里面。

表 5-3-5　威 204H6-5 井单段产能贡献表

序号	小层	第一种制度产量 /（10^4m^3）	第一种制度产量占比 /%
20	龙一$_1^1$	0.2053	4.53
19	龙一$_1^2$	0.192	4.24
18	龙一$_1^2$	0.2293	5.06
17	龙一$_1^2$	0.1748	3.86
16	龙一$_1^2$	0.3466	7.65
15	龙一$_1^1$	0.4454	9.83
14	五峰组	0.0131	0.29
13	龙一$_1^{1-2}$	0.3226	7.12
12	龙一$_1^{2-3}$	0.0846	1.87
11	龙一$_1^4$	0.1128	2.49
10	龙一$_1^4$	0.4071	8.99
9	龙一$_1^3$	0.3192	7.05
8	龙一$_1^3$	0.5122	11.31
7	龙一$_1^3$	0.133	2.94
1～6	龙一$_1^{1-3}$	1.0316	22.77

2. 页岩气产能预测方法研究现状

页岩气平台水平井单段、单簇之间产能差异较大,产能与储层地质参数的关系复杂多变,规律性难以把握。据此,开展了水平井生产测井、压裂缝高测井试验,开展储层有机碳含量、孔隙度、含气量、脆性指数、砂量、液量、构造变化、微裂缝发育等对产量影响程度分析,提取产量敏感参数,建立了基于储层综合评价因子结合工程参数和厚度参数的产能预测模型。成果表明,页岩气井产能受地质和工程多种因素控制,合理选择钻井靶体、优化施工参数对于提高单井产量具有重要意义。

页岩气藏不同于常规的碎屑岩和碳酸盐岩油气藏,其"自生、自储"的气藏特征决定了页岩气藏有别于常规气藏的评价模型和开采方式,产能预测方法也具有其特殊性。许多学者对产能影响因素和预测方法进行了探索。中油测井辽河分公司王忠东对威远区块研究认为页岩气储层的有机碳含量、孔隙度、渗透率、含气量、石英等脆性矿物含量、储层厚度等地质因素是决定其产气能力的关键因素。优质页岩气层（Ⅰ类页岩气层）是页岩气井产气量的主要来源。并用统计方法和神经网络法建立了产能预测模型。中国石化江汉研究院梁榜研究认为有机碳含量、脆性指数及单井压裂总液量是页岩气井初期产能的主控因素。中国石油海洋工程公司钱旭瑞运用数字模拟方法对压裂效果评价，认为单翼裂缝并不能达到页岩气增产的目的，页岩气压裂后改造体积的大小是影响产能的关键，压裂过程中支裂缝条数越多，改造体积越大，增产效果越明显。

通过对长宁—威远大量测井资料（生产测井）与试油资料的对比分析认为，页岩气产量高低不仅受储层品质（含气量、孔隙度、微裂缝等）的影响，更会受工程因素的制约，包括脆性、复杂缝网及泄流面积、SRV 体积等，也要受到支撑剂的质量和支撑效果以及压裂施工质量的干扰，同时体积压裂范围内纵向各小层储层品质与工程品质的差异对产量的重要影响往往被忽视。因此，页岩气储层测井综合评价与产能预测需要从源岩品质、储层品质和工程品质入手，提取反映产能高低的敏感参数，选取合理的方法建立产能预测模型，实现初期产量估算的目的。

以四川盆地长宁—威远国家页岩气开发示范区已投产的 60 口井的水平井测井和试油资料为基础，结合四川盆地 6 口页岩气导眼井的典型测井曲线对比图，从页岩气水平井的源岩品质、储层品质、工程品质、纵—横向上可动用的优质页岩气层厚度这 4 个方面出发，找到页岩气产能预测的敏感参数，建立页岩气水平井非线性产能预测模型。

3. 产能预测公式的建立

1）测井综合品质因子计算

根据中国石油暂行页岩气测井采集与评价技术管理规定，将页岩气储层分为Ⅰ、Ⅱ、Ⅲ 3 类；分类评价的参数为总有机碳含量 TOC、含气量、孔隙度和脆性指数（表 5-3-6），同时根据四川盆地内部分类评价标准将 4 项关键参数赋予不同的权重（表 5-3-7），通过 4 项关键参数的判别标准和权重计算得出一个综合品质因子。根据综合品质因子的大小来对Ⅰ、Ⅱ、Ⅲ类页岩气储层进行判别划分。

表 5-3-6 页岩气水平井储层测井分类评价标准

项目	评价参数		分类			备注
	指标单位		Ⅰ	Ⅱ	Ⅲ	
烃源岩	总有机碳含量 /%		>3	2~3	<2	
物性特征	孔隙度 /%		>5	3~5	<3	孔隙型储层
			>4	3~4	<3	裂缝型储层
含气性	游离和吸附气量 /（m³/t）		>3	2~3	<2	
岩石力学	脆性指数 /%		>55	35~55	<35	

注：页岩气测井采集与评价技术管理规定（试行）—2015.2.26。

表 5-3-7　页岩综合品质分类评价标准

指标	单项参数	单项分类后权重系数			综合品质		
	单项权重	Ⅰ权重	Ⅱ权重	Ⅲ权重	Ⅰ	Ⅱ	Ⅲ
总有机碳含量 TOC	0.3	1	0.7	0.4	综合品质 ≥0.85	综合品质 ≥0.60	综合品质 <0.60
孔隙度 POR	0.2	1	0.7	0.4			
含气量 QALL	0.3	1	0.7	0.4			
脆性指数 BRIT	0.2	1	0.7	0.4			

TOC 评价因子 =（TOC 单项分类后权重系数）×TOC 单项权重　　（5-3-17）

POR 评价因子 =（POR 单项分类后权重系数）×POR 单项权重　　（5-3-18）

QALL 评价因子 =（QALL 单项分类后权重系数）×QALL 单项权重　（5-3-19）

BRIT 评价因子 =（BRIT 单项分类后权重系数）×BRIT 单项权重　（5-3-20）

综合品质评价因子 =（TOC+POR+QALL+BRIT）评价因子　　（5-3-21）

2）单井试油产能模型回归

将长宁区块 41 口和威远区块 30 口已测试产能（单井水平段长均为 1500m 左右、段数 21 段、压裂强度 1.4t/m），且进行了综合测井的单井试油成果数据点与单井测井综合品质因子进行交汇分析，得出以下初步指数回归公式：

威远单井预测产能 =0.1108×exp（5.6234× 综合品质评价因子）　（5-3-22）

3）产能预测模型工程品质系数

产能预测模型虽然建立了单井测试产能与测井综合品质因子的关系式，但是工程压裂规模的大小与单井产能有着非常重要的关系。测井所评价的 TOC、含气量、孔隙度和脆性指数为产能预测的地层静态参数，而工程规模相关的段长、段数、加砂量和加液量则为实际生产中的动态参数，也直接影响着页岩气产出量的多少。从压裂改造工艺来看，现今压裂工程进行"密集切割"，压裂段长由 70m 缩小至 50m 左右，压裂强度由原来的 1.3~1.5t/m，提高到 2.0~2.5t/m，为此，需将长宁—威远单井产能预测模型进行必要修正和改进。

工程品质系数 =（实际压裂段长 /1500m）×（实际压裂段数 /21 段）
×（实际压裂强度 /1.4t/m）　　（5-3-23）

威远单井预测产能 = 工程品质系数 ×0.1108×exp（5.6234
× 综合品质评价因子）　　（5-3-24）

4）纵向可动用页岩气储层厚度系数

优质页岩气层在纵向上可动用的厚度在页岩气实际产出上起着至关重要的作用，是因为体积压裂动用储层的范围远大于井筒测井探测的范围，仅用测井资料探测范围的储层品质不能完全代表 SRV 体积压裂范围内的储层品质，可能会高估或低估储层的预期产量。以长宁—威远区块邻区威 206 井为例，该井水平段从有机碳含量 TOC、含气量、孔隙度和脆性指数上来看，均是 I 类储层，测井响应特征也同样指示储层品质较好，如果按照上节所表达的产能预测公式，则该井应高产。但从实际的产量测试结果来看，该井产量较低，仅达到 III 类页岩气储层的产量标准。其原因就是纵向上优质页岩气层厚度薄，仅为 1.3m，而水平井主要沿着该小层钻进，I 类优质储层钻遇率高达97.8%，从而造成井筒附近储层品质好，而远离井筒的体积压裂范围内储层品质变差。因此需要同时考虑测井代表井筒附近和体积压裂范围内储层品质的差异，可以简化为纵向上优质页岩气层厚度不同的影响，每个区块优质页岩气层的厚度可根据实际情况来确定。

通过上述实例，在产能预测公式上应加上纵向可动用页岩气储层厚度系数。

厚度系数 = 单井纵向页岩气层厚度 /（长宁/威远优质页岩气层平均厚度） （5-3-25）

$$威远单井预测产能 = 工程品质系数 \times 厚度系数 \times 0.1108 \\ \times \exp（5.6234 \times 综合品质评价因子）\quad (5\text{-}3\text{-}26)$$

三、页岩气三维空间分类表征

依据测井解释数据，识别单井岩相，将井区内所有单井岩相数据数值化，生成沿井轨迹的岩相曲线，设置各岩相类型的相序，统计研究区总体各相类型的体积百分比，垂向上以测井曲线作为约束绘制岩相类型体积百分比，并以此计算全区相概率比例，平面上参考地震判别的岩相展布规律，以相概率趋势进行模拟，三维空间中通过地震属性与相的概率统计关系进行转换，设置垂向、平面及三维确定的岩相趋势，采用截断高斯模拟算法建立三维岩相模型。

1. 页岩小层结构与沉积微相可视化雕刻

根据建产区地震解释的储层顶底面构造图以及根据测井资料的多井对比过程，获得了储层顶底面和各小层层面标高数据，通过地震解释的构造作为主趋势，以测井资料确定的标高作为约束，并以此为基准建立储层内部各小层的精细构造模型；建产区五峰组—龙马溪组页岩共识别出三种沉积微相，呈分层分布，利用 Assign Value 方法实现二维平面沉积相向三维空间沉积相分布的转换，从而把定性分析定量化在模型中，进行该区沉积微相的三维表征。在这两者基础上最终建立了页岩小层结构与沉积微相可视化雕刻技术流程（图 5-3-5），将直井的页岩小层结构信息投射到水平井轨迹上，利用三维可视化对比，完成水平井沿轨迹页岩小层结构识别及沉积微相划分（表 5-3-8），通过确定性插值，建立页岩小层结构和沉积微相模型。

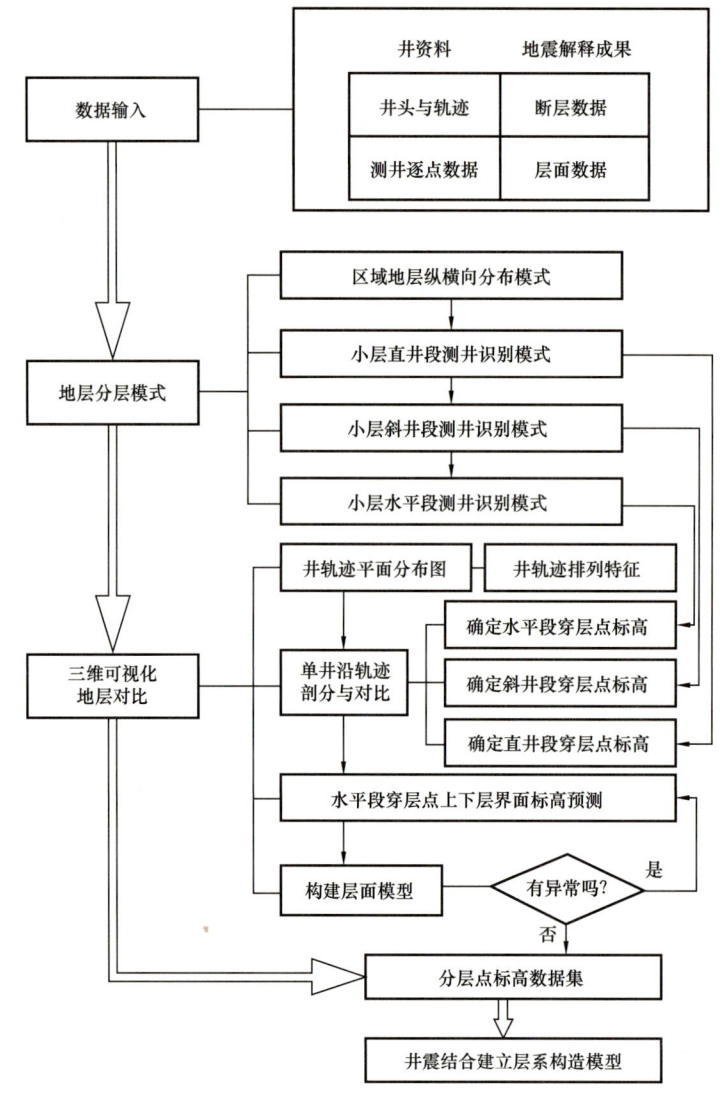

图 5-3-5　技术流程

表 5-3-8　W204 井页岩小层与微相

小层	厚度/m	测井响应特征	沉积微相
龙一$_1^4$	27.8	AC 中高值呈增大趋势，GR 中低值，且 GR 与 KTh 差值相对稳定	砂质陆棚、混积陆棚
龙一$_1^3$	6.3	AC 存在极高值，GR 高值，GR 与 KTh 差值出现小幅增长	硅质陆棚
龙一$_1^2$	4.9	AC 为中低值，GR 为中高值，整体呈小幅减小	硅质陆棚
龙一$_1^1$	5.5	AC 中高值变化不大，GR 值极高，且 GR 与 KTh 差值异常大	硅质陆棚
五峰组	1.5	AC 中低值，GR 中低值，且 GR 与 KTh 差值减小明显	混积陆棚

2. 单井岩相划分及威 204 井区优势岩相筛选

根据目前公认的体现页岩气含气性能高低的最直接的指标 TOC，页岩气藏的生成条件及区分不同岩石类型的三个重要指标（矿物中黏土、石英和碳酸盐岩含量），通过采用"TOC+ 泥质、硅质和钙质"四端元的岩相划分方案，使用三端元（泥质矿物、硅质矿物、钙质矿物含量）以及按 TOC 的高低添加富碳（＞4%）、高碳（3%～4%）、中碳（2%～3%）和低碳（＜2%）区分页岩的岩石类型，完成了威 204 井区 15 井次岩相的识别，区内共识别出 22 类岩相，其中，分布较多（全区超过 10%）的三类岩相分别为：富碳含钙含泥硅质页岩、高碳含钙含泥硅质页岩和富碳混合页岩（表 5-3-9）。

表 5-3-9　W204 井区岩相分布表

序号	岩相	模型百分比 /%	测井百分比 /%	序号	岩相	模型百分比 /%	测井百分比 /%
1	富碳含钙含泥硅质页岩	20.3	30.22	12	中碳含钙泥质硅质页岩	1.65	2.88
2	富碳含钙泥质硅质页岩	3.02	3.89	13	中碳混合页岩	6.21	3.6
3	富碳混合页岩	9.17	12.99	14	中—高碳泥质粉砂质页岩	1.18	0.71
4	富碳泥质硅质页岩	1.17	1.59	15	中—高碳泥质页岩	0.71	1.26
5	高—富碳含钙含泥粉砂质页岩	4.48	2.36	16	低碳含钙含泥粉砂质页岩	0.97	0.29
6	高碳含钙含泥硅质页岩	10.06	14.61	17	低碳含钙含泥硅质页岩	0.64	0.62
7	高碳含钙泥质硅质页岩	3.45	3.66	18	低碳含钙泥质粉砂质页岩	1.18	0.68
8	高碳混合页岩	10.64	6.06	19	低碳含钙泥质硅质页岩	0.16	0.23
9	中碳含钙含泥粉砂质页岩	7.52	3.01	20	低碳混合页岩	6.32	3.53
10	中碳含钙含泥硅质页岩	1.21	1.98	21	低碳泥质粉砂质页岩	0.14	0.13
11	中—高碳含钙泥质粉砂质页岩	9.79	3.76	22	低碳泥质硅质页岩	0.02	0.03

3. 基于微相分层分布特点的层控岩相建模

依据沉积微相分层分布特点、井震结合解释的岩相数据、沿井轨迹的岩相曲线、岩相类型的相序、研究区总体各相类型的体积百分比，垂向上以测井曲线作为约束绘制岩相类型体积百分比，通过编制全区相概率比例曲线，平面上参考地震判别的岩相展布规律，模拟相概率趋势，转换三维空间中地震属性与相的概率统计关系，基于层控的分岩相概率体建模策略，最终利用截断高斯模拟建立了 3D 岩相模型。

4. 基于相控的属性参数表征

根据地质、地震、测井等资料，进行协同建模，以构造格架与小层模型，分析各小层的沉积相，确定沉积相约束下的岩相模型，通过基于井震结合的相控建模方法，并以岩相趋势为约束条件进行属性参数建模。属性参数建模过程中，以测井解释模型获得的研究区属性参数为垂向主控数据，以地震属性预测模型为层面趋势，采用岩相控制下的序贯高斯模拟方法，建立页岩气层有机碳含量、孔隙度与矿物含量（硅质、钙质、泥质）的三维模型，实现属性参数的非均质性刻画及表征。

5. 页岩气关键参数井震结合解释

分析了威204井区的基础地质背景、页岩储层特征、常规测井曲线、特殊测井及解释结果，研究了区内页岩岩石学、地球化学及储层地质学特征，沉积相、亚相、微相类型及变化特征，以及储层发育的控制因素，实施了页岩气层属性参数的定量预测、页岩气层属性参数精确测井解释、地震属性体的组合提取与优选，形成了页岩气关键参数井震结合精细描述技术，具体包括页岩储层品质、工程品质关键参数计算方法及储层关键参数地震属性优化技术。利用威204井测井解释成果，优化出井旁地震属性组合，建立页岩气储层关键参数的地震属性计算模型，并以地震属性与威204井测井计算关键参数进行了拟合对比，建立了由地震属性模型计算获得的威204井区页岩气关键参数模型。

6. 基于井震结合的地应力场三维表征

应用井震结合多属性分析方法进行地应力场预测，就是建立测井解释的单井岩石力学参数与地震属性之间的线性或非线性关系，使其拟合效果达到最佳，再运用这种量化的数学模型控制属性参数建模中的空间分布趋势。提取优选的17种地震属性各自沿井轨迹的井旁地震道数据，求取其平均值，作为该井的地震属性数据；分析这些地震属性与单井测井解释岩石力学参数间的相关关系，分别采用了单属性线性回归、多属性组合分析和神经网络预测三种优选手段，确定了单井岩石力学参数与地震属性间的相关关系较好的地震属性，据此关系建立起基于地震属性的岩石力学参数三维模型，由于该模型虽然具有井间预测精度高的特点，但单井轨迹附近的预测精度远远低于测井解释结果，因此，依靠单井解释岩石力学参数作为硬数据输入，利用基于地震属性建立的岩石力学参数作为协同模拟参数，通过井震的有机结合模拟，建成了基于井震结合的地应力场三维表征预测技术，完成了威204井区页岩气层地应力场三维建模（图5-3-6）。

前述页岩气层类型划分标准，在威远地区页岩气开发过程中已得到了广泛应用并取得了很好的结果。勘探开发初期，威远地区页岩气"甜点"段定义为全部龙一$_1$亚段30~50m页岩段，水平井靶体范围大，单井产量变化大，2017年底单井最高测试产量30.1×10^{4}m^3/d，平均为16.6×10^{4}m^3/d，自2018年开始，威远页岩气开发重点完全转移到最优的Ⅰ类页岩气层之中，水平井箱体靶区全部界定在龙一$_1^1$小层的5、6号小层之中，当年就取得了显著的成果。

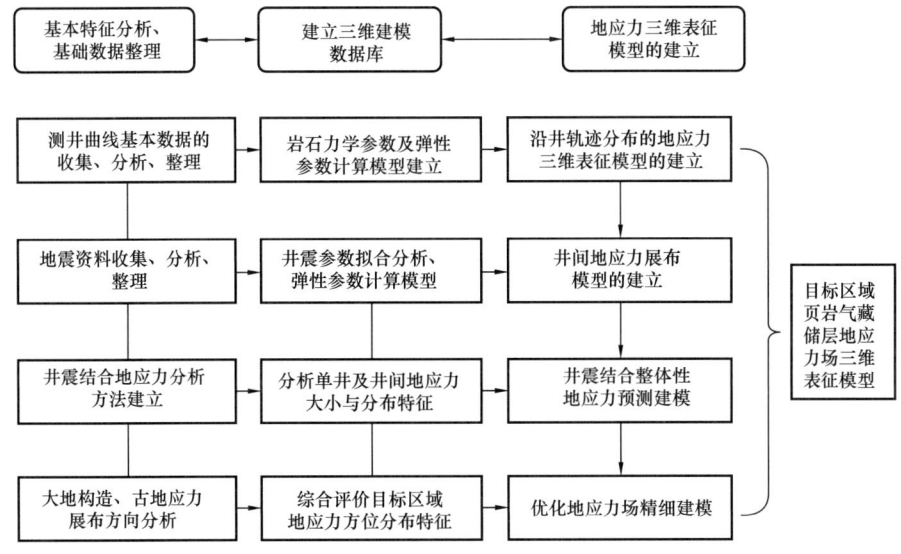

图 5-3-6 页岩气藏储层地应力场三维建模技术流程

第六章　页岩气高精度地震成像及预测技术研究

四川盆地及周缘地区页岩气地震勘探开发主要面临着三个问题：一是复杂山地地形，地形高差大；二是地表大面积出露老地层的碳酸盐岩；三是人口较稠密，城镇、厂矿、住户较多。因此，地震传播受复杂近地表、高速屏蔽层遮挡、复杂地下构造等影响，震源激发的能量到达地下界面时能量传播分布不均，造成某些区域照明强度不够或照明强度极不均匀，存在探测阴影区，这样在地震成像时就会引起山体区空白反射，反射同相轴能量不连续、成像质量差、地震分辨率不高。通过攻关复杂山地环境的高精度地震采集技术，显著提升了地震资料品质，深化研究页岩气地震资料处理技术，重点提高分辨率和小断层成像精度。多参数动态时深转换速度场的构建技术，使构造深度预测误差率明显降低，研究形成的优质页岩地质"甜点"和工程"甜点"参数综合预测技术明显提高了储层预测精度，指导了页岩气水平井部署。

第一节　复杂山地页岩气地震采集技术

一、宽方位三维观测系统参数测试与评价

1. 宽方位三维观测系统设计与优化

四川盆地及周缘海相页岩气区多处于丘陵和山地地区，山势陡峭，走向复杂，最高海拔达 1000m 以上，相对高差达 700m，地震采集物理点选点困难，施工难度较大，静校正问题突出。地表主要为侏罗系和白垩系覆盖，出露岩性以砂岩或砂泥岩为主，在构造顶部局部出露小面积三叠系海相碳酸盐岩老地层。威远区块中威远构造主体出露的最老地层为三叠系嘉陵江组灰岩，三叠系须家河组石英砂岩在构造主体大面积分布，野外地震采集激发接收条件相对较差。泸州—大足区块北部线性构造主体出露的老地层以须家河石英砂岩为主，构造两翼地层倾角相对较大，局部可达 60°，不利于地震波的传播。长宁区块是地表地质条件较为复杂的区块，出露地层高陡直立，地层倾角为 10°~60°，变化较大。四川盆地页岩气区块地形起伏大，岩性多样，且变化极快，近地表结构在横向上一致性极差，且无稳定速度的高速层，精细刻画山地的近地表结构具有较大难度。

四川盆地蜀南页岩气区块划分为三类：第一类是地表和地腹地质条件均较简单，地表为平原或丘陵地貌，相对高差小，主要出露陆相砂泥岩地层，地腹构造为单斜或相对平缓的构造隆起，地震资料成像非常好，如四川盆地威远地区；第二类是地表复杂、地形起伏剧烈、相对高差大，地表大面积出露灰岩等海相碳酸盐岩，而地腹地质情况相对较为简单，构造主要为宽缓向斜或单斜坡，局部存在潜伏高点，地震资料成像总体较好

的地区，如长宁区块；第三类是地表对应于构造顶部出露灰岩等海相碳酸盐岩，对应向斜等大部分区域出露陆相砂泥岩地层，地腹较为复杂，构造主体伴随大断层发育，向斜部位发育不同规模的断层和褶皱，构造顶部地震资料成像较差，向斜部位地震资料成像较好，如泸州—大足区块。

四川盆地页岩气地震勘探面临复杂的地表和地腹条件，地震波波场复杂，不同观测系统的采集效果往往很难预测，造成较大的勘探风险。相比于简单的射线理论，波动方程正演技术考虑了地震波传播的运动学和动力学特征，能够更真实地模拟地震波在地腹的传播路径和能量变化。

以川东北巫溪地区为例，利用建模软件建立了真地表地质模型，通过波动方程正演来论证道距和偏移距等关键采集参数。对比分析各单炮品质及相干噪声情况，当道距大于30m以上面波的线性特征逐渐变差，并且随着道距的进一步增加，假频现象逐渐严重，分析结果认为要确保波场的充分采样，避免道距过大产生的假频现象，道距不宜过大，针对巫溪地区，道距应不大于20m为宜。

地震波照明分析是在给定观测系统和地腹构造的情况下对反射地震探测能力提供定量描述的方法，可以作为校正畸变的依据。通过设计不同偏移距大小的观测系统对目标地质体进行正演照明，通过提取目的层的照明强度值来判断偏移距的大小是否合适，还可以根据局部构造目标照明能量不足反推地表对应的激发区范围，通过增加激发点等变观手段来增加目标构造的能量，从而改善局部构造的成像质量。

2. 基于模型正演的三维观测系统参数测试

南方海相页岩气地震勘探往往面临复杂的地表和地腹条件，地震波波场复杂，不同观测系统的采集效果往往很难预测，造成较大的勘探风险。近年来波动方程正演技术在观测系统参数设计中发挥着越来越重要的作用。

川东北巫溪地区地表为高大山地地貌，地腹构造复杂，断层发育，目的层龙马溪组埋深从1000～4500m变化，跨度较大，给采集参数的选择带来较大的困惑。在三维地震工程设计中，收集工区内的二维测线深度解释剖面，利用建模软件建立了真地表地质模型，通过波动方程正演来论证道距和偏移距等关键采集参数。图6-1-1是正演的不同道距大小的单炮记录，对比分析各单炮品质及相干噪声情况，当道距大于30m面波的线性特征逐渐变差，并且随着道距的进一步增加，假频现象逐渐严重，分析结果认为要确保波场的充分采样，避免道距过大产生的假频现象，道距不宜过大，针对巫溪地区，道距应不大于20m为宜（图6-1-1）。

地震波照明分析是在给定观测系统和地腹构造的情况下对反射地震探测能力提供定量描述的方法。照明分析可以作为分析成像质量的依据，确定成像质量是地下构造的客观反映还是由于照明不均匀造成的假象。在页岩气地震采集参数论证中，常常把照明分析用于论证偏移距大小，通过设计不同偏移距大小的观测系统对目标地质体进行正演照明（图6-1-2），通过提取目的层的照明强度值来判断偏移距的大小是否合适，还可以根据局部构造目标照明能量不足反推地表对应的激发区范围，通过增加激发点等变观手段来增加目标构造的能量，从而改善局部构造的成像质量。

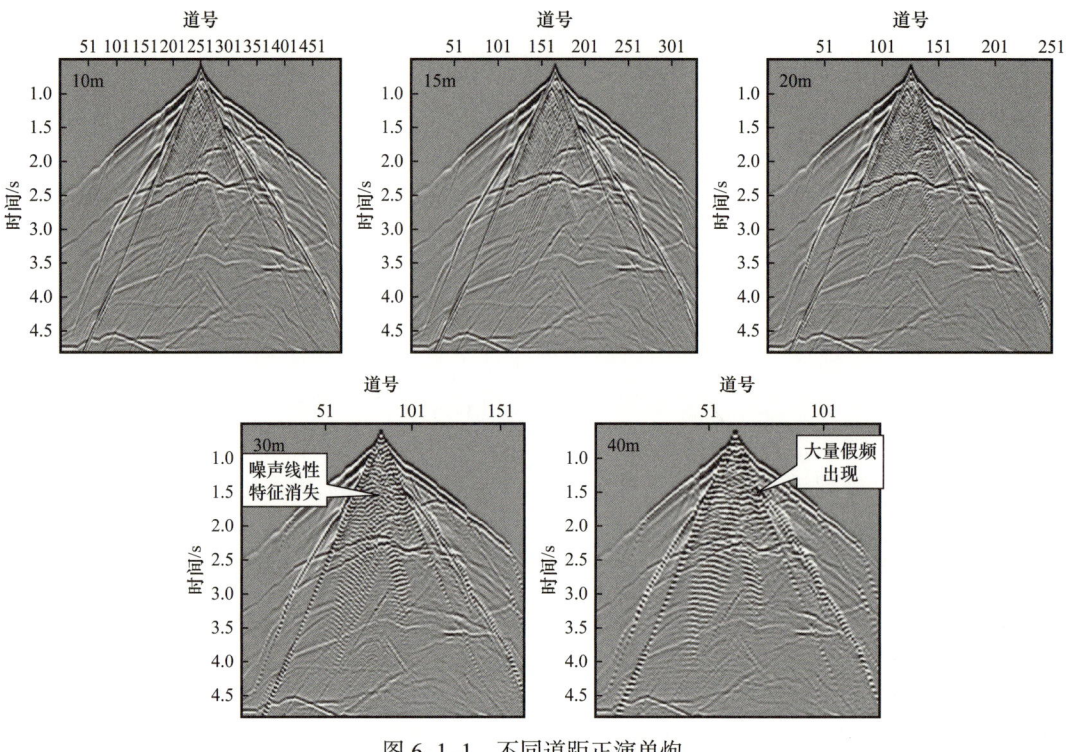

图 6-1-1　不同道距正演单炮

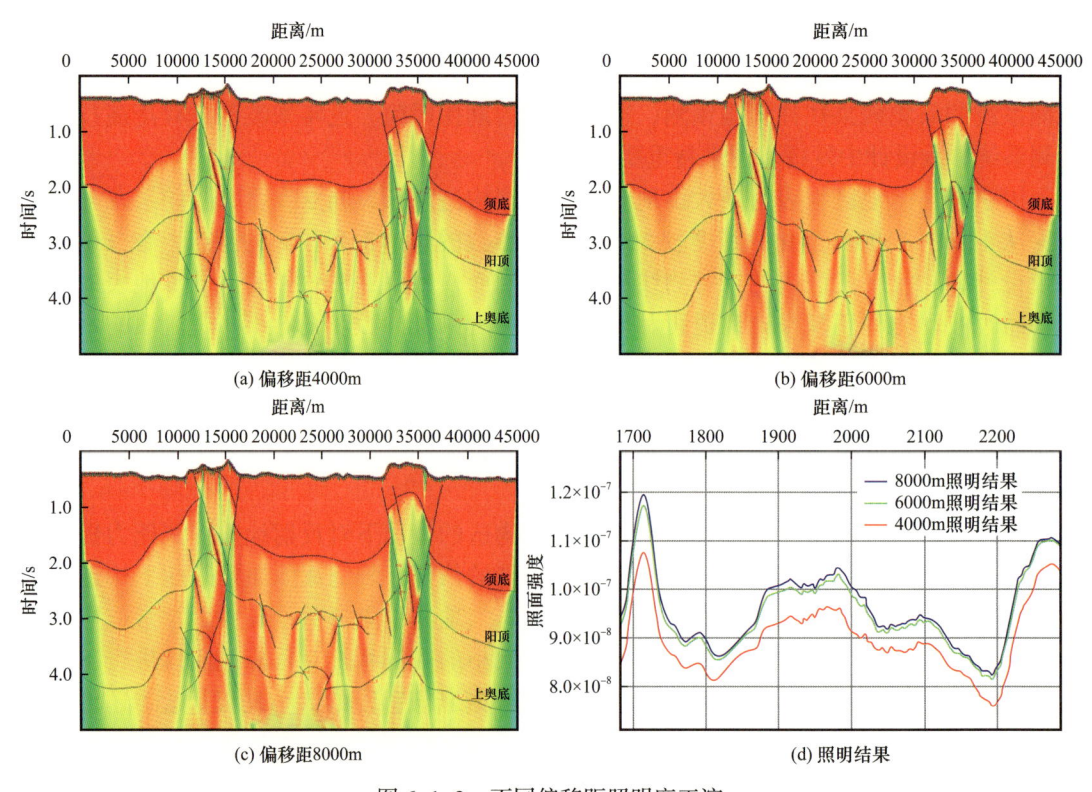

图 6-1-2　不同偏移距照明度正演

3. 三维观测系统参数后评价技术

随着地震技术发展和地震装备的进步，在页岩气领域高密度三维地震技术逐步得到广泛的应用。高密度三维地震使得地震资料成像精度显著提高，资料信噪比明显改善，越来越多的复杂构造得到进一步落实和精细刻画。但随着三维地震参数不断地强化，随之而来的是地震勘探投入的大幅增加，其推广应用范围也受到制约，因此，技术经济一体化的三维观测系统是地震采集工程技术设计所追求的。利用高密度三维地震资料，对参数进行退化设计和观测系统的重建（表6-1-1），通过资料处理得到不同参数成果资料，在成像质量、信噪比等方面评价不同参数成果资料的优劣，最终获得最优参数并优化观测系统设计，已得到了越来越多的应用并取得了较好的效果。

表6-1-1 炮道密度退化测试方案

序号	观测系统	覆盖次数（纵×横）	面元/m×m	接收线距/m	炮线距/m	最大炮检距/m	横纵比	炮道密度/万道/km^2
1	28L7S240R	15×14=210	20×20	280	320	6169.15	0.82	52.50
2	28L7S241R	13×14=182	20×20	280	320/640	6169.15	0.82	45.00
3	28L7S240R	12×14=168	20×20	280	320/640	6169.15	0.82	42.00
4	28L7S240R	10×14=140	20×20	280	320/640	6169.15	0.82	35.00
5	28L7S240R	8×14=112	20×20	280	320/640	6169.15	0.82	28.00
6	28L7S240R	6×14=84	20×20	280	320/640	6169.15	0.82	21.00
7	28L7S240R	3×14=42	20×20	280	320/640	6169.15	0.82	10.50

工区中部构造主体叠前偏移剖面对比从成像质量上分析，随着炮道密度下降，剖面的信噪比随之降低，构造成像精度逐渐变差。尤其当炮道密度低于28万道/km^2，总覆盖次数低于112次，构造形态模糊不清，资料信噪比较低、干扰较重。

图6-1-3是信噪比随炮道密度变化的曲线图，信噪比趋势上是随炮道密度的增加而提高的，当炮道密度大于42万道/km^{2}后，信噪比的增长趋缓，说明随着三维观测系统参数的强化，对地震资料成像的改善有限。因此，42万道/km^{2}的炮道密度可认为是本工区三维观测系统炮道密度的门槛值。

同上，对面元大小也进行类似的退化测试，发现信噪比值和面元面积成反比，面积越大，信噪比越低，面积越小，信噪比越高。

二、山地高精度表层建模技术

四川盆地山地页岩气勘探区域，起伏剧烈，地表广泛出露第四系砾石堆积层、侏罗系泥岩、泥砂岩、砂岩、二、三叠系砂岩等岩性，岩性横向变化快，低降速层厚度和速度结构变化也大，这些复杂的因素综合在一起，注定了山地地震勘探是一个高难区域。

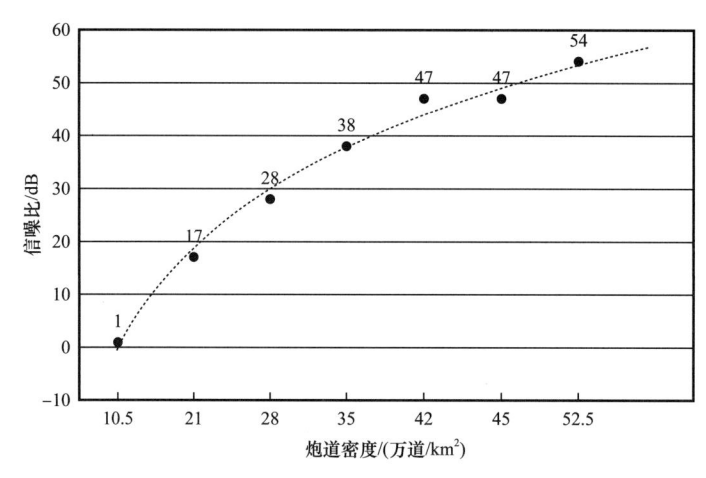

图 6-1-3　信噪比随炮道密度变化曲线图

复杂地表给地震勘探带来的影响相当严重，不但会造成激发和接收条件剧烈变化，进而导致资料能量和频率差，也会产生强的次生干扰，影响单炮资料的信噪比，更会带来严重的静校正问题，直接影响资料的成像效果。要获得高品质的地震成果，首先需构建高精度的近地表模型，只有构建了高精度的近地表模型，才能为地震测线布设、观测系统的确定，激发井深、药量等参数的优选，接收方式的设计，以及采集施工重难点的把控提供直接、真实的依据，更重要的是只有构建了高精度的近地表模型，才能获得准确的静校正量，改善地震资料的成像效果。

目前，构建近地表模型，比较有效方法主要有两类：一类是直接测定方法，另一类是初至波层析成像方法。

直接测定方法是利用仪器直接获得波在近地表地层中传播的时间和距离信息，计算近地表地层的速度和厚度，进而剖析近地表的结构。该方法包括小折射、微测井等方法，小折射方法采用地面激发地面接收方式。利用浅层折射波和直达波来研究表层结构方法。是根据折射波的时距方程，从观测到的初至时间入手，计算出表层厚度、速度模型。适用于地表比较平坦，地下界面为平面（水平或单斜面），界面倾角不大，速度从浅到深，速度递增的层状介质地区。小折射方法优点是简单易行、成本低；缺点是适用条件较苛刻，解释结果可能存在多解性，受环境噪声影响大，精度低。

微测井一般采用井中激发地面接收或地面激发井中接收，接收直达波在地层中传播的时间初至信息，根据初至波的拾取时间和各点的激发深度，拟合时深曲线解释出各层的速度和厚度参数。微测井方法适用于起伏和平坦地表，各种结构状态地层，速度倒转结构、非层状结构和层状结构。优点是简单易行、单点成果精度高，速度和分层精准；缺点是成本高，调查的深度有限，调查点密度稀，横向范围内不具统计效应，难以提供较准确的静校正量。

初至波层析成像方法是利用地震波旅行时来反演地下介质的层速度和反射界面。地震层析成像可分为地震射线层析和波动方程层析，波动方程层析方法是利用地震波旅行时、振幅、相位和频率等全波形记录，大大增加了所研究介质的信息量，能提高分辨率和减少由于透射角不全所造成的假象，但是在应用中存在一些困难和问题，如由于地表的起伏和地表结构非均质性强，导致地震波传播路径的畸变，而层析反演基本没有考虑传播路径畸变的问题，如散射数据的提取、对波形产生严重影响的各种干扰如何消除。同时，由于地震勘探中，考虑成本问题，一般会采用较大的炮点距和接收点距，炮点间距一般大于80m，接收点间距一般超过20m。空间采样间隔较大，地震波传播的射线密度较为稀疏，会大大影响层析反演浅层模型的精度。

研发了小道距层析技术，该方法采用小药量、小接收点距，通过加密接收点采样间隔，增加地震波传播的射线密度，获得的浅层结构模型精度有较大提高。图6-1-4小道距层析反演与大炮层析反演速度模型，图中不同颜色，表示地层的速度，紫色代表的速度最低（400m/s），红色代表的速度最高（2500m/s），颜色的变化代表地层速度的变化。图中大炮层析反演速度模型的浅层模型与野外实际情况明显不符，而采用小道距层析反演获得浅层结构模型，精度有一定提高，速度与真实成果更接近，体现了更多的细节，但是与真实地表结构依然存在差异，低降层分层不够清晰。

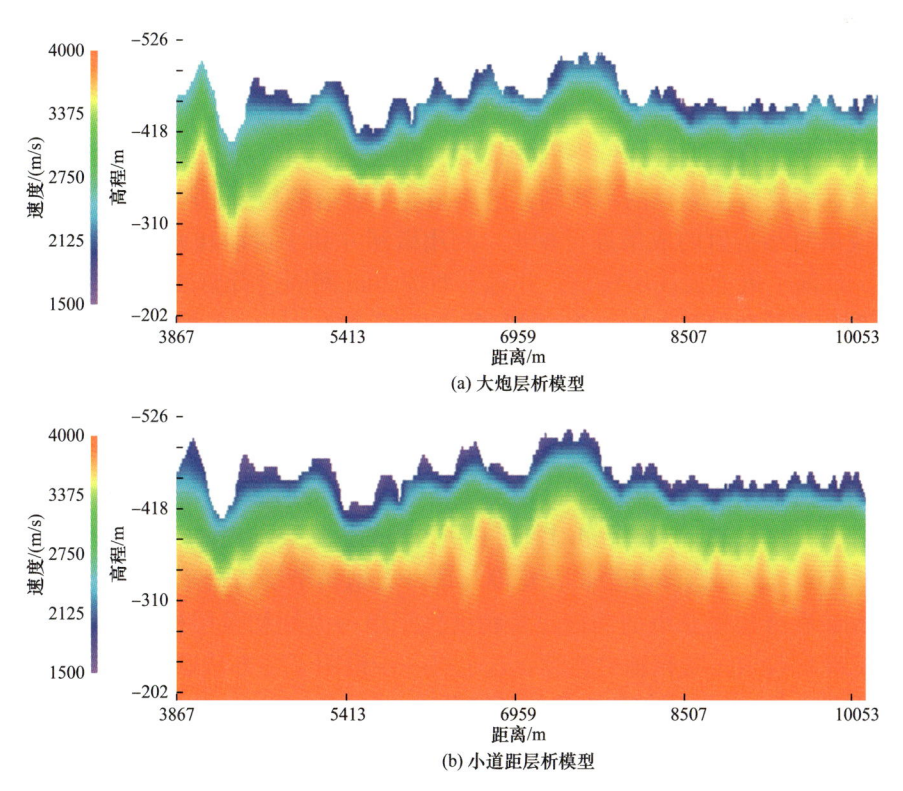

(a) 大炮层析模型

(b) 小道距层析模型

图6-1-4 小道距层析与大炮层析反演速度模型比较

虽然层析方法存在浅层结构模型的精度较低的缺点。但是，该方法可以连续刻画近地表结构，模型深度大，可以提供高精度静校正量，并且该方法适用条件较少，适用于各种地表和各种结构状态的地层，是广泛应用近地表结构调查主要方法之一。

对于剧烈起伏、出露岩性多样、表层结构纵横向变化快的山地复杂地表，以上任何一种方法都难以获得高精度的近地表结构模型或提供高精度的静校正量。只有用多种方法联合建模，各取所长，才能构建较高精度近地表模型和获得高精度静校正量。

四川盆地页岩勘探区，地表高度复杂，应用多方法联合建模技术，首先需要进行地表岩性出露情况调查和地形起伏情况调查，构建一个宏观的地表模型。然后，再利用微测井与小折射精细调查不同岩性、不同区域、不同地形区域的低降速层的速度和厚度情况，在该步骤，调查点的布设十分重要，在低降速结构变化拐点位置，一定要有微测井和小折射准确控制。下一步再利用大炮初至中的小偏移距资料或小道距资料，在微测井、小折射成果的约束下进行层析反演，获得高精度的近地表浅层模型。最后再利用微测井和小折射约束小偏移距层析结果，对大炮初至中全偏移距资料进行约束层析反演，这样构建的近地表模型的速度与真实成果更接近，低降层分层更清晰。

XX构造位于四川盆地西南部盆地边缘地带，地形起伏剧烈，地表广泛出露第四系砾石，交替出现白垩系砂泥岩夹砾岩、侏罗系砂泥岩、三叠系须家河组砂岩等多种岩性，地表低降速层在纵、横向上厚度、速度、岩性变化较快，有些地区厚度可达100m，砾石堆积区厚度普遍大于10m，层析结果浅层模型精度偏低，该地区砾石堆积层的速度大概在500～1000m/s，而层析模型的速度一般都大于1300m/s，并且层析结果分层界面不清楚。

在多方法联合建模过程中，发现该区微测井解释成果的速度和分层结果的精度最高，与实际情况比较一致。有些部位小折射获得速度成果误差较大，主要是由于近地表地层的不均质性，导致传播路径的不规则，进而影响小折射的精度，因此，首先需要利用微测井解释成果对小折射的成果进行校正。利用微测井和小折射和偏移距800m内的大炮初至信息，反演了近地表浅层模型，并对模型按20m间隔进行离散采样，离散采样深度100m，再利用离散数据和大炮初至，进行约束层析反演。

图6-1-5是XX构造多方法联合建模结果与单一大炮初至层析模型对比图，单一大炮初至层析模型低降速层分层不明显，并且低速度层速度普遍在600～700m/s。而多方法联合建模低速度层速度普遍在300～400m/s，与微测井结果更接近。并且多方法联合建模获得的近地表模型，浅层低降速带分层更清晰，与实际近地表情况更吻合，对地表的刻画细节更清楚，较真实地反映了四川盆地起伏山地的近地表结构情况。

图6-1-6是XX构造多方法联合建模与单一大炮初至层析模型静校正量应用效果对比图，多方法联合建模获得的静校正量精度优于单一大炮初至层析所获得的静校正量，地震反射成像更收敛，同相轴更连续。这也进一步说明了多方法联合建模不但可以构建高精度近地表模型，也能很好解决静校正问题。

三、激发和接收关键技术

1. 基于高精度遥感信息的物理点优选

中国南方海相页岩气地震勘探地表条件较为复杂，面临诸多困难，一是地表以山地为主，地形起伏大，植被发育，沟壑纵横，陡崖密布；二是地表大面积出露海相碳酸盐岩老地层；三是探区城镇、厂矿较多，人口稠密。因此地震测线的合理部署及激发点的合理布设是得好原始地震资料的首要条件。

(a) 单一大炮初至层析模型

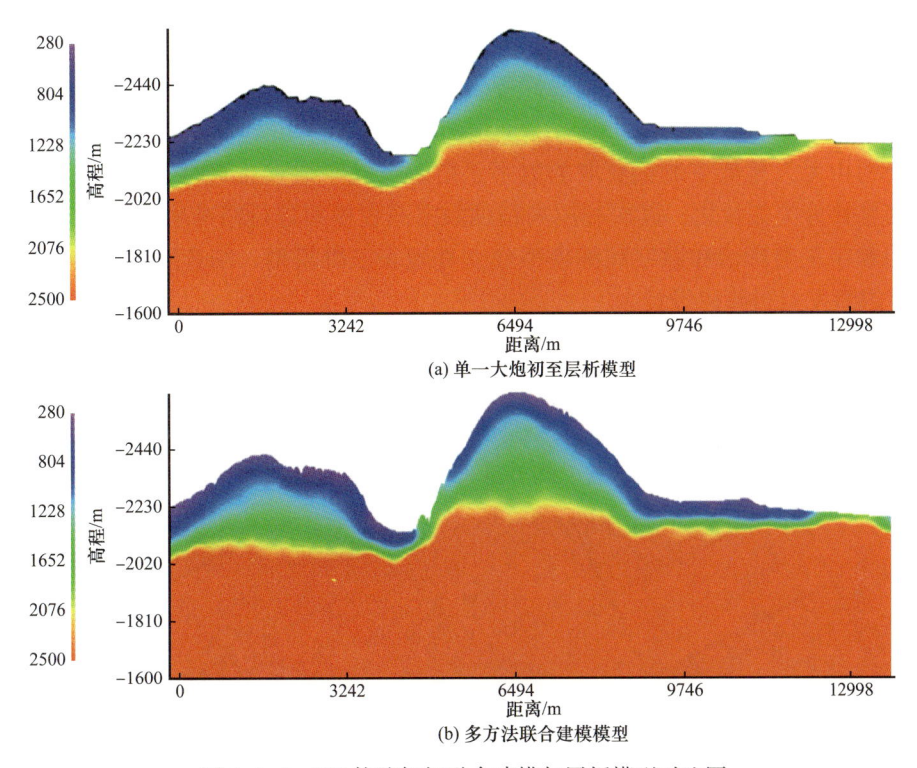

(b) 多方法联合建模模型

图 6-1-5　XX 构造加权融合建模与层析模型对比图

(a) 使用单一大炮初至层析静校正量初叠剖面

(b) 使用多方法联合建模静校正初叠剖面

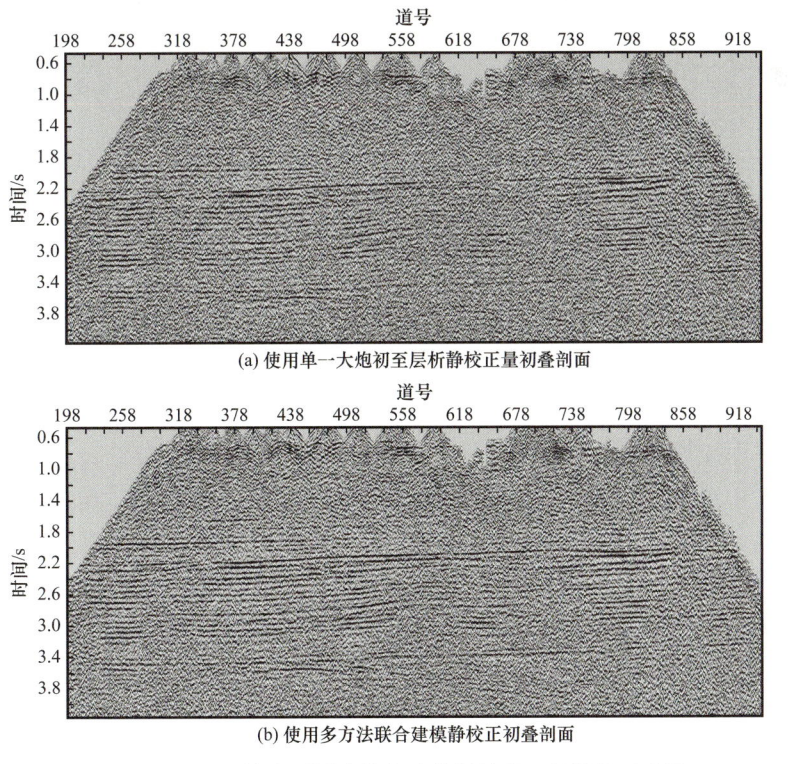

图 6-1-6　XX 构造不同建模方法获得静校正量效果对比图

无人机低空航拍生成的数字正射影像（DOM）和数字高程模型（DEM）具有极高的地面分辨率和高程精度，在页岩气勘探项目部署设计和施工阶段，能够指导室内完成过大型障碍物理点优选设计工作，规避安全风险。

首先利用无人机低空航拍获取的数字正射影像提取地表建筑物、河流、水库、公路等障碍信息并分类矢量化；其次利用高精度数字高程模型进行精准地形风险分级和识别；然后利用数字正射影像和数字高程模型建立真地表三维模型，结合地表障碍物矢量化信息完成室内激发点过障碍设计。

N井区三维页岩气地震勘探项目施工区域内建筑密集、铁路贯穿工区、地形起伏剧烈，在项目设计前利用无人机低空航拍技术获取了该区域高分辨率数字正射影像和高精度数字高程模型；在项目设计阶段将航拍数字成果结合施工安全距离规范要求，完成了该项目过障碍激发点整体设计方案（图6-1-7）。

图6-1-7　N井区三维页岩气地震过障碍激发点整体设计方案

2. 基于岩性识别的动态井深激发

地震勘探中原始单炮品质与接收因素有关，但主要还是受激发因素的控制。前文已述的激发要素中激发岩性和激发耦合两个要素往往是紧密相关的。在四川盆地页岩气区块，地表主要为侏罗系砂岩和砂泥岩覆盖，而近地表的砂泥岩为互层结构，相对砂岩而言泥岩的耦合性更好，在泥岩层激发会有更多的能量转化为弹性波下传，这正是地震勘探所追求的。因此在四川盆地页岩气地震勘探中，有条件寻找泥岩层激发，提高原始单炮品质。

具体施工工艺为首先通过微测井、小折射等方法对近地表结构和低降速层厚度进行精细调查，绘制工区低降速带厚度平面图等图件，逐点设计每口井的最浅激发深度，确保在高速层中激发。在井炮钻井过程中，当进入高速层最浅激发深度后通过岩性识别来判断是否钻获泥岩，如遇泥岩层，则在泥岩段停钻，确保药柱在泥岩层激发；如没遇泥岩层，则钻至最大设计井深后停钻。

如在 W204 井区页岩气三维工区，地表主要覆盖侏罗系沙溪庙上段砂泥岩地层，为优化激发条件，针对沙溪庙组上段砂泥岩互层的特点，应用了岩性识别逐点动态设计井深技术，井深控制在 12~17m，通过在 10~17m 段追踪泥岩，提高激发围岩为泥岩的比例，以此来提高整个项目的单炮资料品质。经统计，本项目动态井深设计井位 8853 个，其中砂岩 3532 个，占 39.90%，泥岩 5321 个，占 60.10%，泥岩层激发单炮比例大幅得到提高（图 6-1-8）。

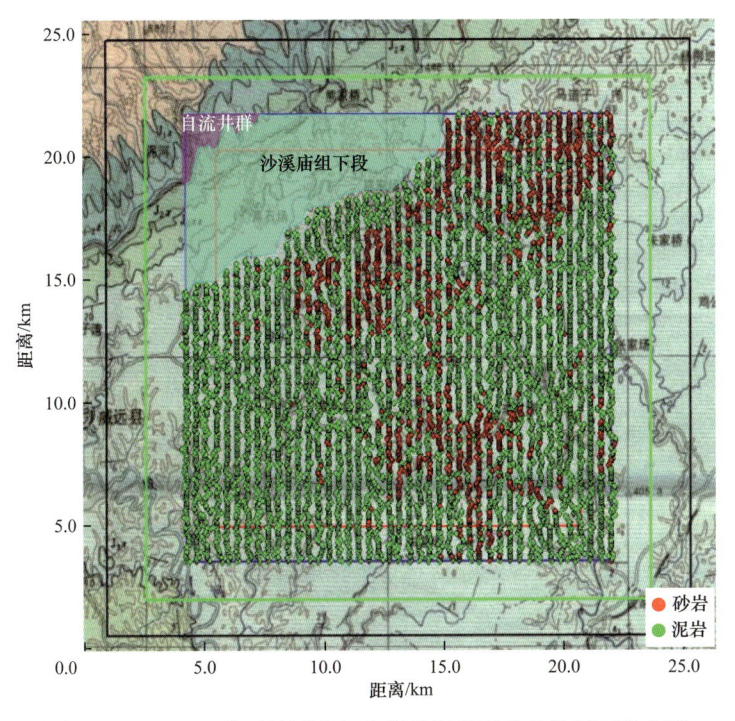

图 6-1-8　W204 井区沙溪庙组上段砂泥岩激发井位平面分布图

第二节　高精度地震资料处理技术

四川盆地山地页岩气地震资料主要特点为：山地地形，海拔相对高差较大，低降速带平面分布具有一定差异，存在长波长静校正问题；出露岩性复杂，且部分工区有大面积灰岩出露，资料信噪比整体不高；地腹构造复杂，断裂及微裂缝广泛发育，地腹构造准确成像难度大。相较于常规油气勘探，四川盆地及周缘山地页岩气对地震资料的处理提出了更高的要求：地震资料需要解决纵向精度问题，纵向精度不够，深度与井深不吻合，存在一定的垂向深度差，无法准确识别断层断距；需要解决横向精度问题，横向精度不够，偏移归位不准确，不能准确反映薄储层的横向变化特征，地层产状如倾角、微幅构造等难以准确预测；地震资料需要指导水平井实时钻井问题，在水平井实时钻井中，地震资料需要保障水平井准确入靶，地层倾角、小断裂与微裂缝发育准确预测。

针对页岩气对地震资料处理的要求，结合四川盆地特点，总结出一套针对山地页岩气地震资料处理思路，该思路以宽频保幅成像为基础，高保真高分辨率处理为核心，为页岩气藏优质储层地震定量描述提供高品质地震处理资料，其处理流程如图 6-2-1 所示。

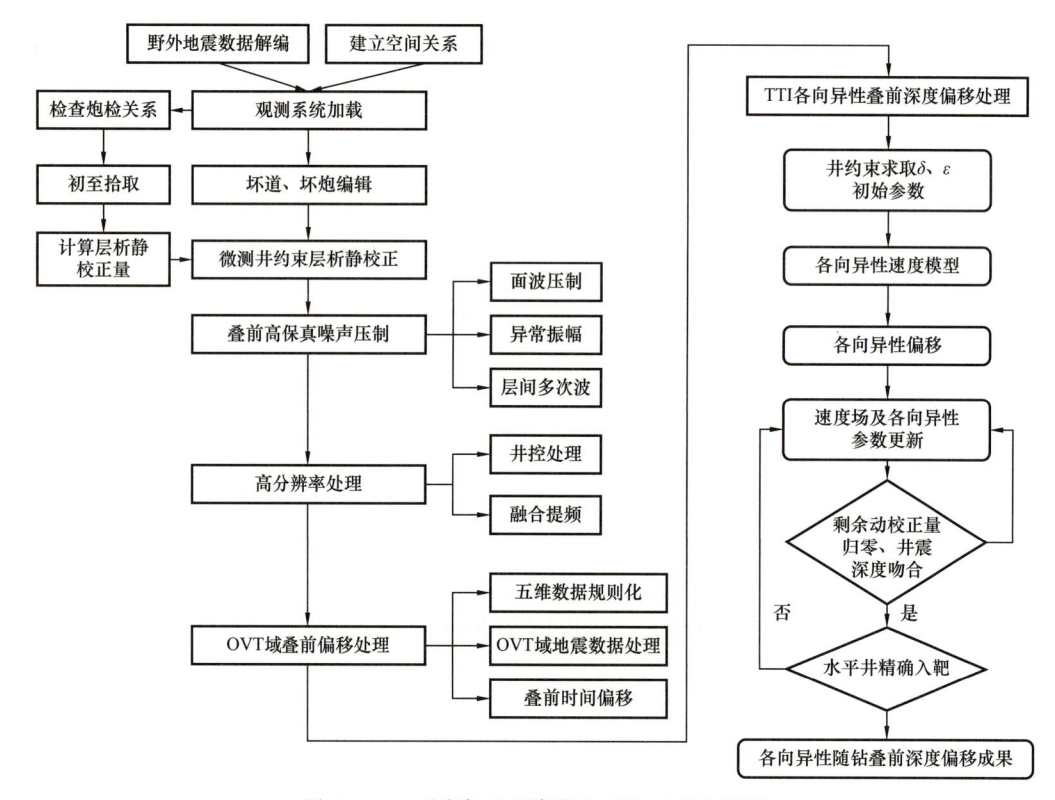

图 6-2-1 页岩气地震资料针对性处理流程图

一、高精度静校正技术

四川盆地地形起伏大，地表高程差异大，表层结构复杂，静校正处理不好会导致目的层存在小断层和地层倾角不准的假象，而小断层和地层倾角对页岩气水平井的准确入靶和目标靶体的高钻遇率起着至关重要的作用，因此，静校正处理技术尤为关键。

1. 空变线性动校正初至拾取技术

精确的初至拾取是解决长波长静校正的基础，空变线性动校正初至自动拾取技术，将 360°方位角初至分成四个象限，沿 4 个象限分别时变拾取不同方向的视速度，然后在整个工区进行空变控制点插值，速度变化的区域多选控制点，速度稳定的地区控制点选取少一些，以控制工区初至视速度变化趋势为原则，从而使初至拉平，提高自动拾取精度。该方法有三个优势：（1）空变线性动校正时窗（初至拉平）；（2）改进智能相关能量比法（精度高）；（3）多核并行初至拾取（效率高）。空变线性动校正初至自动拾取技术见图6-2-2、图6-2-3。

图6-2-4为某山地页岩气工区中不同出露位置、不同岩性单炮的初至拾取情况，初至拾取准确可靠，图6-2-5为某山地页岩气工区所有初至拾取效果叠合图，初至拾取准确，初至偏移距叠合无异常值，空变线性动校正初至自动拾取技术能解决山地页岩气初至拾取的问题。

2. 微测井约束层析静校正技术

在四川盆地页岩气探区，地表覆盖着较薄且具有较低地震速度的物质层，地球物理学家通常称之为低速层。一般情况下，它是潜水面之上的疏松物，或是在地质上较坚硬的固结岩石基底之上的现代未固结沉积物。它不仅影响着地震资料处理中CMP叠加的效果，还会影响小幅度构造的勘探，产生构造假象或使构造要素畸变。随着页岩气地震勘探的进一步深入，工区的地表地质条件越来越复杂，表层静校正问题也越来越突出，如何解决好复杂地区表层静校正问题，成为页岩气地震资料处理的关键。

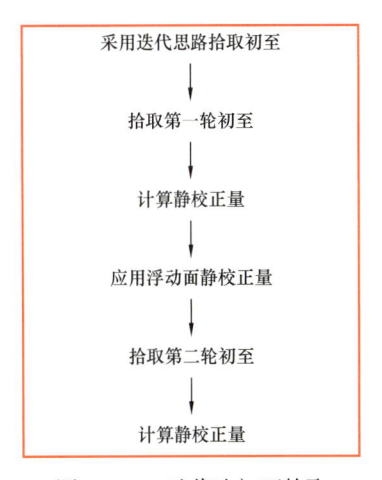

图6-2-2 迭代法初至拾取

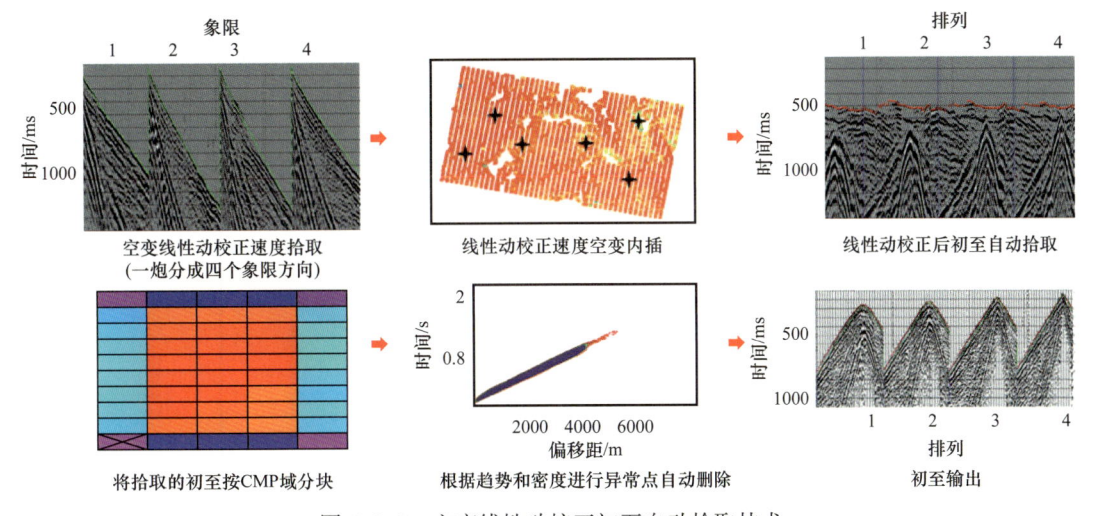

图6-2-3 空变线性动校正初至自动拾取技术

在解决低降速带的静校正问题时，静校正量的信息主要来自两个方面，一是从野外直接观测数据进行整理换算，如小折射数据、微测井数据、微VSP数据等；二是从地震记录中，根据初至波信息求取校正量。目前常用的主要静校正方法有高程静校正、折射静校正、层析反演静校正等方法，而常用的高程静校正则只能解决地形起伏的影响，不能解决表层低降速层的影响，因而主要采用层析静校正。

因为直达波沿地表传播，不含表层以下的速度信息，它的初至时间往往呈直线分布，没有理由去拟合成三次曲线，所以层析反演初至的最小偏移距应在直达波之后，这就使表层的速度信息无从获得，表层模型建立不准确，因此需要借助表层调查点数据信息（微测井、小折射）进行约束。

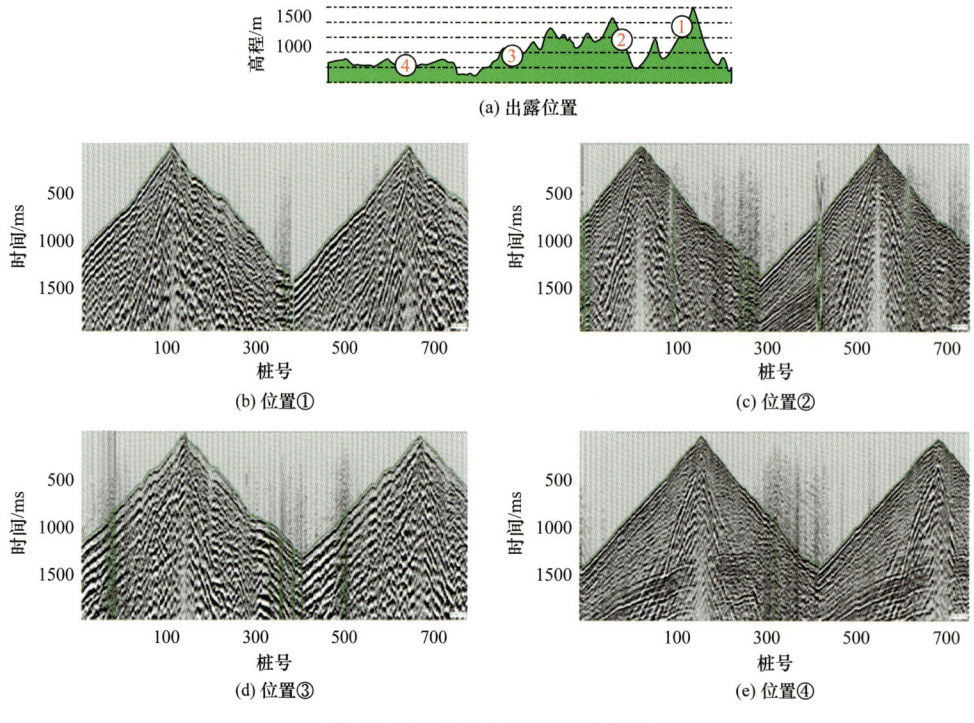

(a) 出露位置

(b) 位置①

(c) 位置②

(d) 位置③

(e) 位置④

图 6-2-4　单炮初至拾取效果图

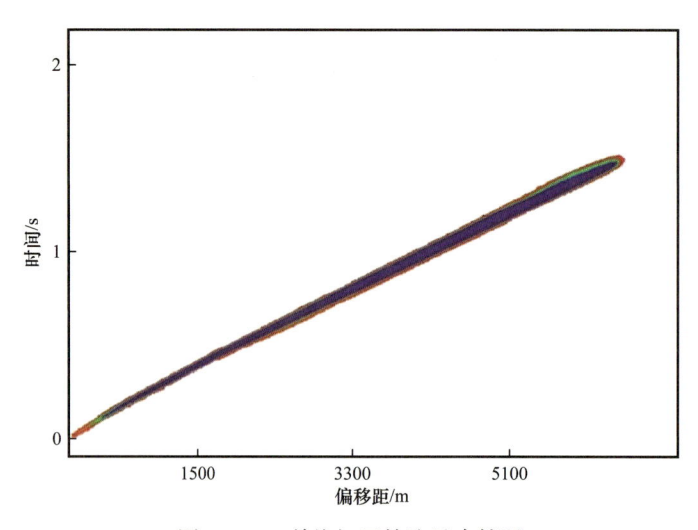

图 6-2-5　单炮初至拾取叠合情况

为使近地表模型反演更为准确可靠，需要充分分析和消化野外低降速带资料，包括微测井信息和工区地表信息（图 6-2-6），将微测井信息作为约束条件，反演建立近地表模型。

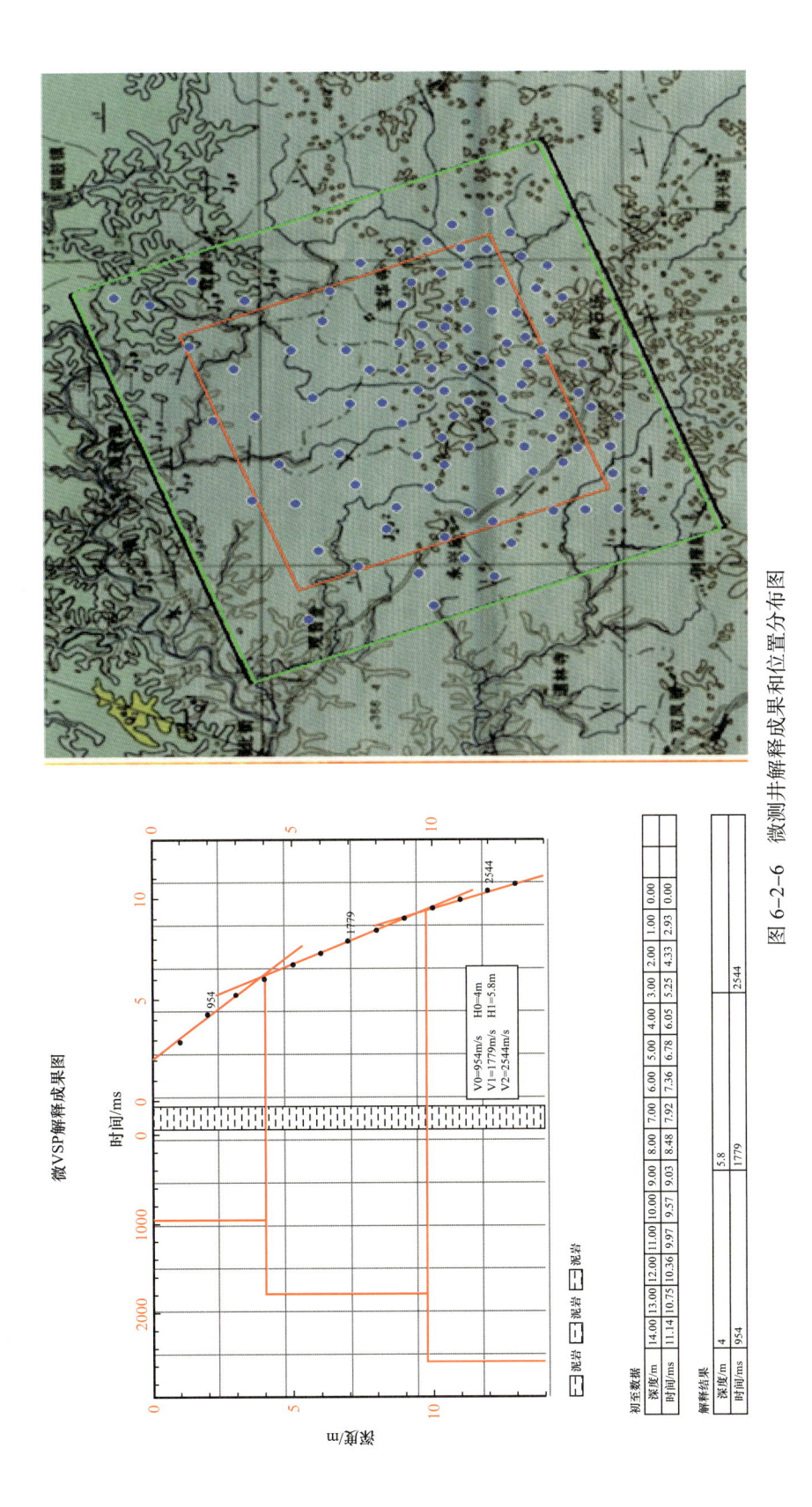

图 6-2-6 微测井解释成果和位置分布图

图 6-2-7 和图 6-2-8 即为采用微测井约束层析反演计算的近地表速度模型和计算的校正量，通过微测井约束静校正后，单炮初至更为平滑，单炮的有效反射特征更为清晰（图 6-2-9），通过对微测井约束层析静校正后的剖面分析（图 6-2-10），同相轴连续，成像效果得到较大改善，相对于高程静校正剖面，解决了同相轴抖动现象，剖面成像改善明显。通过对近、远偏移距叠加互相关看（图 6-2-11），互相关结果位于零值附近，说明该方法能很好地解决页岩气资料的静校正问题。

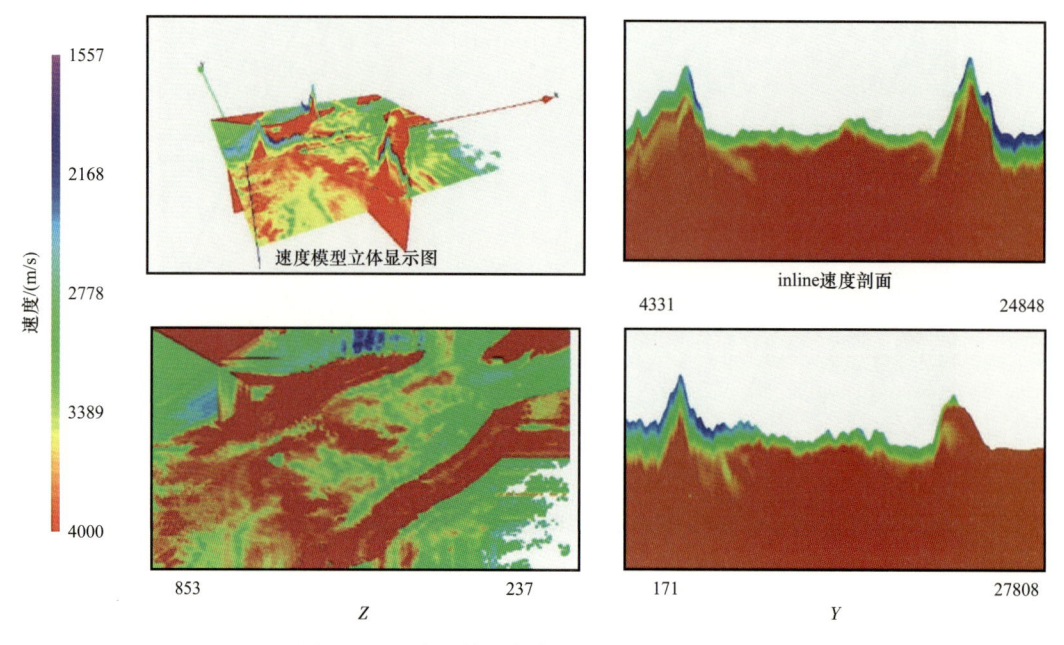

图 6-2-7 微测井约束建立的近地表速度模型

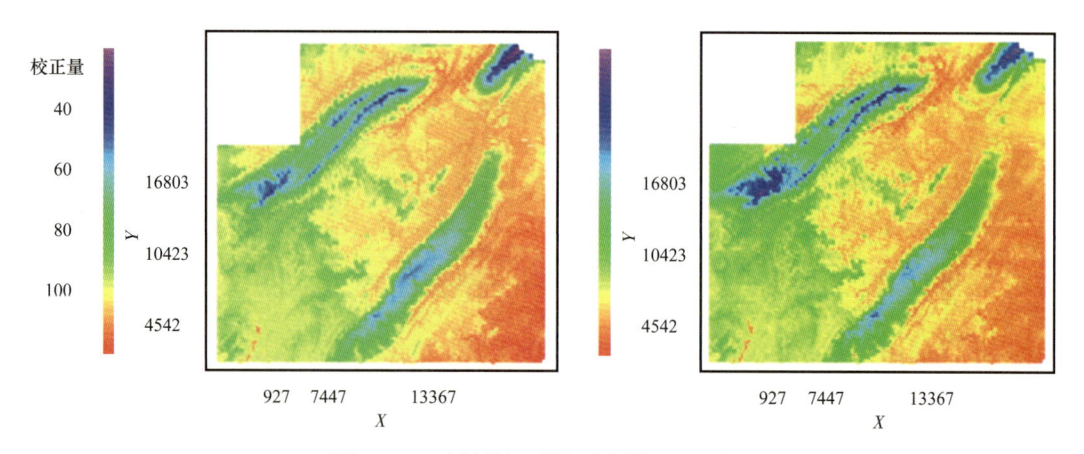

图 6-2-8 层析校正量与高层校正量对比

二、叠前高保真噪声压制技术

四川盆地页岩气开发区面临地表起伏剧烈、石灰岩出露，直达面波、散射面波、相干噪声、随机干扰、规则干扰等各种干扰，有效反射信号常常淹没在噪声中，资料信噪比低，不能满足页岩地震成像所需的资料高信噪比要求。本课题研究采用叠前高保真噪声压制技术，提高地震资料信噪比。该技术主要包括面波噪声压制技术、高能异常振幅压制技术、层间多次波噪声压制技术。

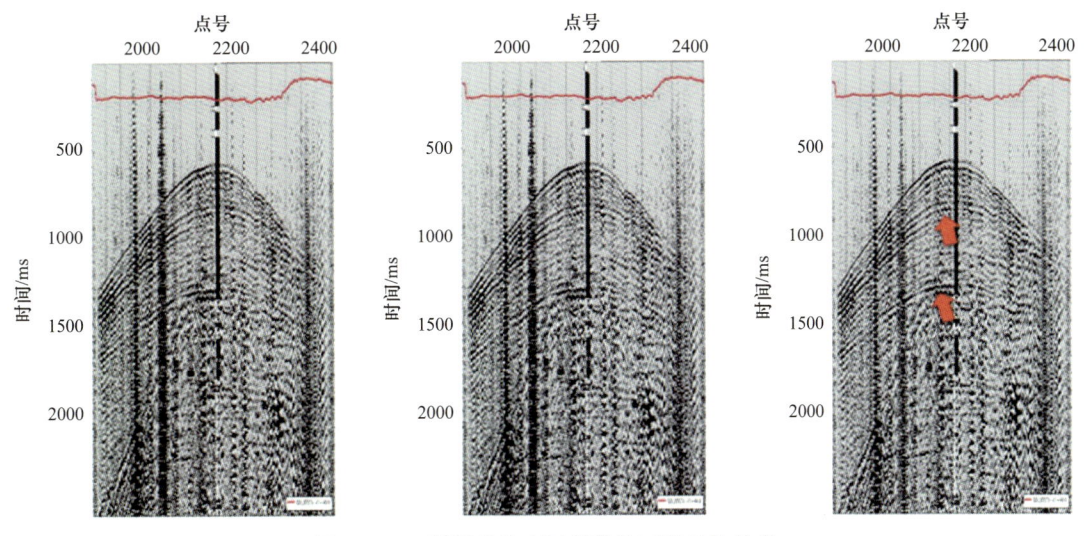

图 6-2-9 微测井约束层析静校正的单炮效果

(a) 高程静校正初叠剖面　　(b) 微测井约束层析静校正初叠剖面

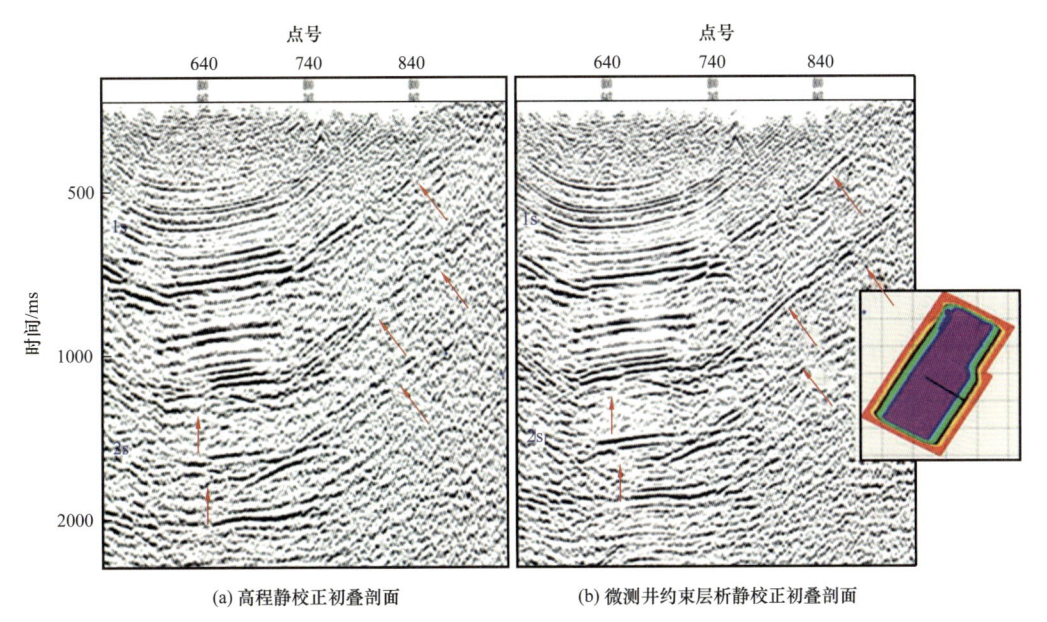

图 6-2-10 微测井约束层析静校正初叠剖面效果

1. 面波噪声压制技术

针对直达面波、相干噪声、散射面波方面有针对性的噪声压制技术。该项技术由分阶建模噪声压制、非规则相干噪声压制、模型驱动散射噪声压制组成，在多个页岩气工区中取得了很好的效果。

(a) 1000m偏移距叠加

(b) 3000~6500m偏移距叠加

(c) 近、远偏移距叠加互相关

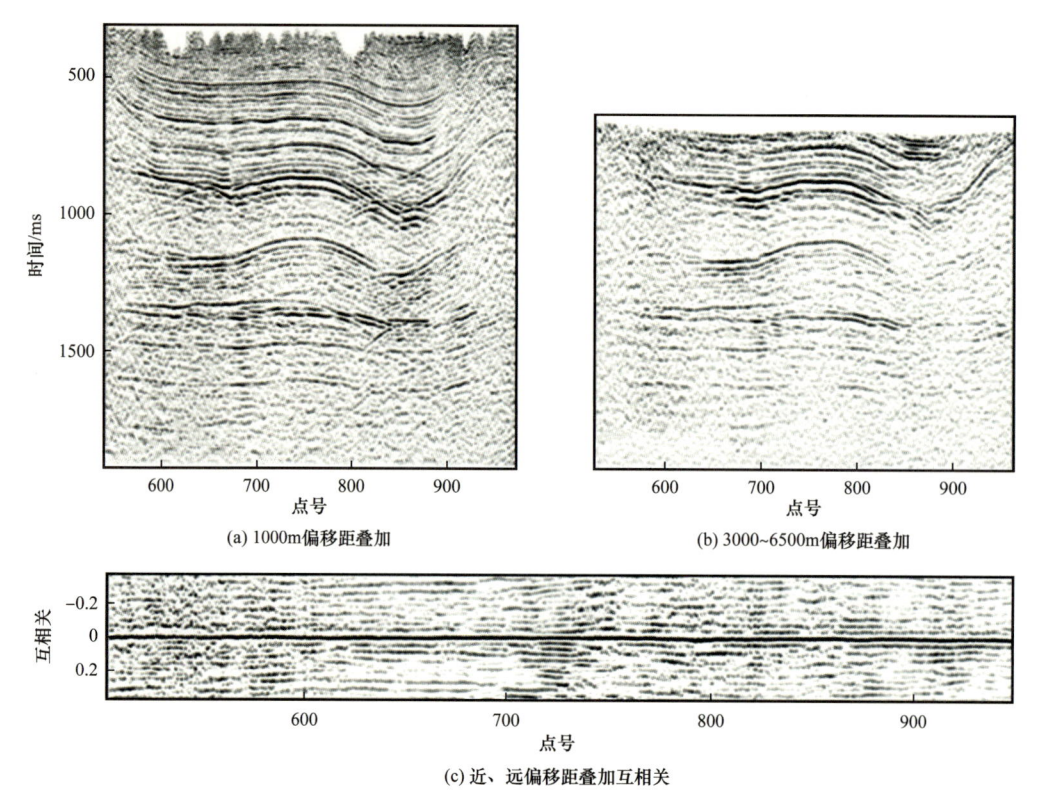

图 6-2-11　近、远偏移距叠加互相关

陆上三维地震勘探由于过障碍等因素影响，不具备一个完全规则的观测系统，面波的线性特征得到削弱，更多地表现为相干特征，同时，在 f—k 谱上表现出较严重的假频，假频信息达到奈奎斯特波数时，发生折叠后与有效信号相混，常规的相干噪声压制技术采用的扇形滤波器不能充分压制折叠后的假频干扰，非规则相干噪声压制技术采用全新的滤波器设计可以很好地解决了这一问题（图 6-2-12），从图 6-2-13 非规则相干噪声压制效果与常规方法去噪对比可见，面波压制更为彻底。

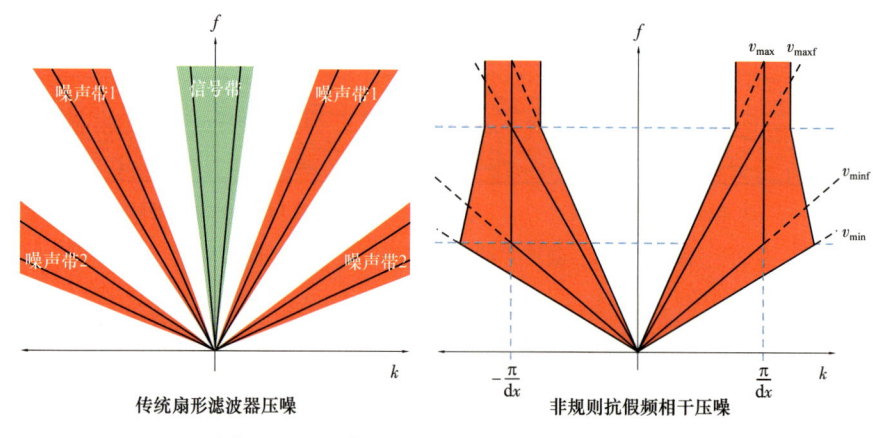

图 6-2-12　非规则相干噪声压制技术的优势

| | 756 | 756 | 756 | 文件号 |

(a) 去噪前　　　　　　　(b) 常规方法去噪　　　　　　(c) 非规则相干噪声压制

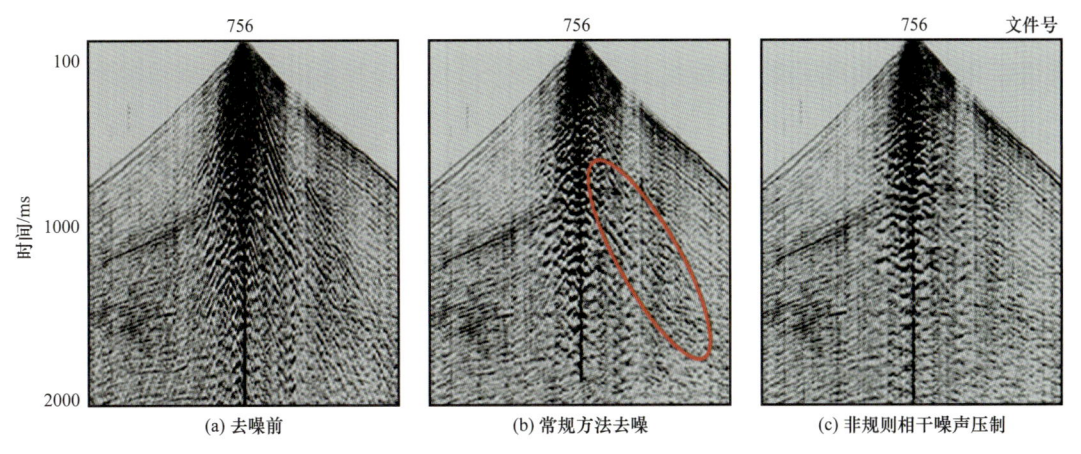

图 6-2-13　非规则相干噪声压制效果

2. 高能异常振幅噪声压制技术

异常振幅噪声的特点：表现在地震数据上振幅值远远大于有效波的振幅值，各个频段范围都有表现，且在不同频段范围内表现出来的特征是不相同的。

异常振幅噪声衰减实现方式：异常振幅衰减方法采用的是"多道统计、单道去噪、分频压制"的思路，在不同的频带内自动识别地震记录中存在的强能量干扰，确定出噪声出现的空间位置，根据定义的门槛值和衰减系数，采用时变、空变的方式给以压制。基于特定频段范围内振幅差异衰减噪声，当振幅能量大于计算门槛值时，认为该频段振幅异常。门槛值是通过给定道数频段范围内的平均振幅能量乘以特定异常振幅因子计算出来的。异常振幅被衰减或用相邻道的相同频段内插来替换该异常振幅值。时窗内的平均能量通过下面方程定义：

$$E_{ftk} = \frac{1}{n_{ftk}} \sum_{i=1}^{n_{ftk}} A_{iftk}^2 \qquad (6-2-1)$$

式中　E_{ftk}——k 道时窗 t 内、频段 f 内的平均振幅值（能量）；

　　　A_{iftk}——k 道时窗 t 内、频段 f 内第 i 个样点的振幅值；

　　　n_{ftk}——k 道时窗 t 内、频段 f 内的采样点个数。

异常振幅衰减可以用于衰减异常振幅大值或增强异常振幅小值。当衰减大振幅时，该技术寻找大于给定门限振幅值的振幅；当衰减小振幅时，该技术寻找低于给定门限振幅值的振幅。

图 6-2-14 至图 6-2-16 为异常干扰压制前后及压制噪声的单炮展示，从压制后单炮看，中深层多道连续异常振幅得到有效去除，目的层反射双曲线特征凸显，噪声中未见有效反射波表现。

3. 层间多次波噪声压制技术

多次波衰减技术相对较多，主要分为三类：基于视周期或视速度的滤波类方法、基于模型的预测相减法、稀疏脉冲反演法。经研究，四川盆地页岩气层间多次波压制采用方法以 Radon 变换和反馈迭代为主。

图 6-2-14 异常振幅压制前单炮

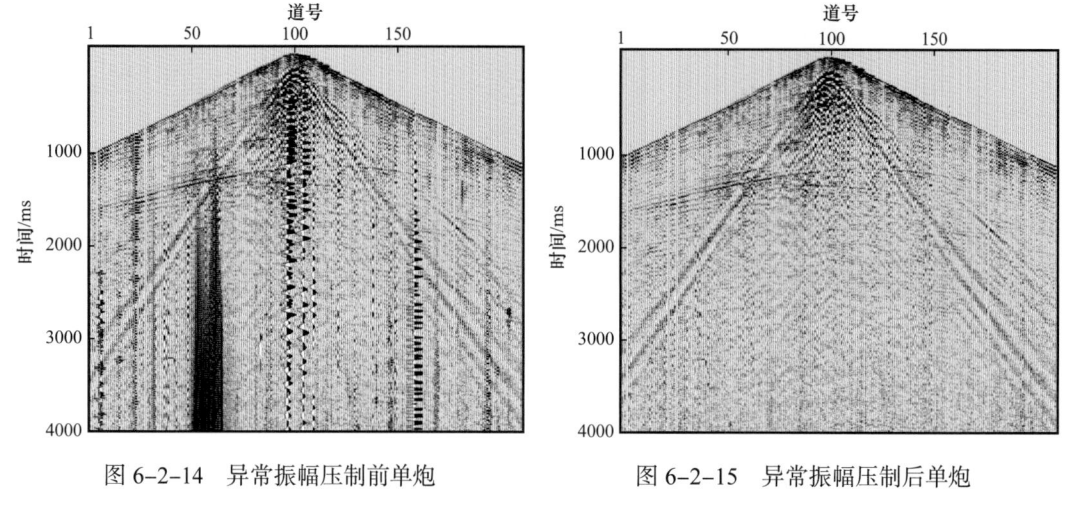

图 6-2-15 异常振幅压制后单炮

图 6-2-16 异常振幅噪声

Radon 变换利用多次波与一次波的视速度差异来衰减多次波。根据 Radon 变换采用的近似方程不同，可以分为抛物线 Radon 变换、双曲线 Radon 变换、多项式 Radon 变换，四川盆地山地页岩气主要采用抛物线 Radon 变换压制多次波（图 6-2-17）。

反馈迭代法的主要优缺点如下：该算法较为准确地建立了多次波场，利用最小二乘等自适应相减方法可以实现对全偏移距多次波的衰减，并且可以较大程度保护一次波；衰减层间多次波时需要确定产生层间多次波的界面；自由表面多次波的产生界面为自由表面，不需要确定反射界面；衰减层间多次波时，差异化动校求取 CMP 道集上的产生层间多次波反射界面旅行时对速度场的准确性较为依赖；在衰减自由表面多次波时，算法不需要先验速度信息。

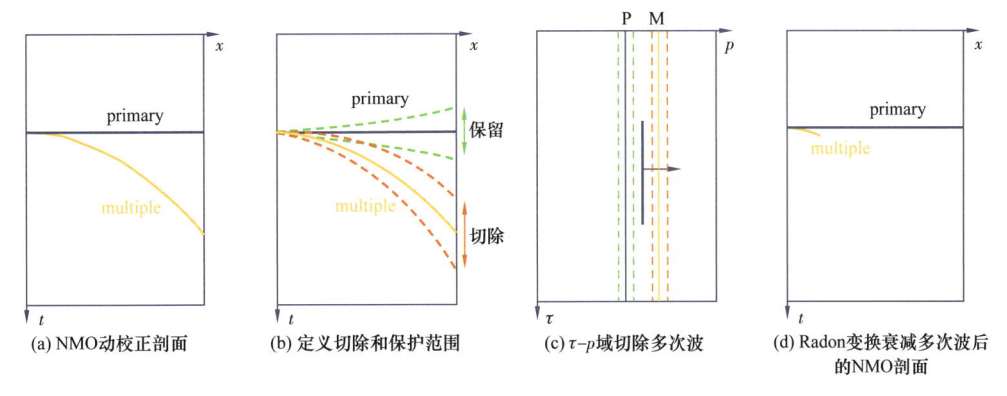

图 6-2-17　抛物线 Radon 法压制多次波算法过程

针对层间多次波，采用反馈迭代方法在 CMP 域对目的层多次波进行压制的方法，图 6-2-18 至图 6-2-19 为多次波压制前后的剖面，可见近、远偏移距多次波得到很好的压制，一次反射得到了很好的保护。

图 6-2-18　层间多次波压制前剖面

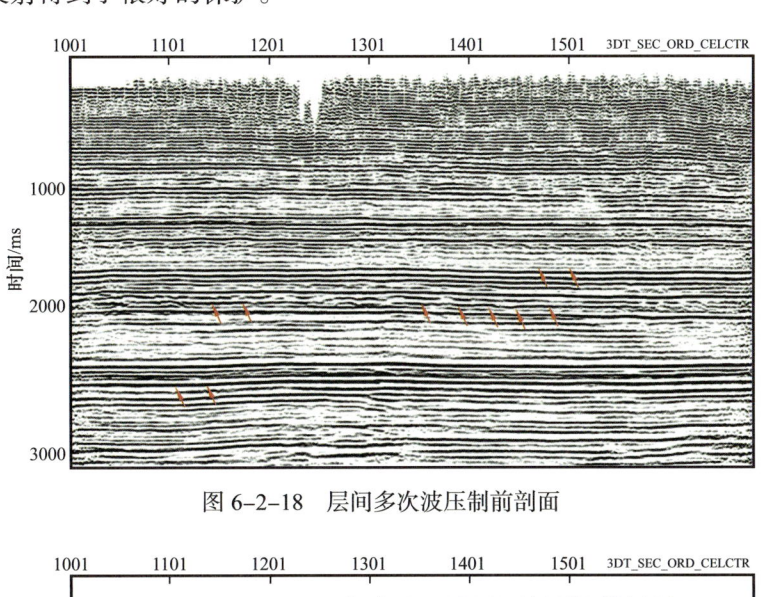

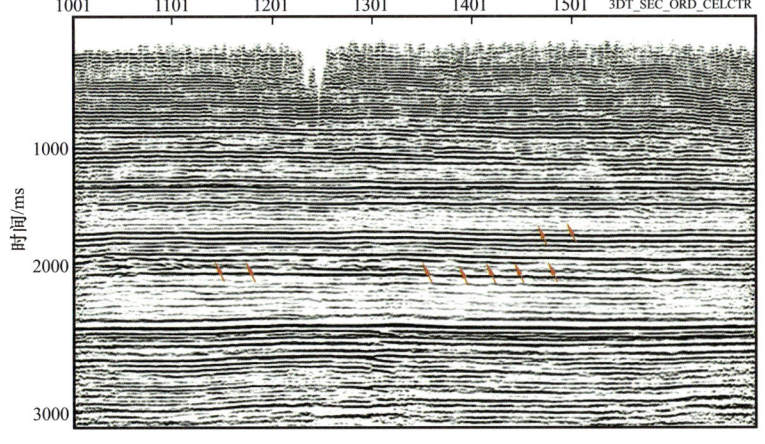

图 6-2-19　层间多次波压制后剖面

三、提高分辨率处理技术

四川盆地页岩气主力层系龙马溪组龙一$_1^1$小层厚度 1～5m，常规处理方法难以满足龙一$_1^1$薄小层"甜点"参数的精确预测、微断裂识别。采用保真保幅提高分辨率处理技术，包括井控地震资料处理、叠前叠后融合提频处理技术，保真保幅提高页岩气地震剖面分辨率。

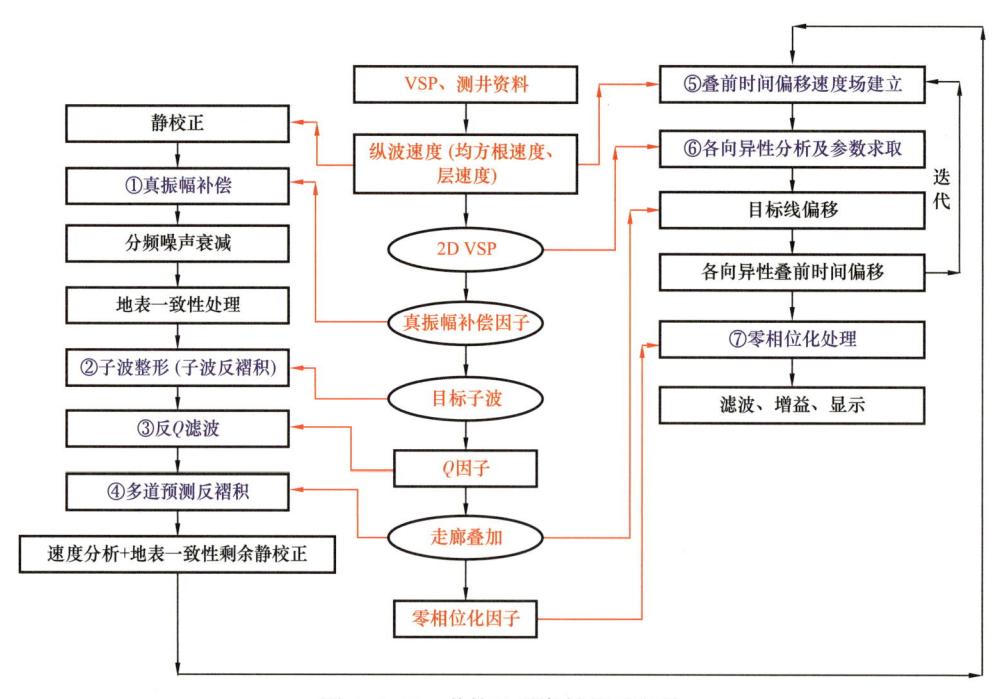

1. 井控地震资料处理技术

井控地震资料处理技术是指在地震资料处理过程中，最大程度地利用工区内已有井的测井、VSP 等资料，将高质量的井点数据和低分辨率的地面地震数据进行充分的分析、结合、约束，定量分析并优选处理参数，以指导地震资料的处理，使地震数据与井数据达到最佳匹配，在不降低信噪比的前提下，提高资料的分辨率。

山地页岩气井控地震资料处理的流程见图 6-2-20，从图中可以看出 VSP 资料为地面地震资料处理提供以下信息：真振幅补偿因子；子波整形所用的目标子波；反 Q 滤波所用的时变 Q 模型；叠后零相位化所需的零相位化因子；利用走廊叠加剖面与反褶积后地震剖面的相关性确定最佳的反褶积算子；时间偏移速度模型在井点的约束；各向异性叠前偏移所需的各向异性参数。山地页岩气井控地震资料处理流程相对常规处理流程主要是增加了四个处理环节：真振幅恢复、子波整形、反 Q 滤波、零相位化。

图 6-2-20 井控地震资料处理流程

（1）真振幅恢复。

井控处理真振幅恢复的方法是：用零井源距 VSP 资料下行纵波（一次波）的均方根

振幅曲线按时间函数增益表达式进行拟合，求取球面扩散补偿因子，然后对地震资料进行真振幅恢复：

$$A_o(t) = A_i(t) t^x \tag{6-2-2}$$

式中 $A_o(t)$——t 时刻的输出样点值；

   $A_i(t)$——t 时刻的输入样点值；

   t——时间，s；

   x——用户指定的增益指数。

图 6-2-22 左图为某井 VSP 下行纵波均方根振幅随单程旅行时变化曲线。拟合的真振幅补偿因子为 2.2。图 6-2-21 中 VSP 下行纵波真振幅恢复前后的均方根振幅曲线对比图上看，补偿后的振幅曲线从浅至深都集中在相对固定值附近，浅、中、深层能量得到合理补偿。图 6-2-22 右为补偿前后单炮对比，补偿后中深层能量得到了合理恢复。通过井控振幅恢复较好解决了球面扩散补偿效果不好控制的难题。

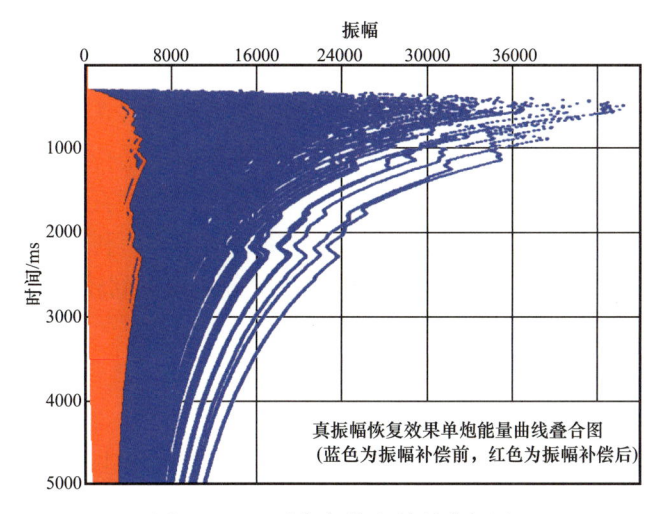

图 6-2-21　真振幅恢复效果分析图

（2）子波整形。

页岩气三维连片处理中涉及不同年度、不同采集参数的三维地震资料，需要进行子波整形处理，而子波整形的关键是目标子波的确定。通常的做法是通过地震资料统计出不同年度资料的子波，选出一个相对较好的子波作为目标子波，这种方式人为因素较多，不好控制。零井源距 VSP 资料下行纵波准确地记录了不同深度的子波信息，根据 VSP 资料可以获得准确的目标子波。图 6-2-22 为利用 VSP 子波进行子波整形的效果分析图，VSP 记录提取的子波的一致性较好，主频在 35Hz 左右，频带宽度为 10～80Hz。

整形后子波的一致性变得更好，频谱也变得比较饱满、平滑，但是频带并没有展宽，只起到了整形的目的。通过子波整形后目的层（2000～2500ms）波组特征明显变得清楚，且近偏移距低频异常能量得到了较好的压制，同相轴变得比较光滑，频谱也变成了饱满的不对称钟形，可见整形起到了较好的作用。

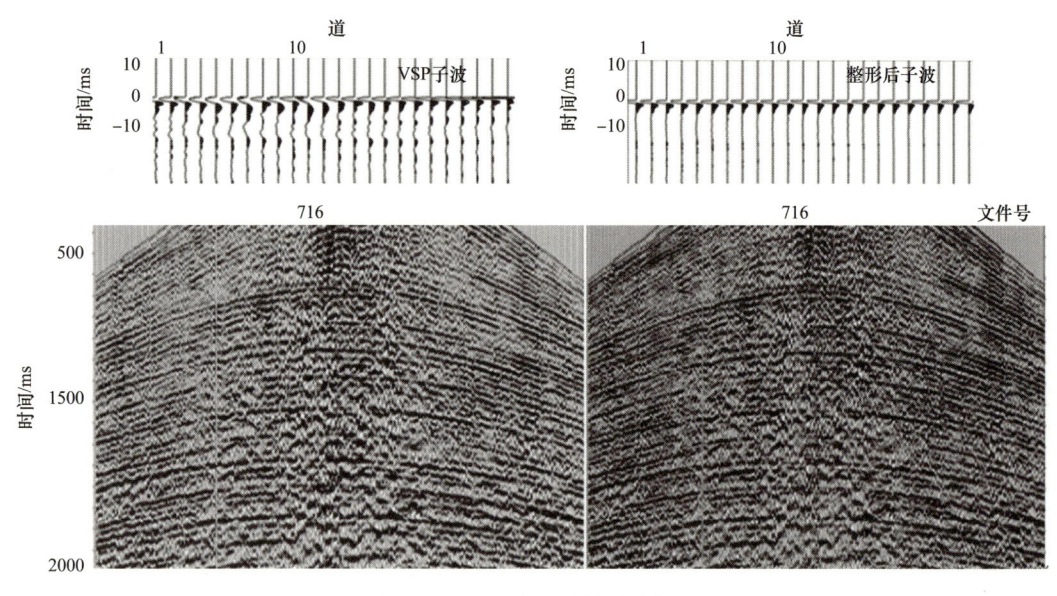

图 6-2-22 子波整形效果分析图

（3）叠前时变 Q 值求取及反 Q 滤波。

反 Q 滤波是一种比较保幅的提高分辨率的有效手段，但是一直没有被广泛推广应用，最大的困难在于是变 Q 模型的求取。VSP 因为在井下不同深度直接观测震源子波的变化，因而被认为是能够提供唯一有价值的地震波衰减资料的来源，利用 VSP 资料计算 Q 最常用有频谱比法和累积频谱比法。反 Q 滤波后单炮的分辨率得到较大提高，弱层反射更为清楚，能量变得更为聚焦。

累积频谱比法通常分为四步对 Q 进行计算：

① 各个观测深度点下行纵波（一次波）频谱计算。

② 计算不同深度点记录频谱相对参考点频谱的变化斜率 A，即累积衰减，拟合公式为：

$$\ln\left[\frac{G_2(f)}{G_1(f)}\right] = -Af + \ln J \quad (6\text{-}2\text{-}3)$$

$G_1(t)$ 和 $G_2(t)$ 为深度 z_1 和 z_2 记录的两初至子波 $g_1(t)$ 和 $g_2(t)$ 的振幅谱，J 是与频率无关的因子。

③ 根据斜率 A 分层、分段拟合出层衰减量 K_x，拟合公式为：

$$K_x = \frac{A}{z_2 - z_1} \quad (6\text{-}2\text{-}4)$$

④ 计算层品质因子 Q，计算公式为：

$$Q = \frac{\pi}{V} \frac{1}{K_x} \quad (6\text{-}2\text{-}5)$$

图 6-2-23 为某井 Q 求取中间过程质控图件，图中拟合出每点相对参考点的频谱变化

斜率 A 随着深度的增加而增加，根据变化趋势将其分为四层，拟合出的第一层、第二层的衰减量 K_x 分别为 8E-06、3.4E-06，根据 Q、K_x 的关系计算出了四层层 Q，见纵波 Q 时变一维模型。

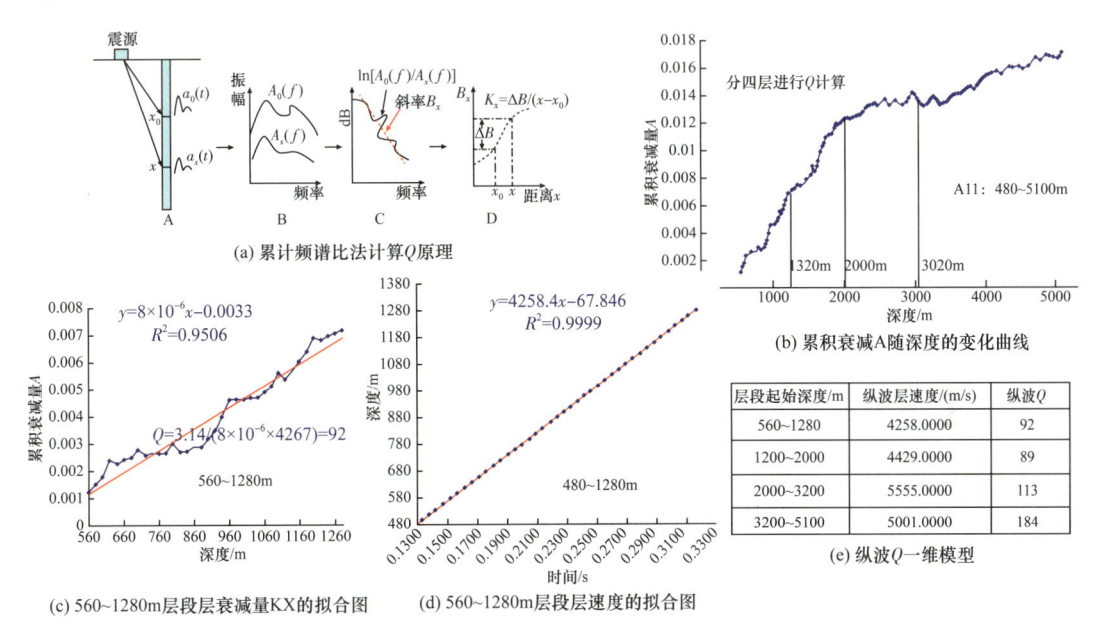

图 6-2-23　某井 Q 模型求取分析图

图 6-2-24 为反 Q 滤波前后的单炮对比，从图中可以看出反 Q 滤波后单炮的分辨率得到较大提高，弱层反射更为清楚，能量变得更为聚焦。

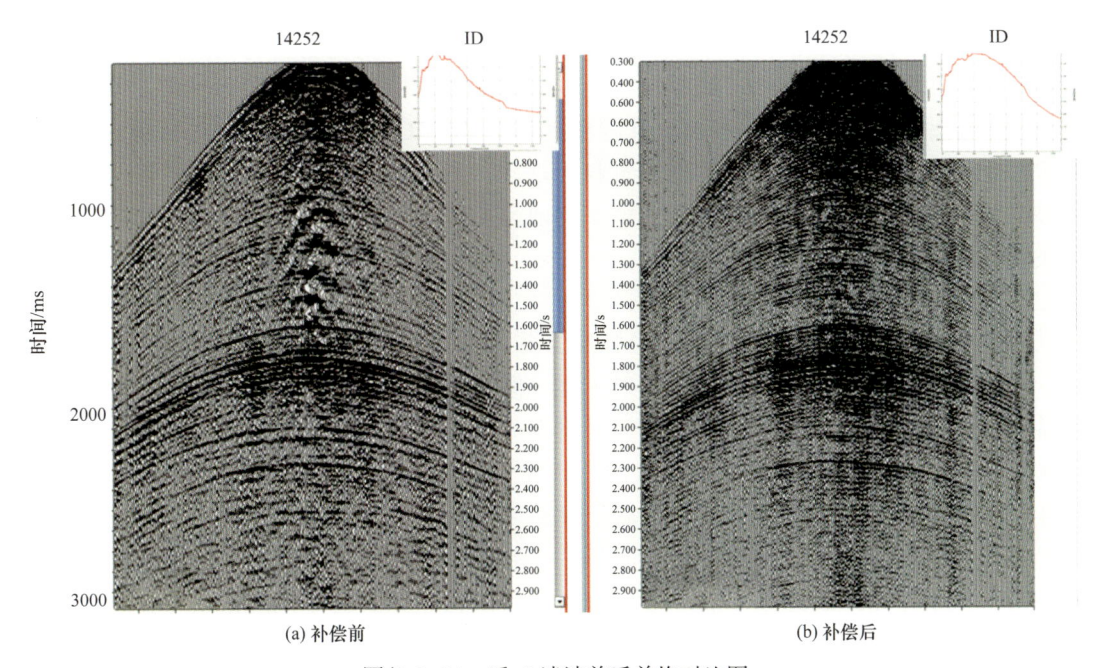

图 6-2-24　反 Q 滤波前后单炮对比图

（4）零相位化。

理论上零相位资料具有最高的分辨率，但实际处理后最终成果往往不是零相位的，而常规的零相位化方法又很不稳定，难以在生产中应用。井资料约束的零相位化被证明是稳定可靠，它通过井匹配处理与分析，可以得到较为可靠的零相位化算子，利用该算子可以把地震资料转换为零相位子波的地震资料，这一过程是空间自适应的，是一种确定性处理方法。图6-2-25利用VSP资料、地震资料匹配提取的零相位化算子及其在VSP下行纵波上的应用效果图，可以看出下行纵波零相位化处理以后分辨率明显得到了提高。

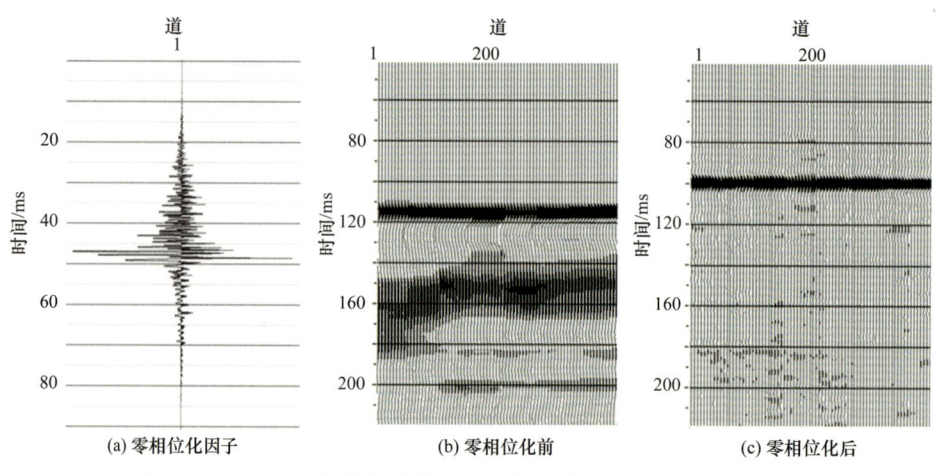

图 6-2-25　零相位化算子及 VSP 下行纵波零相位化前后效果图

2. 叠前叠后融合提频技术

龙马溪组龙一₁四小层储层厚度较薄，龙一₁¹至龙一₁⁴储层厚度变化范围分别为1～4m、4～11m、3～9m、6～25m（图6-2-26），目前四川盆地页岩气开发的主要小层为龙一₁¹，需要对这一小层进行厚度、孔隙度、含气量、TOC、脆性指数等进行预测，但是薄储层的预测需要有高分辨率的地震资料为基础，因此需要对常规地震资料进行提高分辨率处理。薄储层的预测需要有高分辨率的地震资料为基础，研究采用叠前和叠合相结合的方法提高地震资料分辨率。

1）叠前提频处理技术

理想的地震记录应该是一系列尖脉冲，其中每个尖脉冲代表地下存在一个反射界面，整个脉冲序列就代表地下一组反射界面。但震源爆炸时，由于地层对震源脉冲的滤波作用使得震源发出的尖脉冲变成了一个具有一定延续时间的稳定波形（通常称为地震子波）。通过这个滤波作用，使得子波的高频成分损失，脉冲的频谱变窄，从而使激发时产生的尖脉冲延续时间加大，这样地震记录就变成了若干子波叠加的结果，即地震记录是地震子波和反射系数序列的褶积，而为了提高纵向分辨率，必须去掉大地滤波的作用，把具有一定延续时间的地震子波压缩成原来的震源脉冲形式，使地震记录变为反映反射系数序列的窄脉冲组合。由于地表激发接收条件的影响，页岩气工区不同位置接收资料能量存在较大差异，地震子波横向存在较大差异，会给资料处理带来较多不确定性因素。

叠前提频可采取地表一致性反褶积，有效地消除了激发接收条件带来的地震子波差异，提高子波横向一致性，采取谱约束反褶积，多道预测反褶积提高资料分辨率，用反 Q 滤波方法补偿由于大地吸收损失的高频能量，提高分辨率。图 6-2-27 和图 6-2-28 为页岩气某区采用叠前提频前后的剖面和放大展示，可见地震资料分辨率得到明显提升，层间弱反射信号较提频前有明显的提升。

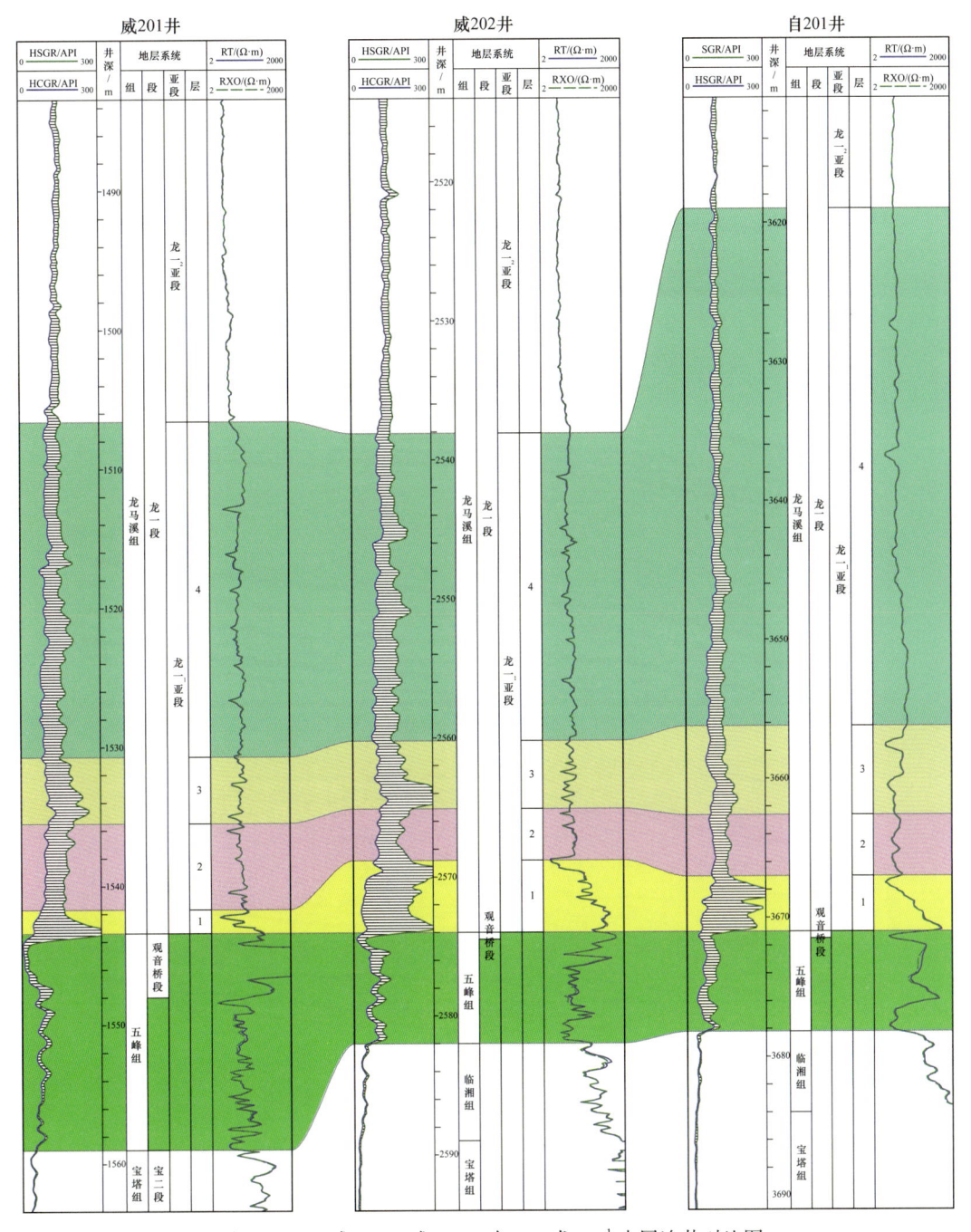

图 6-2-26　威 201—威 202—自 201 龙一$_1^1$ 小层连井对比图

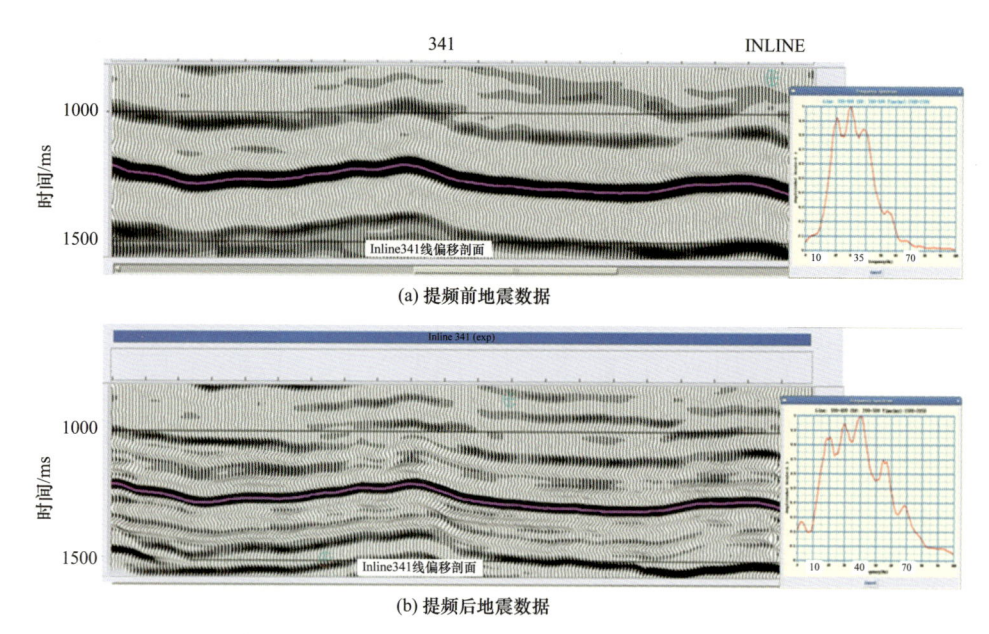

图 6-2-27　叠前提频前后叠前时间偏移剖面对比（目的层局部放大）及频谱对比

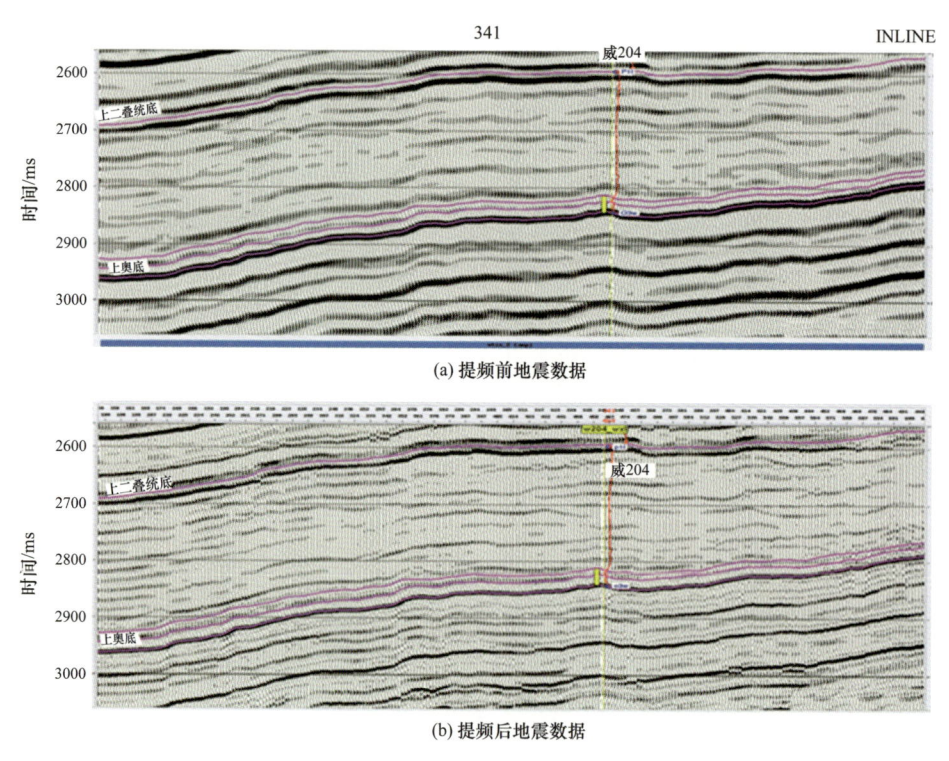

图 6-2-28　叠前提频前后叠前时间偏移剖面对比

2）叠后提频处理技术

Portniaguine 和 Castagna 在 2005 年探讨了一种叠后谱反演方法，可以解决在小于调谐厚度时的薄层预测问题。这个方法更多地从地质上去考虑，而不是数学上的假设。其重点在于通过分频方法来获取局部频谱信息（Castagna，et al.，2003；Portniaguine，et al.，2004）。这种谱反演或者薄层反演最终输出为反射系数序列，其视分辨率要远高于输入的地震数据，可以用来对薄储层进行精细的描述和刻画。这种资料处理方法称为 ThinMAN，这是一种全新提取反射信息的方式，去除子波时并不会加大高频段的噪音，而地震分辨率却是得到了相应的提升。采用薄层反射系数反演 ThinMAN 进行高分辨处理，基于反射系数序列非稀疏假设的谱反演流程如图 6-2-29 所示。

图 6-2-30 为一段带宽地震剖面、反射系数剖面和提频处理后的剖面，剖面分辨率得到显著提高，薄层的信息更加丰富，对于解释人员来说，如此丰富的反射信息是非常有益的，有利于突出区域内目标的反射细节及在工作站上进行精细的地震解释。

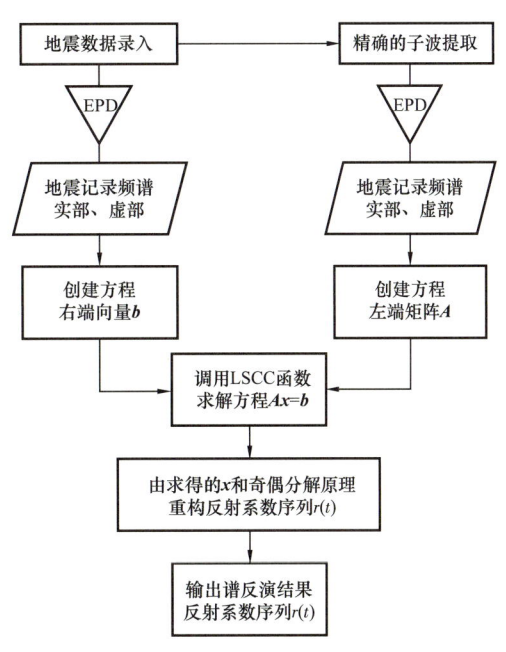

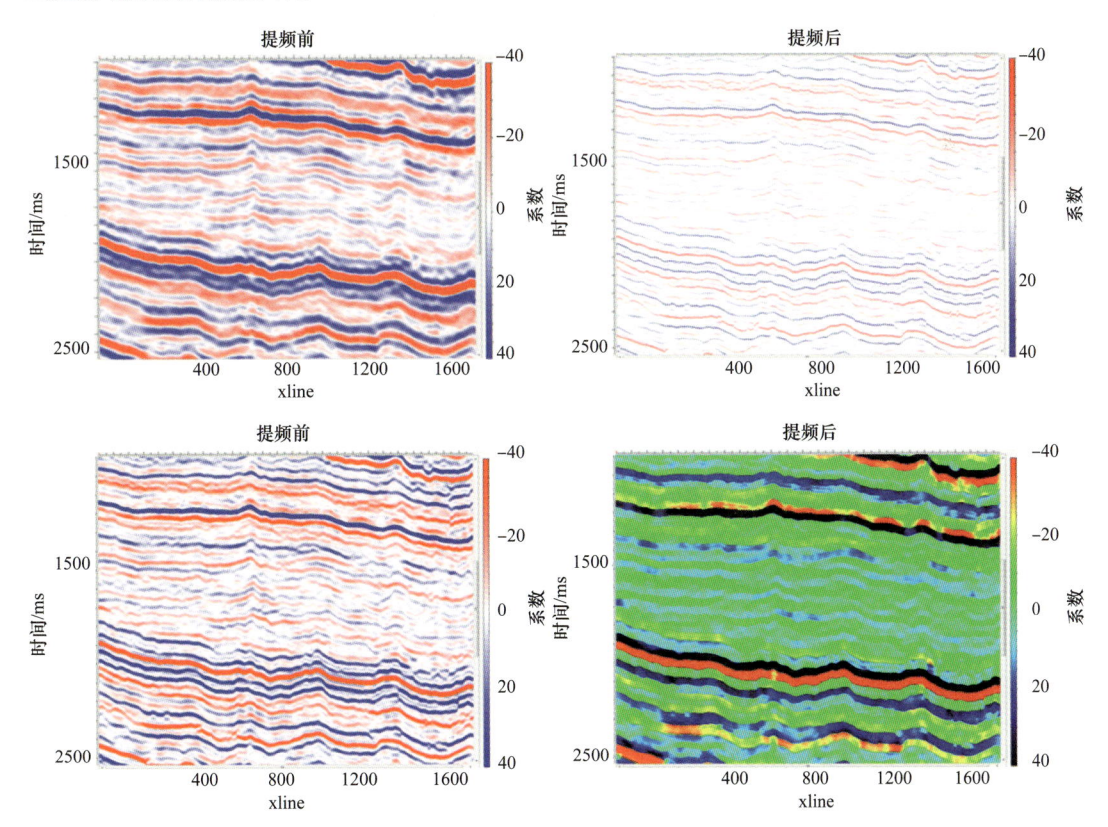

图 6-2-29　基于最小二乘共轭梯度算法的谱反演流程

图 6-2-30　ThinMAN 处理剖面与反射系数剖面

提频处理后的剖面分辨率得到显著提高，薄层的信息更加丰富，对于解释人员来说，如此丰富的反射信息是非常有益的，有利于突出区域内目标的反射细节及在工作站上进行精细的地震解释。

四、各向异性叠前深度偏移技术

1. 地震波在方位各向异性介质中传播的特性

1）各向同性介质弹性系数矩阵

最简化的介质为各向同性介质。其介质特性在各个方向上都相同，对应的弹性系数表达式为：

$$c^{(iso)} = \begin{bmatrix} \lambda+2\mu & \lambda & \lambda & 0 & 0 & 0 \\ \lambda & \lambda+2\mu & \lambda & 0 & 0 & 0 \\ \lambda & \lambda & \lambda+2\mu & 0 & 0 & 0 \\ 0 & 0 & 0 & \mu & 0 & 0 \\ 0 & 0 & 0 & 0 & \mu & 0 \\ 0 & 0 & 0 & 0 & 0 & \mu \end{bmatrix} \quad (6-2-6)$$

从式（6-2-6）可以看出，各向同性介质的传播特性只需要两个独立的参数来描述，称这两个参数 λ 和 μ 为拉梅常数。

2）VTI 介质弹性系数矩阵

各向异性介质的归类是跟地下岩层成因相关的。对于沉积型地层，最常见的特性为成层性。在介质完全水平沉积的假设下，人们提出了 VTI 介质类型用以描述沉积地层的细微层理和旋回性薄层引起的各向异性。

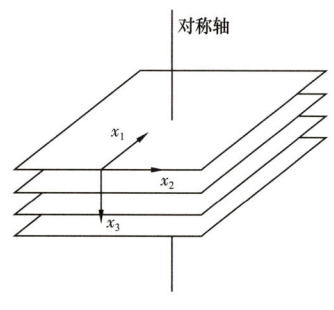

图 6-2-31 VTI 介质示意图

VTI 介质假设岩石由多个水平的薄层组成（图 6-2-31），其拥有一个竖直的对称轴，在垂直于轴的方向（水平方向）上具有各向同性的特征。VTI 模型对应的弹性系数矩阵表达式为：

$$c^{(vti)} = \begin{bmatrix} c_{11} & c_{12} & c_{13} & 0 & 0 & 0 \\ c_{12} & c_{22} & c_{13} & 0 & 0 & 0 \\ c_{13} & c_{13} & c_{33} & 0 & 0 & 0 \\ 0 & 0 & 0 & c_{44} & 0 & 0 \\ 0 & 0 & 0 & 0 & c_{44} & 0 \\ 0 & 0 & 0 & 0 & 0 & c_{66} \end{bmatrix} \quad (6-2-7)$$

3）TTI 介质弹性系数矩阵

一般情况下，地层的产状不是绝对水平的。此时 VTI 模型不再适用，人们便将其沿坐标轴旋转相应的角度，形成 TTI 模型（图 6-2-32）。旋转后的倾角为 θ、方位角为 ϕ。

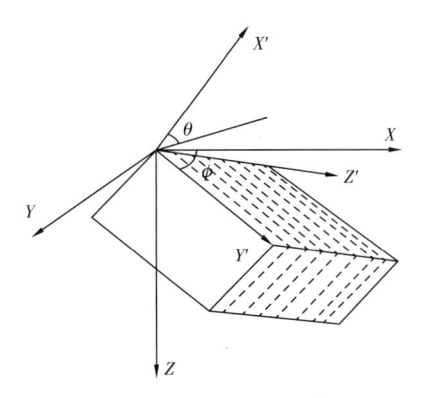

图 6-2-32　TTI 介质示意图

TTI 介质的弹性系数矩阵可以由 VTI 介质的弹性矩阵乘以相应的坐标变换矩阵得来。得到的弹性系数矩阵每个分量都有值：

$$\boldsymbol{c}^{\mathrm{TTI}} = \begin{bmatrix} c_{11} & c_{12} & c_{13} & c_{14} & c_{15} & c_{16} \\ c_{21} & c_{22} & c_{23} & c_{24} & c_{25} & c_{26} \\ c_{31} & c_{32} & c_{33} & c_{34} & c_{35} & c_{36} \\ c_{41} & c_{42} & c_{43} & c_{44} & c_{45} & c_{46} \\ c_{51} & c_{52} & c_{53} & c_{54} & c_{55} & c_{56} \\ c_{61} & c_{62} & c_{63} & c_{64} & c_{65} & c_{66} \end{bmatrix} \qquad (6\text{-}2\text{-}8)$$

2. 深度域速度模型建立及优化

页岩气水平井的准确入靶、高钻遇率要求目的层深度的准确预测，为了获得更精确的地下地质构造刻画，基于更趋于实际地球介质的各向异性波动理论和地震资料处理及偏移成像方法得到越来越多的重视，开展各向异性偏移成像方法研究是高精度地震成像技术的必然发展趋势。

1）深度域初始速度模型建立

准确的初始深度构造模型和初始速度模型是获得最终准确速度模型的关键，若初始模型不准确，会导致误差过大难以修正，甚至在偏移的过程中误差反复累加增大。利用测井资料、钻井资料、VSP 资料与地震资料相结合，提高初始模型的精度。

2）深度域各向同性速度模型建立与优化

网格层析的方式具有计算效率高、反演精度高、适应性与稳定性高的优点，能够满足页岩气区块高精度成像的要求，因此采用网格层析成像进行各向同性与各向异性的速度反演迭代。

3）基于井信息的层位约束速度反演技术

各向同性深度偏移的准确成像是各向异性深度偏移的基础，但常规的各向同性网格层析技术反演出的速度场无法更准确地反映出页岩气区块内的高速薄层。因此，研究分析四川盆地页岩气区域速度特点，精确反演页岩气区块高速薄层，提高水平井入靶精度和钻遇率，本次研究提出了一套新的层析成像速度建模及迭代技术，该技术主要分为以下两个部分，具体流程如图 6-2-33 所示。

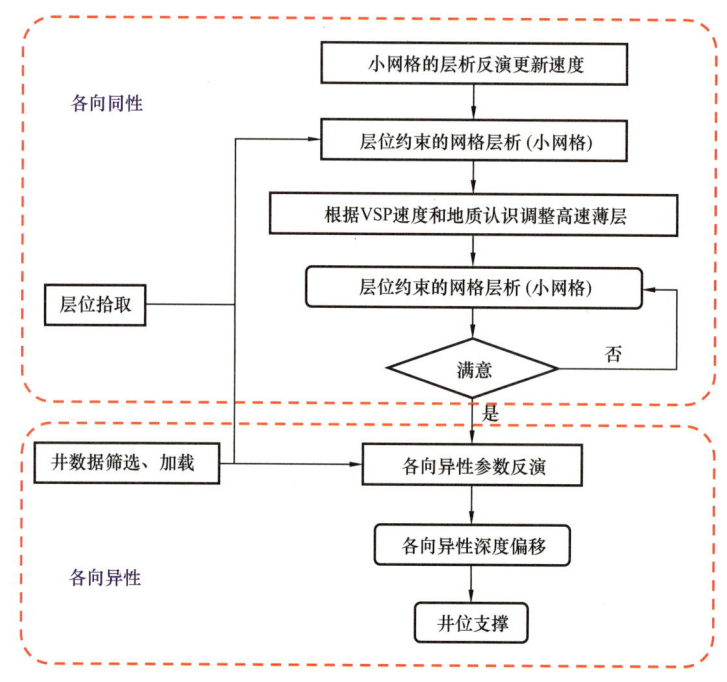

图 6-2-33　地质约束网格层析技术流程图

（1）在各向同性条件下，结合 VSP 资料、井信息与地质认识针对性地调整高速薄层，并利用小网格进行层位约束的网格层析成像更新迭代，求得更加符合实际地下地质规律的各向同性速度场（图 6-2-34）。

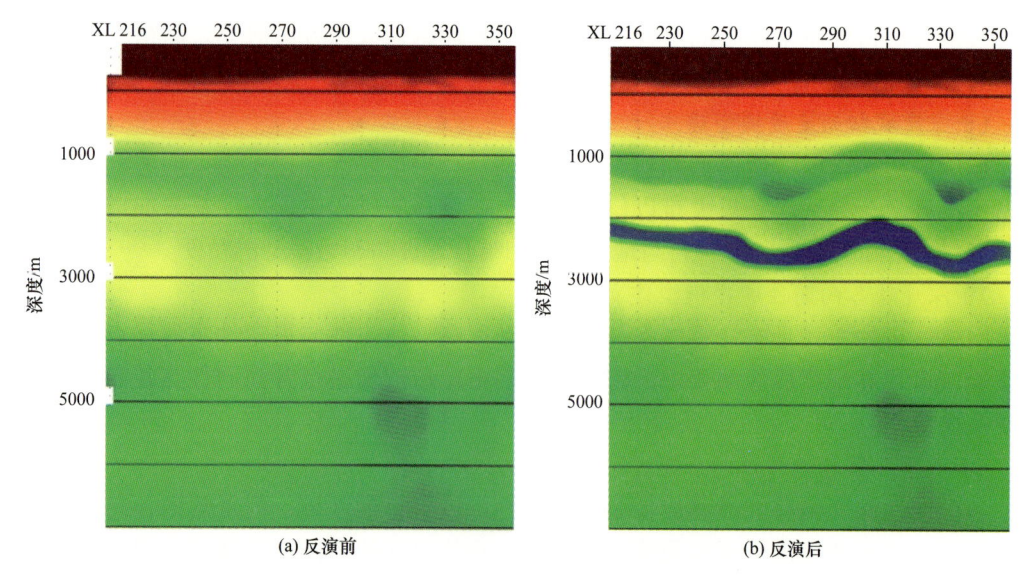

图 6-2-34　约束速度反演前后速度场

（2）在各向同性准确成像基础上，利用工区钻、测井资料进行 VTI 各向异性参数反演和速度更新迭代，不断逼近地下真实成像速度，从而有力支撑和指导页岩气水平井钻进（图 6-2-35）。

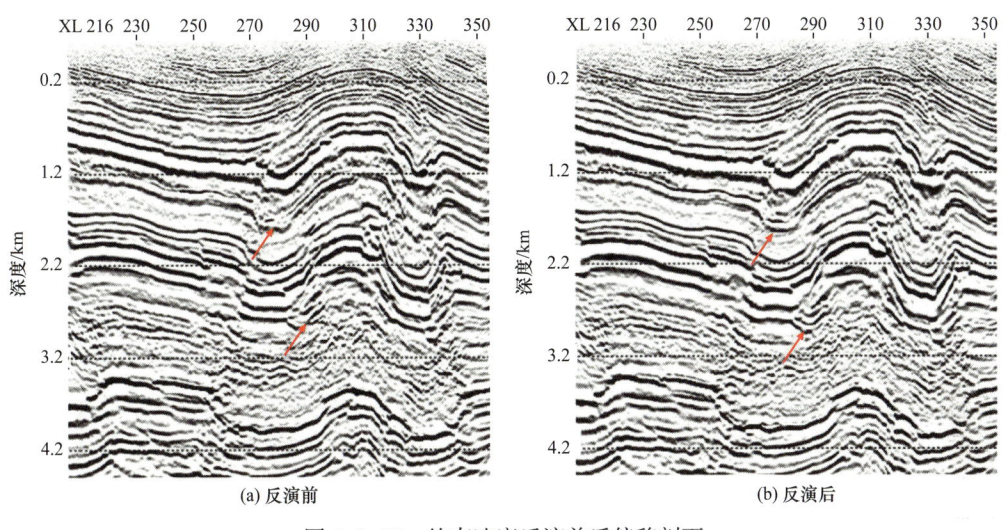

(a) 反演前　　(b) 反演后

图 6-2-35　约束速度反演前后偏移剖面

3. TTI 各向异性叠前深度偏移及效果

1）TTI 各向异性速度场建立及参数求取

TTI 各向异性参数建模及更新的通常做法是利用地震成像道集的剩余时差更新速度模型，固定速度，估算各向异性参数。HE 等将地质认识和测井信息作为约束条件融入层析反演中，增加方程的正定性，降低多解性，获得了符合地质情况的各向异性参数模型。ZHOU 等提出一种适用于各向异性介质的正则化方法，解决了各向异性参数的数量级差异大的问题。郭恺等提出了 TTI 各向异性等效参数联合反演方法，给出了实用的多参数联合反演策略。在总结前人研究经验的基础上，针对山地页岩气区块特点，提出一套优化的页岩气 TTI 各向异性参数模型提取及更新方法，具体流程如图 6-2-36 所示。

提取各向异性模型参数的方法也主要依靠井震数据结合。不同的是，它使用井震联合的层析反演方法求取各向异性参数。求取 TTI 各向异性参数模型是个逐渐逼近的迭代反演过程。在求取 V_0、Delta 和 Epsilon 的时候充分考虑了倾角、方位角的影响，更适用于 TTI 介质，因此结果将更为精确。

从图 6-2-36 的流程可以看出，TTI 介质各向异性参数层析反演有以下几个关键环节：井震误差 Mistie 求取、Delta 及 Epsilon 更新、沿层剩余延迟自动拾取。

2）TTI 各向异性深度偏移处理效果

TTI 各向异性叠前偏移的效果主要从道集、剖面、最终与实际钻井地吻合程度及合成记录标定等多个方面来衡，同时对于指导页岩气水平井的准确入靶，提高钻遇率具有重要的作用。图 6-2-37 为更新前后 TTI 道集对比示意图，经过各向异性参数的更新迭代，求出最优 ε 模型，同相轴更为平直。

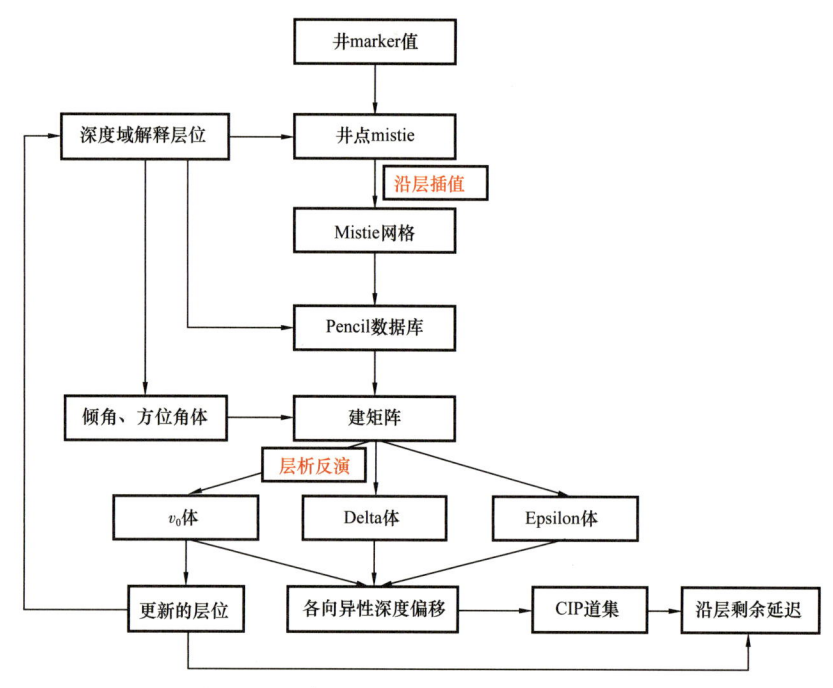

图 6-2-36　提取 TTI 介质各向异性参数流程图

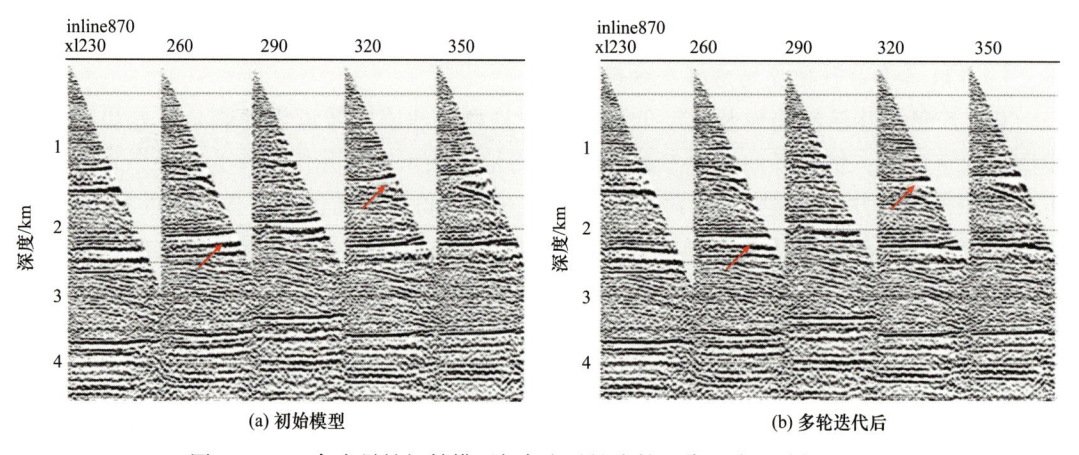

图 6-2-37　各向异性初始模型与各向异性多轮迭代后偏移道集对比图

图 6-2-38 为 TTI 各向异性参数更新前后偏移剖面对比，使用优化后的各向异性参数模型偏移得到的剖面连续性更好、聚焦程度高。

图 6-2-39 为测井分层与 TTI 各向异性叠前深度偏移剖面的叠合图。原本各向同性深度偏移中的井震误差，在 TTI 各向异性偏移成像中得到了消除。这说明在准确的各向异性参数模型的基础上 TTI 各向异性叠前深度偏移可以使地震成像深度与测井分层相吻合。各向异性叠前深度偏移剖面井震吻合程度高，地质层位与井曲线吻合良好。

分析合成记录标定结果（图 6-2-40），各向异性叠前深度偏移剖面井震吻合程度高，地质层位与井曲线吻合良好。

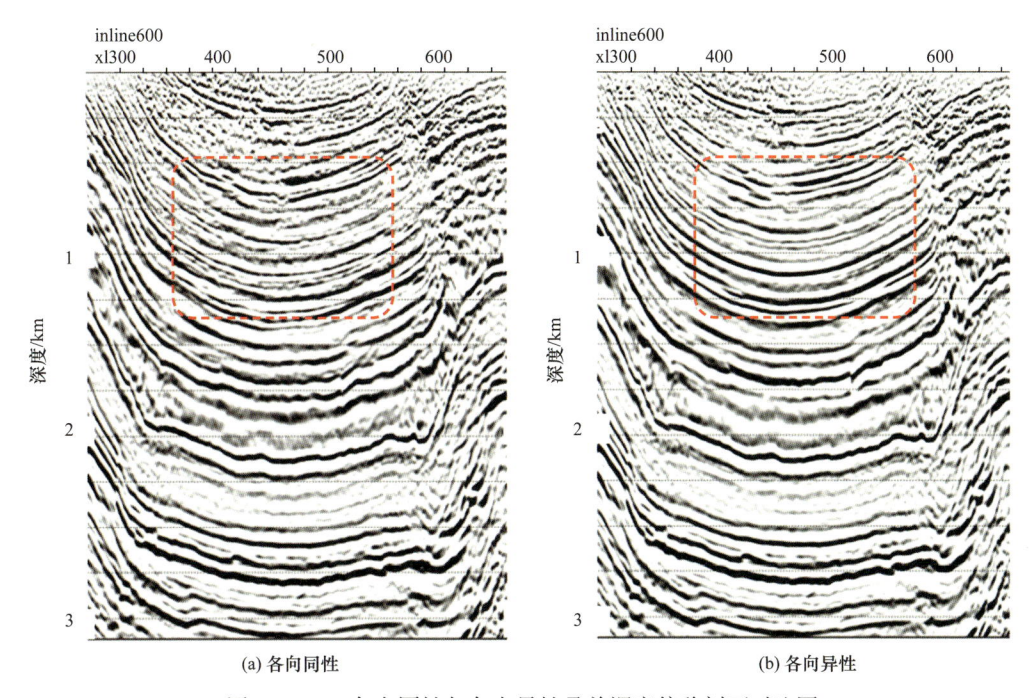

图 6-2-38　各向同性与各向异性叠前深度偏移剖面对比图

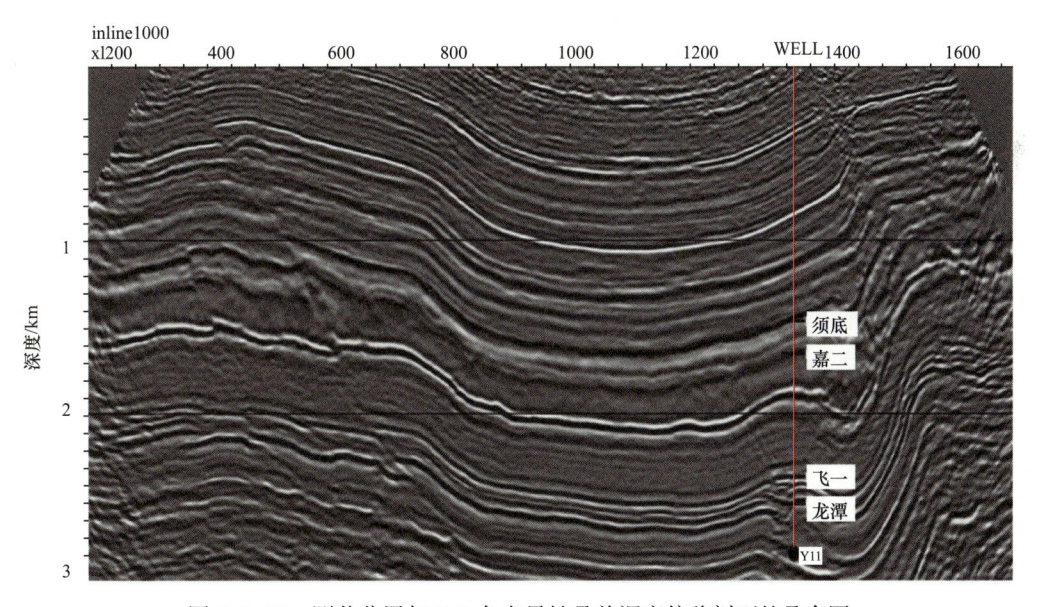

图 6-2-39　测井分层与 TTI 各向异性叠前深度偏移剖面的叠合图

  页岩气水平井钻进过程中主要依靠地质导向技术进行靶体跟踪。然而，地质导向仅能估算当前地层倾角，无法预测较大尺度上的地层趋势。没有宏观尺度的地层变化趋势做指导，容易造成钻头在断层或微幅构造初脱靶。深度域的地震成像数据可以在宏观上预测地层产状，并预测前方断裂分布，起到指导钻井和风险预警的作用。但水平井靶体厚度仅有 13m，这对地震成像精度提出了极高的要求。

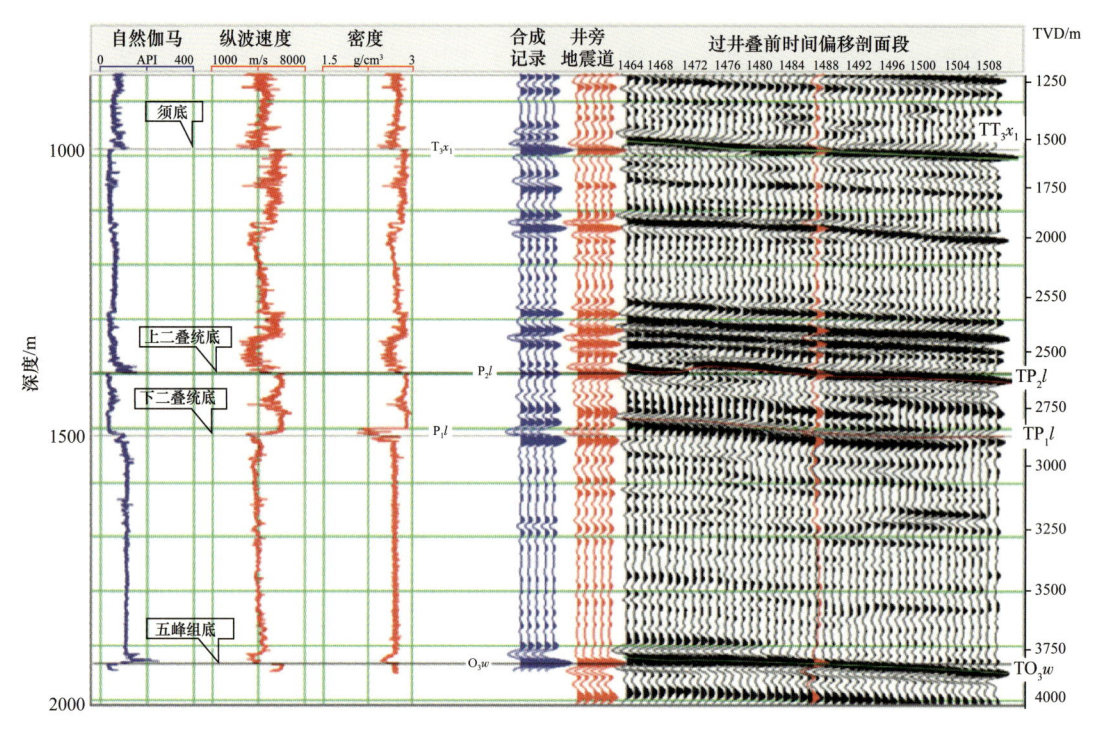

图 6-2-40　各向异性叠前深度偏移合成记录地质层位标定

图 6-2-41 为四川某区块页岩气建产区，为指导该区域页岩气水平井钻进工作，收集了 39 口井资料进行多井约束的各向异性深度偏移处理。以该区一口页岩气水平井为例，说明页岩气水平井跟踪处理的精度和意义。图 6-2-42 为各向异性深度偏移成像数据体沿井轨迹剖面。橘色箭头处为水平井入靶点，井深钻至 4050m，水平井准确入靶，入靶点深度误差小于 5m，项目组以此判断本轮成像数据可信度较高。井深钻至 4685m 处，跟踪小组根据剖面分析前方有微幅构造，并向甲方提示风险，为保证井轨迹平滑，建议主动放弃构造处的靶体，提前将钻头调整到靶体顶部，水平钻进穿过靶体，并在构造右侧自动回到靶体内。井深钻至 4961m 时，地质导向人员检测到地层产状变为上倾，钻头正在下切地层马上将要穿出靶体。跟踪小组判断钻头已进入构造中部，应保持水平钻进主动脱离靶体。井深钻至 5069m 时，钻头穿过构造右侧的断层自动回到靶体内，标志着本次利用地震数据指导水平井穿过微幅构造的成功实施。

图 6-2-43 为地质导向反演得到的靶体区域模型，可以看到地质导向人员根据钻井信息最终恢复出的模型与地震数据刻画得完全一致，这说明了各向异性深度偏移的精度高、可靠性好。由构造处局部放大（图 6-2-44）可以看到微幅构造整体幅度仅有 20m，右侧断层落差仅 15m，靶体仅 13m 厚，证明了深度偏移有能力刻画对这种小尺度的微幅构造。尤其要注意的是当钻头钻至红色箭头所指处时，地质导向人员已经可以探测到地层状变为上倾，钻头正在下切地层马上将要穿出靶体，如果没有地震数据指示此处为微幅构造，钻井人员大概率会在此处将井轨迹上挑以求顺层钻进。事实上如果这样钻进，当钻到构造顶点时，由于地层产状突变并伴随有断层发育，钻头必将拖把并损失后续很长一段的

靶体钻遇率。因此，这个例子很直观地证明了水平井跟踪处理在页岩气水平井钻进中所起的指导意义。

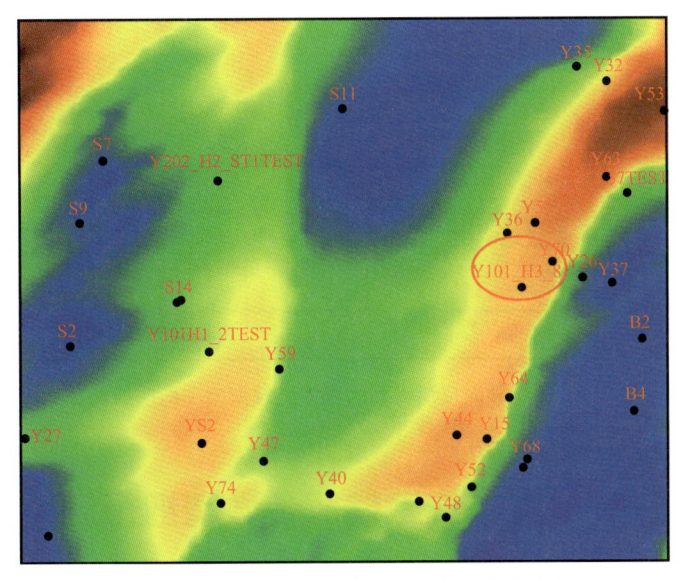

图 6-2-41　四川某区块页岩气建产区井位分布图

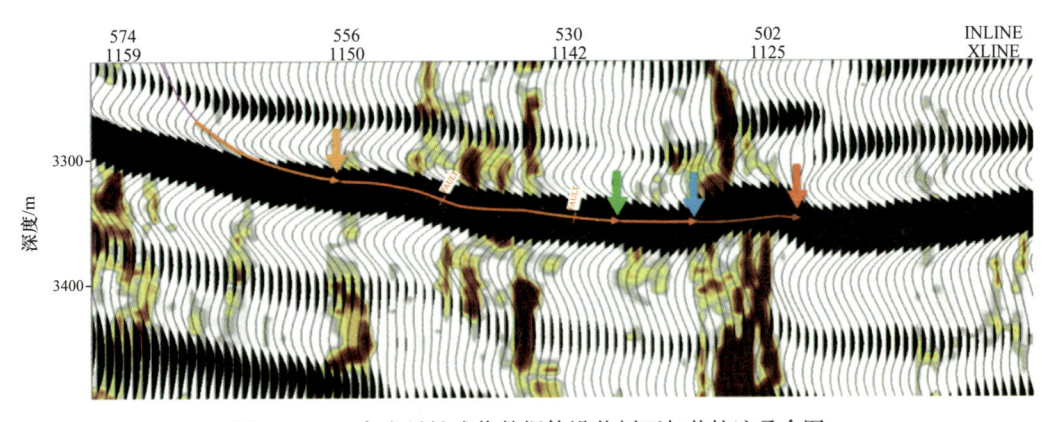

图 6-2-42　各向异性成像数据体沿井剖面与井轨迹叠合图

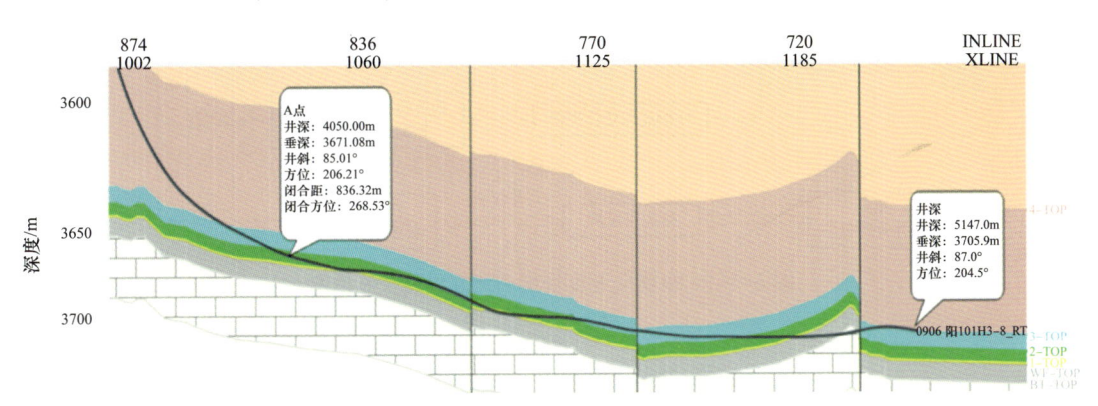

图 6-2-43　地质导向反演得到的靶体区域模型

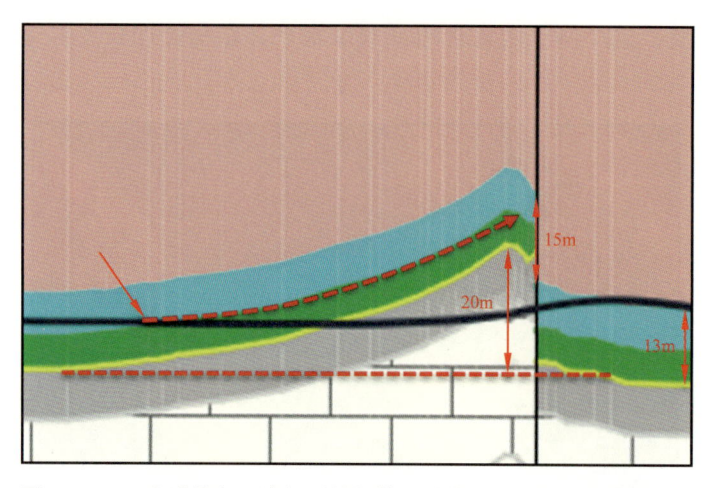

图 6-2-44　地质导向反演得到的靶体区域模型（构造处局部放大）

第三节　页岩气藏储层参数精细预测技术

一、多参数动态时深转换速度场构建

1. 方法原理

多参数时深转换速度场的核心是假设一个地区同一地质时代（或大致相同的沉积环境）形成的地层的层速度在横向上是渐变的，在叠前时间偏移处理速度谱的基础上，综合钻井、叠加速度场、VSP 速度、区域场等基础资料，再利用地震资料解释的时间层位作为控制层求取层速度。其主要优势是融合了测井速度信息与地震速度谱信息，充分利用测井纵向速度精度高与速度谱横向速度趋势准确的优点，以井点层间速度来校正速度谱层间速度，获取准确的层间速度，进而转换为平均速度场。其具体实现流程如图 6-3-1 所示。

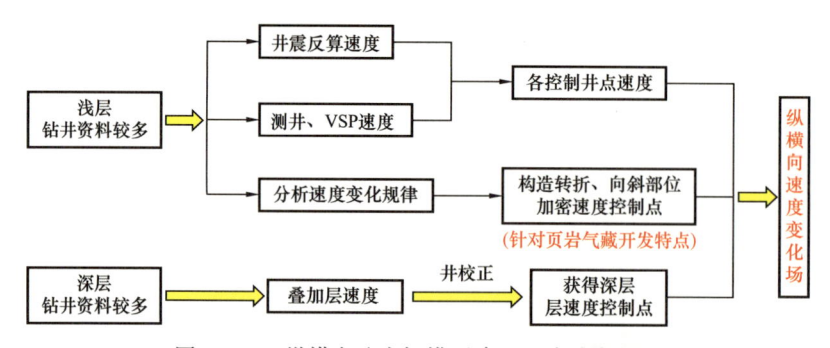

图 6-3-1　纵横向速度场模型建立思路及流程图

2. 技术思路

（1）叠加速度谱转层速度场。首先对搜集到的叠加速度资料进行整理、分析和去异常值处理，然后用 Dix 公式将叠加速度转换为层速度场；

（2）地层速度的获取。利用地震解释层位控制，对层速度场提取各个层段间的地层速度，并做插值、平滑及网格化计算，剔除异常值；

（3）井点层间速度的获取。对工区内井点制作精细合成地震记录，根据井点处 VSP、Syn 等时深关系求取对应的各个地震层段的地层速度，并对该速度散点信息做插值、平滑及网格化计算；

（4）层速度的校正。用网格化后的井点层速度除以速度谱层速度，得到速度校正系数，再对速度校正系数进行二维网格化处理形成校正系数趋势面，然后将系数趋势面与速度谱层速度相乘，得到校正后的层间速度；

（5）由层间速度计算平均速度。在获得准确的层间速度后，利用公式（6-3-1）可求取各个层面以上地层的平均速度。

$$v_{av} = \sum_{i=1}^{n} t_i v_i / \sum_{i=1}^{n} t_i \qquad (6-3-1)$$

式中 v_{av}——平均速度；

v_i——第 i 层的层速度；

t_i——第 i 层的反射时间，由地震解释层位控制。

由于地层倾角及分辨率的原因，速度谱层速度通常与实际层速度有较大误差，利用井点处的层速度对此进行校正可以弥补速度谱在纵向上精度低的缺点。根据以上步骤在求取准确的平均速度场之后，通过对各个目的层位进行时深转换，求取深度域层位直接用来进行构造成图。层速度控制法关键在于井点处层速度的获取，井点处的速度信息由 VSP 或者合成记录的时深关系求出，各个层的层速度由地震解释层位控制。校正过程采用层位控制下的反距离加权相对误差校正法，确保了层间横向速度的变化趋势的合理性。实际应用中，井的标定、地震层位的闭合及地质分层与解释层位的吻合度都是关键点。

多参数速度场构建充分利用速度谱横向精度高及井点处纵向精度高的优势，能获得更为精确的层间速度信息，适合地层倾角不大，存在层速度异常或层速度分段特征明显的地区的速度场建模，通过对川南地区的实际应用，有效消除了塑性地层局部变形引起的构造假象，使川南地区构造成图精度得到大幅度提高。

二、页岩储层地质参数地震预测技术

1. 叠后地震预测方法

1）基于模型反演

基于模型反演是通过建立可靠的分辨率较高的初始地质模型，对初始模型进行正演，计算出合成地震剖面，再与实际地震剖面相比较，求得模型修改参数。反复修改更新初始模型，使合成地震剖面与实际地震剖面在最小平方意义下最为接近，它将测井资料较高的纵向分辨率与地震资料的横向分辨率有机地结合起来，最后得到高分辨率的波阻抗反演剖面。大量的实践证明，测井约束反演具有以下优点：避免了反射系数是白噪和一般反褶积方法对子波的最小相位的假设；同时以测井资料丰富的高频信息和完整的低频成分补充地震有限带宽的不足，可获得高分辨率的地层波阻抗资料，其结果的低、高频信息来源于测井资料，构造特征及中频信息来源于地震资料，解决了递推反演中难以解决的低频速度补偿问题。地震与测井的有机结合有效地提高了地震资料的分辨率，该方法是储层精细描述的关键手段。

测井约束反演的主要技术环节有以下几个方面：

（1）储层地球物理特征分析。

测井资料（特别是声波和密度测井）是初始模型的基础资料和地质解释的基本依据。由于多种因素的影响会导致测井曲线存在误差，因此，在进行反演之前应对测井资料进行环境校正。

（2）地震子波提取。

子波是测井约束地震反演中的关键因素。子波提取的正确与否直接影响合成地震数据的合理性，也势必影响合成地震数据与实际地震数据之间的相关。常用的提取地震子波方法是多道地震统计法，即用多道记录自相关统计的方法提取子波振幅谱信息，进而求取零相位、最小相位或常相位子波。

（3）建立初始波阻抗模型。

建立尽可能接近实际地层情况的波阻抗模型，是减少其最终结果多解性的根本途径。反演所用的公式：

$$\boldsymbol{M}=\boldsymbol{M}_0+(\boldsymbol{G}^\mathrm{T}\cdot\boldsymbol{G}+\boldsymbol{C}_\mathrm{n}\cdot\boldsymbol{C}_\mathrm{m}^{-1})^{-1}\cdot\boldsymbol{G}^\mathrm{T}\cdot(\boldsymbol{S}-\boldsymbol{D}) \qquad (6-3-2)$$

式中　　$\boldsymbol{M}$——更新的模型；

$\boldsymbol{M}_0$——初始模型；

$\boldsymbol{G}$——灵敏度矩阵；

$\boldsymbol{C}_\mathrm{n}$——噪声协方差矩阵；

$\boldsymbol{C}_\mathrm{m}$——模型协方差矩阵；

$\boldsymbol{S}$——地震数据；

$\boldsymbol{D}$——计算的地震数据；

$\boldsymbol{S}-\boldsymbol{D}$——剩余偏差或残差；

$\boldsymbol{M}-\boldsymbol{M}_0$——模型修改量或摄动量。

基于模型反演处理流程如图6-3-2所示。

2）稀疏脉冲反演

约束稀疏脉冲反演采用快速的趋势约束脉冲反演算法，用解释层位和井约束控制波阻抗的趋势和幅值范围，脉冲算法产生了宽带结果，恢复了缺失的低频和高频成分。同时，再加入根据井的波阻抗的趋势约束。约束稀疏脉冲反演最小误差函数是：

$$J=\Sigma|r_i|^p+\lambda^q\Sigma(d_i-s_i)^q+\alpha^2\Sigma(t_i-z_i)^2 \qquad (6-3-3)$$

式中　　r_i——样点的反射系数；

z_i——样点的波阻抗；

d_i——原始地震道；

s_i——合成地震道；

t_i——用户提供的波阻抗趋势；

α——趋势最小匹配加权因子；

p，q——L 模因子，一般情况下取 $p=1$，$q=2$；

i——地震道样点序号；

λ——数据不匹配加权因子。

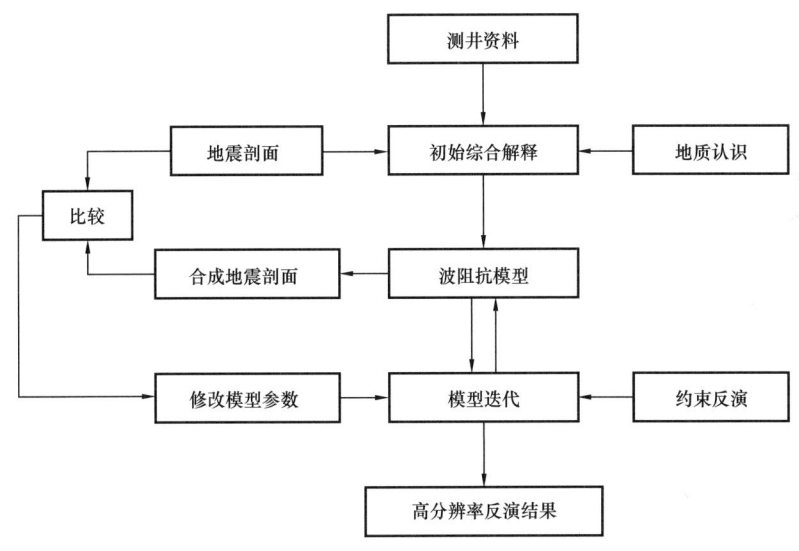

图 6-3-2 基于模型反演流程图

公式（6-3-3）第一项为反射系数绝对值求和，第二项为实际地震道与合成记录道之差平方，第三项为定义的趋势约束与波阻抗之差的平方和。

约束稀疏脉冲反演技术既考虑了将地质构造框架模型和三维空间的多井约束模型来限制反演结果的多解性，又使反演结果尊重地震资料所具有的振幅、频率、相位等特征。受井资料控制程度低，能较大程度地利用地震资料信息，分辨率受限于地震分辨率，对井依赖少，适用于波阻抗响应明显的储层预测。

3）叠后地质统计学反演

地质统计学反演是一种概率随机反演技术，它主要由地质统计学模拟和反演两部分组成。利用区内钻井、地质及已有的确定性地震反演结果等数据，建立地层的先验概率密度函数及变差函数，获取各目的层的地质统计学信息，根据实际的概率分布得到统计意义上正确的随机样点分布，实现全局优化的多个等概率模拟结果，对每个模拟结果与井震子波进行褶积得到合成地震记录，当该合成地震记录与真实地震记录达到最佳拟合时，该模拟结果即为一个反演实现。

在约束稀疏脉冲反演的基础上，利用测井数据的统计特征，基于地质认识，建立不同岩性波阻抗的概率密度函数与纵向和横向变差函数，从过井地震道为硬约束，通过随机模拟产生井间波阻抗，进而得到反射系数，并与约束稀疏脉冲反演得到的子波进行褶积产生合成记录道，比较合成记录道与真实地震道之间的误差，通过非线性最优化求解的方法反复迭代直至最小，从而得到最终反演结果。该方法也是一种基于模型的反演方法，输出结果横向上符合输入数据的空间地质统计学特征，纵向上分辨率高于原始地震资料分辨率。反演流程如图 6-3-3 所示。

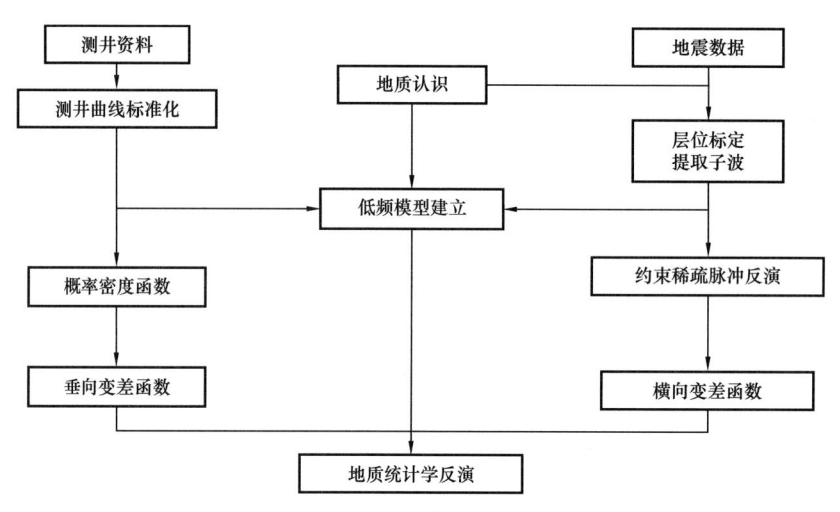

图 6-3-3 叠后地质统计学反演流程图

反演结果精度除了受地震资料和测井数据的品质影响外，还受层位标定、子波提取、低频模型精度和变差函数的影响。

4）叠后波形指示反演

波形指示反演的核心思想是利用地震波形的横向变化表征储层的空间变异程度。该方法将地震波形看作一组薄层的地震响应叠加，即表征了储层的结构组成特征。尽管在地震上难以将薄层分辨，但波形的变化可以反映储层组成结构的变化。基于这一核心思想，通过优选井样本确定共性结构频段作为确定性成分，建立初始模型，在贝叶斯框架下对初始模型的高频成分进行模拟，使模拟结果符合地震中频阻抗和井曲线结构特征。在高频部分，采用地震波形指示（相控）的插值方法，根据地震波形相似性将样本井分类，对同类样本井进行多尺度分析，在地震频带外提取确定性结构成分作为波形相控模拟结果，使高频部分从完全随机到逐步确定。地震波形指示反演在高频成分反演的核心算法是马尔科夫链蒙特卡洛随机模拟（SMC-MC）算法，该算法是一个最优化的过程，对所有井以空间分布距离和地震波形相似度作为评价要素按关联度进行评估并排序，井的关联度越高，反演得到的地震波形与原始地震波形的相似度越高，因此可以将关联度高的井作为初始模型进行反演。

在 SMC-MC 算法中涉及两个重要的反演参数：有效样本数 n 和最佳截止频率。有效样本数为用来估算待预测点反演结果的有效样本的个数。有效样本数越大，算法筛选相似地震波形的标准越低，所描述的储层空间结构变化越小，反演结果的空间连续性越强；有效样本数越小，算法筛选相似地震波形的标准越高，所描述的储层空间结构变化越大，反演结果的空间非均质性越强。设定最佳截止频率同样是波形指示反演中的重要一环，需在选定有效样本数后进行。受同沉积结构样本的控制，高频成分的反演在高频越高时随机性越强。随着最佳截止频率的增加，反演结果的分辨率逐渐增大，但剖面的随机性也逐渐增强。利用波形指示反演技术进行储层预测的技术流程如图 6-3-4 所示。

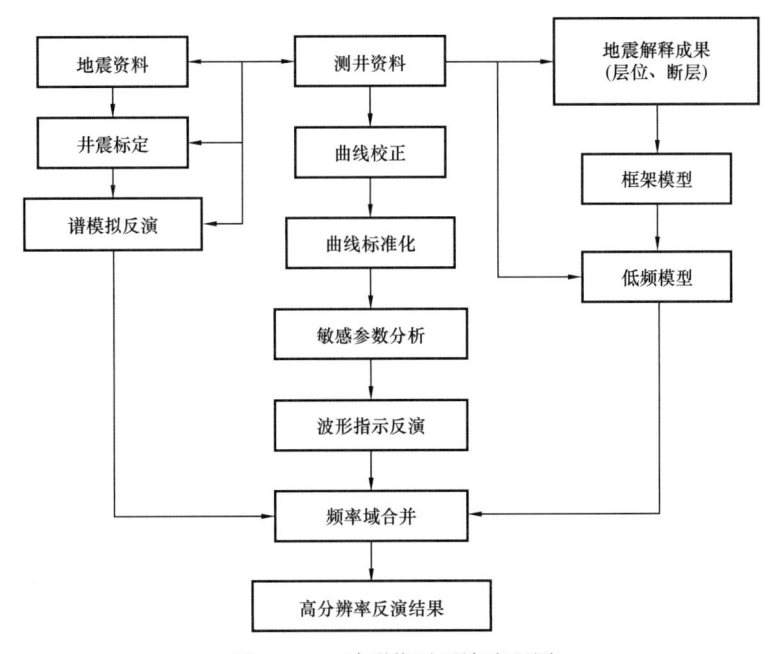

图 6-3-4 波形指示反演流程图

2. 叠前地震预测方法

弹性阻抗的基本原理：弹性波阻抗（Elastic Impedance Inversion）公式由 Connolly（1999）依据 Aki-Richards 公式导出。

$$\mathrm{EI}(\theta) = v_\mathrm{p}^{1+\tan^2\theta} v_\mathrm{s}^{-8k\sin^2\theta} \rho^{1-4k\sin^2\theta} \qquad (6\text{-}3\text{-}4)$$

式中　$\mathrm{EI}(\theta)$——入射角为 θ 时的弹性波阻抗；

　　　v_p——纵波速度；

　　　v_s——横波速度；

　　　ρ——密度；

　　　k——$(v_\mathrm{p}/v_\mathrm{s})^2$。

弹性波阻抗概念的提出，扩展了波阻抗的概念，不仅考虑了纵波速度和密度对波阻抗的影响，还考虑了横波速度对波阻抗的影响，同时也将波阻抗这一概念从零角度入射扩展到了非零角度入射的情况，利用它可从地震数据中获取更多的信息。

1）弹性阻抗反演

按弹性阻抗反演的实现方法可分为分步反演法和同步反演法。K B Rasmussen 等人指出了单独对每个部分叠加结果进行弹性阻抗反演，然后综合多个弹性阻抗反演结果来估算声阻抗、横波阻抗、v_p/v_s、梯度阻抗等岩石物理参数的计算方法（下面简称分步反演法）。但该方法还存在一些缺陷。在弹性阻抗反演中，有几个严格假设条件，如平均泊松比假设为常数。并且，弹性波阻抗值是一个与角度相关的量值，因此通常从部分叠加计算得到的几个弹性波阻抗值，需要将之综合起来得到纵波阻抗、横波阻抗、v_p/v_s、梯度阻抗等多个与角度无关的量值的估算结果。然而，由分步反演法得到的这些估算结果给出的合成记录，与其对应角度的部分叠加结果的相关性明显要低于从弹性反演中直接得到的合成记录与对应角度部分叠加结果的相关性。这说明该方法没能充分利用地震数据的全部信息来估算与角度无关的量值。其次，由于衰减和 NMO 拉伸使远偏移距数据的频率要比近偏移距数据体的频率低得多，则利用不同频率成分的地震数据来估算地层的各种地球物理属性，通常会带来噪声。因此，在计算过程中必须对各个角度的部分叠加数据体进行频率均衡处理。

叠前同步反演可以利用不同角度的部分叠加数据体来同步（或同时）直接反演各种岩石地球物理参数，如纵波阻抗（AI）、横波阻抗（SI）、密度和泊松比等。同时反演对各个部分叠加数据体使用不同的子波，在反演过程中各个部分叠加数据体之间的上述差异可以通过子波得以很好的消除。子波在叠前同时反演中，起到了均衡不同角度部分叠加数据体之间振幅、频率和相位差异的作用。根据反演结果，通过式（6-3-5）~式（6-3-12）计算得到 v_p/v_s、λ、$\lambda\rho$、μ、$\mu\rho$、σ、E 等岩石物理参数。

$$v_p = \sqrt{\frac{\lambda + 2\mu}{\rho}} \qquad (6\text{-}3\text{-}5)$$

$$v_s = \sqrt{\frac{\mu}{\rho}} \qquad (6\text{-}3\text{-}6)$$

$$\nu = \frac{k-2}{2k-2} \left[k = \left(\frac{v_p}{v_s}\right)^2 \right] \qquad (6\text{-}3\text{-}7)$$

$$Z_p = v_p \rho \qquad (6\text{-}3\text{-}8)$$

$$Z_s = v_s \rho \qquad (6\text{-}3\text{-}9)$$

$$\mu\rho = (v_s\rho)^2 = Z_s^2 \qquad (6\text{-}3\text{-}10)$$

$$\lambda\rho = (v_p\rho)^2 - 2(v_s\rho)^2 = Z_p^2 - 2Z_s^2 \qquad (6\text{-}3\text{-}11)$$

$$E = \frac{\lambda(3\lambda + 2\mu)}{\lambda + \mu} \qquad (6\text{-}3\text{-}12)$$

式中　λ——拉梅系数；

　　　μ——剪切模量；

ρ——密度；

v_p——纵波速度；

v_s——横波速度；

k——纵横波速度比的平方；

v——泊松比；

Z_p——纵波阻抗；

Z_s——横波阻抗；

$\lambda\rho$——拉梅系数λ与密度的乘积；

$\mu\rho$——剪切模量和密度的乘积；

E——杨氏模量。

叠前同时反演主要经过数据导入、层位标定、子波提取、模型构建、反演参数选取（反演参数 QC）及反演共 6 个步骤完成。

2）叠前弹性参数反演

将 Zoeppritz 方程表示为剪切模量 μ，密度 ρ，体积模量或拉梅系数 λ 的形式，利用这个新的波阻抗公式进行反演可直接得到剪切模量 μ、密度 ρ 和体积模量或拉梅系数 λ。

$$R(\theta) = \left[\frac{1}{4} - \frac{1}{2}\left(\frac{\beta}{\alpha}\right)^2\right]\sec^2\theta\frac{\Delta\lambda}{\lambda} + \left(\frac{\beta}{\alpha}\right)^2\left(\frac{1}{2}\sec^2\theta - 2\sin^2\theta\right)\frac{\Delta\mu}{\mu} + \frac{1}{4}\left(1-\tan^2\theta\right)\frac{\Delta\rho}{\rho} \quad (6\text{-}3\text{-}13)$$

当波阻抗的小到中等变化，用波阻抗的对数值表示的反射系数是准确的。

$$R(\theta) \approx \frac{1}{2}\frac{\Delta\text{EI}}{\text{EI}} \approx \frac{1}{2}\Delta\ln(\text{EI}) \quad (6\text{-}3\text{-}14)$$

合并整理后，式（6-3-14）可写成以下形式：

$$\text{EI} = \lambda^a \mu^b \rho^c \quad (6\text{-}3\text{-}15)$$

其中

$$\begin{cases} a = \left(\dfrac{1}{2} - k\right)\sec^2\theta \\ b = k\left(\sec^2\theta - 4\sin^2\theta\right) \\ c = 1 - \dfrac{1}{2}\sec^2\theta \end{cases} \quad (6\text{-}3\text{-}16)$$

3）叠前地质统计学

叠前地质统计学反演方法采用严格的马尔科夫链蒙特卡洛算法（Markov Chain Monte Carlo，MCMC），将叠前同时反演和随机反演技术相结合，成为一个全新的同时 AVA 随机反演算法。在叠前地质统计学反演工作中，通过将地震和岩相、测井曲线、概率分布函数、变差函数等信息相结合，定义严格的概率分布模型，通过对井资料和地质信息的分析后获得概率分布函数和变差函数，然后从井点出发，井间遵从原始地震数据，通过随机模拟产生井间波阻抗，再将波阻抗转换成反射系数，并与确定性反演方法求得的子波进行褶积产生合成地震道，通过反复迭代直至合成地震道与原始地震道达到一定程度的匹配。所以岩性模拟的样点产生过程并不是完全"随机"的，因为叠前地质统计学反演中要求在引入高频数据信息的同时，每次岩性模拟所对应的合成地震记录必须和实际的地震数据有很高的相似性。叠前地质统计学反演以地质统计学分析为基础，主要包括随机模拟过程和反演过程。通过对地震和测井数据进行统计分析，求取变差函数，选择合适的随机模拟算法和反演算法，得到高分辨率的数据体。当然在提高纵向分辨率的同时也会引入误差，通过应用多次的等概率模拟，可以得到多个与井资料、地质信息及地震资料相吻合模拟结果，基于多个模拟实现可以求取最大似然岩性体、属性体。

叠前地质统计学反演的参数分析主要指概率分布函数（probability density function）和变差函数（variation function）。其中概率分布函数描述的是特定岩性对应的岩石物理参数在空间的概率分布情况，对于序贯高斯模拟要求数据服从高斯分布，因此模拟前对数据进行分析，若不服从高斯分布，需要进行数据转换。而变差函数描述的是横向和纵向地质特征的结构和特征尺度，是地质统计学中描述区域化变量空间结构性和随机性的基本工具。地质统计学反演中垂向变差函数从井数据求取，水平方向变差函数往往受到钻井密度的限制，目前比较常用的方法主要有：（1）根据已经建立的地质信息库信息，结合研究区的沉积环境特征及地震属性分析，定性确定不同沉积环境下沉积体的变程（变差函数）；（2）根据确定性反演结果定量地确定变量在水平方向上的变程。

3. 储层厚度预测

1）预测思路

四川盆地页岩气勘探开发主要集中在志留系龙马溪组，岩性主要为灰黑色粉砂质页岩、碳质页岩、硅质页岩夹泥质粉砂岩，龙马溪组的地层由上至下：颜色加深、砂质减少、有机质含量明显增高的特征。其中，龙一$_1$亚段优质页岩具有高自然伽马、低纵波速度、低密度、低纵横波速度比的特征，厚度都在30m以上（图6-3-5）。页岩储层底部为一强波峰反射，在地震剖面上，对应奥陶系五峰组底界反射层，为反演的可靠约束层位。但几口井储层顶界表现不一致，反射特征不明显。通过岩石物理分析及纵波阻抗直方图（图6-3-6）可知，页岩储层纵波阻抗分布范围为7600～11200m/s·g/cm^3，而普通页岩纵波阻抗分布范围为9200～12000m/s·g/cm^3；页岩储层在纵波阻抗上可以识别。因此采用叠后波阻抗反演就能很好地区分储层与非储层。

2）预测效果

W204井纵波阻抗反演剖面显示（图6-3-7），井旁道反演结果与纵波阻抗曲线吻合度高，特征一致；龙马溪组底部呈现为低纵波阻抗特征，且分布较连续，与龙马溪组优质页岩地质特征相吻合。沿图中红色与绿色分界的黄色部分，对比出龙马溪页岩储层的顶底界面，储层段内采样点乘以对应点反演纵波速度累加，得到龙马溪组页岩储层的厚度。

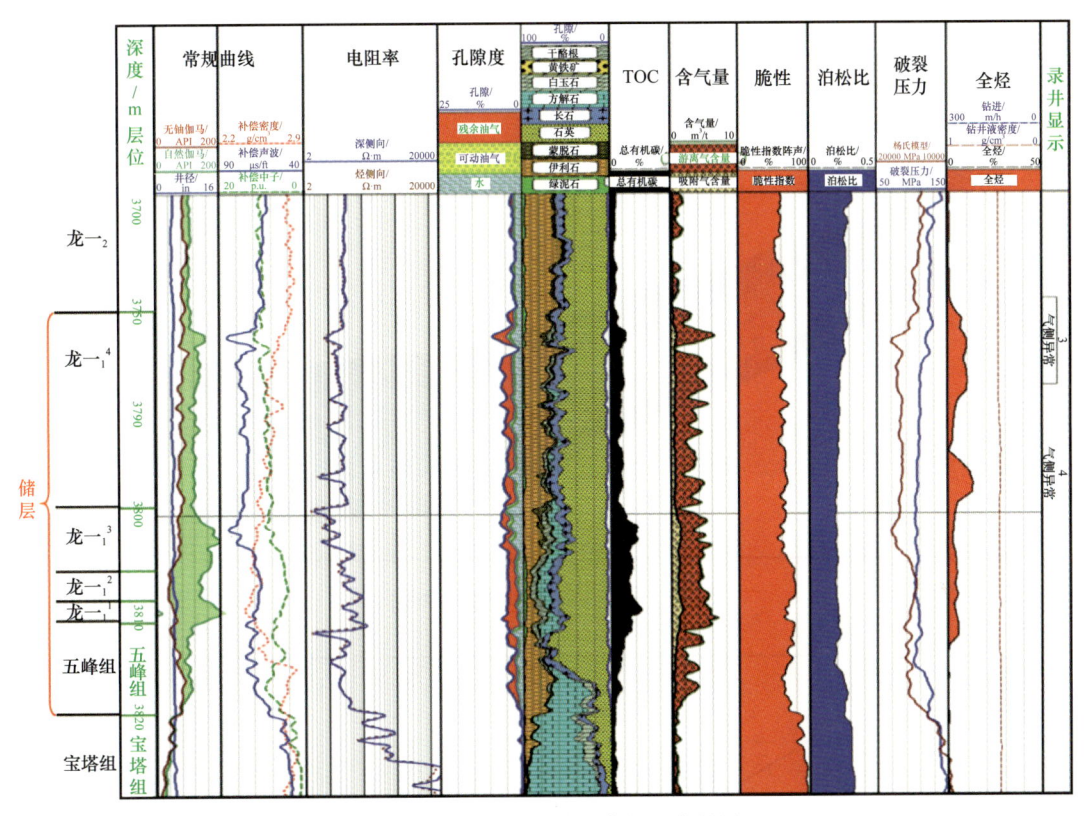

图 6-3-5　W4 井测井综合解释成果图

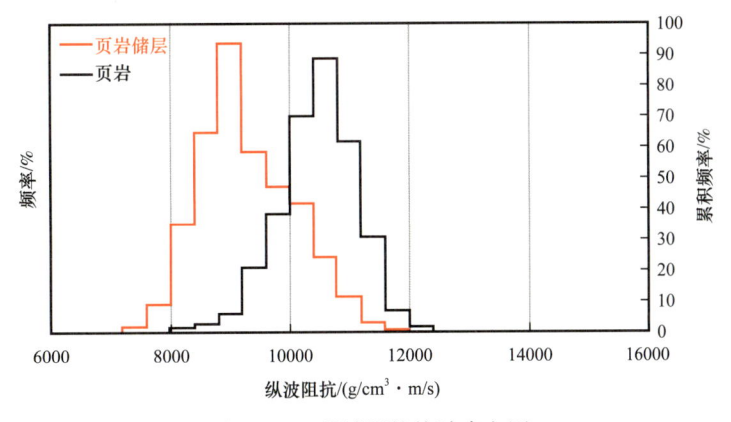

图 6-3-6　纵波阻抗统计直方图

4. TOC、含气量、孔隙度预测

1）岩石物理分析

TOC、含气量、孔隙度等参数无法通过地震数据直接反演得到，需要分析 TOC、含气量、孔隙度与速度、密度、波阻抗等与地震关系密切的岩石物理参数间的关系，找寻各地质"甜点"参数的地球物理敏感参数。以威远为例，TOC、总含气量与密度有很好的线性相关关系（图 6-3-8、图 6-3-9），相关系数 0.8 以上。孔隙度与速度有很好的线性

- 217 -

关系（图 6-3-10），相关系数 0.8 以上。因此，可以通过叠后或者叠前反演获得的速度反演数据、密度数据体进行公式转化获得相应的 TOC、含气量、孔隙度数据。

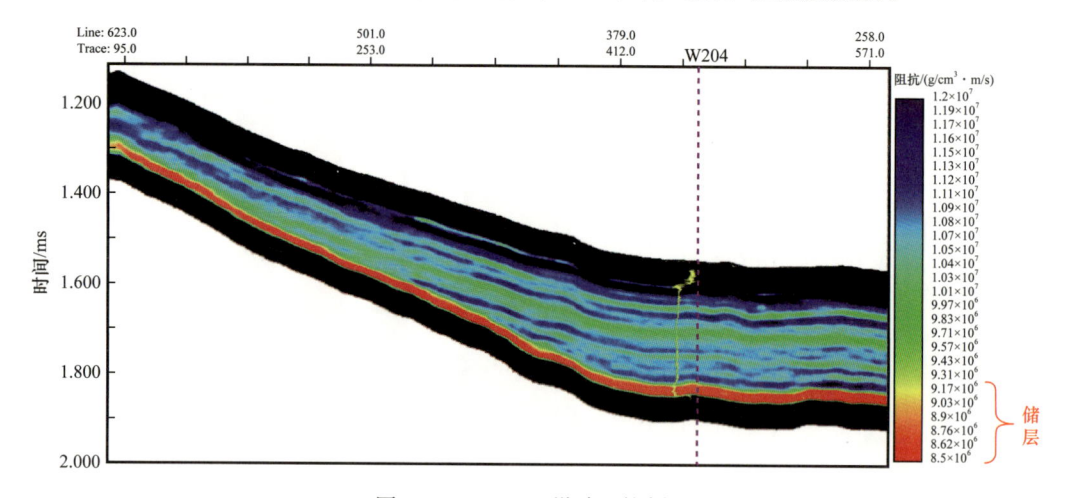

图 6-3-7　W204 纵波阻抗剖面

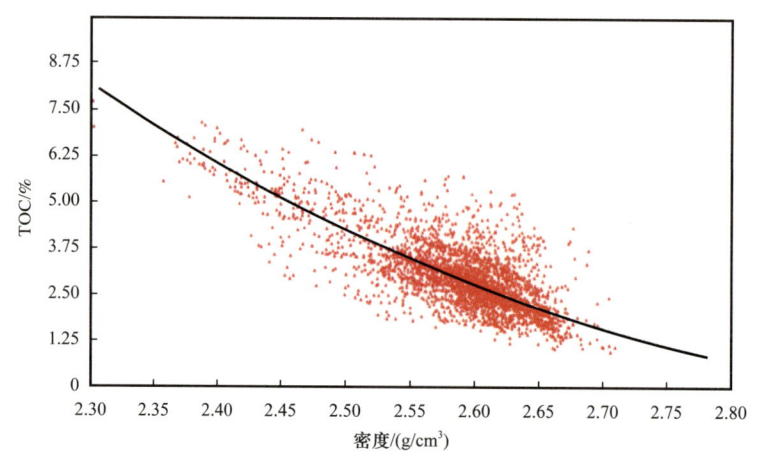

图 6-3-8　龙马溪组一段 TOC 与密度交会图

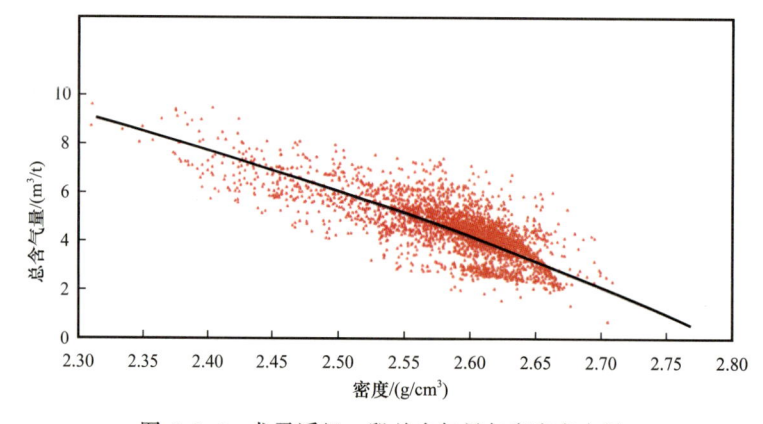

图 6-3-9　龙马溪组一段总含气量与密度交会图

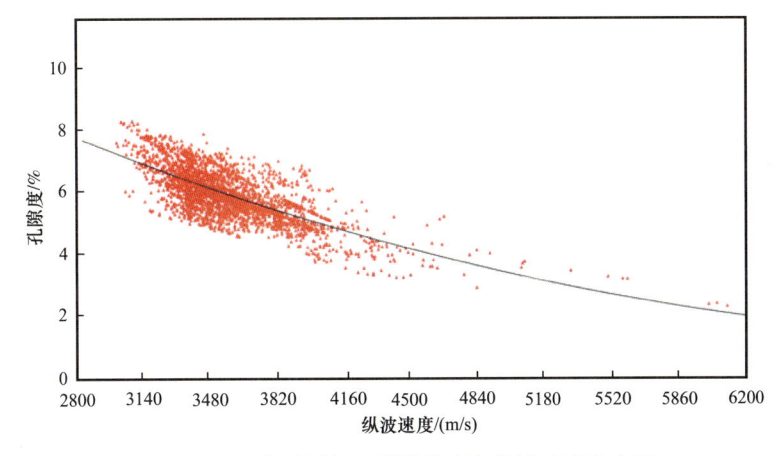

图 6-3-10　龙马溪组一段孔隙度与纵波速度交会图

2）拟合公式

通过分析，TOC 与密度的关系式如下：TOC=139.207−91.7796DEN+15.1022DEN^2，总含气量公式如下：TGas=−2.64936+22.5837DEN−7.72921DEN^2。因此，可以利用密度反演数据体间接转换出 TOC、总含气量体。孔隙度与纵波速度之间的转换公式为 POR=20.3044−0.00551162v_p+4.23961×10$^{-7}v_p^2$。通过转换就可以得到孔隙度。

3）预测效果

从反演的地震剖面可以看出，TOC、总含气量和孔隙度剖面均表现为底部为高值区域，并呈连续性分布（图 6-3-11、图 6-3-12、图 6-3-13），与地质上的认识一致，地质上表现为龙一$_1$为高值区，由下至上 TOC、含气量及孔隙度降低，横向上较稳定，变化较小。

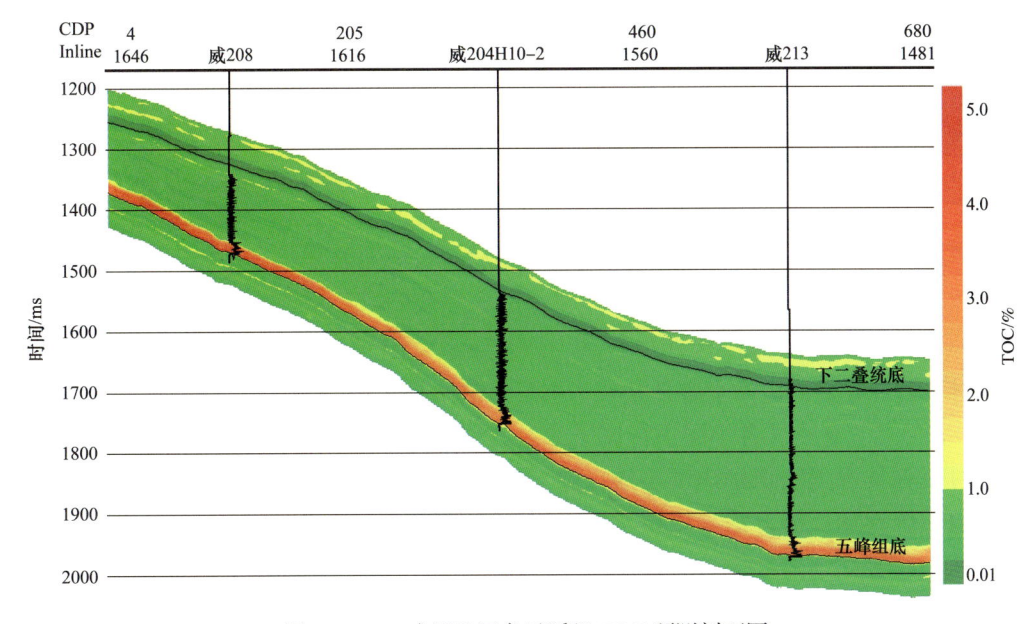

图 6-3-11　威远地区龙马溪组 TOC 预测剖面图

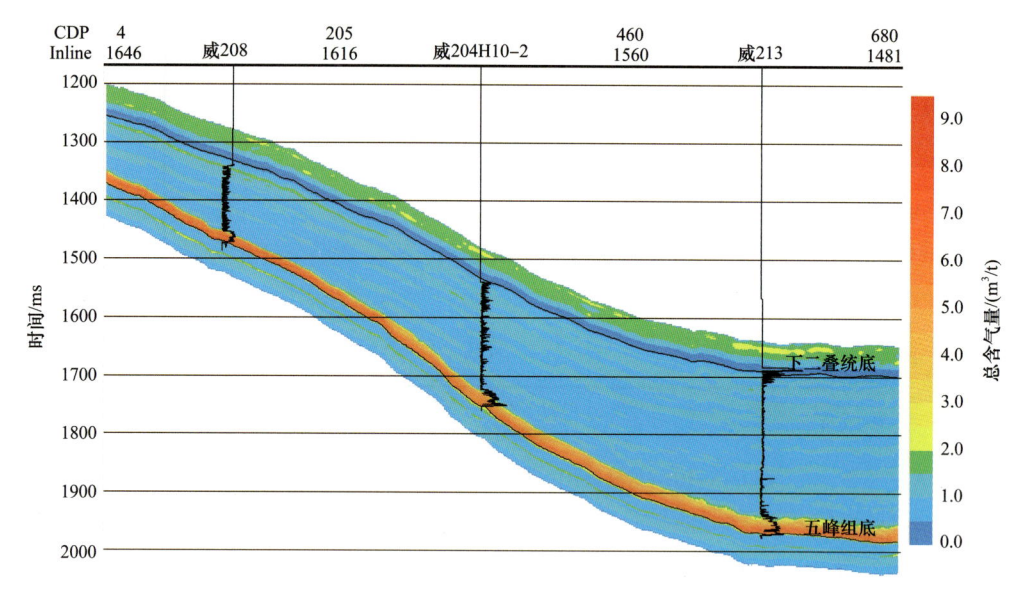

图 6-3-12　威远地区龙马溪组总含气量预测剖面图

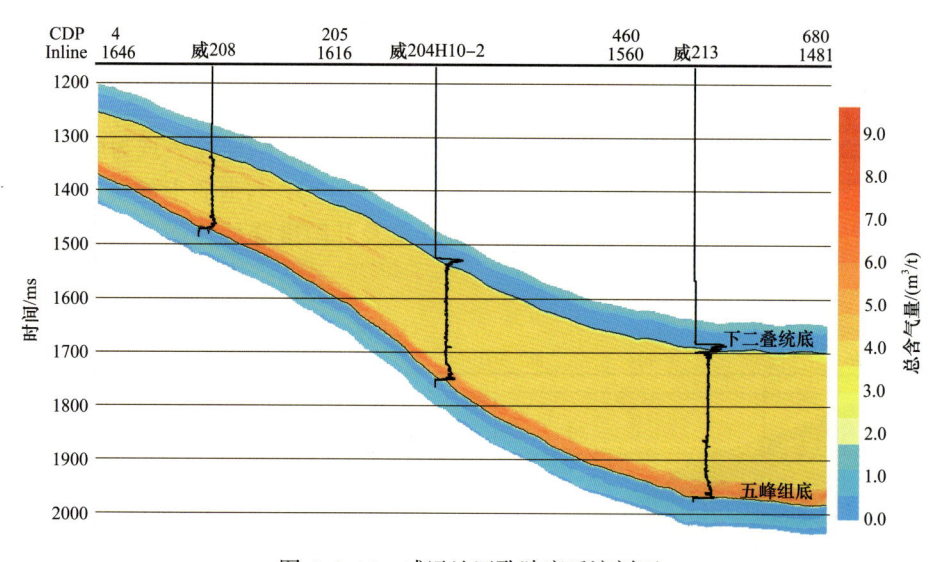

图 6-3-13　威远地区孔隙度反演剖面

5. 针对薄小层的高分辨率储层预测

针对页岩气开发的靶体主要是龙一$_1^1$小层，靶体厚度为 0~5m，因此，需要对龙一$_1^1$、龙一$_1^2$、龙一$_1^3$、龙一$_1^4$各小层进行储层参数预测。前面的叠后速度（波阻抗）反演或者叠前同时反弹技术无法识别内部小层，除了在处理环节提高分辨率外，需要采用更高分辨率的地质统计学反演方法。该技术已经成为油藏地震精细描述的主要手段，适用于薄层的反演。

1）测井响应特征分析

以长宁为例，龙一$_1$亚段的 3 小层和 1 小层具有相对高自然伽马的特征，并且与 2

小层之间的纵波阻抗特征有较明显的差异。从龙马溪组龙一$_1$亚段1、2、3、4小层伽马与纵波阻抗交会图（图6-3-14）上也可看出，3小层与2小层之间、2小层与1小层之间的纵波阻抗值范围存在较明显的差异，能够彼此区分。而3小层与4小层之间的总波阻抗值基本重合，无法区分。因此，可以利用1、2、3小层之间的纵波阻抗特征差异，对其进行预测，并建立了三个小层的测井响应特征门槛值：龙一$_1^1$小层的测井响应门槛值为 8500m/s·g/cm³≤纵波阻抗≤10500m/s·g/cm³；龙一$_1^2$小层的测井响应门槛值为 10500m/s·g/cm³≤纵波阻抗≤11250m/s·g/cm³；龙一$_3^1$小层的测井响应门槛值为 7500m/s·g/cm³≤纵波阻抗≤10300m/s·g/cm³。

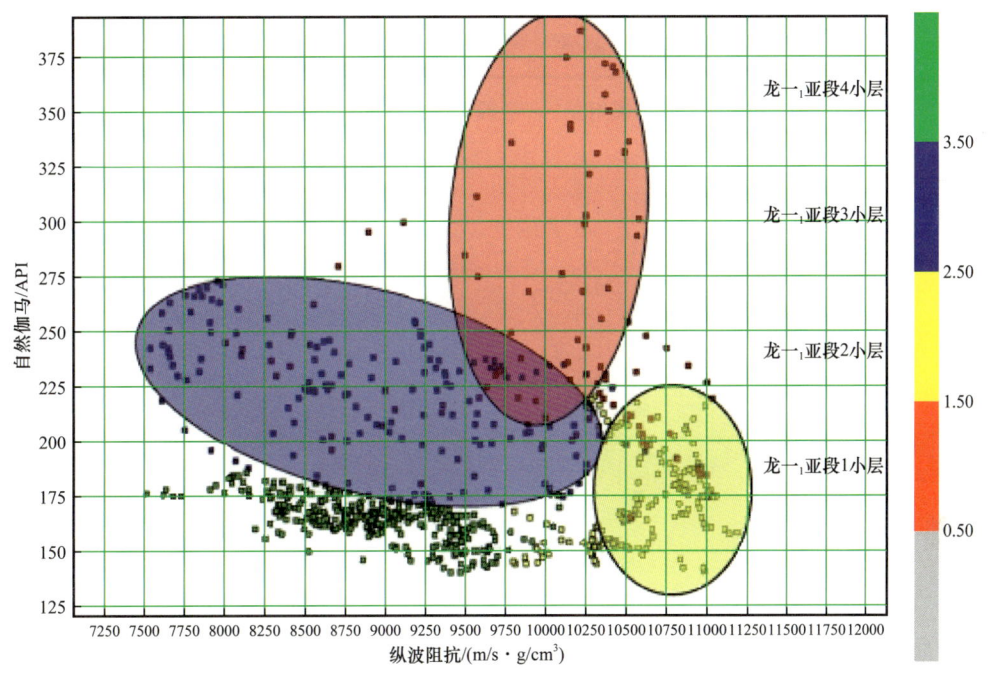

图6-3-14　龙马溪组龙一1亚段1、2、3、4小层自然伽马与纵波阻抗交会图

2）反演效果分析

从反演剖面可以看到对应井上的1、2、3三个小层分别呈现为低、高、低三个条带，且横向分布较为自然，厚度关系比较合理（图6-3-15）。

根据地质统计学反演纵波阻抗数据体，按照五峰组底至五峰组底向上2ms的时窗，8500m/s·g/cm³≤纵波阻抗≤10500m/s·g/cm³的门槛值提取1小层的样点数并乘以层速度得到1小层的厚度；按五峰组底向上1.5ms至五峰组底向上5ms的时窗，10500m/s·g/cm³≤纵波阻抗≤11250m/s·g/cm³的门槛值提取2小层的样点数并乘以层速度得到2小层的厚度；按五峰组底向上3ms至五峰组底向上6ms的时窗，7500m/s·g/cm³≤纵波阻抗≤10300m/s·g/cm³的门槛值提取3小层的样点数并乘以层速度得到3小层的厚度。根据地质统计学反演得到的各弹性参数体，如纵波阻抗、横波阻抗、密度等，按照前述的计算方法，分别得到各小层的TOC、总含气量、有效孔隙度和脆性指数预测分布图。下面仅展示1小层的优质页岩厚度、TOC、总含气量、孔隙度和脆性指数预测分布图（图6-3-16）。

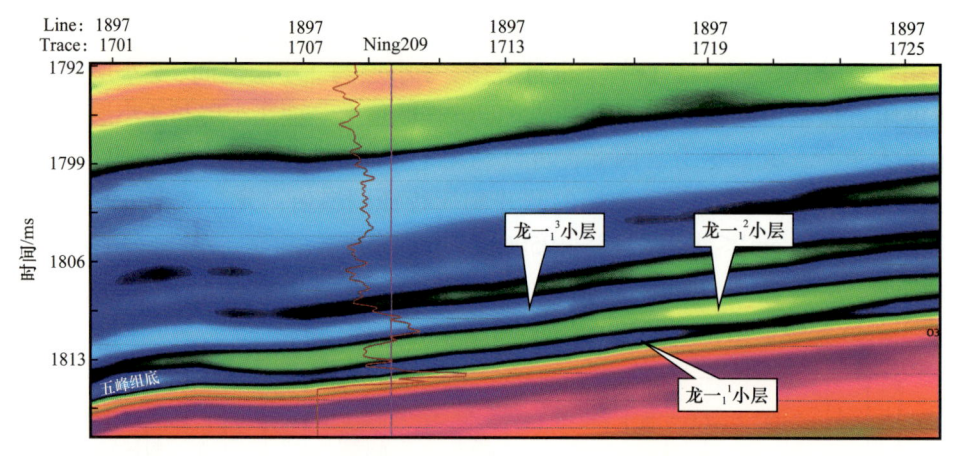

图 6-3-15　长宁地区龙马溪组龙一$_1$亚段 1、2、3、4 小层纵波阻抗反演剖面图

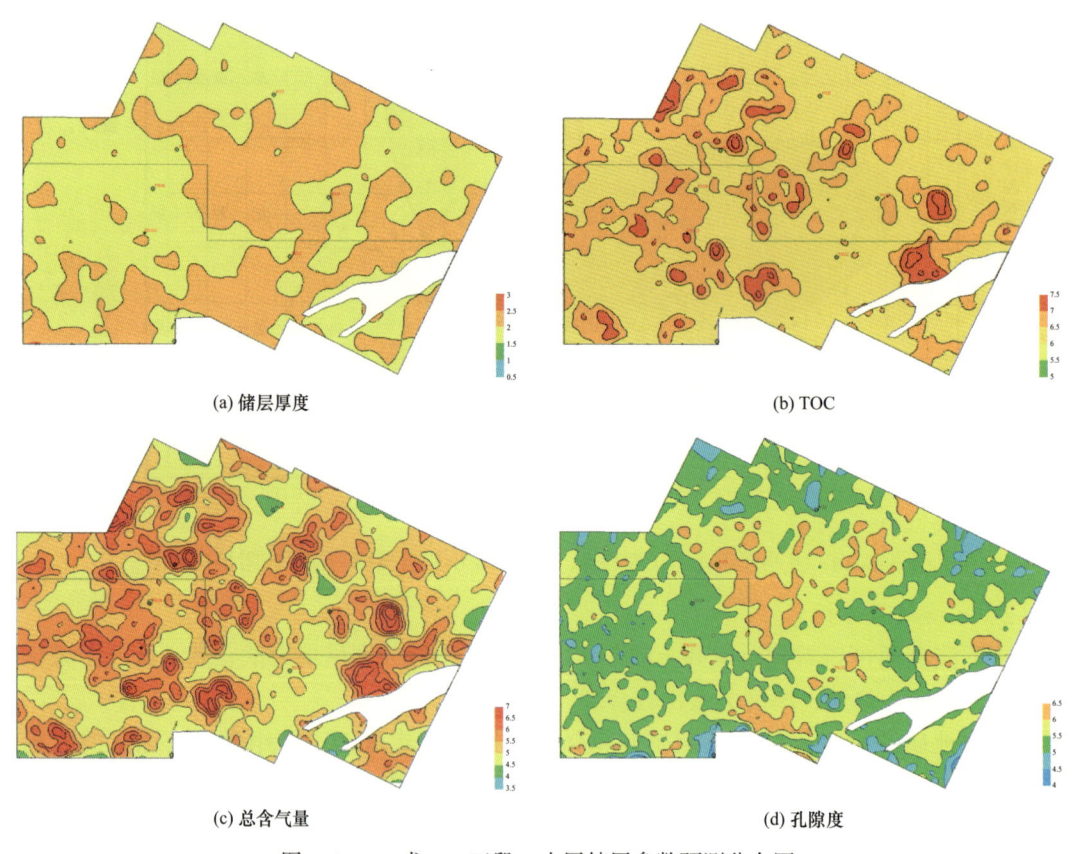

图 6-3-16　龙一$_1$亚段 1 小层储层参数预测分布图

三、页岩储层工程参数地震预测技术

与常规油气藏不同，页岩气的开采需要对目标层进行压裂，并由此产生了工程"甜点"的概念，用作压裂改造条件的统称。总而言之，若属于工程"甜点"，则说明压裂较易于实施、压裂效果较好、所需要的压裂成本低；反之，则说明压裂难度大、效果较差、

需要的压裂成本高。

按现今对页岩气开发的认识，从广义上来说，影响页岩气压裂的因素包括：脆性矿物（硅质和钙质矿物）含量、泥质含量、断裂韧度、脆性指数、杨氏模量、泊松比、弱层理面、微裂缝数量、最大及最小水平主应力、应力差异系数、孔隙压力梯度、破裂压力等。根据这些因素的类型和地震预测技术的实际能力，可以将这些因素分为4种工程"甜点"参数：页岩脆性指数、页岩层裂缝、地层压力系数、地应力参数。

1. 页岩脆性指数

页岩脆性指数主要通过两种方法进行计算，一是利用岩石矿物学方法，对其中的脆性矿物和黏土矿物含量进行计算，脆性矿物含量高，利于压裂改造；黏土矿物含量高，不利于压裂改造，因此可以通过计算脆性矿物所占比重来表征脆性特征，但由于取心井少，脆性指数的平面预测难以实现。二是利用岩石力学方法进行综合计算，Rickman 于 2008 年提出基于弹性参数的脆性指数（Brittleness Index，简称 BI）的概念，认为低泊松比、高弹性模量的页岩为脆性较好的页岩。杨氏模量是表征岩石抵抗形变能力的弹性参数，其值越大，岩石越不容易变形；泊松比是表征岩石横向变形的弹性参数，其值越大，岩石越容易发生横向形变。

通过前文所述的叠前反演，得到纵波速度 v_p、横波速度 v_s、密度 ρ，然后根据近似计算公式得到杨氏模量和泊松比：

$$v=\frac{v_\mathrm{p}^2-2v_\mathrm{s}^2}{2v_\mathrm{p}^2-2v_\mathrm{s}^2} \qquad (6-3-17)$$

式中　　v_p——纵波速度，m/s；

v_s——横波速度，m/s；

v——泊松比。

$$G=\frac{\rho\left(3v_\mathrm{p}^2-4v_\mathrm{s}^2\right)}{\dfrac{v_\mathrm{p}^2}{v_\mathrm{s}^2}-1} \qquad (6-3-18)$$

式中　　G——杨氏模量，GPa；

ρ——密度，g/cm^3。

将泊松比和杨氏模量的结果进行归一化之后，计算出平均值，得到脆性指数。脆性指数剖面上井旁道预测结果与测井曲线吻合度较高，特征一致。

2. 页岩层裂缝

页岩气富集机理研究及钻井结果表明，富有机质泥页岩的发育是页岩气生成和储集的物质基础，但与北美等其他页岩气产区相比，天然裂缝发育情况是位于复杂山地区域的四川盆地及周缘下古生界高产的关键因素。

天然裂缝对页岩气成藏和开发的控制作用较为复杂，一般认为其具有双重作用。一方面，裂缝发育不仅可以为页岩气的游离富集提供储集和渗透空间，并成为页岩气运移、开采的通道；另一方面，裂缝的发育有可能对已经稳定的页岩气藏产生破坏作用，如其与断层连通，对页岩气的保存非常不利。另外，地层水可能会通过裂缝进入页岩储层，使气井含水率增大。

为了充分挖掘地震数据的信息，优选了多种叠后裂缝检测方法，结合叠前裂缝检测，对裂缝发育带作出综合预测。叠后裂缝检测技术对宏观裂缝发育带如断层、小断裂进行预测，搞清不同裂缝发育带的走向及相互切割关系，利用叠前裂缝检测方法对裂缝的方位及密度进行预测。

1）第三代相干

相干技术是利用相邻地震信号的相似性来描述地层和岩性的横向不均匀性的。目前相干体算法已从第一代基于互相关的算法、第二代利用多道相似性的算法，发展到第三代基于特征结构的相干算法。第一代相干算法适用于高质量的地震资料，而不适用于存在相干噪声的地震资料；1998 年，Marfurt 等提出的沿倾角计算的多道第二代相干算法具有较强的抗噪能力，但分辨率低；1999 年，Marfurt 提出了第三代相干算法，具有最佳的横向分辨率，但对大倾角不敏感。为此，后来的研究者们不断修正第三代相干的算法，提出了基于 GST（Gradient Structural Tensor）的相干体方法，该方法用梯度矢量来描述地质体的倾角和方位，用梯度张量矩阵的特征值来描述地震数据的结构特征，较好地避免了前面各方法的不足，使得裂缝的边界更为清晰，细节更加丰富。

2）蚂蚁追踪

蚂蚁追踪技术是 Pederson 和 Randen 等人提出的一种断层提取技术，其效果明显，对低信噪比属性体，如混沌属性的提升效果更明显。

该方法的思想是将大量人工蚂蚁释放在属性体内，让每一只蚂蚁沿着断层移动并释放信息素。如果蚂蚁释放处没有断层，如噪声等，该蚂蚁将会很快消失；而存在断层处将会被很多蚂蚁追踪，并被信息素做出明显标记，非断层结构则不会被释放信息素。最后以每一点的信息素浓度来表征该处的断层。

通过蚂蚁追踪技术得到的蚂蚁追踪体在解释断层的时候有极佳的表现，远超其他边缘增强体，如方差体等，因为噪声和其他非断层结构在蚂蚁追踪的过程中被去掉了，信噪比提升明显，能够很好展现细节处的断层区域。

3）属性融合

由于地震属性与地下裂缝之间的关系十分复杂，采用单一属性预测裂缝发育情况往往具有多解性，为了更高效地利用地震属性信息，降低多解性，可以使用多个地震属性联合开展研究，称为属性融合。与一般地震属性采用的 RGB、聚类分析、多元线性回归、神经网络等方法不同，基于前述的地震属性优化结果和断裂正演模拟结果，可以采用人工确定性属性融合方法，对优选的两种属性进行平面融合或体融合。

在融合数据体的基础上提取五峰组底界的数值，对平面上出现的异常部位进行分析，发现对应的地震剖面同相轴均出现扭曲，能量减弱的特征，在对称性异常和蚂蚁追踪异常位置读取上下盘数据，计算相应的断距，得到五峰组底界断裂综合分级评价图（图 6-3-17）。图中以颜色区分不同断距，每 10m 断距为分隔。图中红色及蓝色部分（即

10m以上断距的小断裂）已经造成同相轴扭曲，需要在井位部署设计及钻井过程中特别注意，风险较大，应尽量避免；图中黑色部分（即10m以下断距的微断裂）需要注意，存在一定风险，但可根据实时情况调整钻井导向。

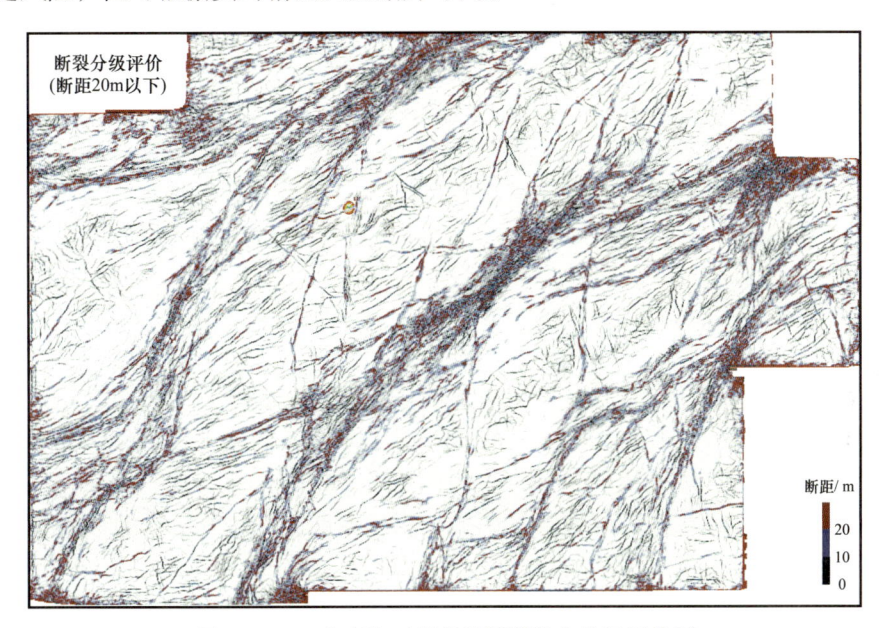

图6-3-17 上奥陶五峰底界断裂综合分级评价图

4）叠前裂缝预测

地下介质的方位各向异性会引起地震波特征的方位各向异性，垂直裂缝发育带的存在会引起地下介质的方位各向异性，这就是裂缝发育带叠前地震预测的理论基础。叠前纵波方位各向异性裂缝检测方法，是利用叠前纵波信号所携带的与方位相关的变化特征，来解决裂缝方位和密度问题。目前利用纵波各向异性进行裂缝预测的方法有：动校正速度方位变化裂缝预测垂、纵波方位AVO裂缝检测、纵波阻抗随方位角变化裂缝预测。第三种方法克服了前两种方法存在的分辨率低和不稳定的缺陷，因而在裂缝预测具有一定优势。但是该方法对地震资料有如下要求：小面元、高覆盖次数、宽方位、各方位偏移距、覆盖次数分布均匀。并且要有较高的信噪比。

与叠后裂缝成果相似，五峰组底部断裂发育，高密度裂缝发育带主要发育在断裂的两侧，主要发育北东向、近南北向、近东西向及北东东向断裂，呈条带状。与叠后裂缝预测成果相比，叠前裂缝预测的优势在于能预测出每一点裂缝发育的强度与方向，但由其的原理可知，叠前裂缝预测所反映的是地质异常带（非均质性）。当储层发育富含流体时，地震波的振幅、频率发生变化，或者是地层岩性发生变化时，同样会引起地层产生非均质性，表现出与裂缝发育相似的强各向异性特征，所以叠前裂缝预测结果有一定多解性。

四、工程"甜点"参数的精细预测

四川盆地及其周缘页岩气地质资源丰富，南方海相五峰—龙马溪组页岩气勘探开发取得重大突破，礁石坝、长宁、威远等页岩气田的发现推动了我国页岩气行业快速发展。

勘探地球物理技术贯穿页岩气勘探开发整个过程，发挥了关键作用，形成了适合我国南方海相页岩气"甜点"地震预测与评价技术体系，包括基于叠前高精度密度反演有机碳含量的预测技术、多元回归脆性指数预测技术、压力系数预测技术、二元约束含气量预测技术等，前人针对工程"甜点"形成了一些共识，脆性指数及裂缝发育可表征页岩地层能否压开，可结合破裂压力联合分析；地应力差可以评价能否压裂形成缝网，可结合压裂 G 函数或者微地震展开评价。

工程"甜点"预测思路为：结合页岩工程"甜点"参数，采用针对性的方法预测页岩的脆性、地应力及裂缝参数；采用叠前脆性反演方法得到脆性指数，使用叠前方位各向异性方法计算地应力方向、最大最小应力差率及裂缝发育方向和强度。

1. 脆性预测

一般用杨氏模量、泊松比来计算和表征页岩的脆性。优质页岩具有明显的高杨氏模量和较低泊松比的特征，但是在实际开发过程中发现，随着页岩中石英含量的增加，杨氏模量增加，但是随着孔隙度的增加，杨氏模量会降低。同时，随着储层中有机质与孔隙含气量的增加也会导致杨氏模量降低。川南地区五峰组—龙马溪组页岩储层①～④号层和①～⑥号层2套单元地震剖面特征明显，应用新的脆性指数 E/λ 进行脆性表征，在杨氏模量、泊松比直接反演的基础上进行 E/λ 计算。脆性预测结果具有更高的稳定性，由其结果可见④号小层为一个明显的脆性变化界面，其中⑤～⑥号小层脆性相对较小，⑥号层往上脆性逐渐减小，钻井揭示与地震预测的结果一致（图 6-3-18）。

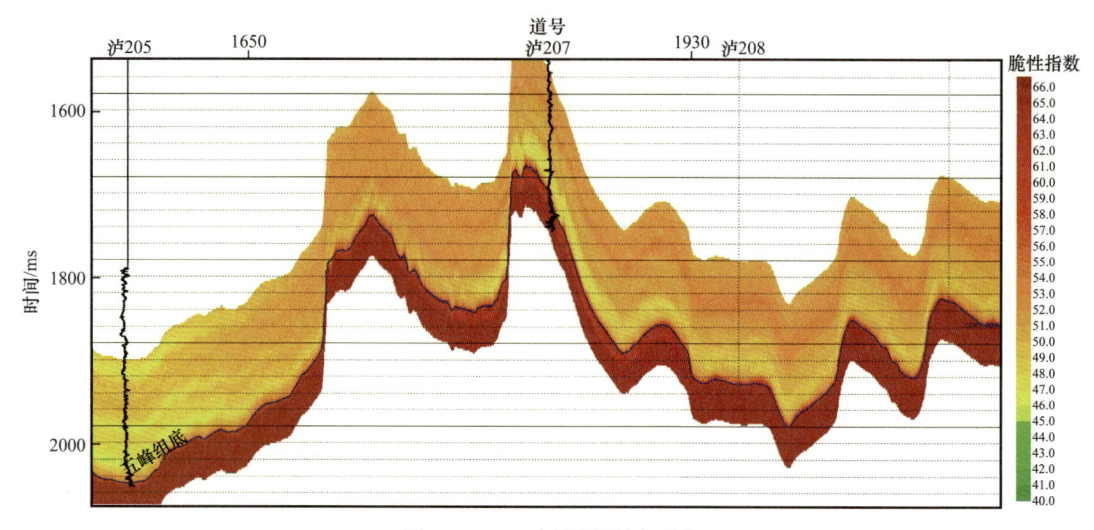

图 6-3-18 脆性预测剖面图

2. 地应力预测

页岩地应力的预测是一个难点，目前基本形成了利用方位各向异性进行地应力预测的方法。在叠前分方位偏移处理的基础上，结合 AVAZ 反演结果可以发现，川南区内最大水平主应力方向为北东东向—近东西向。工区内在断层两侧局部应力方向有小范围变化，最大水平主应力方向为近东西方向，主体区介于 70°～89°。根据电成像和偶极声波测井资料分析，在龙马溪组储层段的诱导缝欠发育，井眼崩落不明显，各向异性微弱且方位不稳定，但总体反映出地应力方向为北东东—东西向，与区域应力场基本吻合。

水平应力变化率（DHSR）的反演结果显示，①～⑥小层DHSR介于0.12～0.15（图6-3-19）。受研究区构造形态及断裂的影响，地层隆起区由于应力释放，DHSR相对于深凹区减小；而深凹陷区由于应力相对集中及地层埋深的加大，DHSR相对较大。DHSR的反演结果表明，工区内龙马溪组地应力方向同四川盆地现今地应力方向基本一致，为近东西向，但局部地区受地层构造形态影响，地应力方向略有旋转。

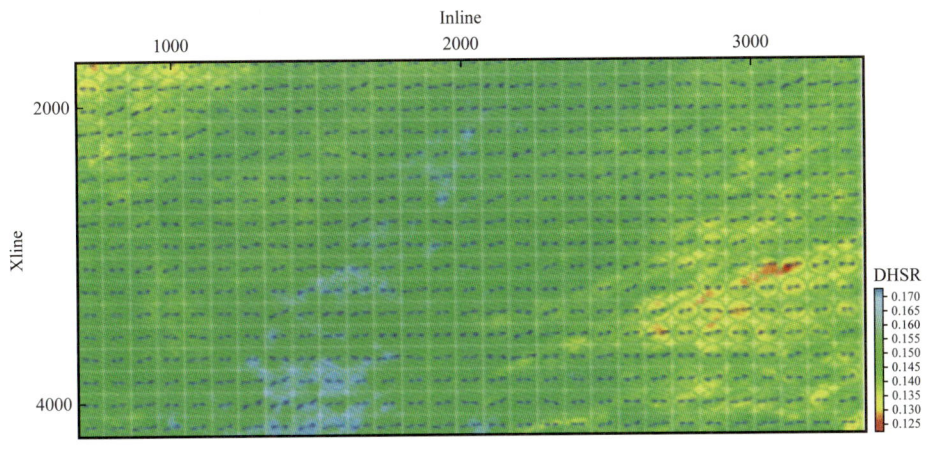

图 6-3-19　龙一段①～④小层 DHSR 反演结果与地应力方向图

3. 裂缝预测

小至微尺度裂缝是决定页岩气水平井压裂能否形成大规模裂缝网络体的重要因素，其预测主要依靠各向异性裂缝检测。基于叠前宽方位地震道集数据，将宽方位数据划分为若干个方位，然后便可以利用多个方位的信息反演出裂缝发育方向及裂缝发育带的相对强度。从图6-3-20中可以看出：东南部断层及微裂缝较发育，方向近北东向和北北西向。

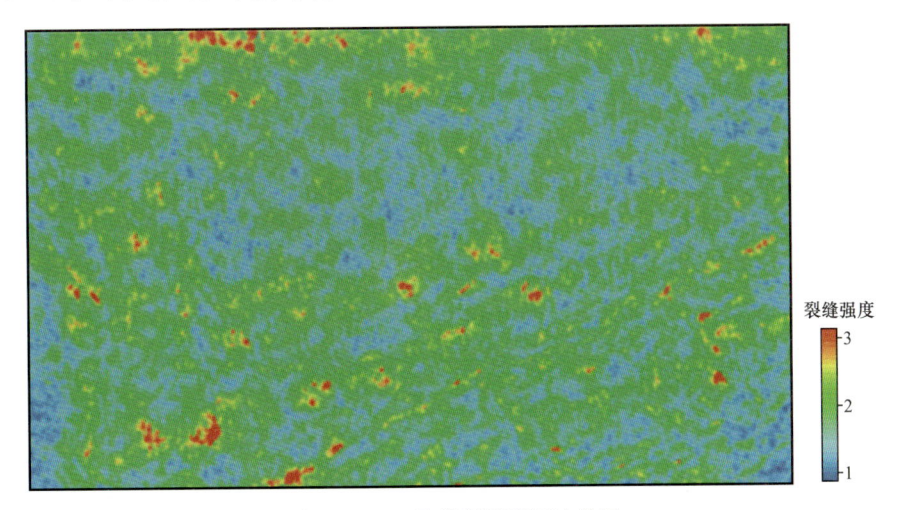

图 6-3-20　叠前裂缝预测结果图

第七章　页岩气工业化建产区评价技术

本章以四川盆地及邻区海相页岩气为重点，通过长宁、威远、昭通等建产区开发效果及生产动态分析，结合地质研究成果，总结产量影响因素，揭示页岩气富集成藏条件，建立了五峰—龙马溪组页岩气富集高产模式，并应用于近年的生产实践，取得了较好效果。提出了盆内超压、盆外复杂构造区常压两类页岩气四种成藏保存模式、两种逸散模式。结合川南页岩气高产富集特征与建产区开发效果，建立了页岩气建产区评价方法体系，研制建产区评价软件系统，为建产区评价提供基础。

第一节　建产区工业化分层标准

过去页岩地层划分仅为4段，部分井区五峰组和龙马溪组都难以区分。古生物地层中的笔石是全球公认的第一门类，以笔石带序列可将五峰组和龙马溪组黑色页岩划分为13段，并可全球范围广泛应用，对比标准意义重大。通过分析高分辨率笔石生物带，结合岩电特征等，建立了小层精细划分方案，为建产区小层等时对比提供了关键工具。

一、笔石地层地质特征

高精度的生物地层学是其他地层学分支学科研究的基础，是确定等时面的关键。川南奥陶系五峰组—志留系龙马溪组发育连续，化石资料丰富，为高精度的生物地层学研究奠定了基础。笔石动物是一类在奥陶纪生物大辐射时期崛起并扮演重要角色的海洋群体生物，其分布广泛、演化速度最快、保存序列齐全，可以进行全球年代地层对比。

川南奥陶系五峰组发育5个笔石带，其中凯迪阶自下而上发育 *Dicellograptus complanatus* 带（WF1）、*Dicellograptus complexus* 带（WF2）和 *Paraorthograptus pacificus* 带（WF3）；赫南特阶发育 *Normalograptus extraordinarius* 带（WF4）和 *Persculptograptus persculptus* 带（LM1）。*Dicellograptus complanatus* 笔石带同位素年龄为447.62Ma，在贵州桐梓红花园剖面与松桃陆地坪剖面及四川长宁双河剖面均已见及。*Dicellograptus complexus* 带同位素年龄为447.62~447.02Ma，是华南凯迪阶分布最广的一个笔石带，代表了奥陶纪笔石动物群最后一次辐射期的开始。*Paraorthograptus pacificus* 带可细分为3个亚带，自下而上为未名亚带、*Tangyagraptus typicus* 亚带和 *Diceratograptus mirus* 亚带，同位素年龄分别为447.02~446.34Ma、446.34~445.37Ma 及 445.37~445.16Ma。*Diceratograptus mirus* 亚带普遍发育 *Manosia*，并可上延至 *Normalograptus extraordinarius* 下部。*Normalograptus extraordinarius* 带同位素年龄为445.16~444.43Ma，其在王家湾剖面首次出现的位置正是奥陶纪末生物大灭绝第一幕的高峰期，即当时冰盖面积最大。*Persculptograptus persculptus* 带同位素年龄为444.43~443.83Ma，发育于龙马溪组底部，

整合于观音桥层的泥灰岩之上。该带在湖北宜昌王家湾、分乡与贵州仁怀石场等剖面均见及。

川南志留系鲁丹阶发育4个笔石带，由下至上分别是 *Akidograptus ascensus* 带（LM2）、*Parakidograptus acuminatus* 带（LM3）、*Cystograptus vesiculosus* 带（LM4）和 *Coronograptus cyphus* 带（LM5）。*Akidograptus ascensus* 带（443.83~443.40Ma）和 *Parakidograptus acuminatus* 带（443.40~442.47Ma）在扬子地台广泛分布，*Akidograptus ascensus* 的首现指示志留系的底界，可以全球对比。*Cystograptus vesiculosus* 带（442.47~441.57Ma）和 *Coronograptus cyphus* 带（441.57~440.77Ma）在中国华南地区也广泛发育，黔北、江西武宁和安徽等地均有发现。

川南志留系埃隆阶包括3个笔石带，自下而上分别为 *Demirastrites triangulatus* 带（LM6）、*Lituigraptus convolutus* 带（LM7）和 *Stimulograptus sedgwickii* 带（LM8）。这3个带同位素年龄分别为 440.77~439.21Ma、439.21~438.76 Ma 和 438.76~438.49Ma，在华南多处均有发现，并可与全球序列进行对比。特列奇阶仅发现 *Spirograptus guerichi* 笔石带（LM9），同位素年龄值为 438.49~438.13Ma，见于湖北竹山、神农架林区、四川广元、城口、陕西宁强和南郑等地。

二、黑色页岩工业化分层标准

年代地层格架建立包括岩性地层标定、全球海平面标定和生物地层标定3个方面。

岩性地层标定首先需选取典型钻井，通过不整合、岩性岩相突变、古生物化石带缺失、标志层识别等方法确定五峰组和龙马溪组的顶界面和底界面。然后，通过合成记录标定，识别五峰组和龙马溪组顶界面和底面界的地震反射特征，并进行层位追踪，从而明确不同地区五峰组和龙马溪组的对比关系。最后，在五峰组和龙马溪组顶界面和底面界的约束下，通过测井相识别、测井数据突变关系等标定，建立岩性地层格架。化学地层标定需先开展主量元素、微量元素和TOC等测定，然后根据各元素含量值或比值形态的旋回性划分小层，并进一步标定岩性地层格架。生物地层标定主要通过典型井和露头笔石化石鉴定和笔石带划分确定其生物地层划分方案，并标定岩性地层格架。最后，岩性地层、化学地层和生物地层相互标定，建立年代地层格架。

岩性地层标定的关键是地层界面的识别。川南五峰组—龙马溪组关键地层界面包括五峰组底界面、龙马溪组底界面、龙马溪组顶界面及各类岩性、岩相转换面。这些界面在地震资料上多表现为强振幅、高连续反射特征，在单井和露头上多表现为岩性、岩相和电性的突然变化。五峰组底界面在地震剖面上表现为强振幅与高连续波峰反射特征，区域上可追踪与对比。露头和岩心上，该界面为平行不整合面，界面之下为奥陶系宝塔组/临湘组灰色—深灰色灰岩、生屑灰岩及含泥瘤状灰岩，发育角石、三叶虫及腕足类等古生物化石；界面之上为五峰组黑色薄层状页岩，笔石化石丰富，见少量腕足类、介形类、放射虫及竹节石等古生物化石。测井资料上，界面之下GR值和AC值较低，界面之上突然增大，界面之下RT值较高，界面之上突然变小。龙马溪组底界面在地震剖面上表现为弱振幅与高连续波谷反射特征，区域上可追踪与对比。露头和岩心上，界面之下为含生屑含碳泥质灰岩，*Hirnantia–Dalmanitina* 动物群化石发育，见大量腕足类和棘屑化石，界面之上为碳质页岩，笔石化石丰富，另见较多硅质放射虫及少量硅质海绵骨针。在测井曲线显示上，界面之下为 GR 和 AC 值较低，而界面之上 GR 和 AC 值较高。

龙马溪组顶界面在地震剖面上表现为强振幅与高连续波峰反射特征，全区可以追踪对比。露头和岩心上，该界面为角度不整合面，界面之下为深灰、灰绿色页岩以及粉砂质页岩，界面之上为石牛栏组深灰色泥灰岩和生物灰岩夹钙质页岩。测井曲线显示上，界面之上的 GR 值、AC 值和 CNL 值都突然变小，而 RT 值突然增大。根据岩性和测井特征，龙马溪组可进一步细分为龙一段和龙二段，界面在地震剖面上表现为强振幅、高连续波峰反射特征，全区可以追踪与对比。龙一段为灰黑色和黑色页岩，有机碳含量大于 2%，GR、AC、DEN 和 CAL 曲线均为漏斗形；龙二段为深灰色和绿灰色页岩，有机碳含量一般小于 2%，GR、AC、DEN 和 CAL 曲线均为钟形。龙一段可进一步细分为龙一$_1$亚段和龙一$_2$亚段。龙一$_1$亚段以灰黑色页岩为主，TOC、GR 值和 AC 值较高；龙一$_2$亚段以深灰色页岩为主，TOC、GR 值和 AC 值相对较低。龙一$_1$亚段又进一步细分为 1、2、3、4 四个小层。1 小层为区域性的标志层，岩性由黑色碳质、硅质页岩组成，GR 值在底部出现龙马溪组内部最高值，约 170～500 API，TOC 为 4%～12%，GR 最高值下半幅点为 1 小层底界。2 小层厚度较大，由黑色块状页岩、碳质页岩组成，GR 值相对于 1 小层和 3 小层低，呈低平（类）箱型特征，GR 值为 140～180 API，TOC 分布稳定，较低于 1 小层和 3 小层低。3 小层也为区域标志层，主要由黑色碳质、硅质页岩组成，GR 较 2 小层高，一般介于 160～270 API。3 小层的 AC 值高，DEN 值低，TOC 与 GR 曲线形态相似。4 小层厚度大，GR 为相对 3 小层低平的箱型，一般介于 140～180 API，AC、CAL 低于 3 小层，DEN 值高于 3 小层，TOC 低于 3 小层。

通过岩石地层学标定，建立川南五峰组—龙马溪组岩性地层划分方案。其中，五峰组划分为五一段和五二段 2 个段；龙马溪组划分为龙一段和龙二段 2 个段。龙一段可进一步划分为龙一$_1$亚段和龙一$_2$亚段，且龙一$_1$亚段又可进一步划分为 1、2、3、4 四个小层。

龙一$_1$亚段为一套富有机质黑色碳质页岩，发育大量形态各异的笔石群，页理发育，富含黄铁矿结核以及黄铁矿充填水平缝，厚度为 36～48m。TOC 大于 2% 的层段主要集中在五峰组—龙一$_1$亚段，该层段也是开发的主要层段。龙一$_2$亚段出现大段砂泥质互层或夹层岩性组合，沉积构造有钙质结核、平行层理，笔石数量少，厚度为 105～200m。

根据岩石学、沉积构造、古生物和电性等资料，龙一$_1$亚段由下至上可进一步划分为龙一$_1^1$、龙一$_1^2$、龙一$_1^3$ 和龙一$_1^4$ 四个小层，各层特征见表 7-1-1。

龙一$_1^4$小层与 3 小层以 3 小层顶部黑色碳质页岩与 4 小层底部灰黑色粉砂质钙质泥页岩为界，4 小层岩性以灰黑色粉砂质页岩、灰黑色钙质页岩为主，为灰质—粉砂质泥棚沉积相，含少量黄铁矿结核，笔石欠发育，种类较少，个体较小。

龙一$_1^3$小层作为全区第一个标志层（另一个为 1 小层），具有区域对比性好、分布稳定等特征。3 小层与 2 小层岩性分界特征不明显，均为黑色碳质笔石页岩，为碳质泥棚沉积，含大量黄铁矿纹层、方解石条带；笔石非常丰富，种类多，大小各异。

表 7-1-1 五峰组—龙一₁亚段小层特征对比表

特征层位		龙一₁亚段				五峰组
		4 小层	3 小层	2 小层	1 小层	
岩石学特征	岩性	粉砂质页岩、钙质页岩	泥质页岩、含碳质页岩	含碳质页岩、泥页岩	碳质页岩、硅质页岩	泥灰岩、硅质页岩
	颜色	灰黑、黑灰	灰黑、黑	黑、灰黑	黑	灰黑、黑、灰黑
	粒度	粉晶—泥级	泥级—泥晶	泥级	泥级	粉晶—泥级
	特殊矿物	黄铁矿	黄铁矿	黄铁矿	黄铁矿	黄铁矿
沉积构造特征		平行层理、钙质结核、泥质结核、冲刷面	水平层理、交错层理、结核	水平层理、黄铁矿蠕虫状分布、沥青擦痕	水平层理、钙质条带、扰动	水平层理、钙质擦痕、铁矿结核、交错层理
古生物特征	非笔石古生物	硅质生物、腹足、三叶虫	腹足、硅质生物	介形虫、硅质生物	海绵骨针、硅质生物	赫南特贝、达尔曼虫、生物硅
	笔石分带	8～9	8	8	6～7	1～4，5
	笔石种属	半耙笔石、尖笔石、锯笔石	雕笔石、栅笔石、双笔石、对笔石	雕笔石、直笔石、栅笔石、尖笔石、对笔石	直笔石、栅笔石、围笔石、花瓣笔石	雕笔石、直笔石、栅笔石
	笔石数量	量较多、种少	量多、种较多	量多、种多	量多、种较多	量多、种多
电性特征	GR/API	102～222	102～362	90～242	121～671	22～332
	AC/(μs/ft)	75～152	73～149	71～140	66.5～149	48.4～132
	RT/(Ω·m)	4～87.4	4～50	2～63	1.1～638	3.3～13000
	DEN/(g/cm³)	2.4～3.3	2.36～2.87	2.2～2.69	2.15～2.79	2.4～2.84

龙一$_1^2$小层位于两个标志层之间，顶底界线较为清晰，在岩性特征上与3、1小层区别不大，以黑色碳质页岩为主，笔石丰富，黄铁矿及方解石结核分布，沉积特征为相对海平面降低的碳质泥棚相沉积。

龙一$_1^1$小层作为全区第二个标志层，具有区域对比性较好、分布较为稳定等特征。1小层与2小层岩性分界特征不明显，均为黑色碳质笔石页岩，为碳质泥棚沉积，含大量黄铁矿纹层、方解石条带，笔石非常丰富，种类多，个体较大。

总体而言，五峰组及龙一$_1$亚段各小层在全区分布稳定，四个小层厚度变化趋势一致，表现为远离剥蚀线厚度增大；五峰组厚度为1.2～15.1m，1小层厚度为1.7～5.5m，2小层厚度为3.2～9.6m，3小层厚度为3.8～9.8m，4小层厚度为24.8～27.8m，1～4小层总厚度介于36.4～47.5m。

海平面变化标定。晚奥陶世到早志留世，由于冈瓦纳大陆南美区域冰盖的生长和消融，全球海平面频繁波动，地层发育多期旋回，并具有全球可对比性。奥陶系凯迪阶晚期，火山活动及全球气候变暖造成全球海平面上升，并达到显生宙最高水平（超过现今约200m）；奥陶系赫南特阶，冰盖生长和陆生植物发育导致全球气候变冷，海平面下降，其下降幅度达到70～100m。志留系兰多维列统，由于冈瓦纳大陆冰盖消融，全球海平面整体上升，在此背景下发生4期次一级海平面升降旋回。旋回Ⅰ最大海侵出现于埃隆阶的 *Demiratrites triangulatus* 笔石带与 *Lituigraptus convolutus* 笔石带之间，海平面至少上升70m；旋回Ⅱ最大海侵出现于埃隆阶的 *Monograptus convolutes* 笔石带和 *Stimutograptus sedgwickii* 笔石带之间，海平面至少上升63m；旋回Ⅲ最大海侵出现于特列奇阶的 *Spirograptus guerichi* 笔石带和 *S.turriculatus* 笔石带之间；旋回Ⅳ最大海侵出现于特列奇阶 *Pterospathodus celloni* 牙形石带和 *P.amorphognathoides* 牙形石带之间。

晚奥陶世至早志留世，华南地区由于受全球海平面变化、扬子板块与周缘地块的碰撞、拼合及板内变形的共同影响，全区海平面也呈现周期性的变化，并清晰体现在地层记录中。因此，系统分析该段地层记录，恢复海平面变化特征，即可建立全区等时地层格架。华南地区奥陶系凯迪阶至志留系兰多维列统露头点多，地层出露新鲜、完整。且近年随着中国南方页岩气勘探的突破，也获得了大量钻井资料和测井数据。这些都为建立层序地层格架、恢复区域性的海平面变化提供了重要基础。

综合地震、单井和露头资料，以岩性地层学标定、海平面变化标定和生物地层学标定为手段，通过单井分析、连井对比和平面闭合的研究方法，建立了中国南方五峰组—龙马溪组地层划分对比方案。五峰组可划分为五一段和五二段，龙马溪组划分为龙一段和龙二段。龙一段可细分为龙一$_1$亚段和龙一$_2$亚段，龙一$_1$亚段可进一步细分为龙一$_1^1$、龙一$_1^2$、龙一$_1^3$、龙一$_1^4$四个小层。海平面变化与岩性地层对应关系良好。旋回Ⅰ对应于五峰组，其中，TST对应于五一段，RST对应于五二段，最大海平面位于五一段顶部。旋回Ⅱ对应于龙一段，其中，TST对应于龙一$_1$（1+2+3）小层，RST对应于龙一$_1^4$小层及龙一$_2$亚段，最大海平面位于龙一$_1^3$顶部。旋回Ⅲ对应于龙二段。生物地层可对岩性地层进行精细标定，五一段对应于笔石带WF1-2，五二段对应于笔石带WF3-4。龙马溪组龙一$_1^1$小层对应于笔石带LM1，龙一$_1^2$小层对应于LM2-3，龙一$_1^3$小层对应于LM4，龙一$_1^4$小层对应于LM5。龙一$_2$小层和龙二段对应于LM6-9。研究区发育2套区域性标志层，即观音桥层和LM6段。观音桥层位于五峰组顶部，富含赫南特贝动物群，在全区及全世界范围内广泛发育，是五峰组和龙马溪组的分界线。LM6段富含 *Demirastrites triangulatus* 笔石带，区域分布最广，是鲁丹阶与埃隆阶的分界。

第二节　高产区形成条件及模式

页岩气藏只有通过压裂之后才能具有开采工业价值，页岩气井压裂效果受到很多因素的影响，主要分为地质因素和工程因素两部分。各因素对压裂效果的影响十分复杂，同时各因素之间难以分清主次，因此分析开发效果的影响因素对于选井选层、压裂施工设计等具有重要意义。

一、气井高产区"甜点"参数

1. 储层厚度

页岩气成藏，无论从生烃或气体赋存方面，都需要岩层厚度达到一定的门槛值：一方面，因为烃源岩厚度需要超过排烃厚度才能保证有足够的有机质和充足的储集空间形成页岩气藏。不同地区的地质背景不一样，排烃厚度有所差异；另一方面，太薄的厚度也不利于后期储层改造。因此，页岩储层厚度门槛值基本上确定在30m以上。

利用地球物理方法预测储层厚度有很多种，目前主要通过叠前和叠后方法。具体的方法，视该区不同区块的优质页岩敏感的地球物理参数而定。例如，某些区块的优质页岩的纵波速度较低，与围岩存在较强的阻抗差，则利用叠后地震属性或波阻抗反演就可以达到较好的预测效果。而某些区块的优质页岩与围岩的阻抗差并不明显，叠后地震属性或波阻抗反演并不能很好地反映出来，就需要求助更多的弹性地球物理参数进行综合判别，通常采用叠前反演方法进行量化预测。

叠后反演指使用叠加后的数据进行波阻抗反演，通过波阻抗的变化间接反映地下岩性变化，是最早使用的反演方法，也是量化预测中使用最为普遍的方法。

2. 总有机碳含量（TOC）

总有机碳含量（TOC）是评价页岩气藏地质评价的重要参数。它既反映了页岩中有机质含量，也反映了生烃能力。目前普遍认为，可经济效益开发的页岩气藏储层TOC下限是2%。

岩石TOC直接测量主要是采用岩心、岩屑和露头等不同样品在实验室进行测定。但由于受样品数量、获取位置以及测量方式的不同，结果仅仅反映取样位置的结果，较难对页岩气藏分布的空间连续规律进行评价。TOC的测井评价主要利用钻井的测井数据（自然伽马、电阻率、声波时差等曲线）较为方便和合理地计算TOC曲线，其结果的纵向变化趋势与岩石实验室保持一致，但仍然只能反映一孔之见，无法反映地下横向变化趋势。

TOC 的地质评价，考虑地震数据空间连续的优势，建立 TOC 与地震参数的量化关系，明确敏感弹性参数，利用储层弹性参数量化预测，得到能反映纵向和横向变化趋势的 TOC 数据体。

3. 总含气量

储层的含气量大小决定了页岩气是否具有商业价值，因此对含气量的评价决定了气藏是否可供勘探开发。含气量是指每吨页岩中所含的天然气折算到标准温度和压力下的天然气总量，包括游离气、吸附气和溶解气等。由于溶解气在岩石中含量极少，所以总含气量可近似表示为吸附气和游离气含量之和。游离气含量受岩石有效孔隙度和含气饱和度控制，吸附气受有机质含量（TOC）和有机质成熟度控制。

总含气量的评价法方法有很多，现在主要流行的页岩气资源潜力评价的方法也有很多，主要包括容积法与类比分析法。根据研究区勘探程度的高低选择不同的方法进行研究。容积法估算的是页岩孔隙、裂隙空间内的游离态页岩气与有机质、黏土矿物和干酪根颗粒表面的吸附态页岩气体积总和。类比分析法包括含气量类比法和资源面积丰度类比法两种，是对含气泥页岩层段大的厚度和面积有较高把握的评价区，选取地质、工程条件相似的类比标准或评价示范区（含气量的概率分布），采用类比法，得到评价区的含气量或资源面积丰度等的概率分布，然后进行评价区的资源量计算。

总含气量计算方法：实验室通过测定出不同岩性的含气饱和度、含水饱和度计算出游离气含量，通过等温吸附模拟法计算吸附气含量，从而得到样本的总含气量；利用测井数据计算出含气饱和度曲线计算，得到游离气含量曲线，拟合 TOC 与吸附气含量关系，得到吸附气含量曲线，与实验室样本数据标定后，得到钻井的总含气量曲线。总含气量的地质评价，考虑地震数据空间连续的优势，建立总含气量与地震参数的量化关系，明确敏感弹性参数，利用储层弹性参数量化预测，得到能反映纵向和横向变化趋势的总含气量数据体。

4. 孔隙度

孔隙度是储层岩石的固有性质，也是页岩气地质评价的主要参数之一。对于页岩储层，孔隙存在于粒间孔隙、有机质内、黏土矿物、微裂缝中。一般而言，页岩孔隙可分为无机孔隙和有机孔隙。

孔隙度计算方法：实验室孔隙度测量包括总孔隙度测量和有效孔隙度测量。总孔隙度是指对地下所有孔隙空间的测量，包括连通孔隙和孤立孔隙；有效孔隙度是对地下连通孔隙的测量。实际工作中，不同实验室的给定条件不一样，同一岩样的孔隙度测量值可能呈现很大差异；测井评价基于岩心分析结果，综合利用声波时差、密度测井等计算储层孔隙度；孔隙度空间预测，建立多参数（有机质含量、地应力、声波时差、含气量等）与孔隙度的关系，通过量化预测方法，得到孔隙度数据体。

二、气井高产主控因素分析

在生产过程中相邻井区、相邻平台，甚至同平台相邻井之间产量差异较大，因此科学评价影响页岩气井产量的主控因素成为提高单井产量的关键。气井产量与储层特征、工程技术参数相关，而各参数对产量影响的强弱是不确定的、灰色的，通过在明确各个单因素对气井产量影响的基础上，将相关参数对气井产量的影响看成是一个灰色系统，运用灰色关联分析方法对各影响因素的主次关系排序，最终明确影响页岩气井产量的主要控制因素。

灰色系统理论是一门研究数据量与信息量都比较小时，一部分信息明确另一部分信息不明确，且具有不确定性现象的数学学科，将信息明确的部分定义为白色系统，而不明确的部分定义为黑色系统，而介于两者之间的系统称之为灰色系统。在环境、经济、军事、农业、社会、工程技术等各个领域，有的系统结构不明确、有的系统作用原理不清晰，有的系统参数不明确或者参数之间的关系不清楚等，都可以用灰色理论来分析解决这一类问题。

影响产量的单因素分析表明，各单因素均与气井测试产量存在着相关性，故各单因素参数作为样本数据，应用灰色关联度评价法来描述各单因素间对产量影响关系的强弱较合理。如果所选择的样本数据表现出变化态势基本一致，表明样本参数间关联度较大，若变化态势相反，则关联度较小。

1. 地质参数相关性

页岩气产出经历钻井、压裂、压裂液返排、放喷求产等多个环节。页岩储层非均质性强，诸多因素造成了平台间、井区间产量差异显著。以威202H5平台为例，在龙一$_1^1$层钻遇率相差不大的情况下，平台间单井的产量差异规律与单一的地质参数、压裂参数的差异规律并不统一，也就是说产量受多个因素共同影响，如图7-2-1和图7-2-2所示。

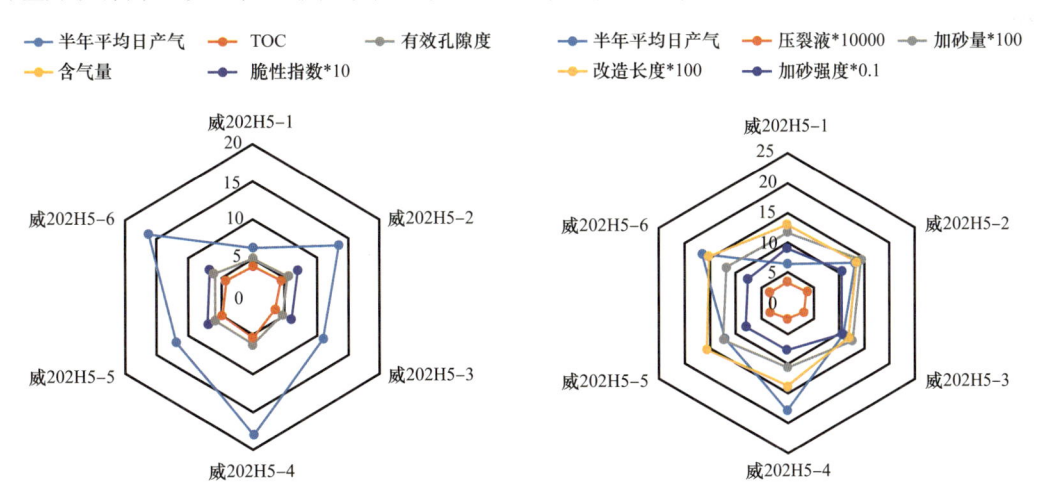

图7-2-1　威205H5平台地质参数雷达分析图　　图7-2-2　威202H5平台压裂参数雷达分析图

地质因素和工艺技术是影响产量的两个重要因素，因此在研究两个因素对产量的影响之前需要研究两者之间的相关性。本章以前文页岩地质特征为基础，对影响产量的两个重要参数（地质参数和压裂参数）的相关性进行分析，应用统计学方法确定了压裂破裂参数与储层地质参数相关性、压裂施工参数与储层地质参数相关性，筛选出影响产量的首要地质因素和压裂工程参数。

统计威远区块储层地质参数，主要包括测井的 GR 和密度。将威 202H2 平台的 6 口井的 GR 和密度统计出来，同时依照压裂施工过程中的最高泵压计算出破裂压力，破裂压力 = 最高泵压 + 静液柱压力 – 摩阻，其中压裂液密度为 1.1g/cm^3，深度为 A 点平均的垂深 2974m。威远 202H2 平台破裂压力与 GR、密度相关性不强。脆性指数与 GR 相关性不强，脆性指数与密度存在一定负相关（表 7-2-1）。

表 7-2-1　地质参数之间相关性汇总表

参数		GR	TOC	吸附气	游离气	孔隙度	脆性指数
GR	相关性	1	0.848	0.09	0.374	0.805	0.361
	显著性	—	0	0.372	0	0	0
TOC	相关性	0.848	1	0.451	0.366	0.665	0.359
	显著性	0	—	0	0	0	0
吸附气	相关性	–0.09	–0.45	1	–0.64	0.065	0
	显著性	0.374	0	—	0	0.515	1
游离气	相关性	0.374	0.366	–0.64	1	–0.178	0.029
	显著性	0	0	0	—	0.076	0.774
孔隙度	相关性	0.085	0.665	0.065	0.178	1	0.443
	显著性	0	0	0.515	0.076	—	0
脆性指数	相关性	–0.361	–0.359	0	0.029	0.443	1
	显著性	0	0	0.515	0.076	0	—

2. 工程参数相关性

1）压裂施工参数与脆性指数、水平应力差异系数相关性

脆性指数与停泵压力存在负相关，与砂量存在正相关，与最高泵压、液量的相关性不强；水平应力差异系数与停泵压力、砂量、液量存在一定负相关，与最高泵压的相关性不强（图 7-2-3）。

2）压裂施工参数与孔隙度的相关性

据研究表明，气井开发效果随着三轮方案的推进越来越好，压裂工艺技术逐步提升，以威远气田为例，对比测试产量 30×10^{4}m^3/d 上下的气井压裂参数（图 7-2-4），测试产量高于 30×10^{4}m^3/d 的气井水平段长 1927m，平均压裂段长 66.2m，平均用液强度 28.5m^3/m，平均加砂强度 1.6t/m，可以发现其压裂水平段长较长，平均压裂段长较小，平均用液强度大，平均加砂强度也高于测试产量 30×10^{4}m^3/d 以下井。因此强化压裂施工参数是水平井的高产稳产的重要保障。

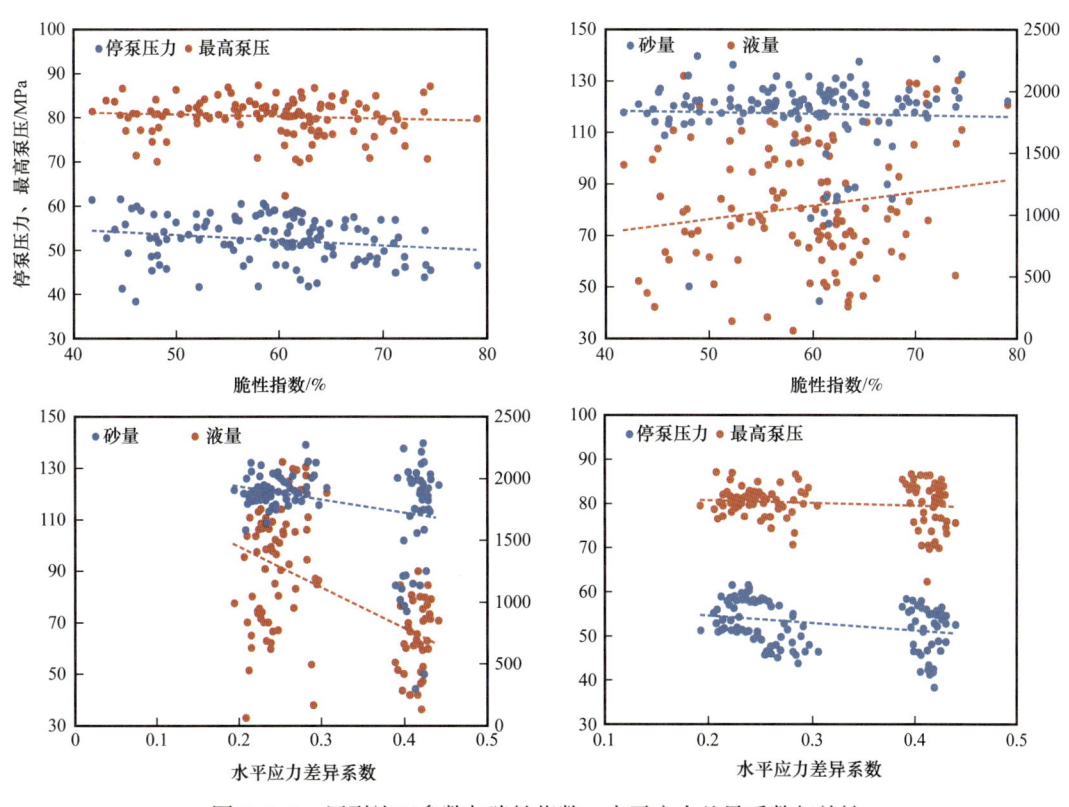

图 7-2-3　压裂施工参数与脆性指数、水平应力差异系数相关性

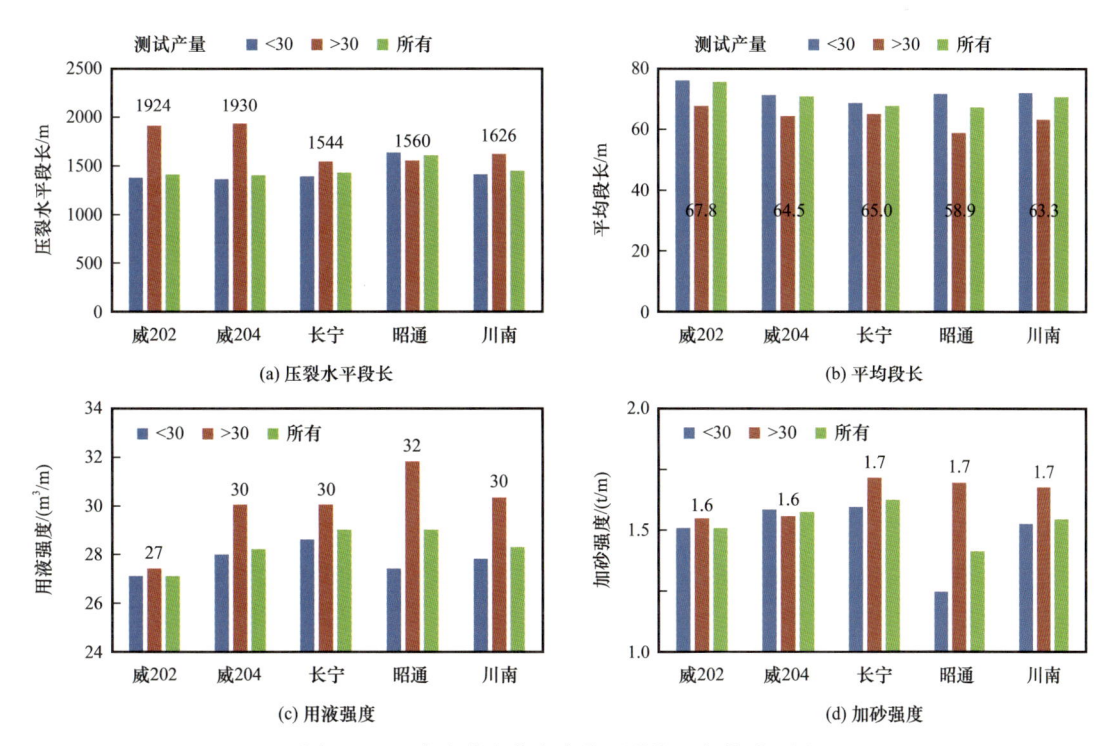

图 7-2-4　高产井和非高产井压裂施工参数对比图

3. 综合因素对产量影响分析

结合产量影响因素分析，发现高产控制因素在于地质条件和非地质因素的高度匹配，总结的高产井具体指标界限如下：

（1）储层品质有效孔隙度 POR＞5.3%，脆性＞64%，总有机碳 TOC＞4.4%，含气量＞5.3m³/t。

（2）目标箱体在威 202 井区为龙一$_1^1$层中上、威 204 井区为龙一$_1^1$层中下。

（3）改造长度＞1100m，加砂强度＞100m³/100m，井筒尽可能完整。

总结威远区块气井高产模式为龙一$_1^1$厚度大于 5m 的核心建产区，靶体位置龙一$_1^1$底以上 3～4m，龙一$_1^1$小层钻遇长度大于 1500m，密切割（单段长约 60m）+加砂强度（1.6～1.8t/m）+暂堵转向，优化施工规模、参数，减小套变概率。

2018—2019 年，通过落实高产井模式，单井产能取得重要突破，66 口方案井平均测试产量 24.8×10⁴m³/d，获得一批高产井，威 202H13 平台、威 204H39 平台半支 4 口井测试产量均超 100×10⁴m³/d，威 202H15-5、威 202H15-6、威 204H12-8、威 204H35-5、威 204H38-7 等 5 口井测试产量超过 50×10⁴m³/d，最高测试产量 71.2×10⁴m³/d。

三、多种构造气井页岩气聚散模式

1. 负向构造控制页岩气富集模式

在向斜构造样式中，游离气仍然具有自构造低部位向构造高部位散失的趋势：同样存在气势差；也同样存在游离气侧向散失的通道。不同的是，向斜构造样式中，游离气逐渐向高部位（露头区）散失。在向斜构造样式中，页岩气散失方式同样存在扩散和渗流。渗流基本沿着平行层理面方向进行，而扩散垂直岩层理进行。在靠近露头区，页岩与大气环境相通，渗流的影响可能更大。

通过实例统计，认为倾角小于 10°保存条件较好，10°～20°保存条件中等，大于 20°保存条件较差；页岩平行于层面方向的渗透率在覆压大于 10～15MPa 时较低，在降至 10～15MPa 时突然增加，导致页岩气从侧向大量运移散失。意味着在仅存在负向构造的情况下，具有较好的页岩气产能的钻井深度至少要深于 1019～1529m。结合地层倾角和埋深，总结出负向构造样式控制页岩气富集模式，如图 7-2-5 所示。

2. 正向构造背景页岩气富集模式

背斜背景下，不同的埋深对页岩气富集有重要影响。在页岩受挤压整体抬升时，水平应力不变，埋深逐渐变小，抬升到某一深度时，页岩自身会发生破裂而导致页岩气大量散失，地层压力系数降低（郭旭升等，2016）。由于层理缝和滑脱缝等顺层裂缝的发育，页岩平行层理面的侧向渗透率普遍高于垂直层理面的纵向渗透率。对采自焦石坝地区的页岩岩心采用脉冲法进行了渗透率实验测试，发现平行层理面方向渗透率为垂直层理面方向的 5 倍左右。同时，在覆压状态下，渗透率显著降低。本文对比构造高部位和低部位相同层位页岩样品的覆压渗透率，两者相差 3 倍。与围压加载方式对应，围压降低过程中，孔隙度、渗透率均发生了大幅回弹，暗示在地层抬升过程中，储层物性变好，利于页岩气侧向散失。

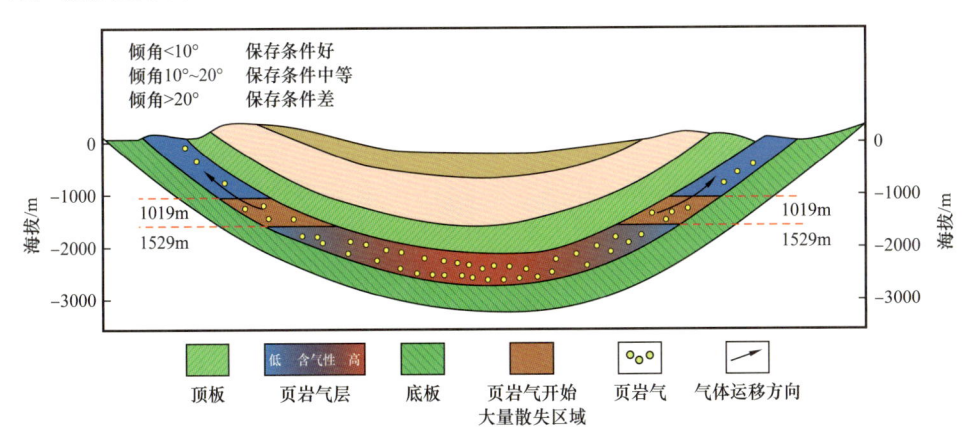

图 7-2-5 负向构造控制页岩气富集模式图

结合焦石坝地区五峰组—龙马溪组页岩游离气分布特征，JY1 井游离气含量占比为 70% 左右，JY2 井为 65%，JY3 井为 60%，可以总结完整背斜构造样式页岩气侧向散失的相关认识。研究表明，优势侧向渗透率为页岩游离气自构造低部位向构造高部位散失提供良好通道条件；高低气势差为页岩游离气向高部位散失提供动力保证。而在构造高部位，微裂缝发育，以及微孔、中孔、宏孔孔体积在背斜引张作用下均会发生一定程度增大，页岩连通性变好，均有利于吸附气向游离气的转换。此外，地层抬升过程中，储层物性发生明显改善。在地层抬升过程中，在气势差的能量作用下，页岩气侧向散失速率可能会越来越大，游离气向构造高部位散失（图 7-2-6）。值得一提的是，在背斜构造中，页岩气散失是同时以渗流和扩散方式存在的：渗流主要是通过平行层理面方向的层理缝以及滑脱缝，构造顶部以及翼部的未充填高角度裂缝进行的，总体来说，以平行层理面方向为主；而扩散方式则主要是沿垂直层理面方向进行，向上覆地层和下伏地层进行扩散。渗流依赖于有效渗流通道的发育，而扩散只要有浓度差的存在就能进行。

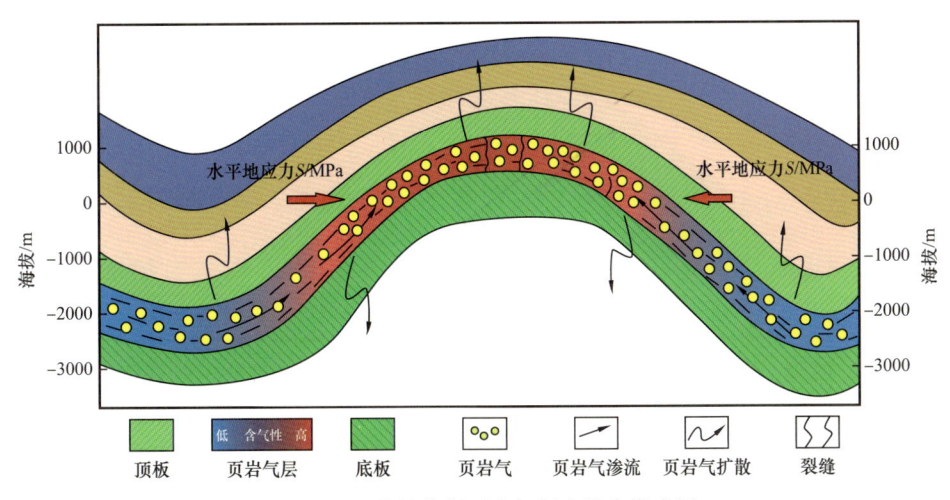

图 7-2-6 完整背斜页岩气侧向散失模式图

3. 复合构造背景页岩气富集模式

负向与相邻正向构造样式形成的复合构造组合易存在于受到挤压但未发生大规模剥蚀的区块，此种构造类型在四川盆地及其周缘海相页岩气区块中较常见（刘树根等，2016；邹才能等，2015）。下面从页岩气运移的动力、通道和证据三方面进行论述，研究页岩气在背斜与相邻向斜形成的构造组合中的富集规律。

综合第五章和第六章的内容，总结出如下规律：在负向构造与相邻正向构造形成的构造组合中，负向构造页岩层系中的天然气在地层压力差的驱动下，沿着层理面和有机孔，能够发生从负向构造至相邻正向构造的短距离置换式阶梯状运移。当正向构造中页岩层系的埋深深于破裂深度时，由于正向构造中页岩的物性好于相邻的负向构造，游离气含量高，埋藏浅，钻井成本低，为有利的勘探区 [图 7-2-7（a）]；当正向构造中页岩层系的埋深浅于破裂深度时，正向构造页岩地层破裂，页岩气大量逸散，此时负向构造样式为有利的勘探区，且埋藏越深、越靠近核部，含气量越高 [图 7-2-7（b）]。

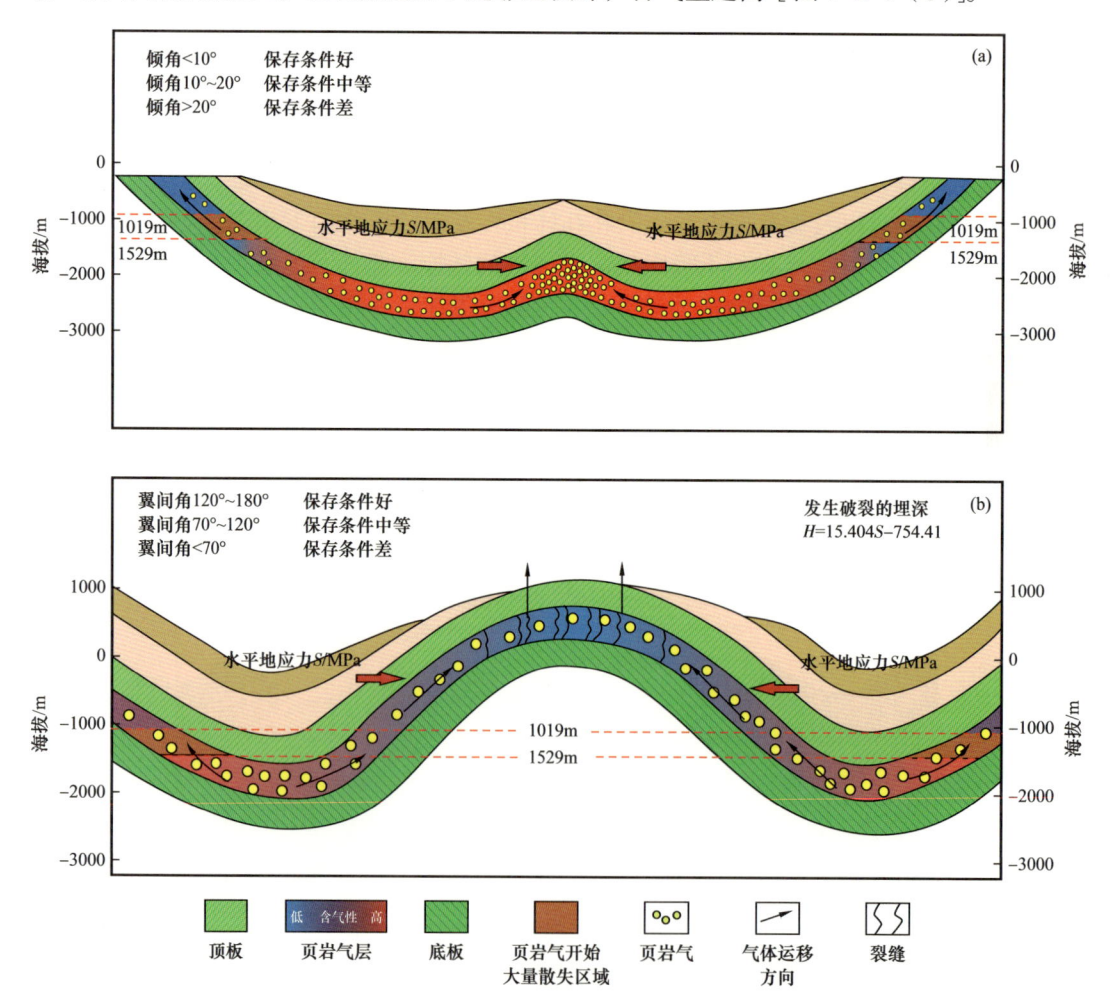

图 7-2-7 复合构造背景海相页岩气富集模式

四、气井富集高产模式

1. 灾后生物爆发式不均衡有机质富集机理

生物大灭绝事件与富有机质页岩形成具有明显的相关性。目前,全球已经发现的页岩油气储层的形成均与生物大灭绝事件有关,如奥陶纪末期全球第1次生物大灭绝事件,形成了北非地区的 Hot Shale 储层、北美 Appalachian 盆地的 Utica 页岩储层和中国扬子地区五峰组—龙马溪组页岩储层;泥盆纪末期全球第2次生物大灭绝事件,形成了北美地区的 Fort Worth 盆地石炭系 Barnett 页岩储层、Williston 盆地的泥盆系—石炭系 Bakken 页岩储层和 Appalachian 盆地的泥盆系 Marcellus 页岩储层;二叠纪末期全球第3次生物大灭绝事件,形成了北美地区 Permian 盆地的二叠系 Spraberry、Wolfcamp 和 Bonespring 页岩储层;三叠纪末期全球第4次生物大灭绝事件,形成了北美地区侏罗系 Louisiana salt 盆地 Haynesville 超压页岩储层;白垩纪末期全球第5次生物大灭绝事件,形成了北美地区 Western Gulf 盆地白垩系 Eagle Ford 页岩储层和 Denver–Julesburg 盆地白垩系 Niobrara 页岩储层,见表 7–2–2。

表 7–2–2　生物大灭绝与美国主要页岩油气储层关系

生物大灭绝事件		页岩储层	盆地	待发现技术可采资源量		探明储量(2018年底)		2019年产量	
				页岩油/10^8t	页岩气/10^{12}m^3	页岩油/10^8t	页岩气/10^{12}m^3	页岩油/10^4t	页岩气/10^8m^3
第1次	奥陶纪末	奥陶系 Utica	Appalachian	1.9	1.1	—	0.7	—	908
第2次	泥盆纪末	石炭系 Barnett	Fort Worth	0.47	1.5	—	0.5	—	—
		泥盆系—石炭系 Bakken	Williston	4.9	—	7.9	0.3	6849	200
		泥盆系 Marcellus	Appalachian	4.6	2.38	0.5	3.8		2289
第3次	二叠纪末	二叠系 Spraberry	Permian	118.9	8.4	15.0	1.3	7841	810
		二叠系 Wolfcamp	Permian					7035	
		二叠系 Bonespring	Permian					2963	
第4次	三叠纪末	侏罗系 Haynesville	Louisiana salt	2.7	5.5		1.3		992
第5次	白垩纪末	白垩系 Eagle Ford	Western Gulf	14.0	1.9	6.4	0.9	5955	454
		白垩系 Niobrara	Denver–Julesburg			0.4		2533	256
合计				147.47	20.78	30.2	8.8	33176	5909

中国南方五峰组—龙马溪组富有机质页岩储层，形成于奥陶纪末全球冰期灾变事件之后，富有机质页岩的形成具有特殊性。

1) 奥陶纪末冰期生物灭绝事件

奥陶纪末生物灭绝率较高，生态创伤则较弱。作为奥陶系赫南特阶底界全球层型所在地，华南拥有穿越奥陶纪末大灭绝完整的生物地层序列和近岸到远岸的沉积相带，相关成果基本上反映了这个事件的过程与实质，颇具全球意义。这次大灭绝造成了海洋中约50%属和80%种消亡，灭绝量位居第二；海洋动物群发生重要变化，"古生代演化动物群"经过"奥陶纪生物大分化"后，虽在奥陶纪末遭受重创，但到志留纪仍占统治地位；生态创伤明显不如白垩纪末和泥盆纪晚期，更远比二叠纪末逊色。

大灭绝第一幕与冈瓦纳大陆冰盖高峰期同时，起始于凯迪末期（*Diceratograptus mirus* 带）到赫南特早期（*Normalogratus extraordinarius* 带），新的凉水动物群占领全球许多海区，先在浅水域、后在深水域栖息。特点是气候变凉，热带海水表层温度大幅下降；温度速降的时间短，若依据时间值推算，短于0.5Ma；海平面大幅下降，陆表海大面积退缩，栖息地严重丧失；海域深处洋流活跃，充氧并携带有毒物质的较暖水上涌到大洋表层；多门类暖水生物遭受重创，而崭新的凉水赫南特贝动物群、正常笔石动物群和三叶虫组合广布；碳、氧同位素曲线均大幅度正偏。

大灭绝第二幕发生于赫南特晚期之初（*Normalogratus extraordinarius* 带上部到 *Normalogratus persculptus* 带中部），起因于冰川消融，回暖快速，海平面大幅上升，洋流循环几乎停滞，浅水海底多严重缺氧，凉水腕足动物群整体消亡；残存的浅水分子成为志留纪三叶虫动物群的基础；观音桥层所产丰富的四射珊瑚动物群大部消亡。赫南特期末，单笔石动物群替代了正常笔石动物群。

2) 奥陶—志留之交火山活动为藻类繁殖提供充足营养物质

同体系域火山活动强度不同，利用斑脱岩发育频次与斑脱岩累计厚度比两项指标，划分为斑脱岩密集段（频次大于1.5层/Ma且累计厚度比大于1%），指示剧烈且高频次的火山活动；斑脱岩稀疏段（频次小于1.5层/Ma且累计厚度比小于1%），指示温和且低频次的火山活动。火山活动强度差异性对页岩有机质聚集具有影响，斑脱岩密集段中有机碳含量略高于斑脱岩稀疏段。

火山喷发为藻类繁殖提供了大量的铁离子等营养元素，是有机质富集的基础。2017年，夏威夷基拉韦厄火山的喷发向岛上和周围的海洋释放了超过$270×10^8 ft^3$的熔岩。火山爆发仅仅三天之后，大量的浮游植物，或者说是微小的吸收光的藻类，处于繁盛状态。和大多数热带地区一样，夏威夷周围的海水缺乏磷和氮等营养物质。考虑到这一点，当磷和硝酸盐（一种氮的形式）被添加到缺乏营养的水中时，大多数热带藻类会大量繁殖。

剧烈且高频次的火山活动对页岩有机质的富集具有双重促进作用：一方面火山灰提供营养物质提升海洋生物生产力，为有机硅及有机质的富集提供物质基础；另一方面火山作用产生极度缺氧的环境提高了有机质的埋藏量和保存率。

3) 大灭绝后生态域空缺生物爆发式繁育形成生态失衡

生物灭绝事件发生一段时期以后，藻类生物在海洋或湖泊中大量繁衍，其生物生产力巨大，经埋藏后形成富含有机质的黑色页岩。志留纪初期，由于生态域的大量空缺，生命具有爆发式恢复的特点。穿越冰期事件幸存的物种在演化中其多样性呈现逐渐增加的趋势。晚奥陶纪生物群落具有高度地方化的特征，志留纪生物群落最初较为单一，并在全球形成具有世界性的生物种属。

志留系龙马溪组底部富有机质黑色页岩，丰富的笔石化石表明其极其繁盛繁育。依此推测，处于笔石化石生态链下端的藻类等生物繁育程度空前。藻类及笔石等生物体的空前繁盛形成了有机质的巨大生产力，并造成生态的严重失衡，为有机质的富集提供了充足的物质基础。

4）生态失衡形成有机质在深水还原环境富集保存

火山岩浆活动和海底岩浆喷发导致海水温度升高、海洋酸化，大量海洋生物灭绝，喷发产生的大量二氧化碳造成生物窒息灭绝。这种生物繁育的生态失衡，在火山活动等因素影响下，有机质在还原占优势的环境中大量保存，是富有机质页岩形成的有利条件（图7-2-8）。从当前南方海相页岩气开发的最有利层段位于龙马溪组底部鲁丹阶来看，紧邻生物大灭绝后，生物积极繁盛，并在该段页岩中发现多层斑脱岩，表明当时火山活动极其频繁。

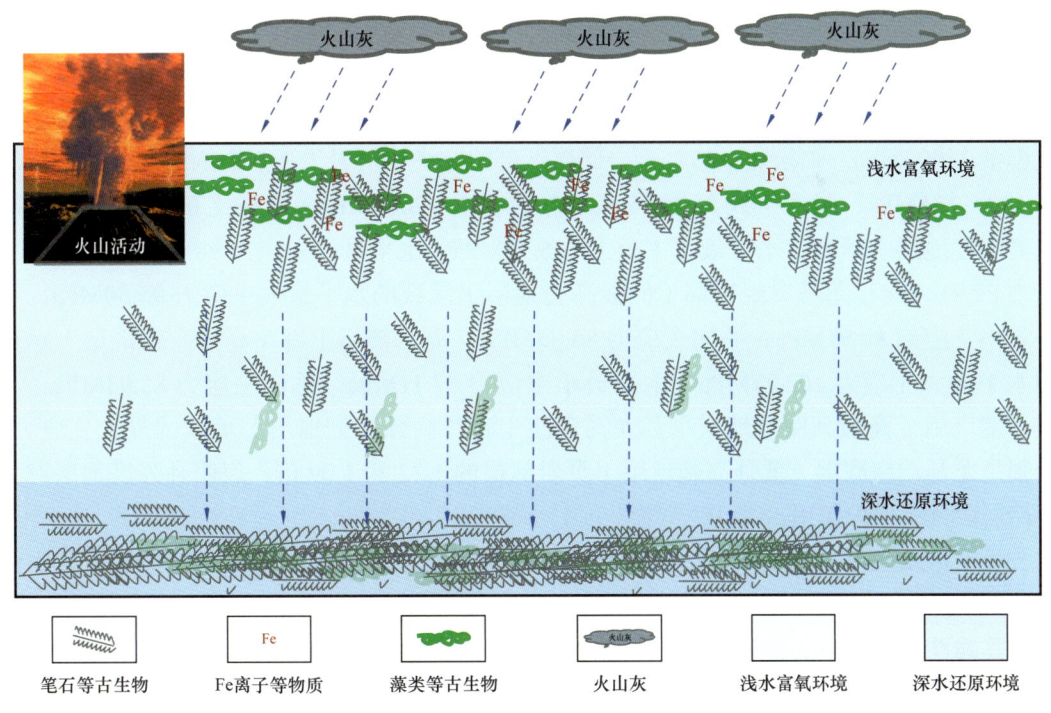

图7-2-8 灾后生物爆发式不均衡有机质富集

频繁的火山活动造成大气和水体中氧的消耗急剧增加，大量生物因缺氧死亡，生物体的腐败过程加速了水体氧的消耗，导致扬子等地区古海洋氧化还原界面变浅。据大量学者研究，龙马溪组底部富有机质页岩沉积的古水深相对较浅，根据页岩中发现的大量浮游生物、底栖腕足等生物化石推测，古水体深度为30~50m。

2. 强挤压下页岩气有利保存机制及高产模式

川南地区页岩储层及顶底板力学特征具有较大的差异性，根据破裂压力、脆性指数、杨氏模量和泊松比的差异性，将其分成高强高韧地层、低强高脆地层和高强高刚地层三类（表7-2-3）。

表7-2-3　不同评价井页岩及围岩应力状态

井号	宝塔组应力（高强高刚地层）				龙马溪组底部应力（低强高脆地层）				龙马溪组上部应力（高强高韧地层）			
	数据埋深/m	水平最大/MPa	水平最小/MPa	垂向/MPa	数据埋深/m	水平最大/MPa	水平最小/MPa	垂向/MPa	数据埋深/m	水平最大/MPa	水平最小/MPa	垂向/MPa
威213	3751～3780	116.35	98.12	87.91	3697～3751	95.50	80.97	86.85	3678～3697	103.77	87.11	85.93
宁209	3174～3190	118.52	79.81	79.82	3135～3174	87.18	64.37	79.13	3089～3135	95.78	68.33	78.03
泸203	3819～3852	124.36	106.42	101.56	3781～3819	105.45	88.94	100.66	3749～3782	115.05	97.47	99.77

威远区块——以威213井为例：龙马溪组页岩储层中上部为高强高韧地层，其破裂压力160～115MPa、脆性指数38%～40%、杨氏模量29000MPa、泊松比0.25；龙马溪组底部优质页岩储层为低强高脆地层，其破裂压力85～95MPa、脆性指数45%～50%、杨氏模量27000MPa、泊松比0.17；页岩储层下部的宝塔组灰岩为高强高刚地层，其破裂压力120～135MPa、脆性指数56%～60%、杨氏模量72000MPa、泊松比0.3。宝塔组（高强高刚性地层）承载的水平最大主应力116.35MPa，水平最小主应力98.12MPa，垂向主应力87.91MPa；龙马溪组底部（低强高脆地层）承载的水平最大主应力95.50MPa，水平最小主应力80.97MPa，垂向主应力86.85MPa；龙马溪组上部（高强高韧地层）承载的水平最大主应力103.77MPa，水平最小主应力87.11MPa，垂向主应力85.93MPa。其中，宝塔组（高强高刚性地层）和龙马溪组上部（高强高韧地层）承载的最大主应力，分别是龙马溪组底部（低强高脆地层）页岩储层的1.22和1.09倍，表明高强度地层对页岩储层段具有保护作用。

长宁区块——以宁209井为例：龙马溪组页岩储层中上部为高强高韧地层，其脆性指数59%、杨氏模量42179MPa、泊松比0.23；龙马溪组底部优质页岩储层为低强高脆地层，其脆性指数63%、杨氏模量32427MPa、泊松比0.19；页岩储层下部的宝塔组灰岩为高强高刚地层，其脆性指数56%、杨氏模量67018MPa、泊松比0.32。宝塔组（高强高刚性地层）承载的水平最大主应力118.52MPa，水平最小主应力79.81MPa，垂向主应力79.82MPa；龙马溪组底部（低强高脆地层）承载的水平最大主应力87.18MPa，水平最小主应力64.37MPa，垂向主应力79.13MPa；龙马溪组上部（高强高韧地层）承载的水平最大主应力95.78MPa，水平最小主应力68.33MPa，垂向主应力78.03MPa。其中，宝塔组（高强高刚性地层）和龙马溪组上部（高强高韧地层）承载的最大主应力，分别是龙马溪组底部（低强高脆地层）页岩储层的 1.36 和 1.10 倍，也表明高强度地层对页岩储层段具有保护作用。

泸州区块——以泸 203 井为例：龙马溪组页岩储层中上部为高强高韧地层，其破裂压力 128MPa、脆性指数 48%、杨氏模量 50952MPa、泊松比 0.28；龙马溪组底部优质页岩储层为低强高脆地层，其破裂压力 109MPa、脆性指数 48%、杨氏 144MPa、脆性指数 53%、杨氏模量 69558MPa、泊松比 0.32。宝塔组（高强高刚性地层）承载的水平最大主应力 124.36MPa，水平最小主应力 106.42MPa，垂向主应力 101.56MPa；龙马溪组底部（低强高脆地层）承载的水平最大主应力 105.45MPa，水平最小主应力 88.94MPa，垂向主应力 100.66MPa；龙马溪组上部（高强高韧地层）承载的水平最大主应力 115.05MPa，水平最小主应力 97.47MPa，垂向主应力 99.77MPa。其中，宝塔组（高强高刚性地层）和龙马溪组上部（高强高韧地层）承载的最大主应力，分别是龙马溪组底部（低强高脆地层）页岩储层的 1.18 和 1.09 倍，同样表明高强度地层对页岩储层段具有保护作用。

宝塔组高强度地层形成应力屏障，在构造活动中有效保护页岩储层。宝塔组（高强高刚地层）承载了多期构造活动形成的高应力，对高 TOC 富气页岩储层形成有效保护，构造活动中宝塔组高强高刚性地层的完整性保障了页岩储层高含气；龙马溪组上部（高强高韧地层）低孔低渗，在强挤压下不易破坏，是良好盖层；龙马溪组底部（低强高脆地层）破裂压力低，在挤压过程中与下部宝塔组产生不均变形，在层理发育的高 TOC 页岩层段形成剪切滑移。

3. 强挤压刚性地层破坏下页岩气逸散模式

宝塔组高强高刚性地层严重破坏，龙马溪组底部富有机质页岩在缺乏应力保护后，储层在强烈挤压条件下形成大量裂缝系统。当页岩储层裂缝系统与邻近开发的高渗地层连通时，页岩气沿裂缝系统逸散（图 7-2-9）。从目前页岩储层岩心裂缝普遍被方解石脉充填的现象推测，外界开放地层的水体可能加大了页岩气的侵蚀程度，加速了页岩气的破坏作用。

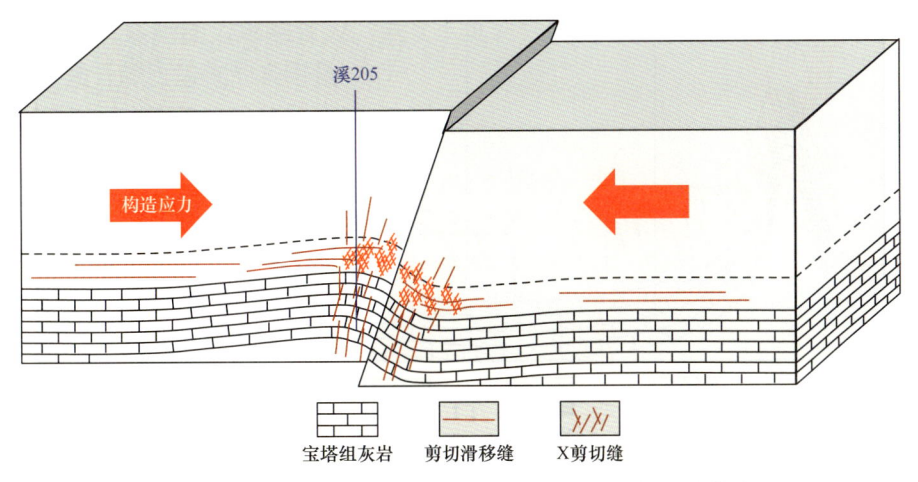

图 7-2-9 强挤压下宝塔组刚性地层破坏页岩气逸散模式

V_{Li}——第 i 组样品的 Langmuir 体积，m^3/t；

q_{ki}——第 i 组样品中干酪根的 Langmuir 体积系数，m^3/t^2；

q_{cli}——第 i 组样品中黏土矿物的质量，m^3/t^2；

q_{nli}——第 i 组样品中绿泥石的质量，m^3/t^2；

在双吸附模型中通过计算公式（7-3-2）得到系数 q_k 和 q_{cl}，然后带入基于有机质及黏土矿物吸附气量预测新模型公式：

$$V_{\text{Adsorb}} = V_L \left(\frac{q_k M_k p}{p_L^1 + p} + \frac{q_{cl} M_{cl} p}{p_L^2 + p} \right) \quad (7\text{-}3\text{-}3)$$

式中　V_{Absorb}——样品的吸附气含量，m^3。

得到吸附体积 V_{Adsorb}，即得到吸附气含量。再通过测井方法对比实测的吸附气量和测井预测的吸附气量，可以发现由测井预测吸附气量精度较高，与实际的检验效果较好。

2. 高成熟度页岩含气量评价模型

通过建立类似阿尔奇公式的模型进行高成熟度页岩含气量评价。根据实测岩心建立高成熟度页岩导电概念模型。页岩导电概念模型中包含了黏土矿物、干酪根有机质、黄铁矿和石英部分，将岩石分成导电的黏土矿物项、石墨化后的干酪根项、含水的基质孔隙项、含水的黏土孔隙项以及干酪根孔隙项。在岩石体积物理模型基础之上，根据实际岩心建立一个导电模型，通过数学公式（7-3-4）来表示它。

$$\begin{cases} V_{\text{sh}} + V_k + \phi_{\text{ma}} + \phi_{\text{sh}} + \phi_k = 1 \\ \dfrac{1}{R_o} = \dfrac{(\phi_{\text{sh}} V_{\text{sh}})^{m_{\text{sh}}}}{R_{\text{wsh}}} + \dfrac{V_k^{m_k}}{R_k} + \dfrac{\phi_{\text{ma}}^{m_{\text{ma}}}}{R_w} + \dfrac{\phi_{\text{sh}}^{m_{\text{wsh}}}}{R_w} + \dfrac{\phi_k^{m_k}}{R_k} \\ \dfrac{1}{R_t} = \dfrac{(S_{\text{wma}} \phi_{\text{ma}})^{m_{\text{ma}}}}{R_w} + \dfrac{(\phi_{\text{sh}})^{m_{\text{wsh}}}}{R_{\text{wsh}}} + \dfrac{(S_{\text{wk}} \phi_k)^{m_{\text{mk}}}}{R_w} + \dfrac{V_k^{m_k}}{R_k} \\ S_w = (1 - \phi_k)^{\frac{m_b - 1}{m_b}} \left[\dfrac{R_w}{\phi^{m_b} R_t} - \dfrac{R_w \phi_{\text{sh}}^{m_{\text{sh}}}}{\phi^{m_b} R_{\text{sh}}} \right]^{\frac{1}{m_b}} + \dfrac{\phi_{\text{sh}}}{\phi} \\ m_b = \dfrac{\log \left[\phi_b^{m_m} (1 - \phi_k - \phi_{\text{sh}}) + \phi_{\text{sh}}^{m_{\text{sh}}} + \phi_k^{m_k} \right]}{\log \phi} \end{cases} \quad (7\text{-}3\text{-}4)$$

公式（7-3-4）中含有黏土项和干酪根项，其表达的是含水饱和度和地层电阻率之间的关系，需要掌握干酪根体积、黏土体积、饱和度指数等参数。在图 7-3-1 中，横坐标是地层水电阻率，纵坐标是饱含水地层电阻率，假如是阿尔奇公式下的地层，即地层中含的是地层水，那么其变化趋势是沿着红线变化；如果黏土含量增加，其斜率变小且有向下偏离的趋势，即沿着黄线变化，黏土含量越多，向下偏离趋势越大；如果干酪根含量增加，其斜率变大且有向上偏离的趋势，即沿着绿线变化，干酪根含量越多，向上偏离趋势越大。如果要求解含水饱和度，就要平衡干酪根和黏土含量对电阻率的影响。

在计算含水饱和度时，需要考虑到黏土效应，即黏土孔体积增加，地层电阻率降低的影响。通过观察扫描电镜图，发现黏土矿物中最多的是针状伊利石，其次为绿泥石，还带有少量伊蒙混层，且黏土矿物的孔隙空间以微孔为主。根据核磁共振的 T_2 谱，T_2 弛豫时间短，观察到延迟时间为 0.3ms，通常情况下在砂岩中 33ms 以下为束缚水，束缚水包含两部分，一部分是毛管压力束缚水，一部分是黏土矿物的束缚水。使用阈值的方法求取黏土的束缚水饱和度，将 3ms 设置为阈值，将小于 3ms 的部分作为黏土孔隙度进行计算，再根据伽马测井曲线计算得到黏土矿物的含量，根据 T_2 谱的弛豫时间计算得到黏土孔隙度，其变化规律与黏土体积（泥质含量）一致。

在计算含水饱和度时，需要考虑到干酪根项的影响，即干酪根的孔隙度增加，地层电阻率会降低。根据高成熟度页岩体积模型及岩心测试数据，进行对干酪根有机质的体积和孔隙度的计算。第一步是岩石密度等于干酪根的密度和非干酪根的密度之和；第二步计算热成熟度转换系数即氢指数转化系数，氢指数和 R_o 有相关关系；第三步是要计算将 TOC 转换成干酪根的体积，干酪根的体积可以通过测井曲线计算得到；第四步是计算得到干酪根有机质的孔隙度。

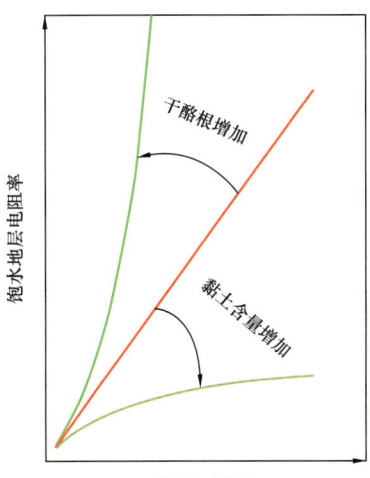

图 7-3-1 饱含水地层电阻率与地层水电阻率关系图

二、页岩脆性评价模型

前人研究表明，以岩石力学实验为基础的脆性是可靠的，但受室内实验室和可行性的限制，用此方法来大规模地测试页岩的脆性是不可行的。Rickman 公式通过测井解释得到的归一化动态杨氏模量和泊松比可计算力学脆性指数，其计算公式如下：

$$BI_{mer} = (E_n + v_n)/2$$

$$E_n = (E - E_{min})/(E_{max} - E_{min})$$

$$v_n = (v_{max} - v)/(v_{max} - v_{min})$$

（7-3-5）

式中　BI_{mer}——力学脆性指数，无量纲；

　　　E_n——归一化的杨氏模量，10GPa；

　　　v_n——归一化的泊松比，无量纲；

　　　E——实测杨氏模量，10GPa；

　　　E_{max}、E_{min}——杨氏模量最大、最小值，10GPa；

　　　v——实测泊松比，无量纲；

　　　v_{max}、v_{min}——泊松比最大、最小值，无量纲。

传统的岩矿脆性指数模型表示为：

$$BRMC4 = (C_Q \times W_Q + C_F \times W_F + C_C \times W_C + C_D \times W_D)/W_T$$

（7-3-6）

式中　W_Q——石英质量，g；

W_F——长石质量，g；
W_C——方解石质量，g；
W_D——白云石质量，g；
W_T——总矿物质量，g。

实验共测试页岩岩样 20 块，排除天然裂缝等其他因素，选取 11 块岩样的流固耦合物理模拟实验结果和 XRD 分析结果用于改进岩矿脆性评价模型的建立。根据实验结果可得出力学脆性指数（BI_{mer}）与传统矿物脆性指数（BRMC4）的关系（图 7-3-2），经统计检验，二者相关关系不显著。

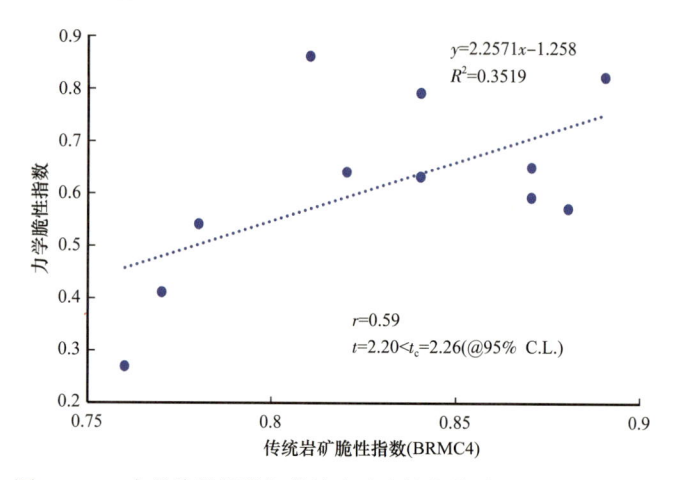

图 7-3-2 力学脆性指数与传统岩矿脆性指数（BRMC4）关系图

实际上，不同的脆性矿物具有不同的体积模量，从而导致不同的脆性矿物有不同的脆性。页岩是一种复杂的矿物聚集体，包括脆性矿物（如石英、长石、方解石、白云石、云母、黄铁矿等）和黏土。页岩的脆性主要取决于石英、长石、方解石和白云石四大脆性矿物，但这些脆性矿物对页岩脆性的单位质量贡献权重不同。基于实验的力学测试和 XRD 测试结果的相关分析，应考虑每一种脆性矿物的抗变形能力和抗断裂能力，将改进岩矿脆性指数（BI_{bm}）定义如下：

$$BI_{bm} = (C_Q \times W_Q + C_F \times W_F + C_C \times W_C + C_D \times W_D)/W_T \qquad (7\text{-}3\text{-}7)$$

式中 C_Q——石英的单位质量百分比对页岩脆性的贡献权重，无量纲；
C_F——长石的单位质量百分比对页岩脆性的贡献权重，无量纲；
C_C——方解石的单位质量百分比对页岩脆性的贡献权重，无量纲；
C_D——白云石质量，g；
W_T——总矿物质量，g。

将石英的贡献系数定为 1，将其他脆性矿物的单位质量贡献系数确定为石英的体积模量与这三种脆性矿物的体积模量之比，因此公式（7-3-7）可改写为：

$$BI_{bm} = (W_Q + 0.49 \times W_F + 0.51 \times W_C + 0.44 \times W_D)/W_T \qquad (7\text{-}3\text{-}8)$$

式中 BI_{bm}——岩矿脆性指数，无量纲。

根据公式（7-3-8），计算了样品的岩矿脆性指数 BI_{bm}，并作出了其与力学脆性指数的关系。由图 7-3-3 可以看出，力学脆性指数与改进岩矿脆性指数（BI_{bm}）呈显著正相关。可见，改进岩矿脆性指数（BI_{bm}）与传统矿物脆性指数（BRMC4）相比，能够更好地反映页岩的脆性。

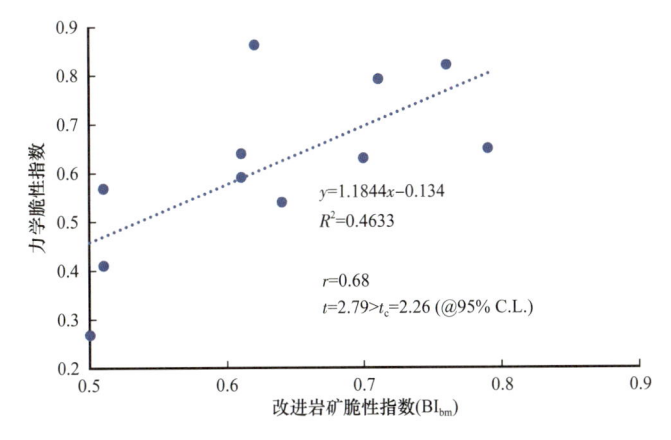

图 7-3-3　力学脆性指数与改进岩矿脆性指数（BI_{bm}）关系图

进一步，将力学脆性指数及改进岩矿脆性指数（BI_{bm}）与抗压强度做相关性分析（图 7-3-4），可见力学脆性指数几乎单调地随着抗压强度（C_n）的增加而增加；而改进岩矿脆性指数（BI_{bm}）与抗压强度呈非线性关系：在抗压强度较低时，BI_{bm} 随着抗压强度的增加而增加，而在抗压强度值较高时，BI_{bm} 随抗压强度增大而降低，反映当岩石抗压强度在某个临界值以上时，随抗压强度增加，力学脆性指数增加，但改进岩矿脆性指数降低，改进岩矿脆性指数更好地反映页岩向碳酸盐岩变化界面处脆性矿物类型变化导致的脆性变化，有利于对压裂屏蔽层段做出预测。

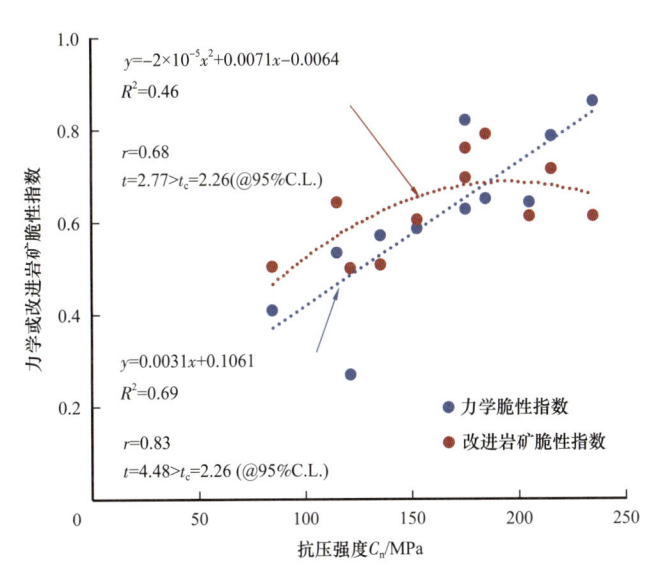

图 7-3-4　力学脆性指数和改进岩矿脆性指数与抗压强度关系图

对改进岩矿脆性指数（BI_{bm}）进行实例验证，两个射孔区间为 4119~4120.5m 和 4124.5~4126m，在这两个射孔区间同时进行水力压裂，水力压裂作业前后，在 3825~4143m 的区间内进行 RST 测井以检测裂缝高度。水力压裂前的 SIGM 记录（第 8 列中的蓝色曲线）和水力压裂后的 SIGM 记录（第 8 列中的红色曲线）对比表明，水力压裂区间为 4115.5~4126m，水力压裂高度为 10.5m。力学脆性指数（BI_{mer}）、BRMC4 和改进岩矿脆性指数（BI_{bm}）的相对高值区间均对应于水力压裂区间。然而，本改进岩矿脆性指数（BI_{bm}）的相对高值区间是最突出和最可辨别的。重要的是，在方解石占主导地位的约 4127m 以下的深处，力学脆性指数（BI_{mer}）和 BRMC4 显示出相对较高的值，不能预测压裂缝不发育段。而改进岩矿脆性指数（BI_{bm}）显示相对较低的值，与压裂缝不发育段吻合，表明改进岩矿脆性指数（BI_{bm}）能够预测压裂屏障。

由此可得出结论，与力学脆性指数（BI_{mer}）和 BRMC4 相比，改进岩矿脆性指数（BI_{bm}）是一种更有效的脆性评价模型。

进一步根据测井解释模型开展改进的岩矿脆性指数计算，对于含有 m 种矿物（第 m 种为孔隙）的地层，密度测井 ρ、声波测井 AC、中子测井 CNL 可用响应方程分别表示为：

$$\begin{cases} \rho_b = \rho_1 V_1 + \rho_2 V_2 + \cdots + \rho_j V_j + \cdots + \rho_\phi V_\phi \\ \Delta t = \Delta t_1 V_1 + \Delta t_2 V_2 + \cdots + \Delta t_j V_j + \cdots + \Delta t_\phi V_\phi \\ CNL = CN_1 V_1 + CN_2 V_2 + \cdots + CN_j V_j + \cdots + CN_\phi V_\phi \\ 1 = V_1 + V_2 + \cdots + V_j + \cdots + V_\phi \end{cases} \quad (7-3-9)$$

式中　　CN_i——第 i 种矿物的中子值，无量纲；

　　　　Δt_i——第 i 种矿物的声波时差，μs/ft；

　　　　ρ_i——第 i 种矿物的体积密度，g/m³；

　　　　V_i——第 i 种矿物的体积含量，无量纲。

根据测试解释模型预测矿物含量变化，发现与实测岩心数据相差不大，说明解释模型精度高且符合实际。

三、压裂缝网评价模型

1. 储层地层压力及地应力估算方法

主要以威远—长宁地区页岩气井为主，所研究的井资料中大多缺少横波测井数据。为了便于开展地层压力预测及动态弹性模量计算等工作，开展了横波速度预测方法研究，在此基础上分别开展了地层压力预测方法和地应力预测方法研究。

1）页岩储层地层压力预测方法研究

工业界常用的地层压力预测方法包括经验关系法、Eaton 法、Bowers 法和菲利普法等，大量的实践工作表明，有效应力方法是一种有效的页岩储层地层压力预测方法。笔者基于孔弹性理论建立了孔隙结构与地层速度关系为核心的地层压力预测方法，具体工作包括：

（1）有效应力与弹性波关系研究。

由有效应力定义可知，有效应力是作用在岩石骨架上的平均作用力。因此，直接利用地层速度预测有效应力，会带入孔隙流体的影响，故利用干燥岩石的速度分析有效应力，则更加科学和准确。

通过对干燥岩石的声波脉冲实验，得到干燥岩石纵波速度与有效应力的关系。如图 7-3-5 所示为研究区两个页岩样品的实验结果。

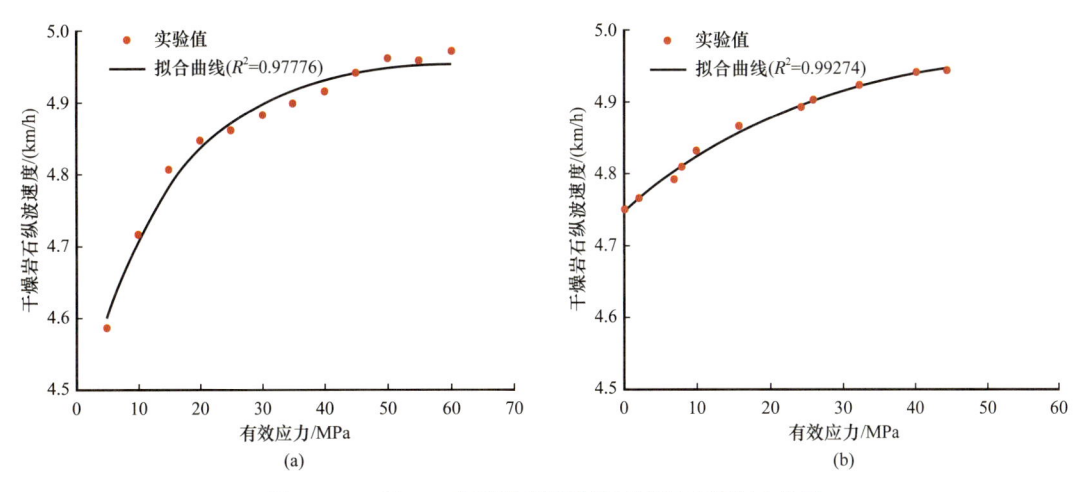

图 7-3-5　宁 215 井干燥岩石纵波速度与有效应力关系

实验结果表明，干燥岩石纵波速度与有效应力之间存在很强的指数型关系。对于某一块干燥岩石，当施加的有效应力逐渐增大到一定值时，有效应力的变化对干燥岩石纵波速度的影响逐渐减弱，干燥岩石纵波速度逐渐趋于平稳，最终干燥岩石纵波速度将不再随有效应力增加而增大，趋于定值。基于这样的认识，利用式（7-3-10），研究有效应力与干燥岩石纵波速度的关系。可以看出，该公式对实验数据的拟合效果，拟合方差 R^2 均在 0.9 以上，说明该公式的适用性较好。

$$v_{p(dry)} = v_{p(max)} \left[1 - a \cdot \exp\left(-\frac{P_e}{b} \right) \right] \quad (7\text{-}3\text{-}10)$$

式中　$v_{p(dry)}$——干燥岩石纵波速度，m/s；

　　　$v_{p(max)}$——干燥岩石纵波极限速度，m/s；

　　　a，b——常数，无量纲；

　　　p_e——有效应力，MPa。

从上述实验结论和预测公式可知，要计算有效应力 p_e，需要得到干燥岩石纵波速度 $v_{p(dry)}$ 和干燥岩石纵波极限速度 $v_{p(max)}$。其中，干燥岩石纵波速度可利用声波测井、含水饱和度及孔隙度等参数计算得到。通过确定有效应力，可根据下式计算得到地层压力：

$$p_e = p_c - n p_p \quad (7\text{-}3\text{-}11)$$

式中　p_c——上覆地层压力，MPa；

式中　Δt——岩石中传播所需时差，μs/ft；

　　　p——纵波，μs/ft；

　　　s——横波，μs/ft；

　　　ρ——地层岩石体积密度，g/m³；

　　　v_{dym}——动态泊松比，无量纲；

　　　E_{dym}——动态杨氏模量，GPa。

动态弹性参数和静态弹性参数虽然都是针对同一个物理量，但两者的数值却存在差异性，因为动态弹性参数是在绝热过程中测得的微小应力—应变关系，而静态弹性参数是在等温压缩过程中测得的应力—应变关系。由于存在加载时间，加载速率的不同，故其数值也会存在差异。

动态弹性模量是根据上述高频声波测井曲线计算出的，与高频声波信号传播相比，井眼变形或破裂是一个相当缓慢的过程，所以上述计算结果需要用实验室岩心测试得到的静态数据进行刻度。

在主应力差维持恒定的前提下，根据研究区测试资料，找到岩石动、静态泊松比和动、静态杨氏模量之间的线性关系：

$$v_{sta} = A_1 + B_1 v_{dyn} \quad (7-3-23)$$

$$E_{sta} = A_2 + B_2 E_{dyn} \quad (7-3-24)$$

式中　v_{sta}——静态泊松比，无量纲；

　　　E_{sta}——静态杨氏模量，GPa。

岩石强度参数是应用在油藏工程中的基础参数，可以反映岩石所能承受的极限压力，其在地震勘探、储层表征、井眼稳定性、水力压裂设计、储层模拟等领域被作为一项必不可少的工作。为了定量研究岩石强度的大小，经常会把岩石做成试件来进行不同强度的测试。

（1）单轴抗压强度：

$$S_c = [0.0045(1-V_{sh}) + 0.008 V_{sh}] E_{dyn} \quad (7-3-25)$$

（2）单轴抗拉强度：

$$S_t = 0.375 \times E_{dyn}(1-0.78 V_{sh}) \quad (7-3-26)$$

（3）黏聚力：

$$\tau = 1.02 \times 10^{-3} \times 3.26 \times S_c \times K \quad (7-3-27)$$

式中　S_c——单轴抗压强度，MPa；

　　　S_t——单轴抗拉强度，MPa；

　　　V_{sh}——泥质含量，无量纲；

　　　τ——内聚力，MPa；

　　　K——地质构造应力系数，无量纲。

水平地应力的求取采用孔弹性模量计算方法，方程形式如下：

$$\sigma_\mathrm{v} = \frac{\nu}{1-\nu}\left(\sigma_\mathrm{H} - \alpha P_\mathrm{p}\right) + \frac{E}{1-\nu^2}S_\mathrm{h} + \frac{E\nu}{1-\nu^2}S_\mathrm{H} + \alpha P_\mathrm{p} \qquad (7\text{-}3\text{-}28)$$

$$\sigma_\mathrm{H} = \frac{E_\mathrm{H}}{E_\mathrm{v}}\frac{\nu_\mathrm{v}}{1-\nu_\mathrm{H}}\left(\sigma_\mathrm{v} - \alpha P_\mathrm{p}\right) + \frac{E_\mathrm{H}}{1-\nu_\mathrm{H}^2}S_\mathrm{H} + \frac{E_\mathrm{H}\nu_\mathrm{H}}{1-\nu_\mathrm{H}^2}S_\mathrm{h} + \alpha P_\mathrm{p} \qquad (7\text{-}3\text{-}29)$$

$$\sigma_\mathrm{h} = \frac{E_\mathrm{H}}{E_\mathrm{v}}\frac{\nu_\mathrm{v}}{1-\nu_\mathrm{H}}\left(\sigma_\mathrm{v} - \alpha P_\mathrm{p}\right) + \frac{E_\mathrm{H}}{1-\nu_\mathrm{H}^2}S_\mathrm{H} + \frac{E_\mathrm{H}\nu_\mathrm{H}}{1-\nu_\mathrm{H}^2}S_\mathrm{h} + \alpha P_\mathrm{p} \qquad (7\text{-}3\text{-}30)$$

式中 σ_v——总垂直应力，MPa；

σ_H——最大有效水平主应力，MPa；

σ_h——最小有效水平主应力，MPa；

ν——地层孔隙压力贡献系数，无量纲；

α——有效应力系数（Biot 系数），无量纲；

P_p——地层孔隙压力，N；

S_H——最大主应力，MPa；

S_h——最小主应力，MPa；

E_H——水平方向岩石杨氏模量，MPa；

E_V——垂直方向岩石杨氏模量，MPa。

宁 227 井最大水平地应力普遍大于垂向地应力及最小水平地应力，形成了以逆掩断裂为主的力学特征。三应力关系如下：$\sigma_\mathrm{H} > \sigma_\mathrm{v} > \sigma_\mathrm{h}$；最大水平地应力约为 90~100MPa；最小水平地应力为 70MPa 左右，垂向地应力约为 88MPa，介于最大水平和最小水平地应力之间。

2. 压裂缝网形成机理和判别准则

根据地质力学的基本原理，在主应力平面内，天然裂缝面承受的有效应力可以分解为垂直于裂缝面的有效正应力（σ_n）和平行于裂缝面的剪应力（τ），水力压裂缝在页岩储层中延伸需要克服最小主应力（σ_min）和页岩的抗张强度（S_t）。在研究区走滑应力场的背景下，当作用于天然裂缝面上的有效正应力（σ_n）和天然裂缝面自身的抗张强度小于最小水平主应力（σ_h）和页岩抗张强度之和时，即满足式（7-3-31）时，水力压裂缝沿天然裂缝转向发育，进而形成压裂缝网；反之，水力压裂缝则垂直于最小主应力方向发育。

$$\sigma_\mathrm{n} + k \cdot S_\mathrm{t} < \sigma_\mathrm{h} + S_\mathrm{t} \qquad (7\text{-}3\text{-}31)$$

式中 σ_n——天然裂缝面所受有效正应力，MPa；

k——天然裂缝面抗张强度弱化系数，无量纲；

σ_h——最小水平主应力，MPa。

而对于一个给定产状的天然裂缝面，其有效正应力（σ_n）可以通过式（7-3-32）进行计算：

$$\sigma_n = \sigma_v \sin^2\theta + \sigma_H \cos^2\theta\cos^2\alpha + \sigma_h \cos_2\theta\sin_2\alpha \qquad (7\text{-}3\text{-}32)$$

式中　σ_v——垂向主应力，MPa；

　　　σ_H——最大水平主应力，MPa；

　　　θ——天然裂缝面的有效正应力与其在水平面上的投影线之间的夹角，(°)；

　　　α——天然裂缝面的走向与最小水平主应力的夹角，(°)。

需要注意，由于研究区中页岩气井所在位置最小水平主应力（σ_h）的方向是确定且不变的，天然裂缝面的走向与最小水平主应力（σ_h）的夹角 α 实际上反映的是天然裂缝面走向的信息。故可将天然裂缝面的走向与最小水平主应力（σ_h）的夹角 α 定义为天然裂缝面的相对走向，为了便于表述，将 α 统一称为天然裂缝面走向。

进一步来看，由于 θ（天然裂缝面法线与其在水平面上的投影线之间的夹角）和 β（天然裂缝面倾角）满足关系 $\theta+\beta=90°$（图 7-3-7），因此式（7-3-32）可以进一步变化为：

$$\sigma_n = \sigma_v \sin^2(90°-\beta) + \sigma_H \cos^2(90°-\beta)\cos^2\alpha + \sigma_h \cos^2(90°-\beta)\sin^2\alpha \qquad (7\text{-}3\text{-}33)$$

随后，化简整理后可得到如下水力压裂缝在遭遇天然裂缝时是否沿其转向发育的判别准则：

$$\sigma_v \cos^2\beta + \sigma_H \sin^2\beta\cos^2\alpha + \sigma_h \sin^2\beta\sin^2\alpha - \sigma_h - (1-k)S_t < 0 \qquad (7\text{-}3\text{-}34)$$

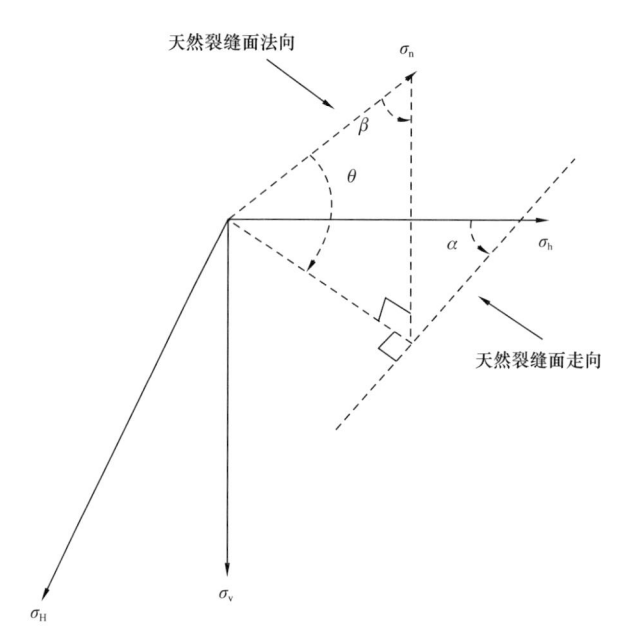

图 7-3-7　天然裂缝面的法向和走向以及与三向主应力方向的关系图

θ——天然裂缝面倾角 β 的余角（$\theta=90°-\beta$）；α——天然裂缝面走向与最小水平主应力之间的夹角

由此不难看出，三向主应力（σ_v，σ_H 和 σ_h）、页岩抗张强度（S_t）、天然裂缝面走向（α）和天然裂缝面倾角（β）是影响水力压裂缝是否沿天然裂缝转向发育的主要因素。这些参数一旦满足上述判别准则（7-3-34），研究区在进行水力压裂时初始的垂直压裂缝即可沿天然裂缝转向扩展，从而被诱导形成复杂的压裂缝网系统。

四、页岩气井产能分析评价模型

以经验产量递减方法为主，创新建立了 5 种页岩气井产能分析方法，分别为：双曲递减模型，拉伸双曲递减模型（SHD），Duong 及改进的 Duong 法递减模型，基于储层特征的逻辑增长模型（RB–LGM），高斯函数递减模型（GDM）、多元线性回归模型，基于神经网络的 EUR 分析模型。

1. 双曲递减模型

1945 年，J.J.Arps 根据矿场实际资料的统计研究，提出了产量递减分析方法，当气藏产量进入递减阶段后，其递减率等于单位时间内产量的变化率，表示为：

$$D = -\frac{1}{q}\frac{dq_t}{dt} \tag{7-3-35}$$

式中　q——递减阶段 t 的产量，m^3/月；
　　　D——递减率（t-1），无量纲；
　　　dq_t/dt——单位时间内的产量变化量，m^3/月。

Arps 递减模型的建立基础就是产量与递减率满足下式：

$$D = Kq^b \tag{7-3-36}$$

式中　K——递减常数，无量纲；
　　　b——递减指数，无量纲。

结合式（7-3-35）和式（7-3-36），可以得到产量随生产时间的关系式：

$$q = \frac{q_i}{\left[1 + bD_i\left(t - t_i\right)\right]^{1/b}} \tag{7-3-37}$$

对式（7-3-37）取常用对数后得：

$$\lg q = \lg q_i - \frac{1}{n}\lg\left(1 + bD_i t\right) \tag{7-3-38}$$

双曲递减是指在递减阶段产量随时间的变化关系符合双曲线函数。
当 $0 < b < 1$ 时，此时为双曲递减，产量表达式为

$$q = \frac{q_i}{\left(1 + nD_i t\right)^{1/b}} \tag{7-3-39}$$

双曲递减累计产量 G_p 可表示为

$$G_p = \int_0^t q\,dt = \int_0^t \frac{q_i}{\left(1 + nD_i t\right)^{1/b}}\,dt = \frac{q_i}{D_i(n-1)}\left[\left(\frac{q}{q_i}\right)^{1-b} - 1\right] \tag{7-3-40}$$

参照式（7-3-35）及指数递减产量关系式（7-3-39），可得到相应的递减率表达式为：

$$D = \frac{D_i}{1 + bD_i t} \quad (7-3-41)$$

双曲递减的递减率不是一个常数，它介于指数递减率和调和递减率之间。指数递减及调和递减均为双曲递减的两种特殊形式，对于指数递减，任意时刻的递减率均等于初始递减率，而对于双曲及调和递减，递减率是随时间而逐渐减小的。从整体对比来说，指数递减产量递减最快，其次是双曲递减，产量递减最慢的是调和递减。油气田的递减类型不是一成不变的，在递减阶段的中期一般符合双曲递减类型；在递减阶段的后期，一般符合调和递减类型。

衰竭递减是双曲递减模型在 $b=0.5$ 时的一种特例，因此将 $b=0.5$ 代入双曲递减模型中，得产量表达式为：

$$q = \frac{q_i}{(1 + 0.5D_i t)^2} \quad (7-3-42)$$

衰竭递减累计产量 G_p 可表示为：

$$G_p = \int_0^t q \mathrm{d}t = \frac{2q_i}{D_i}\left(1 - \sqrt{\frac{q}{q_i}}\right) \quad (7-3-43)$$

参照式（7-3-35）及指数递减产量关系式（7-3-42），可得到相应的递减率表达式为：

$$D = \frac{2D_i}{2 + D_i t} \quad (7-3-44)$$

衰竭递减的累积产量的倒数 $1/G_p$ 与时间倒数 $1/t$ 为线性关系。

根据油气田进入递减阶段已有的生产数据，采用不同的方法，判断其所属的递减类型，确定递减参数（q_i，D_i，n），建立其相关经验公式，才能进行未来的产量预测。

采用传统 Arps 递减方法研究产量递减的关键是确定递减参数，确定递减参数之前首先要判别其递减类型，然后建立对应的经验公式，由此可见，递减类型和递减参数的确定至关重要。

2. 拉伸双曲递减模型（SHD）

如前文所述，双曲递减模型式（7-3-44），需满足条件 $0<b<1$。但在页岩气井的产能分析中，通常情况下 $b>1$，因此公式（7-3-44）在气井产量分析中会对中后期产量估值偏高。于是得到：

$$q = \frac{q_0}{(1 + bDt)^{1/b}} \quad (7-3-45)$$

考虑到 $b>1$，双曲递减模型对中后期产量估算偏高的问题，通过引入幂数函数对时间轴进行拉伸，以加速中后期双曲递减模型的产量递减程度，幂数函数为：

$$T=t^k \tag{7-3-46}$$

并对公式（7-3-45）中双曲递减模型，进行无量纲处理，得到：

$$q_\mathrm{d}=\frac{1}{\left(1+bDt_\mathrm{d}\right)^{1/b}} \tag{7-3-47}$$

其中，

$$q_\mathrm{d}=\frac{q}{q_0} \tag{7-3-48}$$

在无量纲空间内，绘制无量纲双曲递减曲线[图7-3-8（a）]和幂函数，通过幂函数对时间轴进行拉伸，得到新递减曲线[图7-3-8（b）]。新递减模型即将公式（7-3-45）和公式（7-3-46）结合，将公式（7-3-46）中的 T 作为公式（7-3-45）中的 t 得到：

$$q=\frac{q_0}{\left(1+bDt^k\right)^{1/b}} \tag{7-3-49}$$

(a) 无量纲双曲递减曲线　　(b) 无量纲拉伸双曲递减曲线

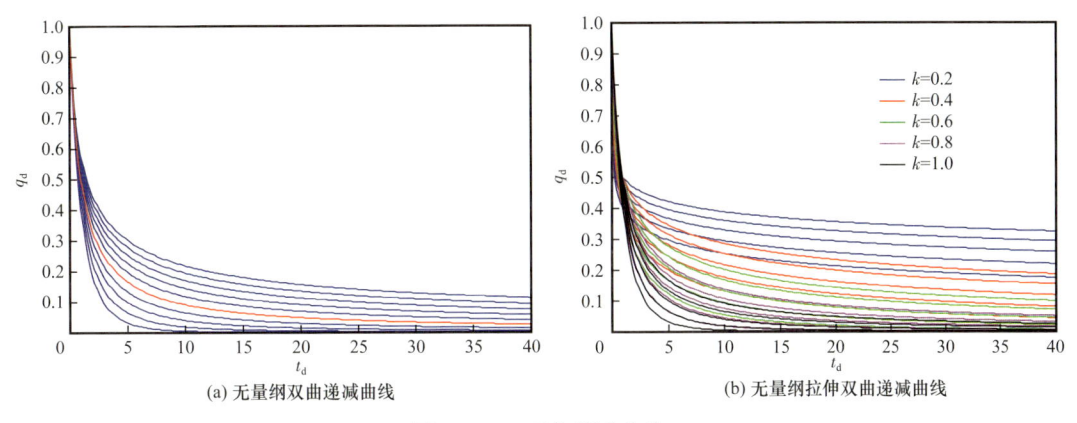

图7-3-8　双曲递减曲线

3. Duong 及改进的 Duong 法递减模型

Duong 认为页岩储层超致密低渗，人造和天然裂缝体系是形成气井产能的关键因素，随着页岩气井的生产，流体不断从裂缝中产出，基质内流体不断补充进入裂缝系统，并且随着页岩储层内流体压力和应力状态的改变，大量新裂缝在生产中接续开启，因此裂缝系统内的线性流和双线性流在页岩气水平井生产中长期存在，在气井日产与时间的双对数曲线中表现为一条直线，其中线性流直线斜率为1/2、双线性流直线斜率为1/4。基于此，Duong 构建了方程（7-3-50）：

$$\frac{q}{G_\mathrm{p}}=at^{-m} \tag{7-3-50}$$

根据方程（7-3-50）得到气井的日产 q 和累产为：

$$\frac{q}{q_1} = t^{-m} e^{\frac{a}{1-m}\left(t^{1-m}-1\right)} \qquad (7-3-51)$$

$$G_p = \frac{q_1}{a} e^{\frac{a}{1-m}\left(t^{1-m}-1\right)} \qquad (7-3-52)$$

气井的最终经济可采储量为：

$$EUR = \frac{q_{eco}}{a} t_{eco}^m \qquad (7-3-53)$$

确定公式（7-3-51）和公式（7-3-52）中的参数 q_1、a 和 m，是 Duong 法气井递减分析的关键。对公式（7-3-50）两边取对数后，得到：

$$\log\frac{q}{G_p} = \log a - m\log t \qquad (7-3-54)$$

在双对数坐标下，曲线为一条直线，其中斜率为 m，截距为 $\log a$，进而求取 m 和 a。在 a 和 m 值确定之后，令公式（7-3-54）右侧部分为，$t(a, m)$-q 曲线为通过原点（0，0）的一条直线，其斜率即为 q_1。

考虑到页岩气井生产过程中累产曲线较为光滑连续，改进 Duong 法在双对数坐标下曲线中确定参数 a 和 m 值。令，则 $t(a, m)$-G 曲线为通过原点（0，0）的一条直线，通过该曲线斜率确定 q_1。

4. 基于储层特征的逻辑增长模型（RB-LGM）

Clark 将逻辑增长模型应用于非常规气藏产量递减分析，解决了传统 Arps 模型不收敛的问题，能够较好地预测非常规油气井产能，但并未与页岩储层特征相结合，仍有进一步发展的空间。本文在前人对逻辑增长模型（LGM）研究的基础上，结合页岩气储层及开发特征建立了基于储层的逻辑增长模型（RB-LGM），并以长宁区块页岩气开发井为例对页岩气井生产动态进行分析。

1）逻辑增长模型（LGM）

19 世纪 30 年代，比利时数学家 Pierre Verhulst 最早提出逻辑增长模型（LGM），主要用于模拟人口的增长。该模型在人口增长、生物种群繁衍、器官生长和经济分析等方面被广泛应用，但不同领域增长模型具有一定差异性。Tsoularis 和 Wallace 建立了广义物流逻辑增长模型，形式如下：

$$\frac{dN}{dt} = rN^\alpha \left[1 - \left(\frac{N}{K}\right)^\beta\right]^\gamma \qquad (7-3-55)$$

$$q(t) = \frac{q_i}{(1+bDt)^{1/b}} \qquad (7-3-56)$$

式中　q——气井产气速率，m^3/d；

　　　q_i——气井初始产气速率，$10^4 m^3/d$；

　　　D、b——常数，无量纲。

广义物流逻辑增长模型有很强的灵活性，能够适应多种曲线行为，对双曲递减模型也具有很好的适应性。Clark 提出将逻辑增长模型应用于非常规气藏产量的递减分析，发现逻辑增长模型对非常规油气井产量具有很好的适用性，并结合油气井生产特点建立模型：

$$Q(t) = \frac{Kt^n}{a+t^n} \quad (7\text{-}3\text{-}57)$$

式中　Q——气井累产，m^3/d；

　　　K——气井产量承载能力，即井控技术可采储量，m^3/d。

对 Q 求导，得到气井日产量为：

$$q(t) = \frac{dQ}{dt} = \frac{Knat^{n-1}}{(a+t^n)^2} \quad (7\text{-}3\text{-}58)$$

与 Arps 等产量递减模型相比，逻辑增长模型（LGM）增加了气井产量承载能力对产能预测进行逻辑控制，单井产气速率随着时间的延续最终趋于 0，形成收敛曲线，解决了 Arps 递减模型在页岩气井生产曲线的拟合问题，符合页岩气井的生产特征。

2）新递减模型

海相页岩储层分布稳定，页岩气开发通常采用大批量集群式布井，工厂化作业（图 7-3-9）。水平井的最大技术可采储量为井控面积 A 内不考虑所能采出的最大页岩气的储量，随着井距 x 的不断缩小，单井控制的技术可采储量不断减小（图 7-3-9）。在页岩气井生产的早期阶段，水平井之间的干扰并未出现，因此 Arps、Duang 等递减模型将高估单井最终可采储量（EUR）。

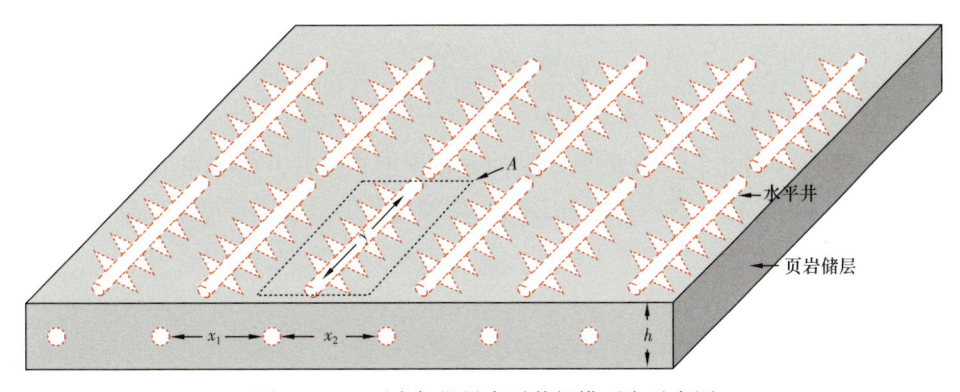

图 7-3-9　页岩气批量水平井规模开发示意图

以单井最大技术可采储量从逻辑上限定气井最终可采出的最大页岩气储量，将更加合理地预测气井产能。根据页岩气批量水平规模开发特点，首先确定单井控制的地质储量[式（7-3-59）]。设定区块页岩气资源的采收率为 R，可得到单井可采出的最大储量 K：

$$M = Ah\rho C = 0.5(x_1 + x_2)h\rho C \quad (7-3-59)$$

$$K = MR = 0.5(x_1 + x_2)h\rho CR \quad (7-3-60)$$

式中　A——井控面积，km^2；

　　　h——有效储层厚度，m；

　　　x_1、x_2——井距，m；

　　　ρ——页岩储层密度，t/m^3；

　　　C——页岩含气量，m^3/t。

结合式（7-3-57）、式（7-3-58）和式（7-3-60）得到，在储层因素控制下的页岩气单井产量预测模型为：

$$q(t) = \frac{h\rho CRna(x_1 + x_2)t^{n-1}}{2(a + t^n)^2} \quad (7-3-61)$$

$$Q(t) = \frac{(x_1 + x_2)h\rho CRt^n}{2(a + t^n)} \quad (7-3-62)$$

3）基于 RB-LGM 模型的最优井网分析

海相页岩储层分布相对稳定，假定在 1 个井组或多个井组范围内储层厚度 h、含气量 C 和页岩储层密度 ρ 等条件变化不大，且水平井采用相同水平段长 y，采用相同井距 x。在对储层同等改造程度的条件下，式（7-3-61）中控制递减曲线形态的参数 n 和 a 将保持一致，则可写成式（7-3-63），单井控制的最大技术可采储量决定气井产能。按照行业基准内部收益率，气井达到废弃产量条件下可获得的最大累计产量作为优化目标。单井产能为：

$$q(t) = \frac{h\rho CnaxRt^{n-1}}{(a + t^n)^2} \quad (7-3-63)$$

在一定的经济条件下，单井废弃产量为 q_0，根据式（7-3-63）可求得气井达到废弃产量的生产时间 t_0。再将 t_0 代入式（7-3-59）得到气井的最终经济可采储量：

$$Q_e = \frac{xh\rho CRt_0^n}{a + t_0^n} \quad (7-3-64)$$

5. 高斯函数递减模型（GDM）

气井生产曲线在双对数坐标中，呈现"S"形曲线特征，高斯函数拟合性好（图 7-3-10）。

(a) 宁H2-7双对数坐标数据分析

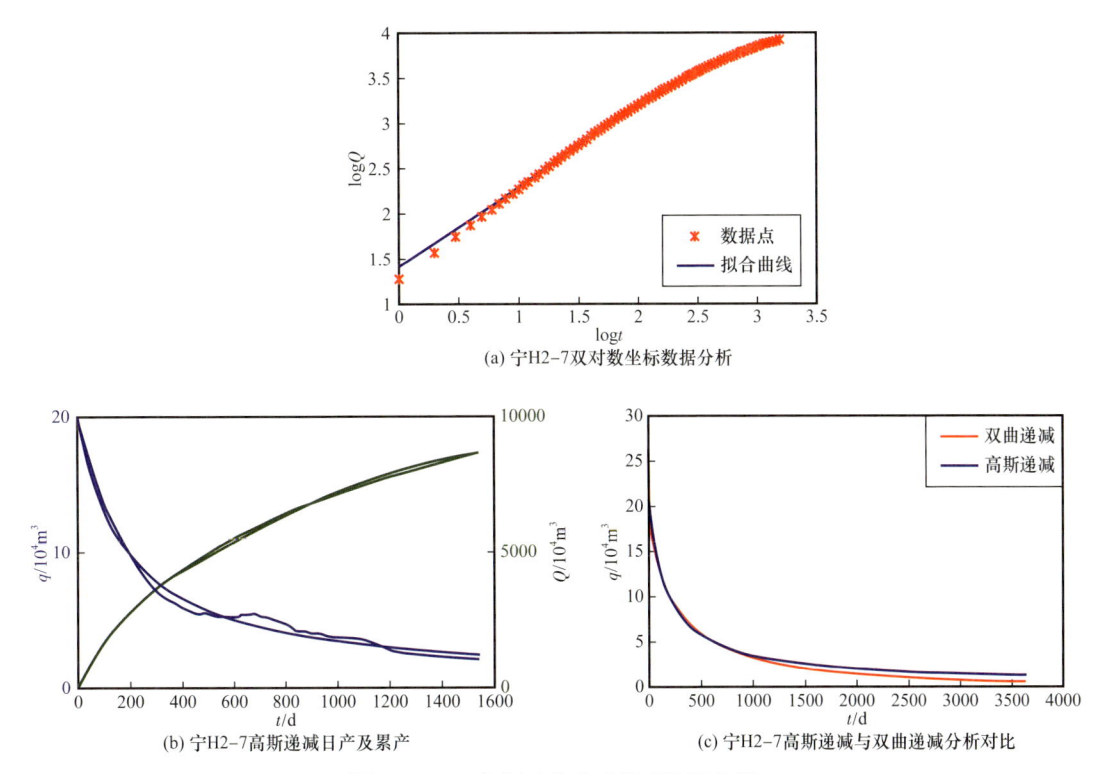

(b) 宁H2-7高斯递减日产及累产

(c) 宁H2-7高斯递减与双曲递减分析对比

图 7-3-10　高斯函数递减模型数据分析

高斯拟合（Gaussian Fitting）即使用形如：$G_i(x) = A_i \times [(x-B_i)^2/C_i^2]$ 的高斯函数对数据点集进行函数逼近的拟合方法，其实可以跟多项式拟合类比起来，不同的是多项式拟合是用幂函数系，而高斯拟合是用高斯函数系。使用高斯函数来进行拟合，优点在于计算积分十分简单快捷。这一点在很多领域都有应用，特别是计算化学。著名的化学软件 Gaussian98 就是建立在高斯基函数拟合的数学基础上的。

高斯拟合原理简述如下：

设有一组实验数据 (x_i, y_i) ($i = 1, 2, 3, \cdots, N$)，可用高斯函数描述，即：

$$y_i = y_{\max} \times \exp\left[-\frac{(x_i - x_{\max})^2}{S}\right] \quad (7\text{-}3\text{-}65)$$

式（7-3-65）中待估参数为 $y_{\max}$，$x_{\max}$ 和 S，分别代表的物理意义为高斯曲线的峰高、峰位置和半宽度信息。

将式（7-3-65）两边取自然对数，简化为：

$$\ln y_i = \ln y_{\max} - \frac{(x_i - x_{\max})^2}{S} \quad (7\text{-}3\text{-}66)$$

$$\ln y_i = \left(\ln y_{\max} - \frac{x_{\max}^2}{S}\right) + \frac{2 x_i x_{\max}}{S} - \frac{x_i^2}{S} \quad (7\text{-}3\text{-}67)$$

令：

$$\ln y_i = Z_i, \ln y_{\max} - \frac{x_{\max}^2}{S} = b_0, \frac{2x_{\max}}{S} = b_1, -\frac{1}{S} = b_2 \quad (7\text{-}3\text{-}68)$$

则式（7-3-66）化为二次多项式拟合函数：

$$Z_i = b_0 + b_1 x_i + b_2 x_i^2 = \begin{pmatrix} 1 & x_i & x_i^2 \end{pmatrix} \begin{bmatrix} b_0 \\ b_1 \\ b_2 \end{bmatrix} \quad (7\text{-}3\text{-}69)$$

考虑全部试验数据，则式（7-3-68）以矩阵形式表示为：

$$\begin{bmatrix} Z_1 \\ Z_2 \\ \vdots \\ Z_n \end{bmatrix} = \begin{bmatrix} 1 & x_1 & x_1^2 \\ 1 & x_2 & x_2^2 \\ \vdots & \vdots & \vdots \\ 1 & x_n & x_n^2 \end{bmatrix} \begin{bmatrix} b_0 \\ b_1 \\ b_2 \end{bmatrix} \quad (7\text{-}3\text{-}70)$$

简记为：

$$Z = XB \quad (7\text{-}3\text{-}71)$$

根据最小二乘原理，构成的矩阵 B 的广义最小二乘解为：

$$B = (X^T X)^{-1} X^T Z \quad (7\text{-}3\text{-}72)$$

再根据式（7-3-68），可以求出待估参数 $y_{\max}$、$x_{\max}$ 和 S，得到式（7-3-65）的高斯函数。

6. 多元线性回归模型

多元线性回归的基本原理和基本计算过程与一元线性回归相同，但由于自变量个数多，计算相当繁琐，一般在实际中应用时都要借助统计软件。这里只介绍多元线性回归的一些基本问题。但由于各个自变量的单位可能不一样，比如说页岩气井最终可采储量（EUR）的影响因素中，储层厚度、埋深、水平段的长度等因素都会影响到气井最终可采储量，而这些影响因素（自变量）的单位显然是不同的，因此自变量前系数的大小并不能说明该因素的重要程度，更简单地说，同样数值大小时，如压裂段数和储层厚度单位不同，回归后系数也不同，很难区分两者对气井最终可采储量的影响程度，所以得想办法将各个自变量转化到统一的单位上来。

通过标准化手段，对所有参数进行标准化，再进行线性回归，此时得到的回归系数就能反映对应自变量的重要程度。这时的回归方程称为标准回归方程，回归系数称为标准回归系数，表示如下：

$$Zy = \beta_1 Z*1 + \beta_2 Z*2 + \cdots + \beta + \beta k \quad (7\text{-}3\text{-}73)$$

普通最小二乘法（Ordinary Least Square，OLS）是通过最小化误差的平方来寻找最佳函数。广义最小二乘法（Generalized Least Square）是普通最小二乘法的拓展，它允许在误差项存在异方差或自相关，或二者皆有时获得有效的系数估计值。

五、页岩气建产区综合评价系统

1. 页岩气建产区综合评价方法

BP 神经网络模型是应用最为广泛的神经网络模型之一，由 Rumelhart 和 McCelland（1986）等提出，特点是按误差逆向传播算法进行训练学习的网络模型。该方法主要包括三个过程：（1）信息正向输入网络，输出结果与真实结果比较确定误差；（2）误差反向传播并进行网络优化；（3）通过误差的监督学习，最终形成最优网络，即将学习信息记录在网络之中。该方法计算工作量大，网络预测的稳定性相对较差。其中，随着当前计算机硬件计算能力的大幅提升，计算工作量大的问题已经解决，但在具体问题分析过程中受学习样品数量差异的影响，其网络稳定性问题仍未解决。以长宁区块具有较长生产历史的 100 口页岩气开发数据为例，5 次分别采用不同样本输入组合，分析 Ⅰ 类储层厚度、压力系数、埋深、压裂段数、砂量和液量等参数与 EUR 关系。分析结果表明，因各因素对 EUR 影响的差异较大，不同样本输入组合的分析结果差异性较大。

随机概率分析与 BP 神经网络相结合，分 3 步解决问题：

第 1 步，通过多次随机抽样泛化样本输入参数，解决不同样本组合及输入顺序差异而导致的结果差异性问题；

第 2 步，通过多次随机选择的样本集输入 BP 神经网络，通过学习建立多个网络模型，以实现 BP 神经网络模拟过程的泛化，进而提升模型的稳定性；

第 3 步，通过改变所分析的特定参数，建立拟合井参数集，以分析在统一参数条件下特定参数对产能的影响的敏感性。

随机 BP 神经网络分析方法在具体计算中，主要包括随机 BP 网络建模和数据预测分析两部分。

1）随机 BP 神经网络建模

建立输入样本集 InRandum。选择 N 个样本组成样本数据池 A，A 中的每个样本为 a 个样本包含 k 个特征参数 p 组成的向量。随机抽取 n 个样本，$n \leqslant N$，作为神经网络学习的输入 B_i 样本集。M 次重复以上过程，形成 M 个神经网络学习输入样本集 IRandum。具体如下，

$$\boldsymbol{a} = [p_1, \ p_2, \ \cdots, \ p_k] \qquad (7\text{-}3\text{-}74)$$

$$\boldsymbol{A} = \{a_1, \ a_2, \ \cdots, \ a_N\} \qquad (7\text{-}3\text{-}75)$$

$$\boldsymbol{O} = \{o_1, \ o_2, \ \cdots, \ o_N\} \qquad (7\text{-}3\text{-}76)$$

在样本池 A 中随机取 n 个样形成新样本集 Y_i，重复多次随机取样形成 M 个输入样本集 InRandum，其中 $n \leqslant N$。

$$\boldsymbol{B}_i = \{a_{i1}, \ a_{i2}, \ \cdots, \ a_{in}\} \qquad (7\text{-}3\text{-}77)$$

对应所选取样本的输出结果：

$$O_i = \{o_{i1}, o_{i2}, \cdots, o_{in}\} \quad (7\text{-}3\text{-}78)$$

$$\mathbf{IRandum} = \{\mathbf{B}_1, \mathbf{B}_2, \cdots, \mathbf{B}_M\} \quad (7\text{-}3\text{-}79)$$

建立 BP 神经网络集合 NetRandum。将每次在样本数据池 A 中随机抽取的新样本集 Y_i，输入 BP 神经网络后，通过与 O_i 不断循环比对学习，形成学习后的网络模型 Net_i。将 M 次随机选取的样本集分别输入 BP 神经网络后，形成 M 个学习后形成的网络模型组成的 BP 神经网络集合 **NetRandum**。

$$\text{Net}_i = F(\mathbf{B}_i, \mathbf{O}_i) \quad (7\text{-}3\text{-}80)$$

$$\mathbf{NetRandum} = \{\text{Net}_1, \text{Net}_2, \cdots, \text{Net}_M\} \quad (7\text{-}3\text{-}81)$$

2）数据预测分析

（1）数据拟合。将具有 K 个参数组成的向量 X_i 输入 BP 网络集合 **NetRandum**，经过 M 个网络模型进行运算，则得到 M 个预测结果 y_i，M 个预测结果组成集合 Y_i。在其他参数相同的条件下有序改变 X 中的某一个参数向量的数值（f 次），形成预测数据集 **Input**，对应的输出的预测结果集 **Output**，以分析该参数变化对预测结果的敏感性。

$$X_i = [x_{i1}, x_{i2}, \cdots, x_{iK}] \quad (7\text{-}3\text{-}82)$$

$$Y_i = \{y_{i1}, y_{i2}, \cdots, y_{iM}\} \quad (7\text{-}3\text{-}83)$$

$$Y_i = F(X_i, \text{Net}_i) \quad (7\text{-}3\text{-}84)$$

$$\mathbf{Input} = \{X_1, X_2, \cdots, X_f\} \quad (7\text{-}3\text{-}85)$$

$$\mathbf{Output} = \{Y_1, Y_2, \cdots, Y_f\} \quad (7\text{-}3\text{-}86)$$

（2）概率分析。因为预测结果集 **Output** 中的每一个 Y_i 是由 M 个数据组成的预测结果，采用概率统计方法分析其统计规律，通常条件下符合正态分布。进而求取 Y_i 数据的概率期望值 e_i 和置信曲线的数据宽度。

通过结合 EUR 预测方法，建立了页岩气建产区综合评价系统软件，可以对井数据进行管理，开展生产动态数据分析、动态指标曲线绘制、建产井产能预测评价等，获得了软件著作权。

2. 页岩气建产区综合评价软件系统

通过结合 EUR 预测方法，建立了页岩气建产区综合评价系统软件，首先建立页岩气建产区综合评价系统框架（图 7-3-11）。

软件界面整体上分为主窗体和子窗体相结合的操作方式，各项操作以菜单式操作为主，同时辅以快捷按钮。将数据输入、输出及删除、数据显示、设计计算、报表打印等按功能分成多个模块，主窗体主要用于显示数据输入情况以及设计计算结果的显示，在主窗口左侧显示盆地单元以及相应所属盆地单元内的井。

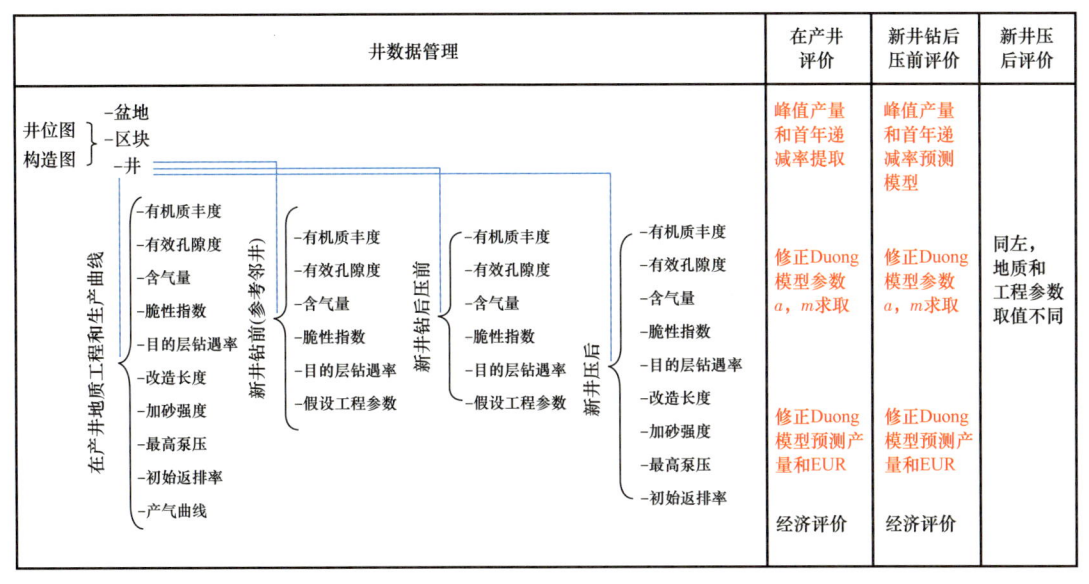

页岩气工业化建产区评价技术 第七章

井数据管理	在产井评价	新井钻后压前评价	新井压后评价
	峰值产量和首年递减率提取	峰值产量和首年递减率预测模型	同左，地质和工程参数取值不同
	修正Duong模型参数 a，m 求取	修正Duong模型参数 a，m 求取	
	修正Duong模型预测产量和EUR	修正Duong模型预测产量和EUR	
	经济评价	经济评价	

井位图
构造图
- 盆地
- 区块
- 井

在产井地质工程和生产曲线：
- 有机质丰度
- 有效孔隙度
- 含气量
- 脆性指数
- 目的层钻遇率
- 改造长度
- 加砂强度
- 最高泵压
- 初始返排率
- 产气曲线

新井钻前（参考邻井）：
- 有机质丰度
- 有效孔隙度
- 含气量
- 脆性指数
- 目的层钻遇率
- 假设工程参数

新井钻后压前：
- 有机质丰度
- 有效孔隙度
- 含气量
- 脆性指数
- 目的层钻遇率
- 假设工程参数

新井压后：
- 有机质丰度
- 有效孔隙度
- 含气量
- 脆性指数
- 目的层钻遇率
- 改造长度
- 加砂强度
- 最高泵压
- 初始返排率

图 7-3-11 页岩气建产区综合评价系统框架图

（1）菜单栏包括六个主菜单，其下还有多个子菜单。

（2）快捷按钮式菜单包括四个常用快捷按钮：井数据、数据导入、报表和退出，其他菜单在不同情况下会隐藏或显示。

（3）区块选择区。数据是按照盆地、区块、井逐级显示，点击即可选择盆地、区块和井。

（4）井数据管理。井数据管理包括井基本信息、静态数据管理、动态数据管理和删除井数据四个子菜单。井基本信息管理子菜单，包括添加井数据、修改井数据两个部分，点击添加井数据，可以填写井的相关信息，包括井号、井类型、横坐标、纵坐标、开钻日期、完钻日期、完钻层位、完钻井深、补心海拔、地面海拔、完钻单位等信息。

静态数据管理子菜单，可以对井位静态数据信息进行填写、补充、修改等操作。具体包括区块名称、井名称、产层名称、目的层埋藏深度、目的层埋藏厚度、含气量、有效孔隙度、总有机碳含量、脆性指数等。

工程及产气参数子菜单，主要功能是为软件提供工程及产气参数的输入、查询和修改数据库中动态数据的功能，具体包括排采日期、排采天数、动液面、套压、井底流压、日产水量、日产气量等信息。

动态数据管理子菜单，主要功能是为软件提供生产动态参数的输入、查询和修改数据库中动态数据的功能，具体包括排采日期、套压、油压、日产水量、日产气量等信息。

（5）生产动态分析。其包括生产动态数据分析、动态指标提取和动态指标查询三个子菜单。生产动态数据分析子菜单，显示界面里包含井名称、生产日期、套压、井底流压、日产水量、日产气量等信息，并可以设定不同时间段进行动态生产数据调阅。动态指标提取子菜单，首先设置导入数据截止日期，其次对选择生产峰值日期信息进行设置，点击"计算峰值量平均值"获得该井的选中峰值日期值、平均峰值产量、首年末平均日产气量、首年递减率等信息，并形成相应表格与生产曲线图。动态指标数据查询子菜单，选择"区块名称"和"井名称"获得静态相关数据，包括峰值日期、峰值产量、首年末日产气量、首年递减率等信息。

进行在产井预测评价。有两种方法，方法一是点击在产井预测评价菜单，至产量和 EUR 评价子菜单，点击生产数据拟合法至拟合界面，可以点击生产数据拟合法至拟合界面开展相关分析，如求取递减模型转换时间 t 的初值和 t 的计算返回值、进行 EUR 预测。

方法二是点击在产井预测评价菜单，至产量和 EUR 评价子菜单，点击公式法至拟合界面，在"地质和工程参数选取"模块点击"确认地质和工程参数"可获得有效孔隙度、总有机碳含量、Ⅰ类储层钻遇率、改造长度、加砂强度、最高泵压、出丝返排率等参数；在"获取峰值产量及首年递减率"模块点击"公式法计算峰值产量及首年递减率"可获得峰值日期、峰值产量、首年递减率等参数；在"求修正 Duong 模型 a 和 m 参数"模块点击"解方程组求 a 和 m"可获得 m 和 a 等参数；在"求递减模型转换时间 t（月）"模块点击"解方程组求 t"可获得 t 和 t 的返回值等参数；在"产量 EUR 预测"模块点击"EUR 预测"可获得产量预测情况。

（6）经济评价管理。点击在产井预测评价菜单，至经济评价子菜单，显示界面里包含经济评价参数（年份、气价、商品化率、单方操作费、财政补贴）和计算现金流参数（年份、年产量、投资、商品化产量、收入、操作费、损耗和折旧、资源税、所得税、财政补贴、净现金流）。

（7）区块及经济参数设置。一是构造区块设置。点击系统管理菜单，至构造区块子菜单，对左下角构造区块进行设置与编辑。二是经济评价参数设置。点击系统管理菜单，到构造区块子菜单，对左下角构造区块进行设置与编辑。选中"计算现金流"模块在"输入单井投资（万元）"输入不同资金，进行计算得到年产量、投资、商品化产量、收入、操作费、损耗和折旧、资源税、所得税、财政补贴、净现金流等信息。

参考文献

鲍云杰, 邓模, 翟常博, 等, 2016. 页岩对甲烷的吸附作用及其固气效应初步研究: 以渝东南残留向斜为例[J]. 石油实验地质, 38 (4): 509-513.

陈丽清, 吴娟, 何一凡, 等, 2023. 四川盆地绵阳—长宁拉张槽中段下寒武统筇竹寺组页岩裂缝脉体特征及古流体活动过程[J]. 地质科技通报, 42 (3): 142-152.

陈旭, 樊隽轩, 陈清, 等, 2014. 论广西运动的阶段性[J]. 中国科学: 地球科学, 44 (5): 842-850.

陈旭, 樊隽轩, 张元动, 等, 2015. 五峰组及龙马溪组黑色页岩在扬子覆盖区内的划分与圈定[J]. 地层学杂志, 39 (4): 351-358.

陈旭, 米切尔, 1996. 塔康运动与广西运动的地层学证据[J]. 地层学杂志, 20: 305-314.

陈旭, 张元动, 樊隽轩, 等, 1999. 广西运动的进程: 来自生物相和岩相带的证据[J]. 中国科学: 地球科学, 23 (4): 283-286.

陈旭, 张元动, 樊隽轩, 等, 2010. 赣南奥陶纪笔石地层序列与广西运动[J]. 中国科学: 地球科学, 40 (12): 1621-1631.

成汉钧, 许安东, 陈淑娥, 1988. 论大巴山地区的临湘组[J]. 西安地质学院学报, 10 (4): 1-11, 121-122.

戴方尧, 2018. 川东—湘西地区龙马溪组与牛蹄塘组页岩孔隙与页岩气赋存机理研究[D]. 中国地质大学.

戴方尧, 郝芳, 胡海燕, 等, 2017. 川东焦石坝五峰组—龙马溪组页岩气赋存机理及其主控因素[J]. 地球科学, 42 (7): 1185-1194.

戴金星, 2009. 中国煤成气研究30年来勘探的重大进展[J]. 石油勘探与开发, 36 (3): 264-279.

戴金星, 裴锡古, 戚厚发, 1992. 中国天然气地质学 (卷一) [M]. 北京: 石油工业出版社, 1-298.

戴金星, 裴锡古, 戚厚发, 1996. 中国天然气地质学 (卷二) [M]. 北京: 石油工业出版社, 1-264.

董大忠, 高世葵, 黄金亮, 等, 2014. 论四川盆地页岩气资源勘探开发前景[J]. 天然气工业, 34 (12): 1-15.

董大忠, 王玉满, 李新景, 等, 2016. 中国页岩气勘探开发新突破及发展前景思考[J]. 天然气工业, 36 (1): 19-32.

董大忠, 邹才能, 杨桦, 等, 2012. 中国页岩气勘探开发进展与发展前景[J]. 石油学报, 33 (S1): 107-114.

樊隽轩, MELCHIN M J, 陈旭, 等, 2011. 华南奥陶—志留系龙马溪组黑色笔石页岩的生物地层学[J]. 中国科学: 地球科学, 42 (1): 130-139.

方朝合, 黄志龙, 王巧智, 等, 2014. 富含气页岩储层超低含水饱和度成因及意义[J]. 天然气地球科学, 25 (3): 471-476.

付小东, 陈娅娜, 罗冰, 等, 2022. 中上扬子区下寒武统麦地坪组—筇竹寺组烃源岩与含油气系统评价[J]. 中国石油勘探, 27 (4): 27.

郭彤楼, 2016. 中国式页岩气关键地质问题与成藏富集主控因素[J]. 石油勘探与开发, 43 (3): 317-326.

郭彤楼，刘若冰，2013. 复杂构造区高演化程度海相页岩气勘探突破的启示：以四川盆地东部盆缘 JY1 井为例［J］. 天然气地球科学, 24: 643-651.

郭彤楼，熊亮，叶素娟，等，2023. 输导层（体）非常规天然气勘探理论与实践：四川盆地新类型页岩气与致密砂岩气突破的启示［J］. 石油勘探与开发, 50（1）: 24-37.

郭彤楼，张汉荣，2014. 四川盆地焦石坝页岩气田形成与富集高产模式［J］. 石油勘探与开发, 41（1）: 29-36.

郭旭升，胡东风，李宇平，等，2017. 涪陵页岩气田富集高产主控地质因素［J］. 石油勘探与开发, 44（4）: 481-491.

郭旭升，胡东风，魏志红，等，2016. 涪陵页岩气田的发现与勘探认识［J］. 中国石油勘探, 21（3）: 24-37.

郝石生，黄志龙，1991. 天然气盖层实验研究及评价［J］. 沉积学报, 4: 20-26.

郝子文，饶荣标，1997. 西南区区域地层［M］. 武汉：中国地质大学出版社, 25-50.

何庆，何生，董田，等，2019. 鄂西下寒武统牛蹄塘组页岩孔隙结构特征及影响因素［J］. 石油实验地质, 41（4）: 530-539.

何治亮，胡宗全，聂海宽，等，2017. 四川盆地五峰组—龙马溪组页岩气富集特征与"建造—改造"评价思路［J］. 天然气地球科学, 28（5）: 724-733.

胡东风，魏志红，刘若冰，等，2018. 桂中坳陷下石炭统黑色页岩发育特征及页岩气勘探潜力［J］. 天然气工业, 38（10）: 28-37.

胡琳，薛晓辉，杜伟，等，2022. 云南曲靖地区筇竹寺组泥页岩储层发育特征及影响因素［J］. 高校地质学报,（4）: 028.

黄海平，宏文，1995. 泥岩盖层的封闭性能及其影响因素［J］. 天然气地球科学, 2: 20-26.

黄金亮，邹才能，等，2012. 川南志留系龙马溪组页岩气形成条件与有利区分析［J］. 煤炭学报, 37（5）: 782-787.

姜振学，唐相路，李卓，等，2016. 川东南地区龙马溪组页岩孔隙结构全孔径表征及其对含气性的控制［J］. 地学前缘, 23（2）: 126-134.

蒋恕，唐相路，Steve O，等，2017. 页岩油气富集的主控因素及误辨：以美国、阿根廷和中国典型页岩为例［J］. 地球科学, 42（7）: 1083-1091.

焦堃，夏国栋，张正林，等，2022. 米仓山前缘下寒武统筇竹寺组页岩孔隙特征及地质意义［J］. 中南大学学报（自然科学版）, 53（9）: 3708-3723.

金之钧，张金川，1999. 深盆气藏及其勘探对策［J］. 石油勘探与开发, 26（1）: 4-5.

靳凤仙，邵龙义，梁峰，等，2017. 重庆地区下古生界页岩气聚集条件及有利区预测［J］. 古地理学报, 19（2）: 341-352.

康永尚，邓泽，王红岩，等，2016. 流—固耦合物理模拟实验及其对页岩压裂改造的启示［J］. 地球科学, 41（8）: 1376-1383.

李蕾，王程伟，姚传进，等，2020. 页岩气低速渗流模拟实验系统设计［J］. 实验技术与管理, 37（11）: 79-82.

李双建，袁玉松，孙炜，等，2016. 四川盆地志留系页岩气超压形成与破坏机理及主控因素［J］. 天然气地球科学，27（5）：924-931.

李新景，邹才能，王红岩，等，2015.四川盆地奥陶纪末期观音桥段环境变化及含油气特征［A］//中国石油学会石油地质专业委员会、北京石油学会.第八届中国含油气系统与油气藏学术会议论文摘要汇编［C］.

李依林，伏美燕，邓虎成，等，2022.滨岸闭塞环境中有机质富集模式：以川西南峨边葛村剖面筇竹寺组为例［J］.天然气地球科学，33（4）：17.

梁峰，姜巍，戴赟，等，2022.四川盆地威远—资阳地区筇竹寺组页岩气富集规律及勘探开发潜力［J］.天然气地球科学，33（5）：9.

梁峰，王红岩，拜文华，等，2017.川南地区五峰组—龙马溪组页岩笔石带对比及沉积特征［J］.天然气工业，37（7）：20-26.

梁萍萍，王红岩，郭伟，等，2016.鄂尔多斯盆地山西组泥页岩储层特征及对吸附性能的影响［J］.煤炭技术，35（1）：123-125.

梁萍萍，王红岩，赵群，等，2016.盐津—珙县地区五峰组—龙马溪组页岩气富集成藏条件［J］.工程科学学报，38（S1）：224-231.

刘德勋，王红岩，赵群，等，2015.中国页岩储层特征及开发技术挑战［J］.广州化工，43（23）：27-29.

刘洪林，王红岩，方朝合，等，2016.中国南方海相页岩气超压机制及选区指标研究［J］.地学前缘，23（2）：48-54.

刘树根，邓宾，钟勇，等，2016.四川盆地及周缘下古生界页岩气深埋藏—强改造独特地质作用［J］.地学前缘，23（1）：11-28.

马东洲，陈洪德，朱利东，等，2006.川南下志留统石牛栏组沉积体系与岩相古地理［J］.成都理工大学学报（自然科学版），33（3）：228-232.

马永生，蔡勋育，赵培荣，2018.中国页岩气勘探开发理论认识与实践［J］.石油勘探与开发，45（4）：561-574.

孟召平，彭苏萍，凌标灿，等，2000.不同侧压下沉积岩石变形与强度特征［J］.煤炭学报，1：17-20.

穆恩之，朱兆玲，陈均远，等，1978.四川长宁双河附近奥陶纪地层［J］.地层学杂志，2（2）：105-121.

穆恩之，朱兆玲，陈均远，等，1983.四川长宁双河的志留系［J］.地层学杂志，7（3）：209-215.

聂海宽，金之钧，边瑞康，等，2016.四川盆地及其周缘上奥陶统五峰组—下志留统龙马溪组页岩气"源—盖控藏"富集［J］.石油学报，36（5）：557-571.

聂海宽，金之钧，马鑫，等，2017.四川盆地及邻区上奥陶统五峰组—下志留统龙马溪组底部笔石带及沉积特征［J］.石油学报，38（2）：160-174.

蒲泊伶，包书景，王毅，等，2008.页岩气成藏条件分析：以美国页岩气盆地为例［J］.石油地质与工程，22（3）：33-39.

邱振，邹才能，2020.非常规油气沉积学：内涵与展望［J］.沉积学报，38（1）：1-29.

邱振，邹才能，等，2013.非常规油气资源评价进展与未来展望［J］.天然气地球科学，24（2）：238-246.

邱振, 邹才能, 李熙喆, 等, 2018. 论笔石对页岩气源储的贡献: 以华南地区五峰组—龙马溪组笔石页岩为例 [J]. 天然气地球科学, 29 (5): 606-615.

邱振, 邹才能, 王红岩, 等, 2020. 中国南方五峰组—龙马溪组页岩气差异富集特征与控制因素 [J]. 天然气地球科学, 31 (2): 163-175.

饶松, 杨轶南, 胡圣标, 2022. 川西南地区下寒武统筇竹寺组页岩热演化史及页岩气成藏意义 [J]. 地球科学, 47 (11): 17.

戎嘉余, 1979. 中国的赫南特贝动物群 (Hirnantia fauna) 并论奥陶系与志留系的分界 [J]. 地层学杂志, 3 (1): 1-28.

戎嘉余, 陈旭, 王怿, 等, 2011. 奥陶—志留纪之交黔中古陆的变迁: 证据与启示 [J]. 中国科学: 地球科学, 41 (10): 1407-1415.

尚春江, 康永尚, 邓泽, 等, 2019. 充填天然裂缝对页岩受载过程中渗透率变化规律影响机理分析 [J]. 地质力学学报, 25 (3): 382-391.

宋岩, 姜林, 马行陟, 2013. 非常规油气藏的形成及其分布特征 [J]. 古地理学报, 15 (5): 605-614.

宋岩, 李卓, 姜振学, 等, 2017. 非常规油气地质研究进展与发展趋势 [J]. 石油勘探与开发, 44 (4): 638-648.

腾格尔, 蒋启贵, 陶成, 等, 2010. 中国烃源岩研究进展、挑战与展望 [J]. 中外能源, 15 (12): 37-51.

汪贺, 师永民, 徐大卫, 等. 非常规储层孔隙结构表征技术及进展 [J]. 油气地质与采收率, 2019, 26 (5): 21-30.

王红岩, 郭伟, 梁峰, 等, 2015. 四川盆地威远页岩气田五峰组和龙马溪组黑色页岩生物地层特征与意义 [J]. 地层学杂志, 39 (3): 289-293.

王红岩, 郭伟, 梁峰, 等, 2017. 宣汉—巫溪地区五峰组—龙马溪组黑色页岩生物地层特征及分层对比 [J]. 天然气工业, 37 (7): 27-33.

王红岩, 郭伟, 梁峰, 等, 2018. 川南自 201 井区奥陶系—志留系间黑色页岩生物地层 [J]. 地层学杂志, 42 (4): 455-460.

王红岩, 刘玉章, 董大忠, 等, 2013. 中国南方海相页岩气高效开发的科学问题 [J]. 石油勘探与开发, 40 (5): 574-579.

王红岩, 刘玉章, 赵群, 等, 2015. 中、上扬子地区上奥陶—下志留统页岩气开发水平井井眼轨迹优化 [J]. 油气井测试, 24 (6): 7-10, 73.

王红岩, 邹才能, 赵群, 等, 2016. 关于页岩气富集成藏的几点认识 [A] // 中国地球物理学会, 中国地震学会, 全国岩石学与地球动力学研讨会组委会, 中国地质学会构造地质学与地球动力学专业委员会, 中国地质学会区域地质与成矿专业委员会.2016 中国地球科学联合学术年会论文集 (三十四) [C].

王南, 赵群, 裴斐, 等, 2017. 基于蒙特卡罗模拟的页岩气经济性分析 [A]. 中国石油学会天然气专业委员会、四川省石油学会、浙江省石油学会.2017 年全国天然气学术年会论文集 [C].

王世谦, 2013. 中国页岩气勘探评价若干问题评述 [J]. 天然气工业, 33 (12): 13-29.

王淑芳, 邹才能, 董大忠, 等, 2014. 四川盆地富有机质页岩硅质生物成因及对页岩气开发的意义 [J].

北京大学学报（自然科学版），50（3）：476-486.

王同，杨克明，熊亮，等，2015. 川南地区五峰组—龙马溪组页岩层序地层及其对储层的控制[J]. 石油学报，36（8）：915-925.

王威，石文斌，付小平，等，2020. 川北二叠系大隆组页岩气勘探潜力及方向[J]. 石油实验地质，42（6）：892-899+956.

王秀，张冲. 基于扫描电镜的页岩有机孔隙空间定量表征[J]. CT理论与应用研究，2019，28（5）：519-527.

王玉满，黄金亮，王淑芳，等，2016. 四川盆地长宁、焦石坝志留系龙马溪组页岩气刻度区精细解剖[J]. 天然气地球科学，27（3）：423-432.

王哲，李贤庆，周宝刚，等，2016. 川南地区下古生界页岩气储层微观孔隙结构表征及其对含气性的影响[J]. 煤炭学报，41（9）：2287-2297.

王正和，谭钦银，何利，等，2013. 川东南—黔北志留系石牛栏组沉积与层序地层[J]. 石油与天然气地质，34（4）：499-507.

魏祥峰，李宇平，魏志红，等，2017. 保存条件对四川盆地及周缘海相页岩气富集高产的影响机制[J]. 石油实验地质，39（2）：147-153.

魏志红，2015. 四川盆地及其周缘五峰组—龙马溪组页岩气的晚期逸散[J]. 石油与天然气地质，36（4）：659-665.

吴伟，谢军，石学文，等，2017. 川东北巫溪地区五峰组—龙马溪组页岩气成藏条件与勘探前景[J]. 天然气地球科学，28（5）：734-743.

吴因业，邹才能，胡素云，等，2011. 全球前陆盆地层序沉积学新进展[J]. 石油与天然气地质，32（4）：606-614.

武瑾，梁峰，峇文，等，2017. 渝东北地区巫溪2井五峰组—龙马溪组页岩气储层及含气性特征[J]. 石油学报，38（5）：512-524.

谢明，唐永帆，宋彬，等，2020. 页岩气集输系统的腐蚀评价与控制——以长宁—威远国家级页岩气示范区为例[J]. 天然气工业，40（11）：127-134.

徐二社，李志明，杨振恒，2015. 彭水地区五峰组—龙马溪组页岩热演化史及生烃史研究：以PY1井为例[J]. 石油实验地质，37（4）：494-499.

徐政语，梁兴，王维旭，等，2016. 上扬子区页岩气甜点分布控制因素探讨：以上奥陶统五峰组—下志留统龙马溪组为例[J]. 天然气工业，36（9）：35-43.

杨丽亚，沈均均，陈孔全，等，2022. 基于矿物岩石学和地球化学分析的页岩古环境演化与有机质富集关系：以川西地区下寒武统筇竹寺组为例[J]. 东北石油大学学报，46（5）：40-54.

杨潇，姜振学，宋岩，等，2016. 渝东南牛蹄塘组与龙马溪组高演化海相页岩全孔径孔隙结构特征对比研究[J]. 高校地质学报，22（2）：368-377.

杨雨，姜鹏飞，张本健，等，2022. 龙门山山前复杂构造带双鱼石构造栖霞组超深层整装大气田的形成[J]. 天然气工业，42（3）：1-11.

杨振恒，腾格尔，李志明. 页岩气勘探选区模型：以中上扬子下寒武统海相地层页岩气勘探评价为例[J]. 天然气地球科学，2011，22（1）：8-14.

杨智, 孙莎莎, 等, 2020. "进源找油": 论四川盆地页岩油气[J]. 中国科学: 地球科学, 50 (7): 903-920.

杨智, 邹才能, 2019. "进源找油": 源岩油气内涵与前景[J]. 石油勘探与开发, 46 (1): 173-184.

杨智, 邹才能, 付金华, 等, 2019. 大面积连续分布是页岩层系油气的标志特征: 以鄂尔多斯盆地为例[J]. 地球科学与环境学报, 41 (4): 459-474.

于荣泽, 郭为, 程峰, 等, 2020. 四川盆地太阳背斜浅层页岩气储层特征及试采评价[J]. 矿产勘查, 11 (11): 2455-2462.

于淑艳, 汪洋, 冯宏业, 等, 2022. 川东北城口地区筇竹寺组页岩流变对孔隙结构的影响[J]. 新疆石油地质 (5): 43.

翟刚毅, 王玉芳, 包书景, 等, 2017. 我国南方海相页岩气富集高产主控因素及前景预测[J]. 地球科学, 42 (7): 1057-1068.

翟光明, 张继铭, 唐泽尧, 等, 1987. 中国石油志（卷十. 四川）[M]. 北京: 石油工业出版社.

张金川, 2003. 根缘气（深盆气）的研究进展[J]. 现代地质, 17 (2): 210.

张金川, 薛会, 张德明, 等, 2003. 页岩气及其成藏机理[J]. 现代地质 (4): 466.

张梦琪, 邹才能, 关平, 等, 2019. 四川盆地深层页岩储层孔喉特征: 以自贡地区自201井龙马溪组为例[J]. 天然气地球科学, 30 (9): 1349-1361.

张同伟, 罗欢, 孟康, 2023. 我国南方不同地区寒武系页岩含气性差异主控因素探讨[J]. 地学前缘, 30 (3): 13.

赵迪斐, 郭英海, 任呈瑶, 等, 2018. 过渡相页岩气储层纳米级孔隙发育特征与影响因素: 以太原西山古交地区山西组为例[J]. 东北石油大学学报, 42 (5): 1-16.

赵培荣, 2020. 页岩气水平井穿行层位优选[J]. 石油实验地质, 42 (6): 1014-1023.

赵群, 杜东, 王红岩, 等, 2012. 不同成因类型页岩气藏特征分析[J]. 中外能源, 17 (11): 43-47.

赵群, 姜馨淳, 杨慎, 等, 2019. 中国页岩气资源财税扶持政策对产业发展的影响[J]. 中外能源, 24 (3): 27-33.

赵群, 王红岩, 郭伟, 等, 2016. 蜀南水下古隆起对优质页岩储层的控制作用[A]//中国地球物理学会, 中国地震学会, 全国岩石学与地球动力学研讨会组委会, 中国地质学会构造地质学与地球动力学专业委员会, 中国地质学会区域地质与成矿专业委员会. 2016中国地球科学联合学术年会论文集（三十四）[C].

赵群, 杨慎, 王红岩, 等, 2016. 钻井工作量分析法预测中国南方海相页岩气产量[J]. 天然气工业, 36 (9): 44-50.

赵群, 王红岩, 刘大锰, 等, 2013. 中上扬子地区龙马溪组页岩气成藏特征[J]. 辽宁工程技术大学学报（自然科学版）, 32 (7): 896-900.

赵群, 王红岩, 孙钦平, 等, 2020. 考虑页岩气储层及开发特征影响的逻辑增长模型[J]. 天然气工业, 40 (4): 77-84.

赵群, 王红岩, 杨慎, 等, 2013. 一种计算页岩岩心解吸测试中损失气量的新方法[J]. 天然气工业, 33 (5): 30-34.

赵群, 王红岩, 杨慎, 等, 2018. 中国东部中小型断陷盆地陆相页岩气成藏潜力分析: 以阜新盆地为例

［J］．天然气工业，38（5）：26-33．

赵群，杨慎，钱伟，等，2020．中国非常规天然气开发现状及前景思考［J］．环境影响评价，42（5）：34-37．

赵群，杨慎，王红岩，等，2016．钻井工作量分析法预测中国南方海相页岩气产量［J］．天然气工业，36（9）：44-50．

赵群，杨慎，王红岩，等，2019．中国页岩气开发现状及前景预判［J］．环境影响评价，41（1）：6-10．

赵群，杨慎，张晓伟，等，2017．中上扬子地区五峰—龙马溪组页岩气开发评价关键问题［J］．中外能源，22（12）：36-41．

赵圣贤，杨跃明，张鉴，等，2016．四川盆地下志留统龙马溪组页岩小层划分与储层精细对比［J］．天然气地球科学，27（3）：470-487．

赵文智，等，2016．中国南方海相页岩气成藏差异性比较与意义［J］．石油勘探与开发，43（4）：499-510．

钟文俊，熊亮，程洪亮，等，2022．井研—犍为地区筇竹寺组页岩储层含气性测井评价［J］．测井技术（3）：46．

周尚文，刘洪林，闫刚，等，2016．中国南方海相页岩储层可动流体及T_2截止值核磁共振研究［J］．石油与天然气地质，37（4）：612-616．

周志强，周志毅，袁文伟，1999．扬子区奥陶纪宝塔组的划分［J］．地层学杂志，23（4）：283-286．

朱如凯，金旭，王晓琦，等，2018．复杂储层多尺度数字岩石评价［J］．地球科学，43（5）：1773-1782．

朱筱敏，王贵文，陈世悦，等，2008．沉积岩石学［M］．4版．北京：石油工业出版社．

邹才能，2012．非常规油气开发是新科技革命［N］．中国石化报，7-2（5）．

邹才能，2013．"非常规革命"重塑世界能源格局［N］．中国石化报，4-8（5）．

邹才能，2014．非常规油气地质学［M］．北京：地质出版社：225-303．

邹才能，2014．页岩气开发要突出"海相"突破"陆相"［J］．地球（9）：44-45．

邹才能，2018．页岩革命助推我国能源结构转型［J］．气体分离（5）：73．

邹才能，2019．中国"能源独立"提出的背景、内涵及意义［J］．科学中国人（20）：20-21．

邹才能，丁云宏，卢拥军，等，2017．"人工油气藏"理论、技术及实践［J］．石油勘探与开发，44（1）：144-154．

邹才能，董大忠，王玉满，等，2015．中国页岩气特征、挑战及前景（一）［J］．石油勘探与开发，42（6）：689-701．

邹才能，董大忠，王玉满，等，2016．中国页岩气特征、挑战及前景（二）［J］．石油勘探与开发，43（2）：166-178．

邹才能，董大忠，杨桦，等，2011．中国页岩气形成条件及勘探实践［J］．天然气工业，31（12）：26-39，125．

邹才能，杜金虎，徐春春，等，2014．四川盆地震旦系—寒武系特大型气田形成分布、资源潜力及勘探发现［J］．石油勘探与开发，41（3）：278-293．

邹才能，龚剑明，王红岩，等，2019．笔石生物演化与地层年代标定在页岩气勘探开发中的重大意义［J］．中国石油勘探，24（1）：1-6．

邹才能, 郭建林, 贾爱林, 等, 2020. 中国大气田科学开发的内涵[J]. 天然气工业, 40（3）: 1-12.

邹才能, 潘松圻, 荆振华, 等, 2020. 页岩油气革命及影响[J]. 石油学报, 41（1）: 1-12.

邹才能, 陶士振, 侯连华, 等, 2014. 非常规油气地质学[M]. 北京: 地质出版社.

邹才能, 陶士振, 杨智, 等, 2012. 中国非常规油气勘探与研究新进展[J]. 矿物岩石地球化学通报, 31（4）: 312-322.

邹才能, 陶士振, 袁选俊, 等, 2009. "连续型"油气藏及其在全球的重要性: 成藏、分布与评价[J]. 石油勘探与开发, 36（6）: 669-682.

邹才能, 杨智, 崔景伟, 等, 2013. 页岩油形成机制、地质特征及发展对策[J]. 石油勘探与开发, 40（1）: 14-26.

邹才能, 杨智, 何东博, 等, 2018. 常规—非常规天然气理论、技术及前景[J]. 石油勘探与开发, 45（4）: 575-587.

邹才能, 杨智, 孙莎莎, 等, 2020. "进源找油": 论四川盆地页岩油气[J]. 中国科学: 地球科学, 50（7）: 903-920.

邹才能, 杨智, 王红岩, 等, 2019. "进源找油": 论四川盆地非常规陆相大型页岩油气田[J]. 地质学报, 93（7）: 1551-1562.

邹才能, 杨智, 张国生, 等, 2014. 常规—非常规油气"有序聚集"理论认识及实践意义[J]. 石油勘探与开发, 41（1）: 14-25.

邹才能, 杨智, 张国生, 等, 2019. 非常规油气地质学建立及实践[J]. 地质学报, 93（1）: 12-23.

邹才能, 杨智, 朱如凯, 等, 2015. 中国非常规油气勘探开发与理论技术进展[J]. 地质学报, 89（6）: 979-1007.

邹才能, 翟光明, 张光亚, 等, 2015. 全球常规—非常规油气形成分布、资源潜力及趋势预测[J]. 石油勘探与开发, 42（1）: 13-25.

邹才能, 张国生, 杨智, 等, 2013. 非常规油气概念、特征、潜力及技术: 兼论非常规油气地质学[J]. 石油勘探与开发, 40（4）: 385-399.

邹才能, 赵群, 陈建军, 等, 2018. 中国天然气发展态势及战略预判[J]. 天然气工业, 38（4）: 1-11.

邹才能, 赵群, 董大忠, 等, 2017. 页岩气基本特征、主要挑战与未来前景[J]. 天然气地球科学, 28（12）: 1781-1796.

邹才能, 赵群, 张国生, 等, 2016. 能源革命: 从化石能源到新能源[J]. 天然气工业, 36（1）: 1-10.

邹才能, 朱如凯, 白斌, 等, 2011. 中国油气储层中纳米级孔首次发现及其科学价值[J]. 岩石学报, 27（6）: 1857-1864.

邹才能, 朱如凯, 白斌, 等, 2015. 致密油与页岩油内涵、特征、潜力及挑战[J]. 矿物岩石地球化学通报, 34（1）: 3-17, 1-2.

邹才能, 朱如凯, 吴松涛, 等, 2012. 常规与非常规油气聚集类型、特征、机理及展望: 以中国致密油和致密气为例[J]. 石油学报, 33（2）: 173-187.

Barrett E P, Joyner L G, Halenda P P, 1951. The Determination of Pore Volume and Area Distributions in Porous Substances. I. Computations from Nitrogen Isotherms[J]. Journal of the American Chemical Society, 73（1）: 373-380.

参考文献

Cander H, 2012. What is unconventional resources？[R]. California：AAPG Annual Convention and Exhibition.

Cao T T, Song Z G, Wang S B, et al, 2015. Characterizing the pore structure in the Silurian and Permian shales of the Sichuan Basin, China [J]. Marine and petroleum geology, 61: 140-150.

Cheng K, Wu W, Holditch S A, et al, 2010. Assessment of the distribution of technically-recoverable resources in north American basin [R]. SPE 137599.

Christopher J P, 2018. Paleozoic shale gas resources in the Sichuan Basin, China [J]. AAPG Bulletin, 102(6): 987-1009.

Coates G R, Xiao L Z, Manfred G P, 1999. NMR logging principles and applications [M]. Houston: Gulf Publishing Company.

Curtis J B, 2002. Fractured shale gas systems [J]. AAPG Bulletin, 86(11): 1921-1938.

Daigle H, Johnson A, Thomas B, 2014. Determining fractal dimension from nuclear magnetic resonance data in rocks with internal magnetic field gradients [J]. Geophysics, 79(6): D425-D431.

Etherigton J R, McDonald I R, 2004. Is bitumen a petroleum reserve？[R]. SPE 90242.

Fishman N S, Hackley P C, Lowers H A, et al, 2012. The nature of porosity in organic-rich mudstones of the Upper Jurassic Kimmeridge Clay Formation, North Sea, offshore United Kingdom [J]. International Journal of Coal Geology, 103: 32-50.

Fleury M, Romero-Sarmiento M, 2016. Characterization of shales using T1-T2 NMR maps [J]. Journal of Petroleum Science and Engineering, 137: 55-62.

Hammes U, Hamlin H S, Ewing T E, 2011. Geologic analysis of the Upper Jurassic Haynesville shale in east Texas and west Louisiana [J]. AAPG Bulletin, 95(10): 1643-1666.

Hao, F, Zou, H, Lu, Y. Mechanisms of shale gas storage: Implications for shale gas exploration in China [J]. AAPG Bull. 2013, 97: 1325-1346.

Hughes J D, 2013. Energy: A reality check on the shale revolution [J]. Nature, 494(7437): 307-308.

Jarvie D M, Hill R J, Ruble T E, et al, 2007. Unconventional shale-gas systems: The Mississippian Barnett Shale of north-central Texas as one model for thermogenic shale-gas assessment [J]. AAPG Bulletin, 91(4): 475-499.

Kausik R, Minh C, Zielinski L, et al, 2011. Characterization of Gas Dynamics in Kerogen Nanopores by NMR [J]. SPE: 147198.

Khatibi S, Ostadhassan M, Xie Z, et al, 2019. NMR relaxometry a new approach to detect geochemical properties of organic matter in tight shales [J]. Fuel, 23: 167-177.

Law B E, Curtis J B, 2002. Introduction to unconventional petroleum systems [J]. AAPG Bulletin, 86(11): 1851-1852.

Li A, Ding W, Wang R, et al, 2017. Petrophysical characterization of shale reservoir based on nuclear magnetic resonance (NMR) experiment: A case study of Lower Cambrian Qiongzhusi Formation in eastern Yunnan Province, South China [J]. Journal of Natural Gas Science and Engineering, 37: 29-38.

Li J, Huang W, Lu S, et al, 2018. Nuclear magnetic resonance T1-T2 map division method for hydrogenbearing components in continental shale [J]. Energy & Fuels, 32 (9): 9043-9054.

Li J, Jiang C, Wang M, et al, 2020. Adsorbed and free hydrocarbons in unconventional shale reservoir: a new insight from NMR T1-T2 maps [J]. Marine and Petroleum Geology, 116: 104311.

Li J, Lu S, Chen G, et al, 2019. A new method for measuring shale porosity with low-field nuclear magnetic resonance considering non-fluid signals [J]. Marine and Petroleum Geology, 102: 535-543.

LI Y, HE D, CHEN L, et al, 2016. Cretaceous sedimentary basins in Sichuan, SW China: Restoration of tectonic and depositional environments [J]. Cretaceous Research, 57: 50-65.

Li Z, Qi Z, Shen X, et al, 2017. Research on Quantitative Analysis for Nanopore Structure Characteristics of Shale Based on NMR and NMR Cryoporometry [J]. Energy & Fuels, 31 (6): 5844-5853.

Loucks R G, Reed R M, Ruppel S C, et al, 2009. Morphology, Genesis, and Distribution of Nanometer-Scale Pores in Siliceous Mudstones of the Mississippian Barnett Shale [J]. Journal of Sedimentary Research, 79 (12): 848-861.

Loucks R G, Reed R M, Ruppel S C, et al, 2012. Spectrum of pore types and networks in mudrocks and a descriptive classification for matrix-related mudrock pores [J]. AAPG Bulletin, 96 (6): 1071-1098.

Newgord C, Tandon S, Heidari Z, 2020. Simultaneous assessment of wettability and water saturation using 2D NMR [J]. Fuel, 270: 117431.

Old S, Holditch S A, Ayers W B, et al, 2008. PRISE: Petroleum resource investigation summary and evaluation [R]. SPE 117703.

Singh K, Holditch S A, Ayers W B, 2008. Basin analog investigations answer characterization challenges of unconventional gas potential in frontier basin [J]. Journal of Energy Resources Technology, 130 (4): 1-7.

Soeder D J, 2018.The successful development of gas and oil resources from shales in North America [J]. Journal of Petroleum Science and Engineering, 163: 399-420.

Sondergeld C H, Ambrose R J, Rai C S, et al, 2010. Micro-Structural Studies of gas shales [J]. SPE, 131771.

Su S, Jiang Z, Shan X, et al, 2018. The wettability of shale by NMR measurements and its controlling factors [J]. Journal of Petroleum Science & Engineering, 169: 309-316.

Tan M, Mao K, Song X, et al, 2015. NMR petrophysical interpretation method of gas shale based on core NMR experiment [J]. Journal of petroleum science & engineering, 136: 100-111.

Tinni A, Odusina E, Sulucarnain I, et al, 2014. NMR response of brine, oil, and methane in organic rich shales [J]. SPE Unconventional Resources Conference, 168971.

Walter B, Ayers J, 2002. Coalbed gas systems, resources, and production and a review of contrasting cases from the San Juan and Powder River basins [J]. AAPG Bulletin, 86 (11): 1853-1890.

Wang G, Shen J, Liu S, et al, 2019. Three-dimensional modeling and analysis of macro-pore structure of coal using combined X-ray CT imaging and fractal theory [J]. International Journal of Rock Mechanics and Mining Sciences, 123: 104082.

Wu L, Lu Y, Jiang S, et al, 2018. Pore structure characterization of different lithofacies in marine shale: A case study of the Upper Ordovician Wufeng-Lower Silurian Longmaxi formation in the Sichuan Basin, SW

China [J]. Journal of Natural Gas Science and Engineering, 57: 203-215.

Wu Y Q, Tahmasebi P, Lin C Y, et al, 2019. Multiscale modeling of shale samples based on low- and high-resolution images [J]. Marine and Petroleum Geology, 109: 9-21.

Xu Chen, Jiayu Rong, Junxuan Fan, et al, 2006.The Global Boundary Stratotype Section and Point (GSSP) for the base of the Hirnantian Stage (the uppermost of the Ordovician System) [J]. Episodes, 29 (3): 183-196.

Yang Y, Yao J, Wang C, et al, 2015. New pore space characterization method of shale matrix formation by considering organic and inorganic pores [J]. Journal of natural gas science and engineering, 27: 496-503.

Yao Y, Liu J, Liu D, et al, 2019. A new application of NMR in characterization of multiphase methane and adsorption capacity of shale [J]. International Journal of Coal Geology, 201: 76-85.

Yi J Z, Bao H Y, Zheng A W, et al, 2019. Main factors controlling marine shale gas enrichment and high-yield wells in South China: A case study of the Fuling shale gas field [J]. Marine and Petroleum Geology, 103: 114-125.

Zhang P, Lu S, Li J, et al, 2018. Petrophysical characterization of oil-bearing shales by low-field nuclear magnetic resonance (NMR) [J]. Marine and Petroleum Geology, 89: 775-785.

Zhang P, Lu S, Li J, et al, 2020. 1D and 2D Nuclear magnetic resonance (NMR) relaxation behaviors of protons in clay, kerogen and oil-bearing shale rocks [J]. Marine And Petroleum Geology, 114: 104210.

Zhang W, Huang Z, Li X, et al, 2020. Estimation of organic and inorganic porosityin shale by NMR method, insights from marine shales with different maturities [J]. Journal of Natural Gas Science and Engineering, 78: 103290.

Zhou S W, Liu H L, Chen H, et al, 2019. A comparative study of the nanopore structure characteristics of coals and Longmaxi shales in China [J]. Energy Science & Engineering, 7 (6): 2768-2781.

Zhu H J, Ju Y W, Huang C, et al, 2019. Pore structure variations across structural deformation of Silurian Longmaxi Shale: An example from the Chuandong Thrust-Fold Belt [J]. Fuel (Guildford), 241: 914-932.

Zhu H J, Ju Y W, Qi Y, et al, 2018. Impact of tectonism on pore type and pore structure evolution in organic-rich shale: Implications for gas storage and migration pathways in naturally deformed rocks [J]. Fuel (Guildford), 228: 272-289.